U0420566

中国传统建筑解析与传承

福建卷

Fujian Volume

THE INTERPRETATION AND INHERITANCE OF TRADITIONAL CHINESE ARCHITECTURE

中华人民共和国住房和城乡建设部 编

Ministry of Housing and Urban-Rural Development of the People's Republic of China

国家出版基金项目
NATIONAL PUBLICATION FOUNDATION

中国建筑工业出版社

图书在版编目（CIP）数据

中国传统建筑解析与传承 福建卷／中华人民共和国住房和城乡建设部编．—北京：中国建筑工业出版社，2017.9

ISBN 978-7-112-21173-9

Ⅰ．①中… Ⅱ．①中… Ⅲ．①古建筑-建筑艺术-福建 Ⅳ.①TU-092.2

中国版本图书馆CIP数据核字（2017）第215996号

责任编辑：张 华 李东禧 唐 旭 吴 绫 吴 佳
责任设计：陈 旭
责任校对：李欣慰 姜小莲

中国传统建筑解析与传承 福建卷

中华人民共和国住房和城乡建设部 编

*

中国建筑工业出版社出版、发行（北京海淀三里河路9号）
各地新华书店、建筑书店经销
北京方舟正佳图文设计有限公司制版
北京富诚彩色印刷有限公司印刷

*

开本：880×1230毫米 1／16 印张：19¼ 字数：559千字
2017年10月第一版 2019年3月第二次印刷
定价：188.00元

ISBN 978-7-112-21173-9
（30814）

总　序

Foreword

几年前我去法国里昂地区，看到有大片很久以前甚至四百年前建造的夯土建筑，也就是干打垒房子，至今仍在使用。20世纪80年代，当地建设保障房小区时，要求一律建造夯土建筑，他们采用了现代夯土技术。西安科技大学的两位老师将这种技术引入国内，在甘肃、河北等多地建了示范房。现代夯土技术的改进点在于科学配比土与石子、使用模板和电动器具夯筑，传承了夯土建筑的优点，如造价低、节能保温，弥补了缺陷，抗震性增强，也美观，颇受农民的好评。我对这个事例很感兴趣并悟出一个道理，做好传承关键要具备两种精神：一是执着，坚信许多传统能够传承、值得传承。法国将传统干打垒房子当作好东西，努力传承，而我国虽然是生土建筑数量最多的国家，但今天各地却都视其为贫穷落后的标志，力图尽快消灭；二是创新，要下力气研究传统的优点及缺点，并用现代技术克服其缺点，赋予其现代功能，使传统文明成果在今天焕发新的生命力。这两方面的功夫我们都不够。

文明古国的中国，在实现现代化的进程中，只有十分自信、满腔热情地传承了优秀传统文化，才能受到全世界的尊重。建筑是一个民族生存智慧、工程技术、审美理念、社会伦理等文明成果最集中、最丰富的载体，其传承及体现是一个国家和民族富强与贫弱的标志。改变今天建筑缺失传统文化的局面，我们需要重新认识我国传统建筑文化，把握其精髓和发展脉络，挖掘和丰富其完整价值，探索传统与现代融合的理念和方法。2012年，住房和城乡建设部村镇建设司组织了首次传统民居全国普查，编纂了《中国传统民居类型全集》，其详细、准确、系统地展示了我国传统民居的地域性。在此基础上，2014年又启动了“传统建筑解析与传承”调查研究，这是第一次国家层面组织的该领域的大型调查研究，颇具价值：

价值一，它是至今对我国传统建筑文化最全面、最系统的阐释。第一，本次调查研究地域覆盖广，历史挖掘深，建筑类型多。31个省（市、区）开展了调查研究，每个省的研究也都覆盖了全域；一些省对传统建筑文化的追溯年代突破了记录；建筑类型不仅涵盖了官式建筑、庙宇、祠堂等，更涵盖了各类代表性民居。第二，更加注重从自然、人文、技术、经济几条主线解析传统建筑文化，而不是拘泥于建筑本身；不但阐释了传统建筑的物质形体，而且阐释了传统建筑文化的产生机制。第三，研究体例和解析维度保持了基本一致，各省都通过聚落格局、建筑群体与单体、细部与装饰、风格与装修对传统建筑进行解析。通过解析，大大丰富和提升了对我国传统建筑文化精髓的认识，如：中国传统建筑与自然相适应，和谐共生，敬天惜物；与生存实际相适应，容纳生产生活；与社会伦理相适应，井然有序；与发展相适应，灵活易变，是模块化的鼻祖。第四，内在形式统一，体现了中华文明的持久性和一致性；木结构等技术高度成熟，体现了中华民族的智慧；丰富的地区差异，体现了中华文化的多样性。一些研究基础较差的省，第一次对传统建筑有了全面认识；一些研究基础较好的省，又深化了认识。可以说，这次全面调查研究是对中国传统建筑文化的一次重新认识。

价值二，也是更重要的价值，它是就如何传承传统建筑文化、如何实现传统与现代融合这一难题，至今所进行的广泛深入的探索。第一，提出了更为本质、更具指导意义的传承理论和原则，如建筑文化的三大传承主线：自然、人文、技术；“形”的传承、“神”的传承、“神形兼备”的传承；适应性传承、创新性传承、可持续性传承等理论；坚持挖掘地域文化与建筑的关联性，坚持寻找并传承其最有价值和生命力的要素，坚持与时代发展相接轨等原则。第二，提出了更具操作性的传承方法和要点，如建筑肌理、应对自然环境、空间变异、建造方式、建筑材料、符号特征六方面的传承方法。第三，收集、展示、分析了近代以来大量的现代建筑探索传承的案例，既包括比较成功的，也包括比较失败的，具有很好的参考意义。同时也提出了应防止的误区。

价值三，唤起了对传统建筑文化的空前热情。通过这次研究，各地建设部门更加重视传统建筑文化的传承工作了，这将有利于扭转当前我国城乡建设缺乏传统文化的局面。在学术界，不仅老专家倾力投入，新参与的专家学者也越来越多，而且十分积极。过去研究传统建筑的专家学者与从事设计的建筑师交流不多，通过这次研究，两个群体融合到了一起，不仅有利于传承的研究，更有利于传承的实践。有的老专家说，等了几十年，终于等到国家组织这项工作了。

探索传统建筑文化与现代建筑的融合是难度极大的挑战，永远在路上。虽然本次调查研究存在着许多不足和局限，但第一次组织全国专业力量努力探索的成果，惠及当今，流芳百年，意义非凡，不仅具有中国意义，也具有世界意义。在此，谨向为成就这一大业，辛勤无私付出并作出卓越贡献的所有专家学者、建筑师和技术人员、各地建设部门领导和职工，表示衷心的感谢和崇高的敬意。此外，我还深深感受到，组织实施全国范围的、具有历史意义的调查研究，是其他组织和个人难以做到的，是中央部委必须承担的重要职责，今后还要多做。

住房和城乡建设部总经济师 趙暉

2016年9月

编委会

Editorial Committee

福建卷编写组：

组织人员：蒋金明、苏友佺、金纯真、许为一
编写人员：戴志坚、王绍森、陈　琦、胡　璟、戴　玢、赵亚敏、谢　骁、镡旭璐、祖　武、刘　佳、贾婧文、王海荣、吴　帆

北京卷编写组：

组织人员：李节严、侯晓明、李　慧、车　飞
编写人员：朱小地、韩慧卿、李艾桦、王　南、钱　毅、马　泷、杨　滔、吴　懿、侯　晟、王　恒、王佳怡、钟曼琳、田燕国、卢清新、李海霞
调研人员：刘江峰、陈　凯、闫　峥、刘　强、段晓婷、孟昳然、李沫含、黄　蓉

天津卷编写组：

组织人员：吴冬粤、杨瑞凡、纪志强、张晓萌
编写人员：朱　阳、王　蔚、刘婷婷、王　伟、刘铧文
调研人员：张　猛、冯科锐、王浩然、单长江、陈孝忠、郑　涛、朱　磊、刘　畅

河北卷编写组：

组织人员：封　刚、吴永强、席建林、马　锐
编写人员：舒　平、吴　鹏、魏广龙、刁建新、刘　歆、解　丹、杨彩虹、连海涛

山西卷编写组：

组织人员：张海星、郭　创、赵俊伟
编写人员：王金平、薛林平、韩卫成、冯高磊、杜艳哲、孔维刚、郭华瞻、潘　曦、王　鑫、石　玉、胡　盼、刘进红、王建华、张　钰、高　明、武晓宇、韩丽君

内蒙古卷编写组：

组织人员：杨宝峰、陈　彪、崔　茂
编写人员：张鹏举、彭致禧、贺　龙、韩　瑛、额尔德木图、齐卓彦、白丽燕、高　旭、杜　娟

辽宁卷编写组：

组织人员：任韶红、胡成泽、刘绍伟、孙辉东
编写人员：朴玉顺、郝建军、陈伯超、杨　晔、周静海、黄　欢、王蕾蕾、王　达、宋欣然、刘思铎、原砚龙、高赛玉、梁玉坤、张凤婕、吴　琦、邢　飞、刘　盈、楚家麟
调研人员：王严力、纪文喆、姚　琦、庞一鹤、赵兵兵、邵　明、吕海平、王颖蕊、孟　飘

吉林卷编写组：

组织人员：袁忠凯、安　宏、肖楚宇、陈清华
编写人员：王　亮、李天骄、李雷立、宋义坤、张　萌、李之吉、张俊峰、孙守东
调研人员：郑宝祥、王　薇、赵　艺、吴翠灵、李亮亮、孙宇轩、李洪毅、崔晶瑶、王铃溪、高小淇、李　宾、李泽锋、梅　郊、刘秋辰

黑龙江卷编写组：

组织人员：徐东锋、王海明、王　芳
编写人员：周立军、付本臣、徐洪澎、李同予、殷　青、董健菲、吴健梅、刘　洋、

刘远孝、王兆明、马本和、王健伟、
卜　冲、郭丽萍
调研人员：张　明、王　艳、张　博、王　钊、
晏　迪、徐贝尔

上海卷编写组：

组织人员：王训国、孙　珊、侯斌超、魏珏欣、
马秀英
编写人员：华霞虹、王海松、周鸣浩、寇志荣、
宾慧中、宿新宝、林　磊、彭　怒、
吕亚范、卓刚峰、宋　雷、吴爱民、
刘　刊、白文峰、喻明璐、罗超君、
朱　杭
调研人员：章　竟、蔡　青、杜超瑜、吴　皎、
胡　楠、王子潇、刘嘉纬、吕欣欣、
林　陈、李玮玉、侯　炬、姜鸿博、
赵　曜、闵　欣、苏　萍、申　童、
梁　可、严一凯、王鹏凯、谢　屾、
江　璐、林叶红

江苏卷编写组：

组织人员：赵庆红、韩秀金、张　蔚、俞　锋
编写人员：龚　恺、朱光亚、薛　力、胡　石、
张　彤、王兴平、陈晓扬、吴锦绣
陈　宇、沈　旸、曾　琼、凌　洁、
寿　焘、雍振华、汪永平、张明皓、
晁　阳

浙江卷编写组：

组织人员：江胜利、何青峰
编写人员：王　竹、于文波、沈　黎、朱　炜、
浦欣成、裘　知、张玉瑜、陈　惟、
贺　勇、杜浩渊、王焯瑶、张泽浩、
李秋瑜、钟温歆

安徽卷编写组：

组织人员：宋直刚、邹桂武、郭佑芹、吴胜亮
编写人员：李　早、曹海婴、叶茂盛、喻　晓、
杨　燊、徐　震、曹　昊、高岩琰、
郑志元
调研人员：陈骏祎、孙　霞、王达仁、周虹宇、
毛心彤、朱　慧、汪　强、朱高栎、
陈薇薇、贾宇枝子、崔巍懿

江西卷编写组：

组织人员：熊春华、丁宜华
编写人员：姚　赯、廖　琴、蔡　晴、马　凯、
李久君、李岳川、肖　芬、肖　君、
许世文、吴　琼、吴　靖
调研人员：兰昌剑、戴晋卿、袁立婷、赵晗聿、
翁之韵、顼琛春、廖思怡、何　昱

山东卷编写组：

组织人员：杨建武、尹枝俏、张　林、宫晓芳
编写人员：刘　甦、张润武、赵学义、仝　晖、
郝曙光、邓庆坦、许丛宝、姜　波、
高宜生、赵　斌、张　巍、傅志前、
左长安、刘建军、谷建辉、宁　荞、
慕启鹏、刘明超、王冬梅、王悦涛、
姚　丽、孔繁生、韦　丽、吕方正、
王建波、解焕新、李　伟、孔令华、
王艳玲、贾　蕊

河南卷编写组：

组织人员：马耀辉、李桂亭、韩文超
编写人员：郑东军、李　丽、唐　丽、韦　峰、
黄　华、黄黎明、陈兴义、毕　昕、
陈伟莹、赵　凯、渠　韬、许继清、
任　斌、李红建、王文正、郑丹枫、
王晓丰、郭兆儒、史学民、王　璐、
毕小芳、张　萍、庄昭奎、叶　蓬、
王　坤、刘利轩、娄　芳、王东东、
白一贺

湖北卷编写组：

组织人员：万应荣、付建国、王志勇

编写人员：肖　伟、王　祥、李新翠、韩　冰、张　丽、梁　爽、韩梦涛、张阳菊、张万春、李　扬

湖南卷编写组：

组织人员：宁艳芳、黄　立、吴立玖

编写人员：何韶瑶、唐成君、章　为、张梦淼、姜兴华、罗学农、黄力为、张艺婕、吴晶晶、刘艳莉、刘　姿、熊申午、陆　薇、党　航、陈　宇、江　嫚、吴　添、周万能

调研人员：李　夺、欧阳铎、刘湘云、付玉昆、赵磊兵、黄　慧、李　丹、唐娇致、石凯弟、鲁　娜、王　俊、章恒伟、张　衡、张晓晗、石伟佳、曹宇驰、肖文静、臧澄澄、赵　亮、符文婷、黄逸帆、易嘉昕、张天浩、谭　琳

广东卷编写组：

组织人员：梁志华、肖送文、苏智云、廖志坚、秦　莹

编写人员：陆　琦、冼剑雄、潘　莹、徐怡芳、何　菁、王国光、陈思翰、冒亚龙、向　科、赵紫伶、卓晓岚、孙培真

调研人员：方　兴、张成欣、梁　林、林　琳、陈家欢、邹　齐、王　妍、张秋艳

广西卷编写组：

组织人员：彭新唐、刘　哲

编写人员：雷　翔、全峰梅、徐洪涛、何晓丽、杨　斌、梁志敏、尚秋铭、黄晓晓、孙永萍、杨玉迪、陆如兰

调研人员：许建和、刘　莎、李　昕、蔡　响、谢常喜、李　梓、覃茜茜、李　艺、李城臻

海南卷编写组：

组织人员：霍巨燃、陈孝京、陈东海、林亚芒、陈娟如

编写人员：吴小平、唐秀飞、贾成义、黄天其、刘　筱、吴　蓉、王振宇、陈晓菲、刘凌波、陈文斌、费立荣、李贤颖、陈志江、何慧慧、郑小雪、程　畅

重庆卷编写组：

组织人员：冯　赵、吴　鑫、揭付军

编写人员：龙　彬、陈　蔚、胡　斌、徐干里、舒　莺、刘晶晶、张　菁、吴晓言、石　恺

四川卷编写组：

组织人员：蒋　勇、李南希、鲁朝汉、吕　蔚

编写人员：陈　颖、高　静、熊　唱、李　路、朱　伟、庄　红、郑　斌、张　莉、何　龙、周晓宇、周　佳

调研人员：唐　剑、彭麟麒、陈延申、严　潇、黎峰六、孙　笑、彭　一、韩东升、聂　倩

贵州卷编写组：

组织人员：余咏梅、王　文、陈清鋆、赵玉奇

编写人员：罗德启、余压芳、陈时芳、叶其颂、吴茜婷、代富红、吴小静、杜　佳、杨钧月、曾　增

调研人员：钟伦超、王志鹏、刘云飞、李星星、胡　彪、王　曦、王　艳、张　全、杨　涵、吴汝刚、王　莹、高　蛤

云南卷编写组：

组织人员：汪　巡、沈　键、王　瑞

编写人员：翟　辉、杨大禹、吴志宏、张欣雁、刘肇宁、杨　健、唐黎洲、张　伟

调研人员：张剑文、李天依、栾涵潇、穆　童、王祎婷、吴雨桐、石文博、张三多、阿桂莲、任道怡、姚启凡、罗　翔、顾晓洁

西藏卷编写组：

组织人员：李新昌、姜月霞、付　聪

编写人员：王世东、木雅·曲吉建才、拉巴次仁、丹　达、毛中华、蒙乃庆、格桑顿珠、旺　久、加　雷

调研人员：群　英、丹增康卓、益西康卓、次旺郎杰、土旦拉加

陕西卷编写组：

组织人员：王宏宇、李　君、薛　钢

编写人员：周庆华、李立敏、赵元超、李志民、孙西京、王　军（博）、刘　煜、吴国源、祁嘉华、刘　辉、武　联、吕　成、陈　洋、雷会霞、任云英、倪　欣、鱼晓惠、陈　新、白　宁、尤　涛、师晓静、雷耀丽、刘　怡、李　静、张钰曌、刘京华、毕景龙、黄　姗、周　岚、石　媛、李　涛、黄　磊、时　洋、张　涛、庞　佳、王怡琼、白　钰、王建成、吴左宾、李　晨、杨彦龙、林高瑞、朱瑜葱、李　凌、陈斯亮、张定青、党纤纤、张　颖、王美子、范小烨、曹惠源、张丽娜、陆　龙、石　燕、魏　锋、张　斌

调研人员：陈志强、丁琳玲、陈雪婷、杨钦芳、张豫东、刘玉成、图努拉、郭　萌、张雪珂、于仲晖、周方乐、何　娇、宋宏春、肖求波、方　帅、陈建宇、余　茜、姬瑞河、张海岳、武秀峰、孙亚萍、魏　栋、干　金、米庆志、陈治金、贾　柯、刘培丹、陈若曦、陈　锐、刘　博、王丽娜、吕咪咪、卢　鹏、孙志青、吕鑫源、李珍玉、周　菲、杨程博、张演宇、杨　光、邸　鑫、王　镭、李梦珂、张珊珊、惠禹森、李　强、姚雨墨

甘肃卷编写组：

组织人员：蔡林峥、任春峰、贺建强

编写人员：刘奔腾、张　涵、安玉源、叶明晖、冯　柯、王国荣、刘　起、孟岭超、范文玲、李玉芳、杨谦君、李沁鞠、梁雪冬、张　睿、章海峰

调研人员：马延东、慕　剑、陈　谦、孟祥武、张小娟、王雅梅、郭兴华、闫幼锋、赵春晓、周　琪、师宏儒、闫海龙、王雪浪、唐晓军、周　涛、姚　朋

青海卷编写组：

组织人员：杨敏政、陈　锋、马黎光

编写人员：李立敏、王　青、马扎·索南周扎、晁元良、李　群、王亚峰

调研人员：张　容、刘　悦、魏　璇、王晓彤、柯章亮、张　浩

宁夏卷编写组：

组织人员：杨　普、杨文平、徐海波

编写人员：陈宙颖、李晓玲、马冬梅、陈李立、李志辉、杜建录、杨占武、董　茜、王晓燕、马小凤、田晓敏、朱启光、龙　倩、武文娇、杨　慧、周永惠、李巧玲

调研人员：林卫公、杨自明、张　豪、宋志皓、王璐莹、王秋玉、唐玲玲、李娟玲

新疆卷编写组：

组织人员：马天宇、高　峰、邓　旭

编写人员：陈震东、范　欣、季　铭

主编单位：

中华人民共和国住房和城乡建设部

参编单位：

北京卷： 北京市规划委员会
北京市勘察设计和测绘地理信息管理办公室
北京市建筑设计研究院有限公司
清华大学
北方工业大学

天津卷： 天津市城乡建设委员会
天津大学建筑设计规划研究总院
天津大学

河北卷： 河北省住房和城乡建设厅
河北工业大学
河北工程大学
河北省村镇建设促进中心

山西卷： 山西省住房和城乡建设厅
北京交通大学
太原理工大学
山西省建筑设计研究院

内蒙古卷： 内蒙古自治区住房和城乡建设厅
内蒙古工业大学

辽宁卷： 辽宁省住房和城乡建设厅
沈阳建筑大学
辽宁省建筑设计研究院

吉林卷： 吉林省住房和城乡建设厅
吉林建筑大学
吉林建筑大学设计研究院
吉林省建苑设计集团有限公司

黑龙江卷： 黑龙江省住房和城乡建设厅
哈尔滨工业大学
齐齐哈尔大学
哈尔滨市建筑设计院
哈尔滨方舟工程设计咨询有限公司
黑龙江国光建筑装饰设计研究院有限公司
哈尔滨唯美源装饰设计有限公司

上海卷： 上海市规划和国土资源管理局
上海市建筑学会
华东建筑设计研究总院
同济大学
上海大学
上海市城市建设档案馆

江苏卷： 江苏省住房和城乡建设厅
东南大学

浙江卷： 浙江省住房和城乡建设厅
浙江大学
浙江工业大学

安徽卷： 安徽省住房和城乡建设厅
合肥工业大学

福建卷： 福建省住房和城乡建设厅
厦门大学

江西卷： 江西省住房和城乡建设厅
南昌大学
江西省建筑设计研究总院
南昌大学设计研究院

山东卷： 山东省住房和城乡建设厅
山东建筑大学
山东建大建筑规划设计研究院
山东省小城镇建设研究会
山东大学
烟台大学
青岛理工大学
山东省城乡规划设计研究院

河南卷： 河南省住房和城乡建设厅
郑州大学
河南大学
河南理工大学
郑州大学综合设计研究院有限公司
河南省城乡规划设计研究总院有限公司
河南大建建筑设计有限公司
郑州市建筑设计院有限公司

湖北卷： 湖北省住房和城乡建设厅
中信建筑设计研究总院有限公司

湖南卷： 湖南省住房和城乡建设厅
湖南大学
湖南大学设计研究院有限公司
湖南省建筑设计院

广东卷： 广东省住房和城乡建设厅
华南理工大学
广州瀚华建筑设计有限公司
北京建工建筑设计研究院

广西卷： 广西壮族自治区住房和城乡建设厅
华蓝设计（集团）有限公司

海南卷： 海南省住房和城乡建设厅
海南华都城市设计有限公司
华中科技大学
武汉大学
重庆大学
海南省建筑设计院
海南雅克设计有限公司
海口市城市规划设计研究院
海南三寰城镇规划建筑设计有限公司

重庆卷： 重庆市城乡建设委员会
重庆大学
重庆市设计院

四川卷： 四川省住房和城乡建设厅
西南交通大学
四川省建筑设计研究院

贵州卷： 贵州省住房和城乡建设厅
贵州省建筑设计研究院
贵州大学

云南卷： 云南省住房和城乡建设厅
昆明理工大学

西藏卷： 西藏自治区住房和城乡建设厅
西藏自治区建筑勘察设计院
西藏自治区藏式建筑研究所

陕西卷： 陕西省住房和城乡建设厅
西安建大城市规划设计研究院
西安建筑科技大学建筑学院
长安大学建筑学院
西安交通大学人居环境与建筑工程学院
西北工业大学力学与土木建筑学院
中国建筑西北设计研究院有限公司
中联西北工程设计研究院有限公司
陕西建工集团有限公司建筑设计院

甘肃卷： 甘肃省住房和城乡建设厅
兰州理工大学
西北民族大学
甘肃省建筑设计研究院

青海卷： 青海省住房和城乡建设厅
西安建筑科技大学
青海省建筑勘察设计研究院有限公司
青海明轮藏传建筑文化研究会

宁夏卷： 宁夏回族自治区住房和城乡建设厅
宁夏大学
宁夏建筑设计研究院有限公司
宁夏三益上筑建筑设计院有限公司

新疆卷： 新疆维吾尔自治区住房和城乡建设厅
新疆建筑设计研究院
新疆佳联城建规划设计研究院

目　录

Contents

第三章　莆仙区传统建筑特征解析

第四章　闽东区传统建筑特征解析

下篇：福建近现代建筑文化传承与发展

第八章　福建近代建筑特征解析

第九章　基于自然要素的福建当代建筑文化传承

第十章　基于形式特征的福建当代建筑文化传承

前　言

Preface

福建传统建筑以其鲜明的地方特色、悠久的技艺传承、优美的建筑造型、丰富的文化内涵在中国建筑史上当之无愧地占有一席之地。福建是以中原南徙的移民为主体而建构起来的社会。不同时期的汉人南迁，带来了中原不同时期的建筑形式和风格，对福建传统建筑形式和风格的形成影响极大。福建境内多山多河，人们被山脉河流分隔在不同的区域，形成了相对独立的小经济区域。这种地理特点以及多元文化的碰撞，造成了福建各地建筑文化的差异。也就是说，不同的区域有不同的民情习俗，不同民情习俗形成了不同的工匠体系，不同的工匠体系采用了不同的施工技术、建筑材料与建筑装饰工艺。同时，由于福建在文化上具有相对的独立性和封闭性，福建传统建筑保存着中原传统建筑文化的不少精华，许多明清建筑在风格、做法上常常留下北方唐、宋时期的特征。这就是为什么在福建这样一个小小的地方，形成的建筑类型会如此多样，建筑形式会如此丰富，建筑风格会如此独特的主要原因。

优秀的传统建筑具有珍贵的历史、科学和艺术价值，是今天的建筑师进行创作的丰富源泉。福建传统建筑因地制宜、就地取材、因材施工，广泛地集中了传统营建经验而世代相传，显示了福建的地方建筑特色和建筑装饰手法，某些独特的布局形式及营建手法，至今在许多现代建筑中仍被沿袭使用。令人忧虑的是，随着房地产开发和旧城改造、村镇改造的进程加快，传统建筑文化赖以生存的环境遭到破坏。在建筑创作上，生搬硬套、简单抄袭、粗制滥造等现象比比皆是。这些现象已引起社会的关注。传统建筑是在千百年文化沉积和淘汰的基础上逐步形成和发展起来的，与我们今天的生活有着割不断的历史延续。在保护好我们引以自豪的建筑文化遗产的基础上，创造出更值得后人自豪的，既是现代的又是延续传统的建筑形式，是时代赋予我们的使命。

住房和城乡建设部村镇建设司在启动“传统建筑解析与传承”调查研究和这个出版计划时定位为：系统总结传统建筑精粹，传承中国传统建筑文化，着眼于新建筑创作与实践。据此，本书内容构成分为两个部分：

上篇为传统（解析）篇，按照闽南、莆仙、闽东、闽北、闽中、客家六个分区，进行福建传统建筑的空间系列解析，并分析、总结了福建传统建筑的特征与风格。

下篇是近现代（传承）篇，总结福建当代建筑传承实践的基本手法，力求把共性的、取得共识的、经过时间检验的传承成果加以总结，以求引导更为深层的传承实践。

在《中国传统建筑解析与传承 福建卷》的编写团队中，戴志坚教授30年来坚持福建传统民居和古村落的研究和保护工作，获得“中国民居建筑大师”称号，出版过《福建民居》、《闽台民居的渊源与形态》、《福建古建筑》等专著，同时也是刚刚完成的国家重点大出版工程《中国古建筑丛书》（35本）的总主编之一。王绍森教授是福建建筑设计大师，中国百名建筑师，长期关注地域建筑的现代性表达研究，主持重大工程项目设计和指导学生参与大学生建筑设计竞赛均获得全国、省（部）级各项奖励。本书的调研和编写工作能克服许多困难在较短的时间内顺利完成，全赖于编委会全体同仁的不懈努力和无私奉献。具体编撰分工如下：

上篇编著人员：

戴志坚，负责全书大纲和内容的策划、全书审定，上篇传统（解析）篇的主编，第一到第七章图表、照片的拍摄和整理。

各章节编写人员如下：

第一章“绪论”由戴志坚负责编写。

第二章“闽南区传统建筑特征解析”、第三章“莆仙区传统建筑特征解析”、第四章“闽东区传统建筑特征解析”、第五章“闽北区传统建筑特征解析”由陈琦负责编写。

第六章“闽中区传统建筑特征解析”、第七章“客家区传统建筑特征解析”由戴玢负责编写。

下篇编著人员：

王绍森，负责全书大纲和内容的策划、全书审定，下篇近现代（传承）篇的主编。

各章节编写人员如下：

第八章“福建近代建筑特征解析”由胡璟、镡旭璐、刘佳负责编写。

第九章“基于自然要素的福建当代建筑文化传承”由赵亚敏、祖武负责编写。

第十章“基于形式特征的福建当代建筑文化传承”由王海荣、吴帆负责编写。

第十一章“基于空间特征的福建当代建筑文化传承”由胡璟、贾婧文负责编写。

第十二章“基于材料和技术的福建当代建筑文化传承”由谢骁负责编写。

第十三章“回顾与展望”由赵亚敏、谢骁负责编写。

全书统稿、增补、校对工作由胡璟、镡旭璐、祖武完成。

第一章　绪论

福建省简称“闽”，位于我国东南沿海，北邻浙江省，西北接江西省，西南连广东省，东隔台湾海峡与台湾省相望，连东海、南海而通太平洋。福建背山面海，素有“东南山国”和“八山一水一分田”之称。全省现有人口3627万，汉族人口占全省常住人口总数的97.84%，畲族、回族、满族、蒙古族、高山族、苗族、壮族等少数民族人口占2.16%。福建居民大多数是北方移民的后裔，在长达千年的迁移时间里定居在不同的地域，与当地土著居民融合，形成独特的地域文化。根据方言分布、地域文化、地理气候条件的不同，福建传统建筑可分为闽南区、闽东区、莆仙区、闽北区、闽中区和客家区六个区域。建筑文化是固有历史文化的沉积和自然地理环境相互作用下的产物。福建境内众多的山脉、交错的河流、大小的港湾、富饶的平原和温和的四季，为丰富多样的福建传统建筑的形成与发展提供了良好的条件。福建传统建筑作为历史文化的载体，则从不同角度形象地反映出福建不同历史发展阶段的政治、经济、文化和社会生活状况。福建传统建筑技艺传承悠久、建筑类型多样、建筑造型优美，既是中原文化的延伸，又具有鲜明的地方特色，表现出稳固性、多样性、乡土性和融合性等文化特性。

第一节　福建省地理气候与历史文化

一、地理环境

福建省地处我国东南沿海，位于北纬23° 31′~28° 18′，东经115° 50′~120° 43′之间。全省东西最大宽度约480公里，南北最大长度约530公里，陆地面积12.4万平方公里。福建地形以山地、丘陵为主，全省海拔高度500~800米的中低山地约占全省总面积的72.4%，海拔250~500米的丘陵约占14.5%，平原仅占13.1%。山地多分布于中部和西部，丘陵、平原主要分布在东部沿海地区。

福建地势西北高东南低。境内有闽西、闽中两列大山带，均呈东北—西南走向，大致与海岸平行。闽西大山带由武夷山、杉岭等组成，位于福建西部与江西交界处，绵延达530公里，海拔700~1500米。浙江西南部的仙霞岭与武夷山相接，其支脉向东南伸入浦城一带。山带中有不少因断层陷落或古老河谷被抬升而形成的垭口，以“关”“隘”“口”命名，自古为福建与江西、浙江陆上的天然通道和军事要冲。著名的有浦城县枫岭关，武夷山市分水关、桐木关，光泽县铁牛关、杉关，邵武市黄土关，建宁县甘家隘，宁化县站岭隘，长汀县古城口，武平县黄土隘等。闽中大山带由鹫峰山、戴云山、博平岭等山脉组成，斜贯福建中部，长约550余公里。闽江以北是鹫峰山，海拔700~1000米，长约100公里，向东北延伸与浙江的洞宫山脉、括苍山脉连接。闽江与九龙江之间是戴云山脉，海拔700~1500米，长约300公里，是本列山脉的主体部分。九龙江以南是博平岭，北起漳平，向西南延伸入广东境内，海拔700~1500米，在福建境内长约100公里。这一列山脉是福建境内一些河流的发源地，如闽江大樟溪、晋江、交溪、木兰溪、九龙江西溪等。

在两列山脉之间，是一条长廊形谷地，谷底海拔100~300米，地势较为平坦。谷地北起浦城县和松溪县，南至永安市，延伸约240公里，建溪和沙溪干流蜿蜒于谷地之中。鹫峰山、戴云山和博平岭向东直至海岸，地势逐渐下降。由于海岸的发育过程不同，闽江口以南的沿海地带形成一片断续不相连接的狭长平原，而在闽江口以北，低山和丘陵多逼近海岸。

福建境内的溪流纵横交错，共有29个水系、600多条河流。河流沿岸谷地和盆地交错分布。较大的河流有闽江、九龙江、汀江、晋江、敖江、交溪、木兰溪、霍童溪等。除交溪发源于浙江、出海于福建，汀江发源于福建、出海于广东外，绝大部分河流都是发源于福建并在本省东南部出海。这些水系多自成系统，如闽江流经闽北、闽中、闽东，九龙江流经闽西、闽南，晋江流经闽南，汀江流经闽西，交溪流经闽东。在沿海地区，由于河、海、山的相互堆积，形成冲积、海积平原。著名的有九龙江口的漳州平原、晋江口的泉州平原、木兰溪口的莆田平原和闽江出海口的福州平原，总面积1865平方公里，是福建人口最为稠密、经济文化最为发达的区域。

福建东濒东海，海岸曲折，多港湾岛屿。海域面积13.6万平方公里，陆地海岸线长3752公里，居全国第二位，而曲率达1:6.2，居全国首位。海岛众多，大于500平方米的岛屿有1546个，较大的有海坛岛、金门岛、东山岛、厦门岛等。有大小港湾125处，较大港湾22 个，主要有三沙湾、马尾港、兴化湾、湄洲湾、泉州港、厦门港等。

二、气候条件

福建靠近北回归线，属于亚热带海洋性季风气候。以福州—福清—永春—漳平—上杭一线为界，可分为中亚热带和南亚热带。

由于海洋的调节作用，福建气温的年较差与日较差远较同纬度的内陆小，年较差一般在14℃~22℃之间，日较差一般在8℃~10℃之间。冬季较温和，较少出现严寒和破坏性低温。夏季较凉爽，除一些内陆山间盆地外，很少出现酷暑。全省年平均气温17℃~21℃。最热月7~8月，月平均气温多在28℃左右；最冷月1~2月，月平均气温多在

6℃～13℃之间。除闽西北地区和一些海拔较高的山地外，各地全年霜日一般在20天以下。内陆地区绝大多数地方无霜期在260～300天之间，沿海地区无霜期在300天以上。

福建是全国降水量最多的省份之一。年降水量1000～2000毫米，逐月相对湿度一般在75～85%之间。降水主要集中在春季，3～6月降水量占全年降水量的50%～60%；7～9月由于多台风，降水量占全年降水量的20%～35%。

福建各地区风速差异较大。沿海一带年平均风速达5米／秒。个别地区因处于突出部的孤立山地风速更大，如福鼎的福瑶岛海拔508米，年平均风速高达7.5米／秒。内陆盆地如三明、龙岩、南平地区年平均风速都在2米／秒以下。夏秋之季常有台风登陆，给沿海造成一定破坏性影响。

三、历史变迁

福建早期的土著居民为"闽族"。据《周礼》记载，西周时，福建属"七闽"，臣服于周王朝。春秋战国时期，越人入闽，与土著闽人融合，形成闽越族。闽越人首领无诸统一福建各地，自封为闽越王。秦统一六国后，废无诸为君长，秦始皇二十五年（公元前222年）在闽越族聚居地设立闽中郡。虽未派官治理，但福建从此被正式纳入中央王朝的版图。闽中郡的辖地包括今福建省全境，以及相邻的浙江省、江西省、广东省的一部分。

秦末天下大乱，无诸起兵反秦，后又佐汉灭楚，于汉高祖五年（公元前202年）受封为闽越王，建都在东冶（今福州）。元封元年（公元前110年），汉武帝灭闽越国，将其宗族、部众强行迁徙至江淮一带。闽越国灭亡后，中央政府在闽地设立冶县（今福州），属会稽郡管辖。

东汉末年至三国时期，孙吴政权五次派遣军队入闽，建立对福建的统治。三国吴永安三年（公元260年），在今建瓯置建安郡，这是福建历史上所设的第一个中级行政单位。

两晋南北朝时期，中原人士大批南下，部分避乱入闽。西晋太康三年（公元282年）析建安郡为建安、晋安两郡，属扬州管辖。建安郡辖地包括全部闽北；晋安郡郡治在今福州，辖地包括闽西和沿海一带。随着闽南地区的进一步开发，南朝梁天监年间（公元502～519年）析晋安郡南部置南安郡，郡治设在今南安市丰州镇，辖有兴化、泉、漳等地。南朝陈永定年间（公元557～559年）升晋安郡为闽州，统领建安、晋安、南安三郡，这是福建历史上继秦设闽中郡以后实设的第一个省级单位。

隋唐时期，福建地方行政制度有较大调整变迁。隋开皇九年（公元589年）设泉州，州治在今福州，后改称闽州。大业三年（公元607年）废州，并设建安、晋安、南安三郡为建安郡。经隋裁并之后，建安郡仅存闽县、建安、南安、龙溪4个县，郡治设在闽县（今福州）。唐高祖武德元年（公元618年），改郡为州。唐朝中期，为加强对境域内各地的行政管辖，朝廷先后设立福州（州治今福州）、建州（州治今建瓯）、泉州（州治今泉州）、漳州（州治今漳州）、汀州（州治今长汀）。唐开元二十一年（公元733年）设立区域军事长官，从福州、建州中各取首字称福建经略观察使，为"福建"名称之始。

五代十国时，福建一度称"闽国"，首府为福州。唐光启元年（公元885年），光州固始（今属河南）人王潮、王审知兄弟率领农民军进入闽西、闽南，随后据有全闽。后梁开平三年（公元909年）梁太祖朱温封王审知为闽王。公元933年王审知之子王延钧正式称帝，改国号为"闽"。闽国盛时辖境为福州、建州、汀州、泉州、漳州，地界与今省界相似。南唐保大三年（公元945年）南唐灭闽国，控制了汀、建二州；继而吴越国占据了福州地区；泉州人留从效割据漳、泉二州。北宋开宝八年（公元975年）宋灭南唐，太平兴国三年（公元978年）吴越国钱氏与留从效继承者陈洪进相继纳土请降，福建全境最终归入宋朝版图。

入宋以后，随着中国经济重心及政治中心的南移，福建人口不断增长，经济更为繁荣。北宋雍熙二年（公元985年）置福建路，辖福、建、泉、漳、汀、南剑六州和邵武、兴化二军，至南宋辖一府、五州、二军，因此福建有"八闽"之称。宋福建路的境界线与今省界相同。

元世祖至元十五年（1278年），福建开始设立行省。元代中叶，福建境内设福州、建宁、泉州、兴化、邵武、延平、汀州、漳州等八路。明代改设福建布政使司，改路为府。清代以来，改为福建省。清康熙二十三年（1684年）增设台湾府，隶属福建省管辖。清光绪十一年（1885年）析台湾单独设省。

1949年8月24日，福建省人民政府成立。现福建省辖厦门、福州、泉州、漳州、莆田、三明、南平、龙岩、宁德9个设区市，省会设在福州市。

四、福建文化源流

在漫长的历史发展过程中，八闽大地积淀了丰厚的文化底蕴。福建文化是中华文化的重要组成部分，同时保持着自己鲜明的地域特色。闽越文化的遗风、中原文化的传入、宗教文化的传播、海外文化的冲击是福建文化形成的主要原因。

（一）闽越文化遗风

福建古为闽越地。闽越人是战国时期来自浙江的于越人进入闽中后，与商周时期就生活在此的闽地土著部族群落相结合而产生的。秦汉之前，闽越文化在福建占有重要地位。魏晋以降，随着北方士民陆续入闽，中原文化不断南渐。虽然闽越人的主人地位慢慢被替代，闽越土著文化在长期的民族融合中逐渐被同化，但闽越文化作为福建文化的底层，仍不同程度地保留下来。至今福建仍存有许多与闽越王有关的祠庙。如据1990年统计，仅在福州郊区主祀闽越王无诸及闽越王郢第三子（世称白马三郎）的庙宇就有23座。闽越人信鬼神重巫祝的风俗，长期左右着福建人的精神世界和日常生活。闽越文化对鬼神的崇拜，与陆续从中原传来的巫术相结合，相沿成习，为福建民间信仰的滋生提供了肥沃的土壤。现在还在福建民间流传的蛇崇拜就与闽越族有关。据汉代许慎《说文解字》：“闽，东南越，蛇种。从虫、门声。”“虫”字通“蛇”解，“蛇种”即“蛇族”，就是信仰蛇神的氏族。闽越人以蛇作为图腾崇拜，是因为他们生活在湿温的丘陵山区，溪谷江河纵横交错，许多蛇类繁衍滋生，对人类的生命造成极大的威胁。因此人们在近山的岩石上刻画蛇形以祈求神灵保佑，并建庙供奉。这种崇拜延续至今，现在福建还有不少地方保留蛇王庙。

（二）中原文化传入

福建是以中原南徙的移民为主体而建构起来的社会，中原文化的传入方式以大量移民的途径为主。中原汉人曾四次大规模进入福建。第一次在西晋末永嘉年间，史称“八姓入闽”。当然，“八姓”（林、陈、黄、郑、詹、邱、何、胡）只是泛指。这些北方士民多为中州世族，文化素养较高，为避永嘉之乱而携眷南逃，多定居在闽江流域和晋江流域。第二次是唐初中州颍川人陈政、陈元光父子率军经略漳州。陈元光随父进漳州平定畲乱，21岁时子承父职，定居并开发漳州。陈元光实行屯垦耕战政策，招抚土著，安定地方，对闽南地区的开发具有重要意义（图1-1-1）。第三次是唐末五代王审知治闽。王审知与其兄王潮一起率人马入闽，定都福州。王审知实行保境安民政策，整治吏治，轻徭薄赋，发展生产，一向落后的福建经济文化开始出现繁荣景象（图1-1-2）。第四次是北宋南迁。宋室南渡前后，中原百姓为避战乱，大批涌进福建。福建人口大幅度增长，在国内的经济、文化地位日益重要。此外，从永嘉之乱前至明清，都有中原人士陆续入闽定居。这四次大移民和陆续入闽的移民，都不同程度地带来了中原的先进文化、生产技艺、建筑技术，加快了福建的开发和进步。

另外还有不少闽人北上访学，也将中原文化带回闽地。如理学开创者周敦颐、张载、程颢、程颐、邵雍等都在中原一带，不少闽人投奔其门下，回乡后纷纷聚徒讲学。建阳人游酢与将乐人杨时先后到颍昌、洛阳向程颢、程颐求学，留下了“程门立雪”的佳话。他们返闽后大力传播理学，后被朱熹改造发扬为闽学。朱熹是南宋杰出的哲学家、思想家、教育家。“闽学”既指朱熹的学术思想、学说体系，又指以朱熹为创立者，包括其门弟子在内的一个理学派别。朱熹和弟子散居福建各地，设置学堂，创办书院，著书立说，提倡

图1-1-1 开漳圣王陈元光像（来源：网络）

图1-1-2 闽王王审知像（来源：网络）

图1-1-3 闽学的集大成者朱熹（来源：网络）

易风俗的社会教育，对福建的思想意识和风俗习俗有深远的影响（图1-1-3）。

（三）宗教文化传播

佛教传入中国大约在东汉末年，传入福建约在西晋年间。经过六朝的传播，到唐代已相当兴旺。唐武宗会昌五年（公元845年），朝廷禁止佛教，波及福建，许多寺院被毁，僧尼逃尽。唐宣宗以后，佛教得到长足的发展。五代闽国时期，闽王王审知笃信佛教，王氏家族对佛教也极为热衷，闽中塔庙之盛甲于天下。宋代福建佛教更加兴盛，僧尼之多为全国之首，寺院之多为历代之最。元、明、清至近代，佛教在福建始终没有衰竭。中国佛教的八个主要宗派都不同程度在福建流传过，其中影响最大、最为流行的是禅宗。禅门五宗（沩仰宗、临济宗、曹洞宗、云门宗、法眼宗）的兴起都与福建有密切关系。佛教在长期发展过程中，不仅对福建士大夫的思想产生极为深远的影响，而且保存许多重要经籍和著述，留下寺庙、塔幢、造像、碑刻、摩崖石刻等许多珍贵的文物。

福建早在原始社会就有方士活动萌芽。东汉时道教开始传入福建，魏晋时得到发展。道教在福建的早期发展与名山大川关系极为密切。霍童山为道教“三十六洞天、七十二福地”的三十六小洞天之首，武夷山被列为十六洞天，洞宫山是七十二福地之一。五代闽国时，王审知及之后的闽国统治者优礼道教，敬重道士，道教发展很快。宋代道教在闽地发展达到鼎盛，不少道士屡受朝廷赏赐，各地兴建了许多宫观。明代道教被取消“天师”称号，福建出现正一道和全真道。清代因为乾隆宣布黄教为国教，道教被认为是汉人的宗教，诏令禁止传布。但在福建，道教并没有衰落，民间祈祷斋醮之事及服饵丹道之术仍旧流行，并逐渐成为民间习俗。

伊斯兰教自7世纪中叶开始传入中国，穆斯林旋即进入福建，于唐中叶由海路传入泉州。宋元时期泉州跃为东方大港，数万阿拉伯人云集泉州经商，使之成为我国最早的三个伊斯兰教区之一。此外还有不少穆斯林分布在福州、邵武、厦门、漳州等20多个县市，留下了清真寺、墓址、亭、祠等伊斯兰建筑。

天主教于元代传入泉州，明中后期正式在闽传教。受明丞相、闽人叶向高邀请，意大利耶稣会士艾儒略到福州等地传教，前后达24年，建立教堂23座。明末菲律宾教省派传教士11人抵厦门、福州，开创“多明我会”传教区。基督教传入福建的时间为1840年前后，并由厦门、福州向各地辐射。鸦片战争后，西方不同派系的传教士纷纷在福建抢占地盘，天主教、基督教建的教堂、学校、医院、慈善机构几乎遍布全省各地。

除了以上五大宗教外，福建的地方宗教也不少。最有名的是将儒、道、释三教合一的“三一教”。三一教产生于明嘉靖、万历年间，盛行于明末清初，清中叶曾发展到中国台湾、新加坡一带。福建各地盛行的民间信仰名目繁多。闽越族和其他土著民族残存下来的鬼神崇拜，中原传入的汉民族所奉祀的各种神灵，从印度、中东等地传入的神灵崇拜，以及福建土生土长的神灵，都成为民间信仰的组成部分。福建民间信仰的神祇众多，最著名的是妈祖——林默（图1-1-4）、临水夫人——陈靖姑（图1-1-5）、保生大帝——吴夲（图1-1-6）。这三尊神原型都是人，后被逐渐演化为神，赋予类人而又超人的“神”力，再借以护佑人们自身。这种带有区域性的民间宗教，因有旺盛的生命力而持久不衰，至今在福建民间仍有广泛影响。

（四）海外文化冲击

海外文化的冲击主要来自国际贸易、外商定居闽地、闽

图1-1-4 妈祖——林默（来源：戴志坚 摄）

图1-1-5 临水夫人——陈靖姑（来源：网络）

图1-1-6 保生大帝——吴夲（来源：网络）

人越洋后回归故里等方面。就海上交通而言，福建是中国距离东南亚、西亚、东非和大洋洲较近的省份之一，历来是中国与世界交往的重要门户。早在闽越时代，福建就与海外有联系。五代时，王审知开辟海港，闽地与海外商贸往来蓬勃发展。宋元时期，福建海外交通和贸易日趋繁荣。泉州港誉称为东方第一大港，海运遍及亚洲各国，远及东非海岸、土耳其乃至欧洲一些港口。无数阿拉伯人、波斯人、印度人为世界贸易大港所吸引，定居当地而不返。明代统治者多次在福建沿海实施严厉的海禁，漳州的月港（今龙海市海澄镇）逐渐成为东南沿海最大的走私贸易港口。每年孟夏之后，月港有数百艘商船远洋四海，蔚为壮观。清初朝廷为断绝沿海人民与郑成功军队的联系，下诏大规模迁界，沿海三十里地尽为弃土。至康熙二十二年（1683年）清政府统一台湾后才全部复界，福建对外贸易逐渐形成以福州、厦门为中心。随着海外交通和对外文化交流的不断发展，他国的文化、民俗、信仰便逐渐与福建文化融汇渗透在一起。

宋元之后，福建经济发展，人口激增。人多地少的现实和海上交通的便利，促使闽人尤其是闽南人出海谋生，以求取得更加广阔的发展空间。闽南有句俗语：“第一好过番（下南洋），第二好过台湾”。据统计，福建有1512万华侨、华人分布在世界176个国家和地区，其中东南亚占78%。这些华侨身在外邦，心系故里，大多与家乡保持不同程度的联系。回乡探亲的华侨带回形态各异的海外文化，还有不少华侨在家乡建住宅、修祠庙、办学校，成为促进福建传统建筑繁荣的力量。

第二节 福建传统建筑的区域划分

福建传统建筑的区域划分受到外界条件、语言条件、自然条件三个方面的影响。战乱、异族入侵、社会动荡等外界条件将中原汉人推到了八闽大地上。从东晋到唐末，大规模的汉人入闽有过三次，现闽方言的三大支系在此期间形成。闽北方言大约形成于东晋南朝时期，闽南方言大约形成于唐初，闽东方言大约形成于五代十国的闽国时期。闽方言的另外两个支系形成较晚，莆仙方言大约在两宋时期从闽南方言分化出来，闽中方言大约在元明之后从闽北方言分化出来。随着唐末客家先民大量入闽，客家方言大体在北宋时期形成。福建地形复杂，山岭众多，江河纵横，历史上交通不便，外界信息难以沟通。北方移民入闽后，适应高山、平原、丘陵、海岛等不同的自然环境，走出一条生存繁衍的路，物质生活和精神生活因之产生变化。久而久之，不同的方言区逐渐产生不同的地域文化，各区域的传统建筑也逐渐形成各自的风格。

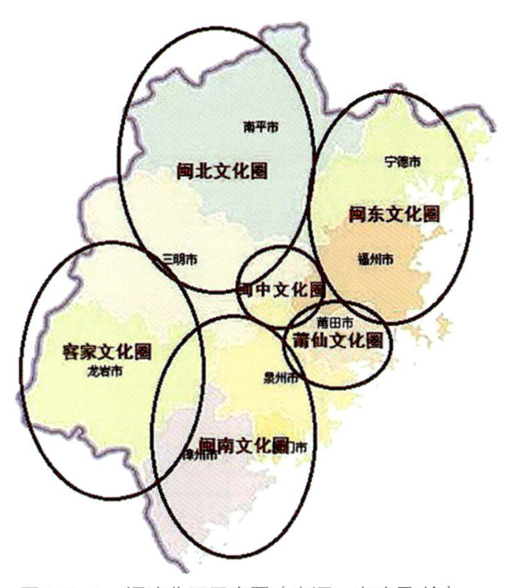

图1-2-1 福建分区示意图（来源：李建晶 绘）

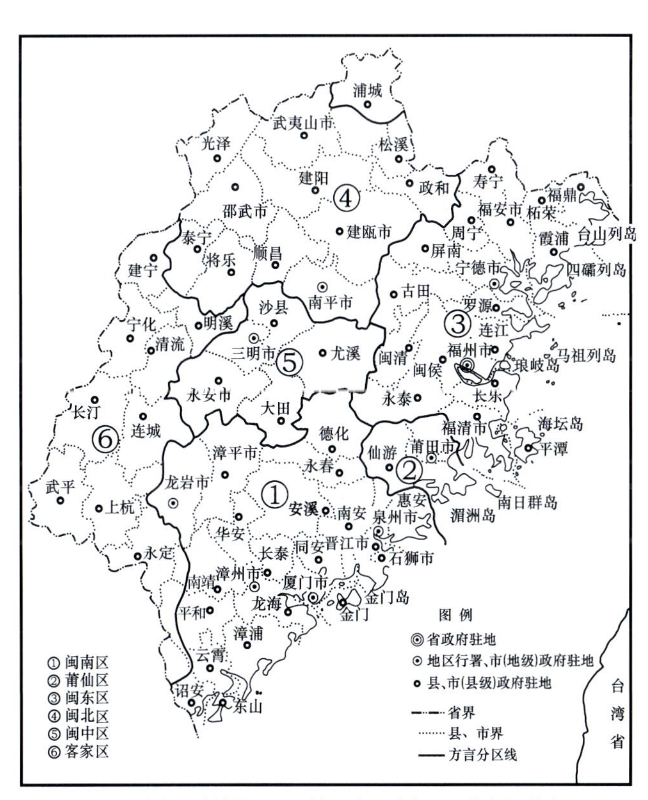

图1-2-2 福建传统建筑的六个区域示意图（来源：戴志坚 绘）

根据方言分布、地域文化、地理气候条件的不同，福建传统建筑可分为六个区域：闽南区、闽东区、莆仙区、闽北区、闽中区和客家区（图1-2-1、图1-2-2）。

一、闽南区

闽南区位于福建省南部，包括今泉州市、漳州市、厦门市所属各县（市、区），以及龙岩市的新罗、漳平。根据口音不同，可分为四小片。

北片：晋江流域的大部分县（市、区），以泉州为代表，具体为鲤城区、丰泽区、洛江区、泉港区、晋江市、石狮市、惠安县、安溪县、德化县、永春县、南安市。

南片：九龙江流域的部分县（市、区），以漳州为代表，具体为芗城区、龙文区、龙海市、长泰县、华安县、南靖县、平和县、漳浦县、云霄县、诏安县、东山县。

东片：以厦门为代表，具体为思明区、海沧区、湖里区、集美区、同安区、翔安区、金门县。

西片：九龙江上游的新罗区、漳平市。

闽南最早的移民来自三国时期，孙吴政权在晋江设东安县（后改名为南安县），在今漳浦以南设绥安县。六朝之后有大量移民进入该地区，南朝梁时析晋安郡南部置南安郡，泉州一带开始繁荣。唐总章二年（公元669年）陈政、陈元光父子从潮汕带兵入闽平定畲乱，随陈政戍闽的五十八姓兵壮先后入籍漳州，这是外省人进入该地区最多的一次。闽南的真正发展是在宋元时代。两宋时期，福建空前繁荣，闽南的人口也不断增长。人多地少，促使闽南人以其面临大海的优势，扬帆万国，贾行天下。唐代后期，泉州已成为我国对外贸易的重要港口。宋元时泉州成为“梯航万国”的东南巨港，许多阿拉伯人在此通商、定居。明代中叶以后，漳州月港取代泉州刺桐港的地位，成为当时全国最大的走私贸易港口。月港全盛之时，号称“小苏杭”，与47个国家和地区有贸易往来。清代，厦门港以其优越的港口条件，取代了漳州月港。厦门岛在明代初年尚是一个军事要塞（称为中左千户所），随着对外贸易的不断增长，逐渐发展成为人烟稠密、房屋鳞次栉比的繁华港口城市。与此同时，闽南人不断赴海外经商、定居，足迹遍布东南亚等地。

海上交通的发展促进了中外文化的交流，使闽南传统建筑刻上海洋文化的痕迹。如泉州民居用红砖砌成多种图案，创造出绚丽多彩的红砖文化，这与古代伊斯兰建筑手法相通。闽南一带大量中西合璧建筑的存在，也证实了海洋文化的深层影响。闽南传统建筑的外部材料以红砖、白石为多，内部材料以木构架为主。传统民居的平面格局大多是以“三合天井”型或“四合中庭”型为核心，向纵、横或纵横结合发展起来的。在城镇人口密集地区演变出“竹竿厝”“手巾寮”的街屋形式。出于防卫的需要，乡村修建了聚居建筑土楼、土堡。闽南传统建筑装饰精美，色彩艳丽。屋面形式丰富生动，泉州“出砖入石”的墙面独具特色，惠安石雕闻名全国，精巧的砖雕、木雕、剪粘也很有特色。

二、莆仙区

莆仙区位于福建省沿海中部，包括今莆田市所属各区（县），全境为木兰溪、萩芦溪流域。根据口音不同，可分为东西两片：东片为荔城区、城厢区、涵江区、秀屿区；西片为仙游县。

莆仙区最早归泉州管辖。北宋太平兴国四年（公元979年）析泉州另立兴化军，辖莆田、仙游、兴化三县。自宋之后，木兰溪流域始终自成一个二级政区，行政管辖已与泉州无关，与福州交通日益便利，来往日益密切。

在三国时已有北方汉人经海路进入莆仙区，定居于木兰溪流域。从魏晋南北朝至唐末五代，都有北方汉人陆续迁入该区，到了北宋年间，聚族而居的局面已基本形成。该区境内的木兰溪、萩芦溪虽然不长，却因雨量充沛而流量不小。从唐代开始，人们就在莆田平原的南洋、北洋兴修水利。如北宋治平年间，在木兰溪修筑木兰陂。大规模水利工程使莆仙区农业面貌大为改观，水稻一年两熟，荔枝闻名全国。东部沿海和南日岛、湄洲岛周围，又拥有300多海里的渔场和盐场。经济发展带动文化教育兴盛。莆仙素称“海滨邹鲁”“文献名邦”，科举文化发达。如宋代300年间出过990个进士、5个状元、6个宰相。历代世家名宦辈出，人才济济。如蔡襄、刘克庄、郑樵等都是有全国影响的大家，致仕为官一方，同时又兼诗人和学者。

莆仙区的传统建筑受中原京城居住文化影响至深。城区人口密集的地方，不乏深宅大院，多是纵向多进式合院布局，具有官式建筑的气派。山区民居多为横向布局，浅进深，宽开间。建筑外观竭力追求规模气派，细部过分堆砌，铺满墙面的装饰使得建筑外立面极其花哨，具有明显的炫耀性。外墙面采用“砖石间砌”和“红壁瓦钉”的处理手法，有其独到之处。

三、闽东区

闽东区位于福建省东部、东北部，包括今福州市、宁德市所属各县（市、区），大体按福州、福安口音分为南、北两片。

南片：闽江下游流域的福州市所属各县（市、区）及古田县，具体为鼓楼区、台江区、仓山区、马尾区、晋安区、闽侯县、长乐市、福清市、永泰县、连江县、平潭县、罗源县、闽清县、古田县。

北片：以交溪流域为主的宁德市大部分县（市、区），具体为蕉城区、福安市、福鼎市、柘荣县、霞浦县、周宁县、寿宁县、屏南县。

闽东区是福建最早置县之处，汉代在闽江口置冶县，有汉人经海路到此。三国以后，江淮移民大量在此定居，分置若干新县，唐代以之为中心置福州。唐末五代时，王审知父子在福州建立地方政权，招徕四方人才，形成了北方汉人移居福州的高潮。经过唐五代时期北方汉人的大规模入迁，福州平原已经基本得到开发，闽江下游成了以福州为中心的发达地区。闽江水系发源于仙霞、武夷等山脉，流经36个县（市），在公路未通的年代，是半个福建的交通大动脉。闽江水和海水在福州马尾附近交汇，马尾港具有河海联运之利，是闽江下游最重要的港口。汉晋以来，福州一直是控制全省的行政中枢和文化经济中心。地处全省政治、文化、经济中心，闽江口一带人受到民族文化熏陶较深，见识政治风云的机会也较多，数百年间涌现了不少政治家、军事家和文学家。如入宋以来的陈襄、许将、黄干，明清以来的叶向高、张经、陈第、陈若霖、林则徐、沈葆桢、陈宝琛，近代的黄乃裳、林森、萨镇冰、严复、林纾，现代的郑振铎、高士其、谢冰心、邓拓等人，都是具有全国影响的人物。

作为省会城市，又有闽江下游富饶肥沃的土地资源，加之悠久的传统文化底蕴，使福州传统建筑具有鲜明的江城文化特色。历代不乏达官贵人在此修庙造塔、建宅立业，建筑类型较多，工艺水平也较高。闽东房屋建筑的外墙以白色或黑灰色为主，格调素雅。纵向组合的多天井式布局如“三坊七巷”建筑群是福州民居常见的布局形式，曲线多变的封火山墙是闽东建筑最为突出的外部特征。宁德山区的木楼居、福安民居的木悬鱼也很有特点。在墙体材料上，福州民居的外围护墙采用“城市瓦砾土”墙，福清民居采用灰包土夯筑墙，可谓匠心独具。

四、闽北区

闽北区位于福建省北部，包括今南平市所属各县（市、区）、三明市部分县（市、区），全域是闽江上游的三条重要河流建溪、金溪和富屯溪流域。闽北区分为东、中、西三片。

东片：建溪上源南浦溪流域的建瓯市、松溪县、政和县、延平区、顺昌县。

中片：建溪另一上源崇阳溪流域的建阳区、武夷山市、浦城县。

西片：闽江的另两条上源金溪和富屯溪流域的邵武市、光泽县、泰宁县、将乐县。

闽北是福建的陆路门户。福建西北面的武夷山脉和北面的仙霞岭中有许多垭口，是福建与江西、浙江两省间的交通要道和军事要冲，自然也成为北方汉人跨越屏障，移居福建的必经之道。闽北是他们入闽后最先到达并予以开发的地区。特别是东汉时孙吴崛起于江东并向南发展，先后五次派兵入闽，更带动了大批北方汉人入闽。最迟在东汉末年，从陆路进入福建的汉人已从浙江和江西越过仙霞岭、武夷山，经浦城、崇安（今武夷山市）一带，进入建溪流域。然后顺流而下，移居到建瓯、建阳、南平等处，随后又散布到整个建溪和富屯溪、金溪流域。两宋时期是闽北经济文化发展的鼎盛时期。由于人口激增，建州分出南剑州和邵武军（建州改称建宁府）。这一时期，建阳麻沙成为全国出版中心，建瓷、建茶驰名四海，铜银冶炼在全国举足轻重。南宋的著名学者朱熹在闽北从事学术著述和讲学教育数十年，他热心教育，门徒众多，使闽北成为理学中心。

闽北区是福建最早开发的地区，又是朱熹讲学、著述之地，书院文化发达。不仅各地书院众多，在大型多进合院式民居中也常设有书院或读书厅，体现了理学之邦的书院文化的延伸。闽北盛产木材，民居、廊桥等传统建筑广泛使用杉木作为建筑材料。木材表面不施油漆，显得朴实、简洁、实用。传统民居如吊脚楼、合院式民居、“三进九栋”式民居等，至今沿用木作穿斗式结构和大出檐瓦屋面。规划水平甚高的村落布局，错落有致的马头墙，工艺精湛的砖雕艺术等，既是闽北传统建筑的成功经验，也体现了闽北建筑深厚的文化底蕴。

五、闽中区

闽中区位于福建省中部，包括今三明市的永安、三元、梅列、沙县、大田、尤溪，根据其地域分为东、西两片。

西片：沙县、梅列区、三元区、永安市，全域以闽江另一支流沙溪为流域。

东片：尤溪县、大田县。

唐以前，福建的县份和人口多集中在闽北，当时形成的闽北包括整个闽江流域的上游（含建溪、富屯溪、金溪、沙溪各支流）地区。闽中移民大部分是闽北移民的分支，只是他们从浙江、江西过来之后走得更远，从建溪南下到达闽江上游沙溪流域。宋以前，闽中区只有沙县、尤溪两个县，地广人稀。到明代才设置永安县、大田县，近代才设置三元县，是福建开发最晚的地区。闽中区地形复杂，纵横交错的高山、丘陵隔出了大小不一的山间盆地，这些大小盆地成为人们相对独立的生存空间。这里山高林密，水资源充足，银、铁、铜、铅、锌、煤等矿藏资源丰富。在长期时局动乱期间，这些相对天然富庶之地，也成为匪患成灾的地方。

特殊的地理环境和社会环境，使闽中区逐步形成独处山区，自成一体，淡泊名利的文化现象。体现在建筑的风格上，形成了外观纯朴、不求奢华、讲求实用的山林文化气质。村落布局以散居为主，传统建筑以木构为主，青瓦白墙的民宅星星点点，与规模壮观的土堡相映成趣。土堡由高大厚实的土石堡墙围合着院落式民居组合而成，是闽中区最有特色的防御性乡土建筑。

六、客家区

客家区位于福建省西部、西南部，主要包括今龙岩市大部分县和三明市部分县，大体分为三片。

北片：沙溪上源的建宁县、宁化县、清流县、明溪县，以客家祖籍地宁化为代表。

中片：汀江流域的长汀县、上杭县、连城县、武平县，以原汀州府城的长汀为代表。

南片：永定区和漳州市的平和县（西部）、南靖县(西部）、诏安县（北部），以永定为代表。

福建的客家人指居住在原汀州府及周围讲客家方言的一个汉族民系。“客家”的得名是与当时的“土著”相对而言的。秦汉以来中国北方的汉族先民分批南来，到了宋代户籍立册，认为先到为主，称为主籍（如福建南部讲河佬语系的先民），后到为客，称为“客籍人”或“客家人”。福建有宁化、清流、上杭、长汀、永定、连城、武平7个纯客住县和明溪、建宁等非纯客住县，均位于闽、粤、赣交界地区。客家先民是在唐末因避黄巢之乱而大批量入闽的。当时赣北、闽北也成了农民军的主战场，唯一可以选择的便是人烟稀少的闽西，那里是开元年间刚设置的汀州。在江西石城与宁化之间有一条平坦的通道和一片河谷盆地——石壁村，于是成了大批赣北、赣中难民入闽的中转地。由于一时涌来的人太多，不久后不少家族又拔足南行，陆续迁移到闽、粤、赣边界的上杭、武平、永定，进而到了粤北、粤东。据《元和郡县图志》，唐元和年间，汀州辖有长汀、宁化和沙县三个小县，人口只有2618户。到了宋代中叶，汀州新设清流、上杭、武平、莲城（今连城县）四县，据《元丰九城志》，全州已有81454户。为了扩展生存空间，明清之后，粤北、粤东山区的客家人又向闽西、赣南倒流，并自闽西、赣南再次远行，有的西去湖南、四川，有的渡海到了台湾。客家移民在长途迁徙的过程中，形成了团结奋进的客家精神，宗族观念、家族聚居显得十分突出。

客家移垦文化反映到传统建筑上是巨大的聚居规模和向心的布局形式。造型独特、防卫性很强的土楼是客家传统民居中最有特色的建筑类型。由居中的合院式堂屋与两侧横屋组合而成的堂横屋是客家传统民居最常见的类型。有一种大型院落式民居称为“九厅十八井”，主要是按照客家原籍地北方中原一带的合院建筑形式，结合南方多雨潮湿的地理气候环境而构建的，同样适应了客家人聚族而居、尊祖敬宗的心理需求。造型优美的客家楼阁建筑、高大气派的客家门楼也具有鲜明的地域特色。

第三节　福建传统建筑历史发展概述

一、远古至商周时期

1999年发现的三明万寿岩洞穴遗址显示，至少在18万年以前，古人类已经在福建境内生息和繁衍（图1-3-1）。旧石器时代人类的主要活动区，主要分布在闽中大谷地和东部沿海地区。人类住所通常是利用自然岩洞或岩荫栖身。如万寿岩船帆洞是一处保存很好的居住遗址，洞内有距今4万年

图1-3-1　三明万寿岩帆船洞遗址（来源：网络）

左右的旧石器时代晚期人工铺砌的砾石地面约120平方米，说明当时的福建，人类对于生活环境已经开始由被动适应向主动改造这一进程迈进。

至迟在7000年前，福建地区进入新石器时代。随着生产力的提高和人口的不断增长，到了新石器时代后期，人类的活动地域已从东部沿海地区沿着江河向西溯流而上，遍及全省各地。距今3000年前后的青铜时代，约相当于中原的商代中晚期至西周时期，福建先民在长期的劳动生息中逐步形成史籍称作“七闽”的多部族群落。当时人们的居住地选择，一般是近水、向阳、高阜，因此多数村落遗址都坐落在溪河两岸或是近海的小山岗上。

在距今7000～3000年，福建的原始先民们已经从事以渔猎为主兼及养畜和种植水稻的生产活动。他们通常聚居在海湾地区或依山面水的小丘上。建筑形式开始多样化，大致有岩棚、半地穴式建筑、地面建筑和干阑建筑四种结构形式。岩棚是利用天然岩棚经人工修治而成的。半地穴式建筑是先在地面挖掘一个圆形地穴，然后以竹木作支架，搭成类似蒙古包的半地穴式的房子。地面建筑是在地面稍经平整后直接建房，如福清东张遗址中层发现的长方形地面建筑，其墙基用石块叠砌，石块空隙填充泥土；墙体用木竹为支架，然后涂抹草拌泥；地面先铺一层厚约0.2米的草拌泥，再抹一层黄泥浆，最后用火烧烤。干阑建筑以木桩为建筑基础，再在木桩上架设梁木，在梁木上铺设木地板，并搭盖屋顶。如霞浦的黄瓜山遗址，发现有面积达60多平方米的“干阑式”建筑遗迹；邵武的斗米山遗址，发现有三组构筑在稍做铺垫的生土台上的略呈长方形的“干阑式”建筑遗存。

二、秦汉时期

战国、秦、西汉时期，福建为闽越活动区域。在闽越族人立国前后的一段时期内，闽越文化呈蓬勃发展态势。闽越城邑的出现以及在武夷山城村汉城遗址、福州屏山南面汉代建筑遗址、浦城汉代汉阳城遗址等出土的大量制作精致的建筑材料，就是闽越社会先进经济和文化的缩影。

公元前202年，汉高祖刘邦封无诸为闽越王，无诸在今福州冶山周围建立一座城池作为王都，方圆不到2平方公里，取名“冶城”。闽越国灭亡后，冶城又成为冶县所在地。这是史籍所载福建第一座城池。汉武帝时，闽越王余善为了抗拒汉军入闽，在闽北的邵武、建阳、浦城、崇安建有6座城池。这一时期的城邑建设，一般选择在山陵上，临近溪流和开阔地，布局上因地制宜。城邑规模不算大，但多有宫殿、宗庙和仓廪，带有强烈的军事堡垒色彩。

闽越国的建筑业表现出将传统建筑技术与中原先进建筑形式相结合的情况。以武夷山城村汉城遗址为例，王城平面呈不规则的长方形，占地面积约48万平方米。城墙周长2896米，大部分建在起伏的山丘上，依山势层层夯土筑成。城的东、西、北三面为崇阳溪所环绕，形成易守难攻的险要形势。城内的宫殿基址，整体布局呈以前庭、中宫、后院为中轴线、左右对称的宫殿传统格局。城外分布有庙坛、官署建筑、居住区、冶铁作坊、陶窑址和墓葬区等遗迹。各方面的考古资料反映出这座城池是仿效中原建城立都思想和技术构筑的。遗址中还出土大量筒瓦、板瓦、瓦当、菱花地砖、空心砖、陶制水管道等建筑材料，可见北方西周时出现的瓦以及战国后出现的砖，这时已传入福建。但在建筑技术上还保留不少地方特色。如宫殿建筑利用山阜高地为台基，这与中原先筑夯土台基的方式不同。单体建筑用桩柱支撑地板，使地面架空以防潮隔湿，仍然可见“干阑式”建筑的痕迹。还多见用火均匀烧烤基面的手法。

自汉武帝将大批闽越人迁到江淮一带，福建一直到东汉仍人口稀少，发展相对停滞。直到汉末孙吴经营闽中，福建才有较为明显的发展。这个时期中原汉人陆续迁移入闽，可以推想与北方旱田作物相适应的土坯、土墙的建筑也是在这一时期带进福建的。

三、魏晋南朝时期

魏晋南北朝时期，福建经历了吴国、晋、宋、齐、梁、陈等六朝的统治。这一时期，北方战乱迭起，中原移民不断大批南迁到社会相对比较安定的福建。他们带来了大批劳力和先进的生产技术、建筑技术，促进了福建的经济开发。

六朝时期，福建的城市主要有建安郡城与晋安郡城。当时闽人所筑的城是土城，与两汉六朝流行的风格一致。吴永安三年置建安郡，太守王蕃在今建瓯覆船山麓筑全闽第一座郡城，城垣周围9里，设8个城门(图1-3-2)。西晋太康三年在今福州置晋安郡治，首任太守严高觉得旧城过于狭小，便在屏山南麓扩建新城，后世称为“子城”。子城面积比冶城扩大了一倍多，设5个城门，郡衙在北居中，沿南为中轴大道。同时在城外开凿了周围有二十余里的东湖与西湖，各自承纳福州东北与西北诸山的溪水，并连通闽江，成为当时福州重要的水利工程。

西晋时，佛教开始传入福建，兴建寺院、佛塔之风日盛。西晋太康三年（公元282年），在福州城北建绍因寺（后改乾元寺，现已废），这是见诸文字记载的福建第一座寺院。南安九日山下的延福寺建于西晋太康九年(公元288年)，是福建第二座寺院，也是闽南最早的寺院。同时期修建的瓯宁（今建瓯）林泉寺是闽北最早的寺院。建于南朝时期的著名寺院有福州的灵山寺（今开元寺）、莆田的金仙院（今广化寺）、建瓯的光孝寺（图1-3-3）等。在佛教建筑中，尤其以佛塔闻名。西晋太康三年（公元282年），晋安郡侯官建灵塔寺，寺以塔名，是否有塔，仅见文献，未见

图1-3-2　建瓯市通仙门遗址（来源：戴志坚 摄）

实物遗存。据《三山志·寺观类》载，“闽之浮屠，始于萧梁。高三百尺，至有倍之者，铦峻相望。乾符五年，巢寇焚殄无遗”，明确记载福建建造佛塔始自南朝，且大都是高耸建筑，均毁于火。依此推测，早期佛塔应是木材建造，易建易毁，因此难以保存至今。

六朝时期的墓葬，在闽江流域与晋江流域都有发现。墓葬形制有单室墓或多室墓，有的为长方形单室，有的带甬道，有的由甬道、耳室、主室等多室组成，多为券顶的形式，与我国南方地区的墓葬风格一致。东汉开始建墓用精美的花纹砖垒砌，砖面刻有青龙、白虎、朱雀、玄武等图案或佛像画，有的墓砖上还刻着铭文并有明确的纪年。

四、隋唐五代时期

隋、唐、五代是福建历史发展的转折时期。尤其是中唐以后，随着北方移民的南下，福建的开发从原先较集中的沿海一带渐渐向全境推进，行政区划得以增加，许多城镇陆续形成。留存至今的古建筑主要分布在福州、泉州和建州这三大区域。

唐五代，福建沿海和山区的城市建设都得到发展。福

图1-3-3 建瓯光孝寺大雄宝殿（来源：戴志坚 摄）

州城在唐末五代几次扩建。唐天复年间（公元901～904年），王审知亲自筹划拓城工程，在子城外再筑新城，称为“罗城”。罗城全部用带线纹图案的大块城墙砖砌筑，如此坚固的砖城在当时全国实属罕见。罗城周约40里，设大门和便门16个。原冶城、子城只住王族官吏，罗城建成后百姓也住进城里。城市功能分区明确，政治中心在城北，商业经济区居城南。布局强调中轴对称，城北中轴大道两侧辟为衙署，城南坊巷民居分置大街两旁，分段围以高墙。福州现存的南街、南后街及“三坊七巷”保留了当时的规划格局。后梁开平二年（公元908年），王审知又在子城南北各筑一夹城，称为南北月城，把福州盆地中心的三个制高点——屏山、乌山、于山围入城中，并开凿绕护罗城南、东、西三面的大壕沟，奠定“三山鼎峙，一水环流”的独特城市格局，因此福州别称“三山”。唐五代与福州并称的有建州城与泉州城。建州的城墙建于唐代中叶，唐建中元年（公元780年）改筑县城为州治，周长4.7公里，设城门9个。唐天祐年间（公元904～907年）添筑南罗城，闽永隆三年（公元941年）扩建建州城，周20里。其传统街区在布局上形成方正、整齐、左右对称、井然有序的棋盘式结构。泉州于唐开元间（公元713～741年）修建城池。据明万历《泉州府志·城池》记载：“郡七邑各有城，晋江附郡，内为衙城，外为子城，又外为罗城。”子城建于唐光启二年（公元886年），平面呈四方形，周长3里，设4个城门，形成东西、南北两大街十字相交的布局。罗城建于南唐保大年间（公元943～957年），周长23里，设7个城门，环城种植刺桐树，从此泉州以“刺桐城”闻名。

唐五代尤其是五代闽国时期，福建佛教繁荣，高僧辈出，寺塔林立。佛寺建筑十分壮丽。《三山志·寺观类》称，当时造寺"殚穷土木，宪写宫省，极天下之奢矣。"现存寺院的木构建筑，以五代吴越国鲍修让建的福州华林寺大殿最为珍贵。华林寺原名越山吉祥禅院，建于北宋乾德二年(公元964年)。华林寺大殿最突出的特点是用"材"特大。它仅有三开间，用"材"却与山西五台山佛光寺七开间大殿用"材"相等。因为用"材"大，相应柱、斗也都大过佛光寺的柱和斗，建筑整体气势恢宏(图1-3-4)。华林寺在五代不过是座中等寺院，它的建筑已令人赞叹不已，当时其他寺庙建筑的宏伟、华美可想而知。

唐五代佛塔大多数为木构。如唐贞元十五年（公元799年），福建观察使柳冕为德宗皇帝祝寿建贞元无垢净光塔，乾符六年（公元879年）毁于黄巢入闽战乱。福州于山的报恩定光多宝塔建于唐天祐元年（公元904年），原为砖轴木构七层楼阁式塔，明嘉靖十三年（1534年）毁于雷火。现存古塔中，4座唐塔均为石塔。最典型的是连江的护国天王寺塔，仿木楼阁结构惟妙惟肖，应是福建石仿木塔最早式样。现存的6座五代塔中，福州的崇妙保圣坚牢塔年代最早，有明确纪年且保存原貌。该塔是后晋天福六年（闽国永隆三年，公元941年）闽王王延曦在净光塔旧址上建造的，为八角七层楼阁式空心石塔，通高34.74米，是国内现存形体最大、叠涩出檐最长、保留有大量五代雕塑艺术品的石塔（图1-3-5）。仙游的天中万寿塔建于五代年间，是福建建造年代最早的阿育王式塔（图1-3-6）。阿育王式塔多见于浙江，之所以流传到福建，是因五代吴越国与闽国交往密切，有政治婚姻联盟，宗教信仰也随着政治向福建扩展。

福建水网发达，历代建有许多水利工程。隋唐五代时期保留下来的水利工程遗迹主要有隋代的宁德霍童涵洞、唐代的云霄火田军陂和福清天宝陂。霍童涵洞建于隋皇泰元年（公元618年），由明渠和隧道组成，利用溪流落差，通过在上游筑拦水坝以提高水位，然后凿隧道引水接入明渠，绵延数里，使五六千亩农田皆成沃土。

唐末、五代时期福建出现了大型石构墓。如王潮墓、王审知墓（图1-3-7）、王审邽墓及闽王王延钧妻刘华墓的形制，皆依山为陵，墓丘背山面阳，墓室用花岗石砌筑。刘华墓出土的40多件陶俑，可能出自中原入闽的名家之手，是福建迄今出土的最为精美的泥塑艺术品。

五、宋元时期

宋元时期是福建历史上的黄金时代。尤其在宋朝三百多

图1-3-4 福州华林寺大殿（来源：戴志坚 摄）

图1-3-5 福州市崇妙保圣坚牢塔（来源：戴志坚 摄）

图1-3-6　仙游县枫亭镇天中万寿塔（来源：戴志坚 摄）

年间，福建取得社会、经济、文化的全面跨越，建筑业也相应有了较大进步，在中国古代建筑史上占有一席之地。

宋元时期，沿海和山区的城市建设进一步发展。如福州城于北宋开宝七年（公元974年）筑外城。经唐末、宋初先后三次拓城，福州城由内到外有4座城垣，中轴大道上的七座城门蔚为壮观。城内道路按宽度的轨数分为九轨、六轨、四轨、三轨和二轨，铺砌石路面。其他各州、军也都新建或修拓城垣，如南剑州城（今南平）始建，兴化军城（今莆田）由砖砌改为石砌，泉州城增筑、拓建，城垣内砖外石。

宋元时期的宗教十分发达，宗教建筑不仅数量众多，而且多建得富丽堂皇。正如《八闽通志》所描绘的："名山胜地多为所占，绀宇琳宫罗布郡邑。"入宋之后，新建庙宇如雨后春笋，许多大寺重建或重修，殿宇金碧辉煌。广达78000平方米的泉州开元寺（图1-3-8），宋代有支院百余所，元世祖至元二十二年(1285年)并为大寺，赐额"大开元万寿禅寺"。寺内虽几经修缮，主体建筑大多是明崇祯年间建造，但殿堂楼阁、廊坛院塔仍保持宋代格局。其中甘露戒坛始建于北宋天禧三年(1019年)，是我国现存规模最大、保存最完整的戒坛之一（图1-3-9）。莆田的元妙观于北宋大中祥符二年（1009年）重建（图1-3-10）。该道观规模宏大，中轴线上依次为山门、三清殿、玉皇殿、九御殿、四官殿、文昌殿，东、西分别排列东岳殿、五帝庙、林忠烈祠、太子殿和西岳殿、五显庙、文昌三代祠、关帝庙、福神殿。

图1-3-7　福州王审知墓（来源：戴志坚 摄）

图1-3-8　泉州市开元寺（来源：戴志坚 摄）

遗存下来的元妙观三清殿与山门，是与福州华林寺大殿、宁波保国寺大殿齐名的江南三大宋代木构建筑之一。海外宗教建筑以泉州清净寺最具特色。该寺始建于北宋大中祥符二年（1009年），元代两次重修，整体上具有仿中东地区10世纪以前伊斯兰礼拜大殿形式风格，是我国现存最早的伊斯兰教清真寺之一，也是我国南方仅存的一座古波斯式清真寺(图1-3-11)。

宋代佛塔的建筑成就十分突出。塔的平面从以方形为

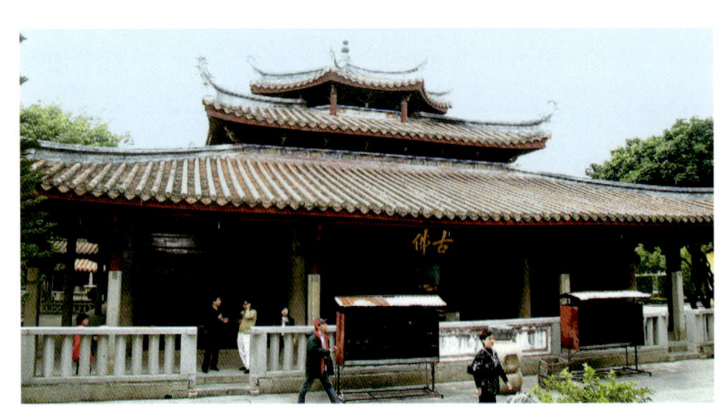

图1-3-9 泉州开元寺甘露戒坛（来源：戴志坚 摄）

图1-3-10 莆田市荔城区元妙观三清殿（来源：戴志坚 摄）

图1-3-11 泉州市清净寺（来源：戴志坚 摄）

主，演变为以八角形为主。建塔的材料从以木材为主，转向以砖、石为主。塔的结构有楼阁式、阿育王式、覆钵式等，无不以各自独特的造型和雕刻艺术，傲然挺立，构成福建古代建筑的亮点。现存的宋塔和元塔以仿木构楼阁式石塔为主。有成为城市标志的泉州镇国塔和仁寿塔，有发挥了导航引渡作用的福州罗星塔、长乐圣寿宝塔、石狮万寿塔和六胜塔，有被引为镇邪之用的莆田释迦文佛塔等。位于泉州开元寺内的镇国塔和仁寿塔是我国仿木构石塔中的佼佼者。镇国塔建于南宋嘉熙二年至淳祐十年（1238～1250年），高48.24米。仁寿塔建于南宋绍定元年至嘉熙元年(1228～1237年)，高44.06米。均为八角五层仿木构楼阁式空心石塔，每层开4门设4龛，门、龛位置上下交错。门龛两旁浮雕佛像共80尊，神态各异，刻工精巧，展现了宋代泉州在石雕建筑和石雕艺术上的杰出成就。福州鼓山涌泉寺天王殿的两座千佛陶塔为国内罕见。陶塔于北宋元丰五年（1082年）烧造，仿木构楼阁，柱、梁、斗栱、窗门、户扇、平坐、栏杆、瓦作等模仿逼真，堪称是宋代福州大式木构建筑的模型（图1-3-12）。

宋元以来福建便有“闽中桥梁甲天下”的美誉。福建古代四大名桥——泉州洛阳桥、泉州安平桥、漳州江东桥（图1-3-13）、福清龙江桥，都是在宋代建成的。这一时期所建的桥梁，规模宏大，技术先进，在当时处于世界领先地位。如洛阳桥建于北宋皇祐五年(1053年)，桥长1106米，是我国第一座横跨海湾的平梁式石桥（图1-3-14）。该桥地处江河入海口，江阔水深，风大浪高，施工难度极大。在架设施工中首创“筏形基础”法，即先在江底沿桥梁中线抛掷数万立方米的大石块，筑成一条横跨江底的石堤，再在石堤上筑桥墩。又创“种蛎固基”法，即利用牡蛎繁殖，把桥

图1-3-12 福州市鼓山千佛陶塔（来源：戴志坚 摄）

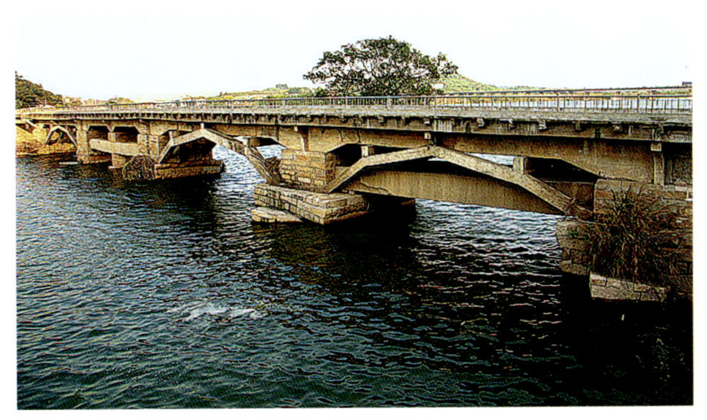
图1-3-13 漳州江东桥（来源：戴志坚 摄）

图1-3-14 泉州洛阳桥（来源：戴志坚 摄）

基、桥墩石块胶结成牢固整体。在石梁铺架时，运用“激浪以涨舟”原理，利用潮汐涨落，浮运安装。“筏形基础”法在现代桥梁工程中应用不过百余年，而早在九百多年前建造洛阳桥基础时就已采用，可谓建桥史上的创举。在盛产木材的闽东、闽北山区，至今仍然保存着按传统技艺建造的木拱桥。木拱桥用长原木和短横木交叉叠架成拱架，拱架上再铺木或砖或石的桥面，其建造结构原理与发明于宋代的虹桥相同。这种大跨度的木拱桥结构特殊而又巧妙，是中国在世界桥梁史上的独特创造（图1-3-15）。随着时间的推移，虹桥在北方已被湮灭，但造桥技术却在福建延播。2009年10月，联合国教科文组织将“中国木拱桥传统营造技艺”列入《急需保护的非物质文化遗产名录》。

宋代福建掀起兴修水利、发展农业的高潮。水利工程发展到这一时期，渐趋完善，其中以莆田木兰陂最为出名。木兰陂地处木兰溪和兴化湾海潮汇流处，北宋治平元年（1064年）开始筑陂，屡遭洪水摧毁，三次更地营筑，至元丰六年（1083年）建成(图1-3-16)。它由陂首枢纽工程、渠系工程和沿海堤防工程三个部分组成，九百多年来经受住无数次台风、洪水、海潮的侵袭，迄今仍具有引水、拦洪、蓄水、灌溉、排泄、挡潮并兼有航运和养鱼等综合之利，灌溉着莆田南北平原1.66万公顷的农田，在中国古代水利工程中占有重要地位。

图1-3-15 屏南万安桥（来源：戴志坚 摄）

图1-3-16 莆田木兰陂（来源：网络）

宋元时期的墓葬，墓室多采用青砖仿木构筑，也有用花岗石板条或砖石混合构筑。除单室墓外，以双室夫妻合葬墓或多室并连的家族墓居多。在尤溪、三明、将乐等地发现的宋元时期壁画墓，画面以黑、红、绿彩勾勒，生动地表现墓主生前家居、出游、仪仗等活动场面，笔法流畅娴熟，颇有特色。

六、明清时期

明清时期福建属于国内较发达的省份。明代福建经济迅速恢复，特别是商业、造船和航海业的兴旺，大大促进了沿海经济文化的发展，也带来了建筑业的繁荣。现在福建遗存的不少明代寺庙、府第及其他传统建筑足以证明当时建筑业的兴旺发达。清代康熙年间海禁开放之后，福建的经济得到发展，建筑业也进入封建时代最后一个繁荣时期。福建遗存下来的宗教建筑大多数在这个时期进行维修或重建，相当一部分规模较大、艺术性较高的民居建筑也是这个时期建造的。

明代“倭祸”成为沿海地区的一大灾难，因此重视修造城郭、大量兴建抗倭城堡是福建明代海防建设的主要特点。旧志称官建为“城”，民建为“堡”。福建的城堡，既有居一方政治、经济、文化中心的府城、县城，也有作为军事要塞的卫城、所城、巡检司城，还有民间筹资建造的寨、堡。卫城、所城、巡检司城等城址依山临海，地势险要。城墙一般以条石叠砌，设拱形城门，有的还加筑月城。城内官衙、民宅、兵营、庙宇和演武场等设施一应俱全。福建的卫城、所城始建于明洪武二十年（1387年），从保留至今的遗址来看，都建得十分牢固。惠安的崇武城是福建现存规模最大的明代所城，占地面积约37万平方米。设4个城门并建门楼，东、西、北三门各有二重城门并加筑月城。城墙周长2567米，基宽4米，高8米，外侧用条石丁字砌，内侧用块石和鹅卵石花砌，中间夯以三合土（图1-3-17）。上有跑马道二或三层，垛口1304个，箭窗1300个。城墙四方建凸形望敌台5处，城外环以护城壕沟。城内外有井15口，4条排水沟通连大海。城内有军房、公署、兵马司、演武厅、仓廒、铁局等，构成完整的军事防御体系。

民间建的寨、堡，或用鹅卵石、毛石垒砌，或用生土、三合土夯筑，或兼而有之。堡内有街有市，有民居有公共建筑，生产、生活设备齐全。典型代表如漳浦县的赵家堡(图1-3-18)和怡安堡（图1-3-19）、永安市的贡川城堡、福安市的廉村城堡。赵家堡俗称赵家城，始建于明万历二十八年（1600年），是赵宋皇族后裔仿北宋故都开封的布局立意建造的大型城堡。城内规划分区明确，是研究宋代城市规划结构极有意义的实物资料。

明清时期福建的房屋建筑有木结构、土木结构、砖木结构、石木结构等。由于木结构易燃、易朽，加上元末动乱、明代倭祸、清代迁界的破坏，宋元以前的建筑实物遗存已寥寥无几，因此现存的明代木构建筑愈加珍贵。建于明万历二十年（1592年）的莆田大宗伯第（图1-3-20）、建于明天启年间（1621～1627年）的泰宁尚书第是福建现存较完整的明代府第建筑（图1-3-21）。与清代建筑相比，明代建筑屋顶坡度较小，正脊呈弧线形，生起更为突出；梁柱用材粗壮，柱子多为梭柱且有生起，柱础多有雕饰；梁枋加工

图1-3-17　惠安崇武所城南门（来源：戴志坚 摄）

图1-3-18　漳浦赵家堡“硕高居胜”瓮城（来源：戴志坚 摄）

图1-3-19　漳浦怡安堡城墙（来源：戴志坚 摄）

图1-3-20　莆田市大宗伯第（来源：戴志坚 摄）

复杂，多有月梁的做法。

祠堂是明清时期福建传统建筑的一种重要形式。目前各地大量的祠堂多为明清时期兴建或重建、重修，不仅分布广，数量多，而且规模较大，建造相对考究。祠堂可分为祭祀明哲先贤的祠庙与祭祀宗族祖先的宗祠两大类。纪念历史名人的祠庙，较典型的有祀王审知的福州闽王祠、祀蔡襄的福州蔡忠惠公祠、祀戚继光的福州戚公祠、祀苏颂的厦门芦山堂（图1-3-22）、祀李光地的安溪贤良祠、祀郑成功的南安延平郡王祠、祀李纲的邵武李纲祠堂、祀游酢的南平游定夫祠等（图1-3-23）。福建的宗祠至今不少仍保持祭祀的功能。罗源陈太尉宫原为陈氏家祠，是我国现存年代最早又共存有宋明清时期建造手法的民间祠庙建筑之一。明清时期建造的南靖德远堂（图1-3-24）、晋江陈埭丁氏宗祠、晋江衙口施氏大宗祠、泉州东观西台吴氏大宗祠、上杭官田李氏大宗祠（图1-3-25）、长乐南阳陈氏祠堂等也很有特色。福建祠堂的格局有单进、二进、三进等，多为二进三开

图1-3-21 泰宁尚书第礼门（来源：戴志坚 摄）

图1-3-22 厦门市同安区芦山堂（来源：戴志坚 摄）

图1-3-23 南平市延平区游定夫祠（来源：戴志坚 摄）

图1-3-24 南靖县德远堂（来源：戴志坚 摄）

间。大型祠堂为三进建筑，面阔也可增至五间，两侧再布置辅助用房。有的祠堂主体建筑前还有照壁、水池、大埕等，有的祠后有风水林。有功名的家族可在祠堂大门前设旗杆石，上面刻姓名、功名和官职。与北方地区不同的是，福建有不少祠堂带有戏台，多数戏台设在仪门或门厅之后，这种布局在闽东区的祠堂中最为常见。

福建各地保存的牌坊，多是明清时期朝廷或地方为旌表尚义、萃贤、长寿、功名、贞节、节孝等所立，是民间建筑和雕刻艺术的结晶。福建的牌坊绝大多数是在额枋和柱顶上加盖檐顶，形成柱子不出头的楼阁式牌坊。柱头高出额枋的冲天式牌坊较为少见，实例如明代的龙海“南园雨露、奕世恩光”石坊（图1-3-26）。牌坊的形式有一间二柱、三间四柱、三间八柱、三间十二柱等，材料结构主要有木构、石构、砖构以及砖石混合等。木牌坊在福建已不多见，明代的福州林浦进士坊（图1-3-27）、清代的古田“孝友无双”坊（图1-3-28）、明代始建的武夷山赵西源百岁坊（图1-3-29）是福建现存木牌坊的杰作。石牌坊占福建现存牌坊的90%。明代牌坊以雄伟淳朴见长，清代牌坊以雕饰精美称秀。绝大部分石牌坊以梁枋承托屋顶，不设斗栱，而且常挑出垂莲柱作重点装饰。各种石雕技法在牌坊上广为应用，如清代的仙游东门石坊雕刻细腻生动，前后历时30年方建成，当属八闽牌坊中最为精美者（图1-3-30）。漳州石牌坊（包括明代的尚书探花坊、三世宰贰坊和清代的勇壮简易坊、闽越雄声坊）（图1-3-31、图1-3-32）、明代的福清

图1-3-25　上杭县官田村李氏大宗祠（来源：戴志坚 摄）

图1-3-27　福州市仓山区林浦木牌坊（来源：戴志坚 摄）

图1-3-26　龙海角美“南园雨露、奕世恩光”石坊（来源：戴志坚 摄）

图1-3-28　古田县鹤塘镇“孝友无双”木牌坊（来源：戴志坚 摄）

图1-3-29 武夷山市城村赵西源百岁木牌坊（来源：戴志坚 摄）

图1-3-30 仙游县城东镇东门石牌坊（来源：戴志坚 摄）

图1-3-31 漳州石牌坊之“三世宰贰”坊（来源：戴志坚 摄）

图1-3-32 漳州石牌坊之“闽越雄声”坊（来源：戴志坚 摄）

图1-3-33　福清市“黄阁重纶”石牌坊（来源：戴志坚 摄）

图1-3-34　武夷山市五夫镇连氏节孝坊（来源：戴志坚 摄）

黄阁重纶坊（图1-3-33）等，均为三间十二柱五楼，造型美观，雕琢精细。砖牌坊或砖石牌坊模仿木结构梁枋及屋顶形式，用清水青砖砌筑，多用浅浮雕。如清代的武夷山连氏节孝坊为砖石混构（图1-3-34），三间三层，层间所嵌的石刻浮雕和墙面壁砖浮雕精致异常。

1840年鸦片战争后，福州和厦门被辟为“五口通商”口岸。外国资本和西方建筑技术、建筑材料相继传入，使福建的传统建筑结构和建筑风格发生变化。领事馆、洋行、教堂等各种西方模式的建筑纷至沓来，采用中国传统的大屋顶与欧式主体建筑相结合的公共建筑随之应运而生，仿欧式私家庐宅、楼房也逐渐增多。中西合璧的建筑在当时大量出现，形成近代建筑特有的风格。洋务运动兴起，福州成立了船政局，成为中国最早造船工业和近代海军的摇篮。当时在马尾港修筑石船坞，建抽水机厂、轮机厂、铸铁厂、合拢厂、水缸厂等，出现福建最早的现代工业建筑。迄今仍存的绘事院、轮机厂车间、钟楼及一号船坞等福建船政建筑群，就是这段历史的见证。

第四节　福建传统建筑的影响因子

福建建筑文化的形成与发展，与福建的自然条件、人文条件密切相关。自然条件包括地理、地貌、气候、材料等因素，是决定传统建筑地域差别的主要因素。人文条件包括生产、生活、习俗、信仰、审美观点等内容，是决定传统建筑特点的主要因素。

一、福建传统建筑的自然成因

（一）地理环境的影响

福建境内山岭耸峙、丘陵起伏，总体地形为西北高、东南低。在闽、赣两省交界处，有东北—西南走向的洞宫山、武夷山、杉岭。在省内中部有纵贯南北的鹫峰山、戴云山、博平岭。两列大山带的存在，使省内的山地丘陵面积约占全省总面积的85%左右。受地势影响，福建的河流大多源自省内高山并在省内入海。这就决定了福建的河流具有“短而壮”的特点，流域面积不大，流程较短，水流湍急。除几条较大的河流外，多数不便通航。河流的干流与支流往往垂直相交，状若鱼骨。两大山带与众多水系，呈现出格子状结构，将省域划分成几个区块。福建的海岸线从东北方向的福鼎到西南方向的诏安，全长3752公里。山丘余脉直逼海滨造成曲折的海岸线，使福建拥有大大小小的海湾。不少港湾面阔水深，风平浪静，是我国少有的优良港址。

福建的地理环境特点，对聚落的形成和传统建筑的风格产生重要影响。

其一，福建境内依河流发育出的盆地或小平原，是北方汉人入闽后定居繁衍的主要栖居地。各个盆地、谷地为江河所串联，聚落之间的交通路线往往循溪、河延伸，并在河流下游交汇处形成文化、经济的交流中心。山系和水系是聚落选址、规划的主要考虑因素。在依山临水这个共有目标之下，由于地理因素的制约，每个聚落在形成过程中对山、水的追求又各有侧重，最终形成的格局也不尽相同。在山区或丘陵地带，聚落常在接近水源和耕地的山脚或山腰沿等高线自由布置，房屋依山就势而建，高低错落有致。在河道密集的水网地带，建筑物多临水布局，或沿河一带展开，或夹河两岸建造，或围绕河汊数面临水，富有江南水乡情调。在渔民聚居的村落，为减弱风浪或潮汐涨落的影响，建筑多分布在面向海面的丘陵地带，民居以1～2层为主。传统建筑的分布和形式也因地理环境不同而异。山区地广人稀，民居分散，多建干阑式的楼房。山区盖房子叫“徛厝”。徛，站立也。在山坡上盖房子，就地砍来杉木，先起屋架再盖瓦片，而后用木板钉成的墙把房间隔开。沿海人多地少，房屋密集相连，因风大，多建造不高的房屋。沿海地区盖房子叫“起厝”，是在平地上用砖、石、土坯一块一块垒起来的。

其二，在古代交通工具不发达的情况下，众多的山岭、自成一统的水系使福建成为一个自成体系的社会经济区域。福建因此免受历次中原战乱的波及，得到经济和文化发展的机会。经济、文化的发展必然带来建筑业的繁荣，许多优秀的传统建筑在八闽大地上熠熠生辉。多山多水多险阻的地理环境使福建交通不便，与内陆各省的文化交流受到极大限制，中原建筑文化传入福建就被阻隔，从而积淀下来。因此，中原传统建筑文化的某些观念，如今在北方已十分淡薄，在福建却稳固地留存至今。许多明清建筑在风格、做法上仍常常留下北方唐宋时期的特征。地势复杂、交通不便也限制了福建内部各区域间的交往与交流，这是造成省内不同区域文化、语言、风俗、建筑风格独特的原因之一。因此，福建传统建筑多因地制宜，建筑类型多样，建筑形式各具特色，地区差别十分显著。

其三，福建海岸线漫长曲折，多深水良港，极有利于发展海洋渔业、海洋运输业和对外贸易。福州马尾港、泉州后渚港、漳州月港、厦门港是福建的四大古港，开展海外交通的条件得天独厚。福建沿海尤其是泉州一带，既是华商外出主要港口，也是外国商人集中之地。从宋元开始，在海内外贸易的过程中，外来海商将许多异域建筑带到福建。鸦片战争后，福州、厦门成为“五口通商”口岸，各种西方模式的建筑纷至沓来，并由沿海渐及内地。福建有1500多万人旅居海外，东南亚各国的建筑形式也会流播到福建。例如，泉州出现多种宗教建筑并存的景观，厦门鼓浪屿被称为“万国建筑博览会”（图1-4-1），闽南兴建方言称为“五脚基”的临街骑楼（图1-4-2），闽南、莆田等地侨乡出现中西合璧的民居建筑（图1-4-3、图1-4-4），都是福建受海外文化影响在建筑中的明显反映。

（二）气候条件的影响

福建位于东南沿海，又处于亚热带季风气候区内，气候具有明显的区域特征。一是季风环流强盛，季风气候显著。冬季盛行来自大陆的偏北风，但冬季风经过长途跋涉，加上沿途有多列山脉重重阻拦，到达福建时已是强弩之末。夏季盛行来自海洋的偏南风，因闽粤一带距离其源地最近，湿热的海洋气流源源不断地输入，空气湿度大。

二是冬短夏长，热量资源丰富，多数地区具备优越的三熟制气候条件。三是海洋性色彩浓厚，大部分地区冬无严寒，夏少酷暑。四是雨、干季分明，水资源丰富。五是地形复杂致使气候多样。东南沿海一带湿热多雨，内陆山区

图1-4-1　厦门鼓浪屿黄氏花园（来源：戴志坚 摄）

图1-4-2　长泰县岩溪镇骑楼（来源：戴志坚 摄）

图1-4-3　龙海市鸿渐村高阳楼（来源：戴志坚 摄）

图1-4-4 龙海市东美村曾氏番仔楼（来源：戴志坚 摄）

地带气候的垂直变化较为显著。六是涝、旱、风、寒等灾害性天气频繁发生。所幸由于地形限制，灾害多为区域性的。

福建境内的两列大山带对西北冷气流有明显的阻滞作用。除少数高山地区外，八闽大地冬季少见霜雪，隆冬季节仍然郁郁葱葱。在夏长冬短、大部分地区没有严寒的气候条件下，房屋建筑主要是按夏季气候条件设计的。为了组织通风，室内外空间多互相连通，门窗开得较大，并且大多数厅堂及堂屋的屏风隔扇是可以拆卸的。为了克服夏天因湿度大而带来的闷热，采取避免太阳直晒和加强通风的办法。房屋进深大，出檐深，广设外廊，使阳光不能直射室内。另外在房间的前后左右都设有小天井和“冷巷”，加速空气对流，使房间阴凉。仙游民居内部不仅设了几条横向通道，还在主厅堂两侧各加一条纵向通道，构成完整的交通系统，具有避雨、防晒、通风的优点。泉州、漳州、厦门的骑楼在一层住宅前加建外廊，沿街骑楼绵延数百间相接，形成一条人行道，达到遮阳避雨的效果。

因靠近夏季风的源地，福建成为全国多雨省份之一。为了排水，房屋做成坡顶，坡度30° 左右。房屋出檐较深，楼房分层处设腰檐。围墙、封火山墙上部做瓦顶，在山墙的门窗洞口上设雨披。这些都是保障顺利排水和保证墙面不受雨淋的有效设施。春、夏季空气湿度大，尤其在梅雨季节湿度可达85%以上，物品容易发霉腐烂。通常采用住宅中设阁楼放置日用品和木柱底下设石柱础等方法来防潮。福州民居将卧室地面架空，同样出于防潮的需要。福安的木结构民居通常为3层，一层用于日常起居，二层作为晒谷场、谷仓和家庭作坊。这样的布局是因为闽东山区平地较少，雨水又多，晾晒粮食需在二层进行。

福建沿海地区受台风影响大，时间长，程度较深，对建筑物危害极大。为了抵抗风力侵袭，沿海民居在迎风面多建单层，屋面不做出檐，屋顶为硬山式，瓦上用石头压牢或用筒瓦压顶，屋顶周边用壳灰粘住。在建筑布局上迎合海风吹来方向，以疏导风的方向，并取得良好的通风效果。惠安、平潭、东山等地民居完全用花岗石建造，坚固耐久，适应了沿海多台风的气候条件。

（三）材料与技术

1. 木材

福建地处亚热带地区，气候温和，雨量充沛，极有利于林木生长。福建是我国四大林区之一，森林面积801.27万公顷。森林覆盖率达65.95%，居全国第一位。森林蓄积量60796.15万立方米，居全国第七位。

杉木是福建省亚热带针叶树的主要树种，生长快，产量高。因其树干直，重量轻，易于加工，结构性能好，木质中含杉脑可防虫蛀，还有较好的透气性，是理想的建筑材料。杉木在福建传统建筑中应用极为广泛。如福州民居，不仅柱子、屋架、椽条用杉原木，楼板、隔墙、屋面也用杉木板，且不施油漆，完全清水，暴露木纹。其他如松、樟、楠、竹等森林资源，也为传统建筑提供了优良的建筑结构用材。

福建传统建筑历来都把木材作为主要建材。房屋建筑的柱、梁、板、门、窗等构件均用木材制作。闽北山区民居至今仍沿用全木结构吊脚楼。闽中民居常用木构架为承重结构，以木板隔墙为填充结构，也有用竹片或芦苇秆编织成块，外抹草泥作为内分隔墙，外墙仅起围护作用。福建早期的佛塔、桥梁等多为木构建筑，木牌坊现仍有遗存，以木材为主要构架的廊桥至今仍盛行于闽东、闽北、闽西及闽中山区。

我国木构建筑的结构体系主要有两种，即北方流行的抬梁式木构架和广泛用于南方的穿斗式木构架。但仅以这两种构架不足以准确表达福建木构建筑的结构特点。在福建及浙江、广东等地，民间一些重要的建筑或一座建筑中主要的构架，常使用一种介于抬梁式与穿斗式构架之间的混合构架，可称之为“插梁式构架”（图1-4-5）。插梁式构架的特点是承重梁的一端或两端插入柱身。具体地讲，即组成屋面的每根檩条下都有一柱，瓜柱骑在下面的梁上，梁端插入临近两端瓜柱柱身。以此类推，最外端两瓜柱骑在最下面的大梁上，大梁两端插入前后金柱柱身。这种结构一般都有前廊或后廊，前廊做成轩顶，并用多重丁头栱的方式加大出檐。因柱头上有众多梁枋交接，榫卯集中，为防止裂开，柱头多箍扎数道藤条或生牛皮[①]。

丁头栱也称“插栱”，是由柱身而不是由栌斗出挑的栱。在福建传统建筑中，丁头栱的运用十分普遍。在做法上，丁头栱多为偷心的形式；若出跳较多，则隔几跳以横栱或横枋横向联系（图1-4-6）。用丁头栱挑托出檐，与四川等地的撑栱或单挑、双挑、三挑出檐的做法不同，它是我国汉代出现的出跳华栱的发展。这一古老的做法在福建得到保留与发展[②]。

木雕是福建传统建筑最为主要的装饰技法之一。福建莆田木雕与浙江东阳木雕、广东潮州木雕并称中国三大木雕流派。木雕技法分为混雕、线刻、剔地雕、采地雕、透雕等形式。木雕装饰被广泛使用在寺观、祠庙、会馆、民居、戏台、廊桥、牌坊等传统建筑上。建筑的细部和构件收口及交接头等地方往往较难处理，通过精致复杂的木雕装饰，既可体现本身之美，又能修饰构件衔接难以处理的局部。梁架是大木构架中很重要的结构构件，不论是官式建筑还是民间建筑，使用者都不惜重金对梁枋进行重点装饰处理。因此，狮座、员光、瓜筒、斗栱、雀替、梁托等构件上的木雕极其精细，甚至近于繁缛，其雕刻技艺达到很高水平。

① 曹春平.闽南建筑.[M].厦门：厦门大学出版社，2006：38-39.
② 王耀华.福建文化概览[M].福州：福建教育出版社，1994：467.

图1-4-5 龙海市白礁慈济宫插梁式构架（来源：戴志坚 摄）

图1-4-6 泉州市亭店村杨阿苗宅丁头栱（来源：戴志坚 摄）

2. 泥土

福建的土壤以红壤、黄壤为主，是理想的建筑墙体材料。除沿海一些地方没有好的黏土料而采用石墙体外，福建传统民居大多数采用土木结构。

利用天然土壤为墙体材料的生土建筑遍布全省城乡。生土建筑可分为夯筑墙、砌筑墙两类。夯筑墙的墙土有自然改性土和人工改性土两种。自然改性土是天然土壤经过自然淋、晒和翻抄，充分熟化后使用。人工改性土是在土壤中适量掺入砂和石灰，即三合土。在沿海一带，多采用蚌壳、蚝壳等贝壳烧制的壳灰代替石灰，可以防止海风吹来带进的酸性侵蚀。砌筑墙的墙体用料是土坯。土坯主要有两种：一种是草泥坯。用红黏土或田土掺砂并加入铡碎的约两寸长的稻草，掺水搅拌均匀，用木模印制成型，晾干后即可使用。土坯有烧结和不烧结两类。烧结之后的土坯强度高，不怕水，可砌筑2~3层的楼房，但成本较高。不经烧结的土坯强度低，怕水，但成本较低，多用于室内的隔墙。另一种是灰土坯。用土掺入灰（石灰或水泥）、砂，拌以适量的水制成。土坯砌筑的墙体上通常抹有白草灰，以增加墙面的美观和卫生。

生土夯筑墙具有坚固耐久、保温隔热吸潮性能好等优点，最大的缺点是耐水性差，抗压强度也较低。生土房屋的耐久性，除选择合适的黏土材料和合理的平面布局外，最关键还是取决于施工技术。享誉世界的福建土楼，就是闽人辗转迁徙到闽南、闽西后将中原生土建筑技术发扬光大的产物。建一座土楼一般要经过选址定位、开地基、打石脚（即垫墙基、砌墙脚）、行墙（即支模板夯筑土墙）、献架（即竖木柱架木梁）、出水（即封顶）、内外装修七个阶段，其中有很多经验值得推广应用。现以行墙为例略作介绍。土楼外墙从下而上逐渐向里收拢，底部的厚度一般是顶部的150%~200%，从而保证建筑的整体稳定性。夯土墙通常不能直接使用生土，要掺上“田底泥”，反复翻锄，敲碎调匀。这样的泥土夯筑成的土墙强度高且不易开裂。一副模板筑成的一段土墙俗称“一版”，一版土墙通常分四层或五层夯筑。为了加强墙身的整体性，每层土之间夹有约一寸宽的长竹片或细杉木条作为“墙骨”，上下层每一版必须交错夯筑，方楼的外墙转角处要用较粗的杉木条或长木板交叉固定成“L”形埋入墙中。由于日晒、风吹，土墙两面干燥的速度不一样，后干的一面墙体较软，土墙会倾向后干的一侧。因此，施工时要适当将墙身略倾向向阳的一侧。

红、黄壤泥土很适合烧制成砖瓦。砖的优点是坚固、耐磨、防水防潮性能好。主要有红砖、青砖两大类。红砖、青砖采用同一种土壤（主要成分为红壤）为原料，区别在于烧制的工艺不同。红砖制作是在烧到一定火候时（通常要4～5天）引入空气，慢慢降低温度，使其颜色保持不变。青砖制作是在烧到一定火候，砖体表面还很热时，突然浇水加以淬火，使砖体与水发生氧化反应以改变其颜色。青砖的强度比红砖好。

福建传统建筑中较多采用砖雕装饰。砖雕的雕刻手法与木雕、石雕相似，结合了圆雕、浮雕、透雕、线刻等技法，画面富于起伏变化，呈现出刚柔并济而又质朴清新的风格。砖雕分窑前雕和窑后雕。窑前雕是先在砖坯上雕刻，再入窑烧制。窑后雕是在已烧好的砖上雕刻。福建的砖雕绝大多数属窑后雕。若按砖的色彩区别，可分为青砖雕饰和红砖雕饰。青砖雕盛行于闽北区，精美的砖雕门楼和外墙装饰随处可见。在闽中、闽西也有运用砖雕装饰门楼的实例，但不如闽北砖雕精彩。红砖雕流行于闽南区、莆仙区，或在红砖上雕琢花鸟人物图案，或采用红砖墙拼花，装饰在建筑的墙面上，增加了建筑的美感。

3. 石材

福建省的花岗石保有储量居全国第三位，闽南沿海分布尤多。从色泽上看，建筑用石材有白石、青石、黑石等，其中白色花岗石最多。石材质地坚硬，经久耐磨，又能防水防潮，多作为建筑中需防潮湿和需受力处的构件。特别是东南沿海的花岗石，材质均匀，强度高，在古代就大量用于建造城垣、桥梁、佛塔、牌坊等石结构建筑物。水利工程用石材砌筑，道路用石材铺砌。闽东区、闽南区的房屋，多有石柱、石梁的石木结构。惠安、平潭等地还有柱、梁、板都采用石材的石结构民居。

石料加工形式主要有四线直、凿平、崩平、水磨四种。四线直是将外墙壁的石料正面弹两线，侧面分别又弹两线来修正，使石坯平直。凿平是用石錾将石料正面均匀凿平，分一遍凿（一遍齐）和两遍凿（两遍齐）。崩平是用特制的工具将石料凿平后面层仍留的錾点均匀崩平，分一遍崩和两遍崩。水磨是石料的一种高级加工形式，过去采用人工水磨，现在采用机械水磨。一般民居普遍做法是正墙和门窗一凿加工，房屋两边和后面用毛坯石四线直，较讲究的传统建筑石料加工才用崩和磨①。

石雕在福建传统建筑装饰中占有重要地位，在桥梁、塔幢、牌坊上，在寺庙、祠堂、民居等房屋的装饰部位上，无不留下石雕的影子。福建石雕主要有寿山石雕和惠安石雕两大类。寿山石雕多用在工艺美术作品的艺术创作上，以惠安石雕为代表的花岗石石雕大量用在建筑上。惠安石雕早期作品如唐末威武军节度使王潮墓的文官、武士、虎、马、羊、华表等圆雕和莲花浮雕，距今已有1100年。清代以来，惠安石雕进入名匠辈出、精品不断的黄金时代，福建传统建筑留下不少惠安石雕佳作。

福建石雕传统加工工艺分圆雕、浮雕、沉雕、线雕四大类。圆雕是立体的雕刻作品，常见的有石龙柱、石翁仲、石狮等。浮雕因图像造型突出于石料表面而得名，广泛运用于房屋建筑、塔幢、牌坊等处，在房屋建筑上主要用在门窗、柱子、墙面、门槛等处。沉雕因图像造型沉入石料表面而得名，线雕是用线条勾勒出图像和造型。沉雕和线雕多用于建筑外壁墙面等部位的装饰。

二、福建传统建筑的人文成因

（一）家族制度的影响

家族组织包括家庭和宗族两种社会实体。宗族是指分居异财而又认同于某一祖先的亲属团体或拟制的亲属团体。从汉晋开始，北方汉人不断迁入自然条件优越且社会相对安定的福建。北方汉人南迁入闽，往往举族而来。当他们进入闽地后，面对着完全陌生的自然环境，面临着与土著居民的激

① 张千秋，施友义.泉州民居[M]. 福州：海风出版社，1996：230.

烈竞争，只有聚族而居，才有可能在迁入地站稳脚跟。另一方面，迁徙入闽的北方移民有先来后到之别，争夺生存空间和经济利益的矛盾也十分突出，谋求生存和发展同样需要依赖家族的力量。因此家族制度在福建表现得非常强盛，血缘成为维系乡土社会的重要纽带。

中国的家族制度共经历了四种形式，即原始社会末期的父家长制家族，殷商时代的宗法式家族，魏晋至唐代的世家大族式家族和宋代以后的封建家族。对福建的社会形态形成和发展而言，最为重要的是宋以后的封建家族制度。一是因为当时福建经济十分繁荣，为家族制度的发展提供了雄厚的物质条件，如为修建祠堂、编印族谱、设置族田、举办祭祀等活动提供资金。二是因为闽学的大力提倡。以朱熹为代表的理学家高度重视宗族伦理，对福建家族制度的完善发挥了重要的理论指导作用。宋元以来，福建的家族制度十分稳固，较之中原地区更为严密和完善，对闽人的社会生活有着深刻影响。时至近现代，传统的家族制度在福建乡间仍得以较为完善的保存。

在家族制度盛行的福建农村，聚族而居的现象非常普遍。尤其是在闽南、莆仙、客家区，一个村落往往就是一姓一族，有些大的宗族还聚居于附近几个村落。这种以血缘关系聚族而居的村落，多表现为以宗祠或祖庙为中心进行整体布局，体现了宗祠的权威性和民居的向心观念。这种由血缘派生的空间关系，首先强调的是宗祠的位置。宗祠或祖庙大多位于村落的核心地带，也有的建在村落的最高处，或道路交通的枢纽地位。宗祠是村落中最雄伟、最华丽的建筑物。能够光宗耀祖诱导子弟上进的纪念性和旌表性建筑，如牌坊、旗杆石等，大都在宗祠附近，共同形成村落的礼制中心。一般的民居，环绕着宗祠、家庙建造，或分别以宗祠、支祠为中心形成组团布局，形成了以分祠拱卫总祠，以民居拱卫宗祠的聚落布局特点。聚族而居的家族制度是血缘关系和地缘关系的双重结合，具有比较明显的地域割据的性质。最能体现家族割据色彩的建筑是福建土楼和土堡。这类民居从明中叶起大量兴建，主要目的是为了家族自卫、防寇御敌。因具有严密的防卫体系，能满足人们居住安全的需求，也适应了当时社会残酷斗争的现实。

广建宗祠是福建家族制度的重要表现形式。宗祠既是同族子孙祭祀祖先的处所，也是宗族议事的会堂；既是执行族规家法的场所，也是族人婚丧嫁娶的仪式举行地；既是供奉祖宗牌位的场所，也是炫耀杰出族人的纪念堂。一般的家族不但有一族合祀的族祠、宗祠，或称为总祠，而且族内的各房、各支房还有各自的支祠、房祠。福建民间有些家族祠堂的建造，可以追溯到唐朝和五代时期，但大量的宗祠建造始于宋代。朱熹在《家礼》中规定："君子将营宫室，先立祠堂于正寝之东"。明代中叶以后，激烈的社会变迁加深了福建民间家族加紧内部控制的紧迫感，商品经济的发展为宗族组织的建设提供了经济基础，明嘉靖年间家庙祭祖制度的改革则成为民间广建祠堂的契机。于是宗祠建造进入繁荣时期，民间祭祖不得逾越高祖以下四代的限制也被突破。清代宗祠的兴修及早期祠堂的重修、扩建，随着清初战乱、迁界、海禁等社会经济的破坏而陷入低潮，随着清中期社会的稳定、宗族组织的整合而发展兴盛。福建的宗祠分布广、数量多、建造考究。与民居相比，宗祠的装饰更为精美华丽。入口、屋脊、梁枋、门窗、柱础、神龛等处都是装饰的重点，悬挂在厅堂的匾额、刻在柱子上的对联，也是祠堂不可缺少的装饰。

福建传统民居的单独宅院结构，一般具有以厅堂为中心组织院落的共同特点。之所以刻意突出厅堂的地位，也是为了适应家族制度的需要。主厅堂是宗族及家庭敬神祭祖、接待宾客、举行婚丧礼仪的场所，特别是有些家祠与住宅合在一起，主厅堂同时兼有祠堂的功能，因此建筑高大，装饰考究，以显示它的权威和尊严。与主厅堂的社会作用相比，其他房间不能不退居其次。

（二）宗教文化与民间信仰的影响

从古到今，佛教、道教在福建长盛不衰，民间信仰更是盛行。宗教文化与民间信仰对福建传统建筑的影响主要表现在两个方面：一是对传统聚落规划、布局产生影响；二是寺庙宫观、佛塔经幢等宗教建筑广为建造，展现了福建传统建筑独特的艺术魅力。

闽人之好淫祀自古有名，宗教信仰有着多元化的特点。传统聚落中的大宫小庙林林总总，常表现出以宗教建筑为中心的格局。设置供奉神祇的宫庙既能满足乡土社会保境安民、福荫土地的心理，往往也成为聚落最重要的公共空间。宗教建筑或位于聚落的四界，或位于村头、村尾，或处于各个组团的中心，成为聚落布局的重要纽带。如宁德市蕉城区霍童镇的布局就表现出浓郁的宗教精神。霍童山是福建道教发展的重要基地，被道教封为“三十六洞天第一”，有“仙窟”之誉。霍童古镇的入口由文昌阁、武圣庙、华阳宫和功德坊组成。镇内分为万全境、华阳境、忠义境和宏街境，四境以各自的宫庙（万全宫、华阳宫、忠义宫、宏街宫）为中心展开布局，供奉黄鞠（霍童开山始祖）、临水夫人、五显大帝等神明。另外还在桥边路口供三官大帝，大树、大石下供齐天大圣，村头、村尾供土地公等，真是“人在神中，神在人中”。

在福建，佛教经两晋南北朝至隋唐达到鼎盛，宋元时期继续繁荣。佛教的传播，在福建留下了寺院、塔幢等丰富的建筑遗产。西晋太康年间在今福州、南安兴建绍因寺和延福寺。以后历代不断修葺、扩建、新建寺院。如唐代新增寺院735所，五代闽国时期新增寺院460余座，两宋时约建寺院1493座。福州长庆寺（今西禅寺）、闽侯雪峰崇圣禅寺、泉州开元寺、漳州南山寺等一些著名的佛寺，大都是在唐代创立的。始建于五代的福州鼓山涌泉寺、厦门南普陀寺、泉州承天寺也是历史上有名的禅寺。五代、两宋时期，福建还建造了不少佛塔，如福州的崇妙保圣坚牢塔、泉州的镇国塔与仁寿塔等。宋代谢泌诗云：“潮田种稻重收谷，山路逢人半是僧，城里三山千簇寺，夜间七塔万枝灯”，就是对闽地多僧尼、多寺院、多塔刹这一景象的生动描绘。据20世纪80年代末统计，全国现存汉传佛教寺院5000多座，福建就有4000多座，其数量为全国之冠。

道教传入福建较早，西晋太康九年（公元288年）在泉州东街首建道观白云庙（后改称元妙观）。随着道教由山区向城镇推进，产生了遍布各城镇乡村的宫观。唐代道教在福建有很大发展，其标志是各地修建了许多宫观，如莆田建元妙观，晋江建开元观，崇安建武夷观，侯官（今福州）建冲虚观、紫极宫，光泽建福宁道院。宋元时期，各地兴建道观161座。明代对一些道观进行重修，使之得以保存至今。由于福建道教长期不断从民间信仰中吸收新神，日趋世俗化，道观与民间俗神信仰的宫观有时难以分辨。因此，福建道教建筑的门类较为复杂，除了正统的道教宫观，城隍庙、关帝庙以及许多带有纪念性的祭祀建筑和奉祀民间俗神的宫观庙宇也被归入其中，如祀开漳圣王陈元光的威惠庙，祀航海保护神妈祖的天后宫，祀妇女儿童保护神临水夫人的临水宫，祀健康保护神保生大帝的慈济宫。“妈祖信俗”已成为世界人类非物质文化遗产，妈祖庙、天后宫在福建宫观建筑中数量最多。

早期的伊斯兰教由海路传入福建。侨居福建各地的穆斯林需要过宗教生活，于是修建了许多清真寺。唐贞观二年（公元628年）在福州建清真寺。宋元时期，泉州可考的清真寺就有六七座。福建现存的伊斯兰教寺院，以泉州清净寺、福州清真寺、邵武清真寺和厦门清真寺较有代表性。

明代艾儒略等耶稣会传教士到福建传教，明天启五年（1625年）在福州城内宫巷建起三山堂（泛船浦天主教堂的前身），在福清水陆街建造天主教堂。明末，郭奇等多明我会士在福安溪东村建立闽东第一座天主教堂。在分布福建各地的天主教、基督教堂中，最有代表性的是福州仓前基督教石厝教堂、福州苍霞洲基督教堂、卫理公会莆田总堂、漳州多明我会天主教堂、福州泛船浦天主教总堂和厦门鼓浪屿天主堂。

福建的寺庙宫观不仅历史悠久、数量众多，而且布局巧妙、富丽堂皇。不少寺观依据山川地势巧妙布局。有的依山而建，高低错落，井然有序。如安溪清水岩寺背山面壑，整体布局分三层，顶殿后有宋代的清水祖师舍利塔，建筑群外观似“帝”字形。有的巧借山岩构筑，与山川土地融为一体。如泰宁甘露岩寺隐藏于赤石深壑之中，采用“一柱插地，不假片瓦”的独特结构建筑（可惜1961年毁于火灾，近年按原样重修）。福建的宗教建筑在建筑细部的装饰上，采用的是中国传统装饰技术，如施以斗栱、藻井、天花、雕刻、彩绘、壁画、灰塑、剪黏等。许多具有佛教意义的形象如飞天、莲荷、火焰背光等成了佛寺装饰的主要题材。道观常用的装饰图案有八卦、太极、四灵、八仙、鹤、鹿、龟、灵芝等。精美的装饰与宏伟的建筑融为一体，美化了建筑的外观造型，深化了寺观的精神功能。

（三）民俗的影响

民俗包括人生礼仪、岁时节庆、生活习俗等，生活习俗的内容最为繁杂。建房是一个家庭的百年大业，人们都很慎重，久而久之便形成一套颇具特色的建房礼俗。

在整座房屋的施工过程中，自始至终贯穿着民俗色彩。盖房前要请风水先生勘察宅基和朝向，选择动工的时辰。每个关键工序施工之前，如破土动工前，安大砱石、安大门、上中梁时和每月的初二、十六，都要摆供品祭请土地神，以期得到庇佑。上中梁时，有的在大梁两端压进铜钱或硬币，祈求财旺；有的用红布包上五谷之类的东西系在梁上，祈求岁岁丰登。房子落成后，要举行隆重的“入厝”仪式。主人在新房子的厅堂上设祭，先祭祀土地神，后祭告列祖列宗。搬迁时，走在前头的要端一盆火种，象征火种代传，家业千秋。

福建民间习俗有着浓郁的地域特色。下面以泉州民俗为例看房屋建造时不同构筑部位的具体要求和不同的做法。

1. 厅前走廊大石砱的尺寸应略超过厅的宽度，叫“出丁”。石砱的宽度大约是长度的十分之一多一点。台阶一定要“三踏”（三层台阶），称为天、地、人三才。

2. 厅前门楣的高度位置是人站在厅前不能看到“中脊”（中梁，即脊檩），如果看到叫做“见梁”；站在厅中不能看到滴水，如果看到叫“露齿”。

3. 厅前石砱与厢房之间应留有缝隙，称为“子孙缝”，以期子孙满堂。

4. 在上落与下落中间的“榉头”（厢房），应有一根梁连接上下落的梁上，这根梁称为“牵手梁”，以示代代相传。

5. 厅前走廊的角门（左右边门）位置不能超出砱石，若超过称为“落丁”。同时两扇门的开启应向内，不能向外，叫做“开门入”。厅与厅后房之间左右设置两扇门，一边一个，不得单设。

6. 厅前两边厢房的宽度不得超过主房的宽度，一般宽度是到房门口为止。这样，人不出房门便可看到屋檐的滴水，叫做“滴丁”，以示房屋的主人可以代代出丁（生男孩）。屋檐落水口应超出砱石四寸，滴水才不会滴在砱石上。

7. 屋梁的架数（根数）只能是单数，而桷枝（椽子）只能是双数，以“合”计算，一合为两支。

8. 屋盖的落水坡度一般控制在加三点五度至七度泻水（垂直为十度），但不同部位的坡度不同，最前端为加三点五水，而屋脊边中间为加五水，左右两边为加七水。

9. 屋脊两端的高度应略高于中间，两端采用燕尾形式翘起，如有当官的人家也可安设“龙吻”。

10. 在架设“圆仔”（檩条）时，应注意檩头向东。“中脊圆”（中梁）超长部分，锯去时应注意留存，等到房屋完工祭祀时，一起放在祭桌上祭祀。留下的檩头应写上建房用篙尺上的“字”、尺寸等，作技术档案资料存放。

11. 主厅屋盖正中线一定是笑槽的位置，然后向两边分开；下厅正中位置则是拍槽（槽岸）的位置。

12. 屋盖的水平面以中梁为中线分成前、后两部分。前部分应高于后部分七至八寸（按滴水点为标高点），即中梁的位置偏前。

13. 地面的水平标高，主厅最高，厢房、下落与主厅的落差为九寸左右。护房与主厅的落差大约为五寸。

14. 在确定排水沟的走向和排水口的位置时，也要采用罗盘、罗庚进行牵字，确定方位。排水沟切不可通过房间①。

① 张千秋，施友义.泉州民居[M]. 福州：海风出版社，1996：13-14.

第五节 福建传统建筑的文化特性

福建建筑文化一方面受到汉民族文化底蕴的影响，另一方面由于独特的自然地理环境、社会经济条件以及历史背景等人文环境，又有着鲜明的地域文化特征。福建传统建筑的文化特性可初步归纳为稳固性、多样性、乡土性和融合性四个方面。

一、稳固性

福建北、南、西三面的陆上省界是沿分水脊划定的。因此福建作为一个独立的行政区，又是一个自然地理单元。自然环境的突出特点，使福建在历史上与内陆联系较为困难，在文化上具有相当的独立性，在建筑文化方面表现出稳定性的特征。

在福建，稳固地保留了家族制度和封建传统观念，并深深地影响了福建的聚落形式、传统建筑类型与建筑布局形式。在乡土社会里，宗祠是血缘关系的纽带，是宗族组织的象征和中心。福建大量的宗祠建造始于宋代，盛于明代。当时相对稳定的社会，较为发达的经济以及理学家们的推动，都为宗祠建筑的高度发展创造了条件。随着家族的繁衍发展，许多家族出现分支迁居外地的现象。同一远祖但没有居住在同一地方的族人，往往合建超地域的大宗祠，以奉祀共同的祖先。

封建社会的家庭结构是数代同堂、同居共财，它促使了福建传统大型民居的形成，也使得乡族共建大土楼、大土堡成为可能。福建土楼的占地面积多在1000平方米以上，几家甚至几十家数百人聚族而居。其同居异财的生活模式、均等的聚居形式独具特色。福建土堡防御功能十分突出，通常举一族甚至一村之力而建，主要用作匪寇侵扰时的临时躲避居住之所。

中国古代的建筑布局形式在福建得以稳固的保留。如福建传统民居，既有三合院、四合院等中原传统建筑形式，又有排屋、土楼、土堡等富有地方特色的建筑形式。但是不管民居的形式和风格怎么演变，依然保持着中轴线对称、院落组合、木构承重体系和坡屋顶等汉族传统民居建筑的共同特征。在民居中轴线的正中安排空间完整的厅堂，主厅堂在全宅的空间最高敞、装饰最华丽。住房与厅堂的关系反映一定的等级关系，要严格按照家族的辈分、尊卑分配使用。房间离大厅越近，居住者的辈分越高。围绕中间厅堂庭院分布的护厝房，是给辈分较低的人或佣人居住的。

在福建这个相对封闭的区域内，唐宋时带来的中原建筑文化得到发展，一些古代的技术与做法得以延续。例如，梭柱、月梁、上昂、皿斗、板椽等做法一直延续到明清，而这些古代特征宋代以后在北方已日渐消失。宋代盛行于中原的虹桥，在北方及中国其他地区早已绝迹，而闽东、闽北及浙南一带至今仍有木拱廊桥留存，而且直至近现代也还在修建。因此木拱廊桥被专家誉为“古老概念的现代遗存”，具有“活化石的价值”。

二、多样性

建筑文化是固有历史文化的沉积和自然地理环境相互作用下的产物。福建传统建筑在长期的历史演变中逐渐形成自己独特的性格，不管是在形式、风格上，还是在地方材料、装饰手法的运用上，都表现出建筑文化的多样性。

造成福建各地建筑文化差异的原因主要有三个。一是自然环境。福建境内山岭耸峙，溪流纵横。在两条河流之间往往有高大的分水岭阻隔，所以住同一流域的人民在社会、交通、经济、文化等方面显示出某种独立性。各自相对独立的区域形成了不同的工匠体系，不同的工匠体系采用不同的施工技术与建筑装饰工艺，因此每个区域几乎都有自己的建筑风格。二是移民。1000多年来，历代都有北方汉人迁移入闽。北方移民的迁移时间、路线、定居点各不相同，历史上长期交通不便，各地域之间交往甚少。不同时期的移民南迁，带来了中原不同时期的建筑形式和风格，对福建传统建筑形式、风格的形成影响较大。三是方言。不同时期的汉人南迁，带来了中原不同时期的汉语言，在不同定居地与当地土语相融合，形成了福建三大方言群、16种地方话和28种地方音。有的县竟没有一种统一的方言，往往越过一座山或涉过一条河语言就不通了。各地方言与各自文化传统的差异造成文化交流的隔阂，形成了福建传统建筑类型众多、风格各异的基础。

福建各地的传统建筑，大至总体规划、平面布局，小至墙面处理、装饰细部，表现出多样性的特点。例如，福建传统村落布局顺应地形，适应气候条件，或依山、或傍水、或组合、或分散，呈现出千变万化的景观效果。大型民居一般以合院为基本单位组合而成，各地组合形式不尽相同。闽东、闽北、闽中地区以纵向多进式四合院为主，部分附有左、右轴线建筑或跨院、花厅、书房，其间用高大的封火墙隔开。闽南、莆仙、客家地区以二进或三进的合院为中心，两侧对称地布置护厝，以多排护厝形式向横向发展。又如，土楼和土堡都是防御性建筑，外墙同样是夯土墙，但在布局、结构等方面存在差异。土楼防卫区与生活区合为一体，外墙为承重墙并联建其他建筑；土堡以防御为主、居住为辅，堡墙不作为建筑的受力体，外围的木结构体系独立存在。

三、乡土性

福建传统建筑的乡土性不仅表现在空间布局与当地民俗习惯相吻合，更突出的还表现在就地取材，对木材、石材、泥土等地方材料的巧妙应用。

早在数千年前的原始社会，福建先民就能根据不同的自然条件、生态环境，利用乡上建筑材料，创造出多种建筑形式。根据考古发掘推知，距今3000多年前，福建先民住在圆形或方形、木骨泥墙的茅屋中，其住屋形式应是可防潮通风、防御兽害的干阑式构造。也有平地起建的建筑形式，如福清东张遗址。沿海盛产石头，东张先民因材施用，利用石块叠砌墙基，还掌握了用草拌泥粘结石墙间缝隙的技艺。经过焙烧后的草拌泥的火烧地面，除了增加泥土密度，还可以发挥防潮的作用。这无疑是建筑技术上的一个进步。直至现在，在一些偏僻地区，老百姓仍用这种办法修建住宅。

福建的木材资源丰富，传统建筑历来以木材为重要建筑材料。在房屋、廊桥、牌坊等传统建筑中，不用一钉一铁，只是支穿横榫，挑搭勾连，使木构的性能得到充分发挥。木材质软，可以刻出繁复的花纹和玲珑剔透的层次，常用于雕饰门楣、外檐、梁架、托架、椽头、垂花、雀替、门窗、隔扇、屏风、神龛等地方。福建民间工匠的木雕技术极为精湛，传统建筑的梁枋等构件上的木雕极其精细，槛窗、隔扇的形式、图案多种多样，具有浓郁的乡土气息。

福建东南沿海的花岗石材质优良，强度高，十几厘米厚的石楼板跨度可达4米多，建造桥梁用的巨形条石跨度可以达到十几米，在古代就大量用于房屋、桥梁、塔幢、牌坊的建造（图1-5-1）。在长期的建筑实践中，人们创造出多种石头墙体砌法，如白石（花岗石）与青石（辉绿岩石）相间砌筑形成色彩对比（图1-5-2），风包石与规整石并用形成质感对比，以及顺砌与丁砌的结合，都是相当成功的做法。石雕是福建最负盛名的民间工艺，特别是惠安的石雕技术享誉海内外，运用圆雕（图1-5-3）、浮雕（图1-5-4）、线雕（图1-5-5）等工艺雕琢的人物、鸟兽、花卉等达到了出神入化、惟妙惟肖的境地。

生土建筑就地取材，施工方法简便，承载能力强，又冬暖夏凉。以夯土墙、土坯墙作为围护结构的传统建筑，在福建山区比比皆是。但是，用夯土墙作为承重结构，建造直径近百米、高十余米的方、圆土楼，则是福建一绝。2008年7月，由永定、南靖、华安三县的“六群四楼”（永定县初溪、洪坑、高北土楼群及衍香楼、振福楼，南靖县田螺坑、河坑土楼群及和贵楼、怀远楼，华安县大地土楼群）46座土楼组成的福建土楼列入世界文化遗产名录（图1-5-6）。漳州沿海一带盛行用三合土夯筑建筑外墙。这种土墙坚固如石，能经受风雨侵蚀。大部分土楼的夯土墙都不进行外粉刷，更显得纯朴、粗犷和自然（图1-5-7）。

用泥土烧制的砖瓦，也是福建传统建筑普遍采用的建材。若按建筑用砖的色彩区分，福建有红砖建筑区和青砖建筑区之别。红砖建筑区约占全省的1/5，以泉州为核心，向周边辐射，主要分布在泉州、厦门、漳州及莆田等地，其余地区为青砖建筑区。闽南民居特别是泉州民居，喜用红砖组砌

图1-5-1 福建单体最大的石梁——漳州江东桥（来源：戴志坚 摄）

图1-5-2 白石（花岗石）与青石（辉绿岩）的混合砌筑（来源：戴志坚 摄）

图1-5-3 泉州开元寺圆雕龙柱（来源：戴志坚 摄）

图1-5-4 泉州开元寺镇国塔浮雕力士（来源：戴志坚 摄）

图1-5-5 泉州杨阿苗宅石雕作品（上部浮雕，下部线雕）（来源：戴志坚 摄）

或砖片拼贴成各种精美的图案。闽北一带尤其是武夷山、邵武、光泽等地，青砖雕砌的门楼以及外墙装饰随处可见，其精湛的砖雕艺术令人惊叹不已（图1-5-8）。

四、融合性

福建文化并不是封闭的地方文化。无论是历史上，还是近现代，它都通过海外交通和各种文化交流，广泛吸收海内外的优秀文化，同时把自身文化传播到东南亚等各国和中国台湾等地。

共存与融合是福建建筑文化的常态。这一点，在福建人对待宗教信仰的态度上，表现得尤为明显。以泉州为例，泉州有“世界宗教博物馆”之称，宋元时期世界上流行的各种宗教如伊斯兰教、摩尼教、基督教、印度教等，都可以在泉州找到生

图1-5-6　南靖县田螺坑土楼群（来源：戴志坚 摄）

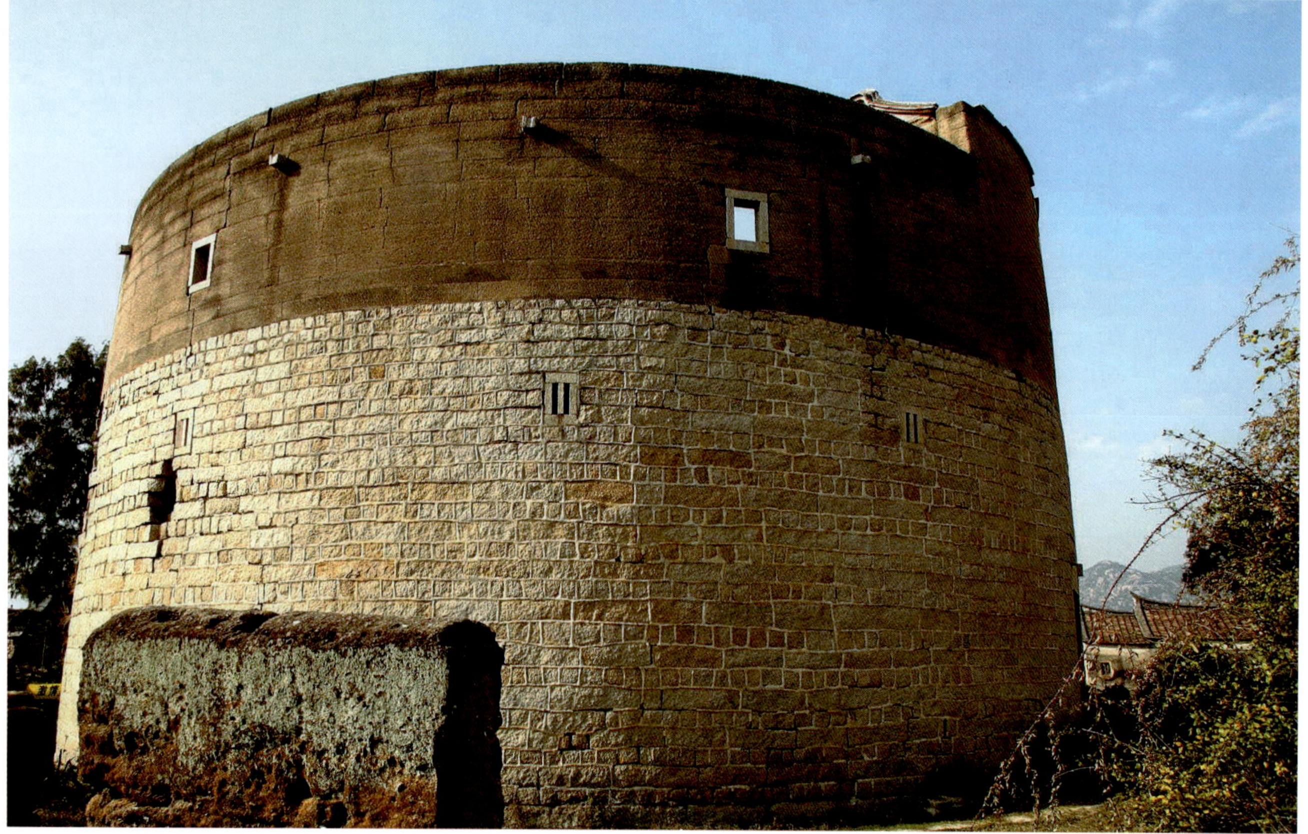
图1-5-7　漳浦三合土夯土外墙（来源：戴志坚 摄）

图1-5-8　武夷山市青砖砖雕作品（来源：戴志坚 摄）

存之地，而且与当地原有的佛教、道教以及各种民间宗教和睦相处。特别是摩尼教、景教在中国其他地方失去立足地之后，却能够在福建悄然传播。福建有许多地方的寺观，儒、释、道共存，神、佛、人全祀，体现了外来佛教文化与福建民俗文化的融合。

福建沿海一带的中西合璧建筑把中国传统建筑与西方建筑的处理手法融为一体。这些被称为“番仔楼”的建筑主要是归国华侨受侨居国建筑形式影响而建造的。它们有的保留了福建传统民居的布局形式、墙体做法，细部装饰融进东南亚各国和欧式建筑的特色；有的以欧式楼房建筑为主，融入中式建筑的大屋顶及室内装饰，形成颇有特色的侨乡建筑。

闽台传统建筑的移植与传承，也是福建建筑文化融合性的体现。在台湾汉族人口中，福建人约占全岛汉族人口的83.1%，其中闽南人占绝大多数。闽台传统建筑的形式极其相似。台湾许多寺庙和深宅大院完全模仿祖籍地建筑形式，而且木材、石材、砖瓦等建筑材料大多从闽地运去，工匠也从大陆聘请。清光绪之后至21世纪初仍有不少漳、泉名匠师应聘抵台，亲自施工或授徒。台湾的建筑流派可分为闽南派（泉州派、漳州派）、客家派，个别的还有潮州派和福州派，各地传统建筑的结构、风格大致反映着移民祖籍地的建筑特色。

第二章　闽南区传统建筑特征解析

闽南区位于福建省南部，范围最大，人口也最多。闽南传统建筑分布在泉州市、漳州市、厦门市所属各县（市、区）以及龙岩的新罗区、漳平市。闽南的开发在闽北和闽东之后，由于自然环境较为优越，唐宋时期经济发展很快，人口不断增长。繁荣的海上贸易是闽南历史发展的最大动力，也使闽南传统建筑明显地刻上海洋文化的痕迹。在沿海地区，海上交通的发展和对外交流的频繁，促进了以红砖大厝为代表的民居建筑的形成。在内陆地区，民居建筑的防御功能更为突出，土楼、土堡等聚居建筑由此产生。闽南的石材资源丰富，石构建筑历史悠久，惠安石雕闻名遐迩，石构的房屋、桥梁、塔幢、牌坊等建筑无不以独特的结构、精湛的雕刻为人们所称道。闽南传统建筑强调屋脊和屋面的曲线，高翘的燕尾脊独具特色。建筑装饰丰富，色彩浓艳，精巧的砖雕、木雕、剪黏和交趾陶也很有地方特色。

第一节 闽南区自然、文化与社会环境

闽南区的西北边是戴云山和博平岭山脉，为闽南与闽西之间的屏障。东南面是广阔的漳州平原和泉州平原，九龙江和晋江贯穿其中，有着较良好的农业生产环境。东临浩瀚的大海，隔台湾海峡与台湾省相望。沿海多岛屿、港湾，较大的港湾有泉州湾、后渚港、厦门港、金门湾和东山港等，较大的岛屿有金门岛、东山岛、厦门岛等。除西北边缘山区外，大部分地区属南亚热带季风气候。

闽南的自然环境比较优越，既有适合发展农业生产的平原，又有便于海上贸易的优良港口，是北方汉人入迁福建最先聚居的地域之一。从北方汉人入迁闽南的时间进程上看，进入泉州平原的时间要比进入漳州平原的时间早些，人数也更多一些。晋江下游的南安市，是福建最早设立县治的地方之一，三国吴永安三年（公元260年）在这里置东安县。两晋时期，汉人南迁加速了闽南的发展，相传“晋江”就是东晋故民思念故国而命名的。南朝梁天监年间（公元502～519年）析晋安郡南部置南安郡，晋安郡的分立说明这次移民的人数不可能太少。南朝时也有少量汉人迁居九龙江下游。为了加强对这一带新居民的行政管理，南朝梁天监年间在九龙江下游设置了龙溪县。六朝之后移民大量增加，唐代已有大量移民进入闽南。唐总章二年（公元669年），陈政、陈元光父子统率府兵入闽平定畲乱，这是一次具有移民性质的进军。陈军将士所到之处，且守且耕，招徕流亡，开拓山林，建立村落。武后垂拱二年（公元686年）自泉州分出漳州，并析龙溪县置漳浦县，陈元光任首任漳州刺史。随陈政戍闽的五十八姓军校大体都是中州老乡，也定居在漳州一带，为开发漳州立下汗马功劳。优越的自然条件和安定的局势，使泉州、漳州人口猛增。至唐开元年间，漳泉二州7县共有5万多户，占全闽五州24县总户数的一半以上。唐末五代，又有大批北方汉人迁入泉州、漳州，闽南沿海平原得到长足的发展。到了宋代，闽南经济繁荣，文化昌盛，泉州进入全国“七府二十一州”的望郡行列。

在闽南人聚落的扩散和农业生产的开发上，有一个从平原向山区拓展的历史过程。晋唐时期，北方汉人入迁之初，主要分布在晋江下游的南安县、晋江市一带，以及九龙江下游的龙溪县、漳浦县一带。泉州地区的地理位置比较重要，交通也比较方便，因此在唐代，入迁的汉人很快就进入其西北部山区，如永春、安溪等县。漳州山区的自然环境比较恶劣，因此在漳州设置初期，汉人的聚居与开发主要集中在沿海的云霄、漳浦、龙溪等县。即使到了北宋年间，漳州的领县也大多集中于沿海一带，内地山区有不少地方仍相当荒凉。直到南宋中后期，随着漳州沿海地区的繁荣以及汀州地区的开发，夹在二者之间的山区地带，才有较多的外地汉人迁入定居。如南靖、平和等县的居民，绝大部分都是在宋代及其以后迁入的[①]。闽南区西部的新罗县（后改名龙岩县）地处九龙江上游，是闽西通往沿海的必由之道（图2-1-1）。清雍正十二年（1734年）升龙岩县为直隶州，并辖漳平县、宁洋县（县治在今漳平市双洋镇，1956年撤销）。

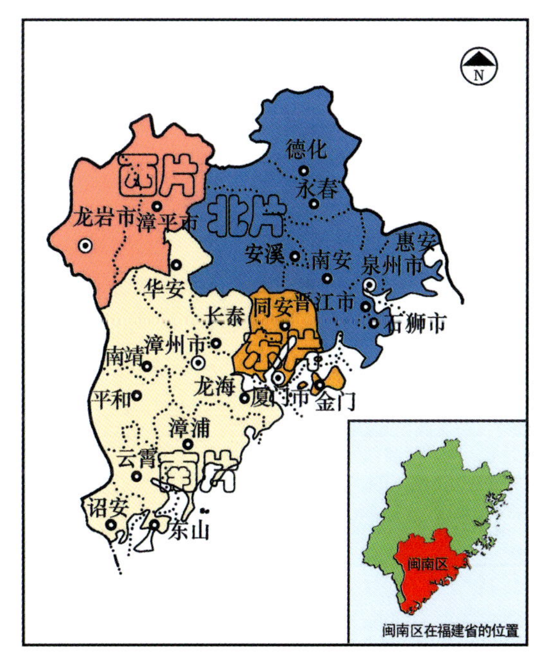

图2-1-1 闽南区（来源：戴志坚 绘）

① 陈支平. 福建六大民系[M]. 福州：福建人民出版社，2000：99-100.

闽南人最显著的人文特点是具有浓郁的海洋文化色彩，比较注重财富的追求，敢于冒险、勇于进取，“敢为天下先”“爱拼才会赢”的精神延绵至今。闽南人以其面临大海的自然优势，从海上向外发展谋生，渔业、盐业、养殖业和海上贸易蓬勃发展。尤其是南宋偏安之后，商贸经济的中心移至福建，闽南经济有了较大发展，出现了人口过剩现象。人多地少的社会环境和天然良港多的优势，促使闽南人甘冒风涛之险，向海洋发展，进行国际贸易。北宋元祐二年（1087年）福建市舶司设在泉州，极大促进泉州对外贸易的发展。宋元时期泉州成为国际贸易港口。据《元史》载，当时泉州港有海舶15000艘，船运和营商规模不但超过广州成为全国最大港口，而且成了世界有名的大港。有金、丁、马、铁、郭、葛、黄、夏、蒲等十余姓的穆斯林后裔在泉州生息繁衍，建造了极具伊斯兰教色彩的清真寺，留下了安葬伊斯兰先贤的灵山圣墓。明代后期，随着漳州月港的兴起，又掀起一轮出海热潮。明代统治者厉行海禁，但月港依然帆樯如林，客商云集，成为当时全国最大的走私港。“五口通商”后，新兴城市厦门港开始兴旺，成为南半个福建的出入口。迫于生存压力，不断有闽南人漂洋过海谋生，足迹遍布海内外。有的移居海外，到日本、朝鲜、东南亚诸国经商、定居。有的向台湾移民，谋求开拓发展。现在台湾的汉人，原籍为泉州、漳州二府的，约占台湾人口的70%以上。

繁荣的海上贸易是闽南历史发展的最大动力，也促进了中外建筑文化的交流，使闽南传统建筑明显地刻上海洋文化的痕迹。例如，闽南的房屋建筑以红砖建筑最具特色。这种用红砖组砌成多种图案的墙面装饰，推测应是宋元时期居住在闽南港口的阿拉伯人和东南亚人带来的。闽南大量的“番仔楼”，既保留了闽南民居的平面布局、墙体做法，也吸取了西方建筑的布局手法，细部装饰则融进了东南亚各地和西洋建筑的特色，创造出颇具特色的中西合璧建筑。漳州岳口街两座清代石牌坊的透雕花板上，各有五块雕着头戴礼帽、卷发虬髯、形态各异的欧洲人形象，反映了当时漳州海外交通与贸易的景象。

第二节 建筑群体与单体

一、传统民居

（一）三合院

三合院是闽南小户人家较常采用的住宅形式，在沿海一带更为多见。三合院是闽南民居常用的一种基本单元，可以根据地形向纵向或横向扩展，组合演变成中、大型民宅。

传统三合院式住宅，在泉州称“三间张榉头止”“五间张榉头止”（图2-2-1、图2-2-2），在漳州称“爬狮”或“下山虎”（图2-2-3），在厦门称“四房二伸脚”“四房二东厅”（图2-2-4、图2-2-5）。三合院的平面布局模式为：在“一明二暗”的三间或五间正房前面的两侧配以附属

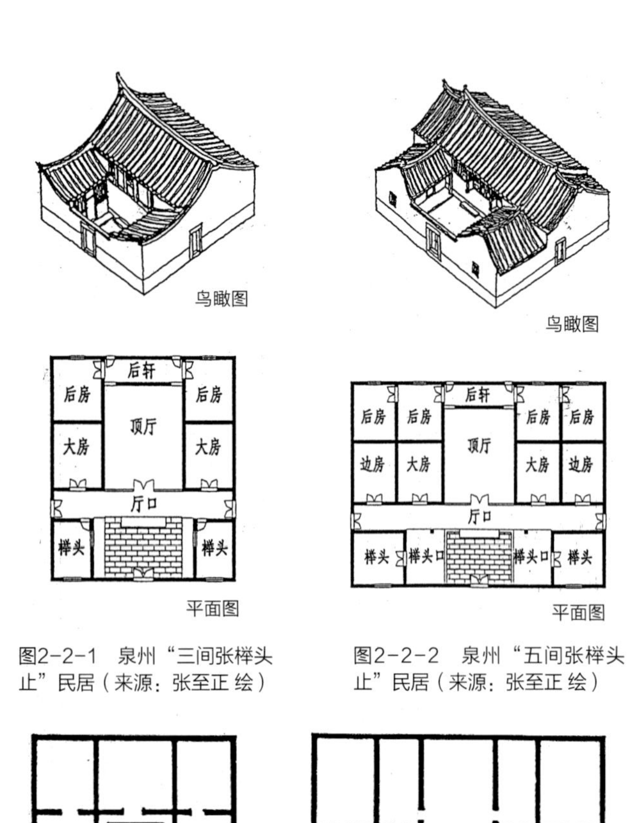

图2-2-1 泉州“三间张榉头止”民居（来源：张至正 绘）

图2-2-2 泉州“五间张榉头止”民居（来源：张至正 绘）

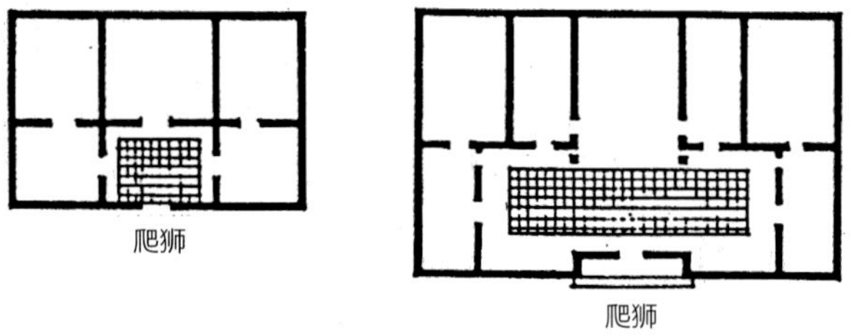

图2-2-3 漳州“爬狮”民居（来源：戴志坚 绘）

的厢房或两廊，围合成一个三合天井形庭院，形状如“Π”形。室内设廊道，可贯通各房间。有的三合院前方建围墙或设门楼，以别内外。

三合院以正房三开间、两侧厢房一开间最为普遍。正中的“明”空间为厅堂，是供奉祖先、神明和接待客人的地方。两侧的“暗”空间为卧室，左侧为大房，右侧为二房。两侧的厢房称“榉头”（泉州叫法）、“伸手”（漳州叫法）或“伸脚”（厦门叫法），左侧一般用作厨房，右侧一般用作闲杂间。中间围合的天井称“深井”。正房可横向扩展为五开间；也可纵向扩展，把正房的每个开间分隔成分别从前后入口的房间。厅堂靠后设板壁，称“寿屏”。板壁两侧各有一门，其后的过道称“后轩”。厅堂两侧的房间同样分隔成前后两部分，后房面积较小，由后轩进出。三开间住宅因面阔较小，两厢有的作为走廊使用。面阔较大的住宅，可在两厢后半部隔出房间，前半部留有空间用于行走。

三合院的建筑结构为穿斗式木构架或硬山搁檩，山墙为承重墙。基础、勒脚、墙裙使用石材，其上的墙体早期多为夯土墙或用土坯砌筑，墙面抹白灰砂浆，后逐渐被砖墙取代。屋顶为硬山式或悬山式。两侧厢房的山墙面向正前方，多做成马鞍形（图2-2-6）。

（二）四合院

四合院是闽南传统民居最主要的建筑形式，因其规模较大，较具私密性，为人们所喜用。四合院也是闽南民居常用的一种基本单元，可以向纵向或横向扩展，组合演变成中、大型民宅。

传统四合院式住宅，在泉州称“三间张”、“五间张”（图2-2-7、图2-2-8），在漳州称“四点金”（图2-2-9），厦门称“四房四东厅”（图2-2-10）。四合院的平面布局模式是在三合院的基础上加上前厅而组成的，即前后两进及左右厢房围合成一个四合中庭型庭院，形状如“口”字形。有的四合院在屋身的正前方设户外广

图2-2-6 龙海紫泥民居三合院（来源：戴志坚 摄）

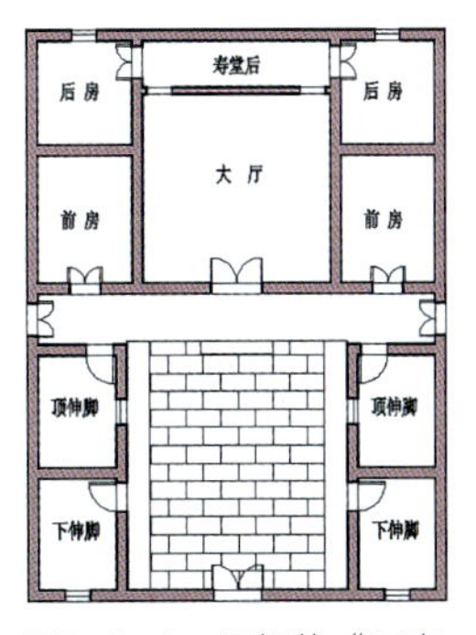

图2-2-4 厦门的“四房四伸脚”平面图（来源：曹春平 绘）

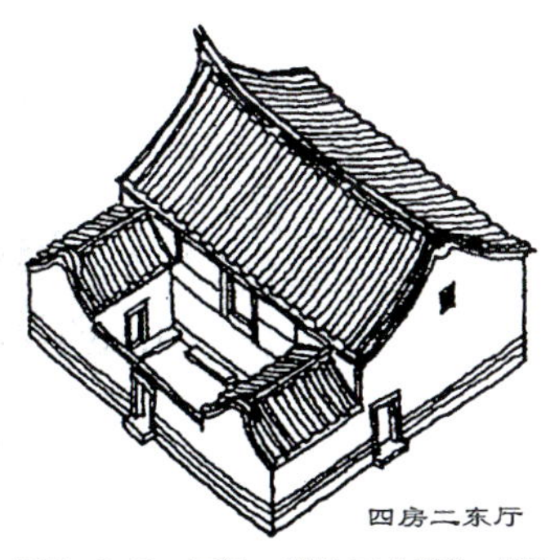

图2-2-5 厦门一带称三合院为“四房二东厅”（来源：张至正 绘）

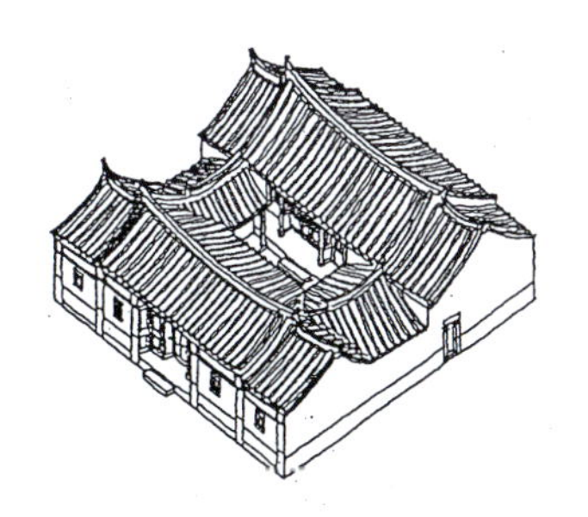

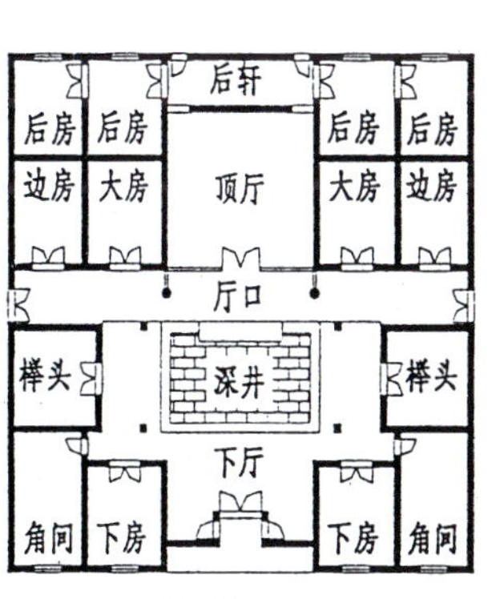

图2-2-7 泉州“三间张”民居（来源：张至正 绘）

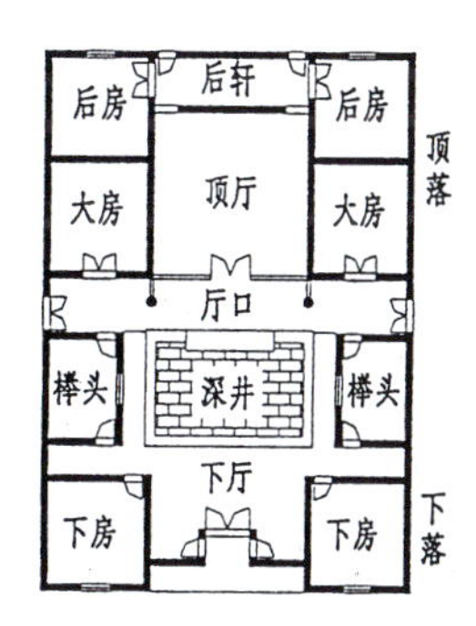

图2-2-8 泉州“五间张”民居（来源：张至正 绘）

场（称“埕”），环以围墙。

基本的四合院布局为两进三开间。第一进称“下落”，明间为门厅，两边次间多作为次要用房。第二进称“顶落”，明间为正厅及后轩，两边次间各有前后房，为主要居住用房。左、右两厢可以敞开作为过廊，也可以隔出房间作为厨房或闲杂间。当三间张向横向发展，正房面阔为五开间，称“五间张”或“五间起”。当四点金两厢敞开，也作为厅堂形式时，加上前厅、正厅共有四个厅，称“四厅相向”。这种建筑模式是中原建筑古老形制的遗存。在四合院的左右两侧加建与下落、顶落垂直的长屋，称“护厝” “护龙”。泉州称三间张住宅左右增建护厝为“三间张加双边护”，五间张左右增建护厝称“五间张加双边护 ”，五间张左右护厝前部建花厅称“五间张转花厅”（图2-2-11、图2-2-12）。

四合院的建筑结构多为穿斗式木构架；有的将檩条直接搁在山墙或分隔墙上，由山墙承重；有的厅堂用插梁式构架，两侧厢房用穿斗式构架。外墙体的基础、勒脚、墙裙使用石材，其上的墙体山区多用夯土墙、土坯墙，沿海一带多用红砖、青砖砌筑。内墙使用木板墙或编竹（木）泥墙。屋顶为硬山或悬山式。

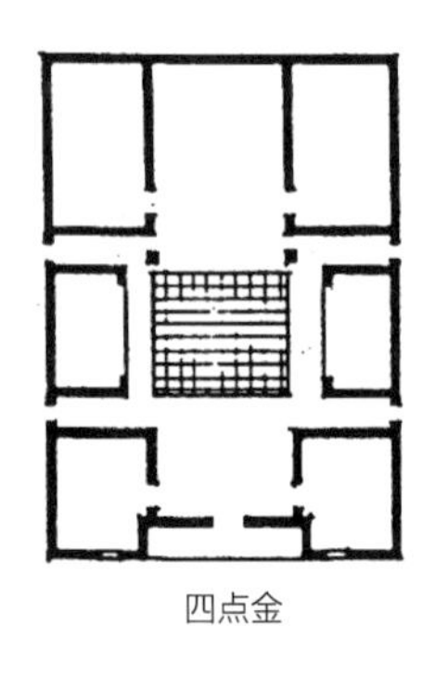

图2-2-9 漳州“四点金”民居（来源：戴志坚 绘）

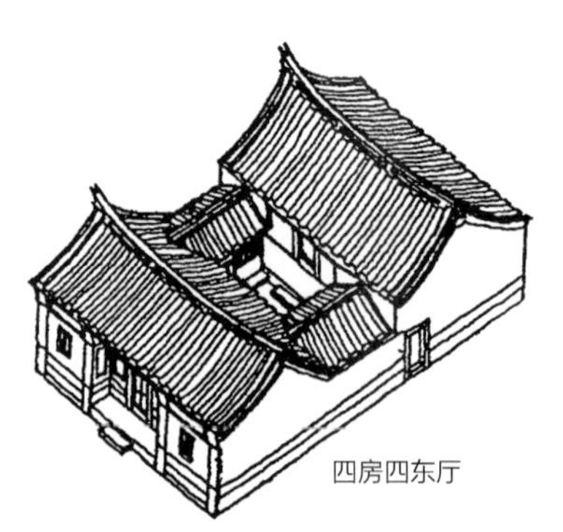

图2-2-10 厦门一带称四合院为“四房四东厅”（来源：张至正 绘）

图2-2-11 泉州“五间张带双护厝”民居（来源：张至正 绘）

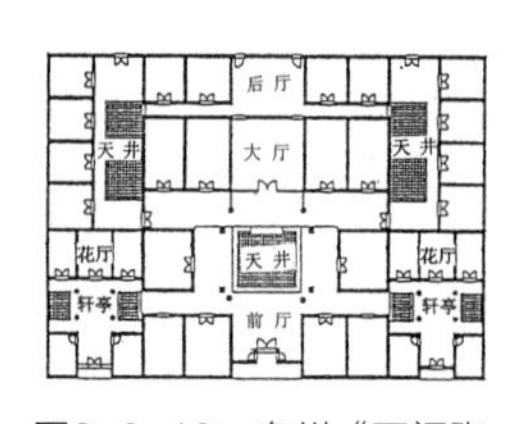

图2-2-12 泉州“五间张转花厅”民居（来源：张至正 绘）

例一 林氏义庄位于龙海市角美镇杨厝村，清嘉庆二十四年（1819年）建，占地面积约4500平方米。主体建筑由三座并排的二进大厝组成，中座大厝“永泽堂”的两边及左、右两座大厝的外侧配有护厝。大厝均面阔三开间，前厅作透塌处理，前后进之间为天井，天井两侧为过廊。厝前有大砖埕和鱼池，设临池护栏和矮墙围合。红砖白石墙体，硬山顶，永泽堂为燕尾脊，其余为圆形马鞍脊（图2-2-13）。

例二 杨阿苗民居位于泉州市鲤城区亭店村，清光绪二十年（1894年）建，平面布局为二进五开间加双边护，占地面积1349平方米。四合院内院除中心大天井外，在榉头间与门屋、正屋之间又留出4个小天井，形成极具特色的“五梅花天井”。东侧护厝的前半部与众不同地设置花厅，在护厝入口门厅与花厅之间以卷棚式方亭相连。东西护厝各有大门直通内外。主入口设双塌寿，护厝次入口设单塌。厝前是宽敞的大石埕，三面围以砖墙。悬山顶，上铺筒瓦，燕尾脊。红砖组砌、石雕、木雕、彩塑、漆画等装饰手法并用，极为精巧华美（图2-2-14、图2-2-15）。

（三）多院落大厝

多院落大厝是闽南传统民居的典型样式，进深至少三进，称“三落大厝” “四落大厝”等。多院落大厝多是地方望族或历代获得官衔者阖族而居的大型宅第，规模宏大，布局严谨，装饰精美。

多院落大厝以合院为基本格局，作纵向、横向扩展或纵横结合发展。可纵向延伸为三进以上院落；可横向扩展主厝开间，增建左右护厝；也可纵横结合发展成深宅大院；还可横向扩展院落，形成一整片建筑群落。建筑主体由多个院落组合而成，每进递增水平高度，左右两边建护厝，形状如“囲”字。落与落之间、主厝与护厝之间有回廊（称“过水”）连接。一般建单层的平房，也有的将最后一进建成两层的后楼。大户的厝前有大石埕、照墙，后院常修建园林式花园。

图2-2-13 龙海市角美镇杨厝村林氏义庄（来源：戴志坚 摄）

图2-2-14 泉州市亭店杨阿苗宅（来源：戴志坚 摄）

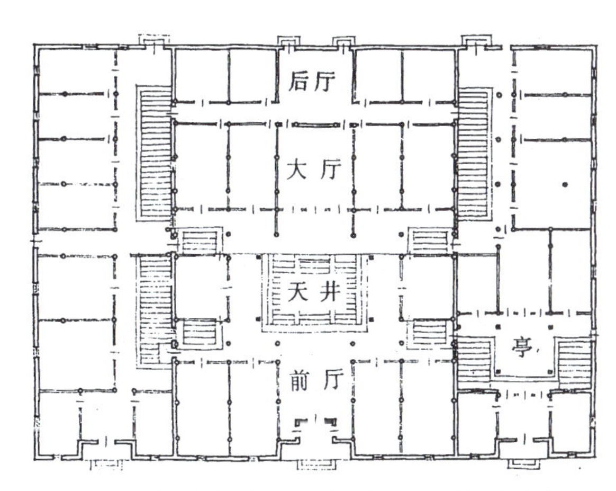

图2-2-15 泉州亭店杨阿苗宅平面图（来源：戴志坚 绘）

多院落大厝为中轴对称式布局。大门在中轴线的正中，两侧是对称的窗户或对称的边门；大厅居正中，两边是对称的二间或四间卧房。厅堂按位置分为前厅（下厅）、正厅（中厅）、后厅等。中厅的等级最高，开间最大，装饰最华丽。护厝一般为左右各一列。有的护厝房形成类似"一明两暗"式的三间一组，中间称"花厅"，两侧为住房。护厝与主厝之间形成纵长的天井，中间以矮墙或过水廊分隔。

多院落大厝的建筑结构以穿斗式木构架为主，主厝常采用穿斗式与抬梁式相结合的梁架结构：厅堂用插梁式构架，两侧厢房用穿斗式构架，且山墙作为承重支撑体；有的主厝内部均为穿斗式构架，檐廊却是抬梁式构架。外墙体石质基础，白色花岗石条石砌筑勒脚、墙裙，其上的墙体多用红砖或青砖砌筑。内墙使用木板墙或编竹（木）泥墙。屋顶多为硬山或悬山式。

例一　蓝廷珍府第位于漳浦县湖西畲族乡顶坛村，清康熙末至雍正五年（1727年）建造，占地面积4329平方米。主体建筑纵向五落，中轴线上依次为门厅、正堂、后堂、主楼与后厢房，左右两侧为护厝，与正堂、后堂以过水廊相连。一至三落均为七开间，围绕两个天井形成两个相互串联的四合院。第四落是两层主楼“日接楼”，为三合土夯筑的方形土楼。第五落是后厢房，与左右护厝连成一圈，围成一个大四合院，构成大四合院套小四合院的平面布局。外墙面为红砖、青砖与白粉墙。歇山式屋顶，燕尾式屋脊（图2-2-16、图2-2-17）。

例二　蔡氏古民居建筑群位于南安市官桥镇漳里村，清咸丰五年（1855年）至宣统三年（1911年）建造。现存宅第15座，占地面积约1.5万平方米，其中12座坐北向南。建筑群分东、西两组。东部7座以三排两列组合，第一排3座，第二、三排各2座，前后平行。山墙间留出2米宽、95米长的防火通道（俗称“火巷”），南北笔直贯穿，石路两边有明沟用于排水。各座建筑之间前后相距10米左右，有大石埕相连，埕边凿水井。建筑大多为二进或三进的五间张带双边护或单边护，占地面积从350平方米到1850平方米不等，均为红墙红瓦，硬山顶，燕尾脊。室内外装饰华丽，木雕、石雕、砖雕、灰塑、陶塑等工艺精湛，绘画、题词随处可见，而且不乏名家手笔（图2-2-18、图2-2-19）。

（四）竹竿厝

竹竿厝是漳州的叫法，在泉州称“手巾寮”（下面姑且统称为“竹竿厝”）。竹竿厝是一种商住一体的建筑模式，分布在闽南沿海地区商贸活跃的市镇，尤以漳州市、泉州市最为多见。其建筑形式和风格具有闽南特色。

竹竿厝是单开间民居向纵向延伸呈带状式的建筑形式。平面特点是面宽较窄，但进深很长，平面狭长如手巾，又犹如竹竿数节串列。竹竿厝的面宽只有一间，约3.8～4.2米；进深视地形长短而定，5.5～7米为一进，可多达三进以上。前后进之间以天井相隔，天井用于采光、通风和承接雨水。宅内有一条单侧的靠墙走廊（称“巷路”）联系各房间。平

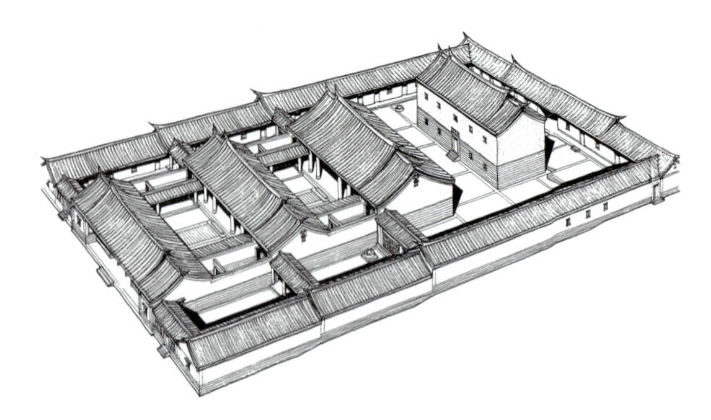

图2-2-16　漳浦湖西蓝廷珍宅鸟瞰图（来源：黄汉民 绘）

图2-2-17　蓝廷珍宅外景（来源：戴志坚 摄）

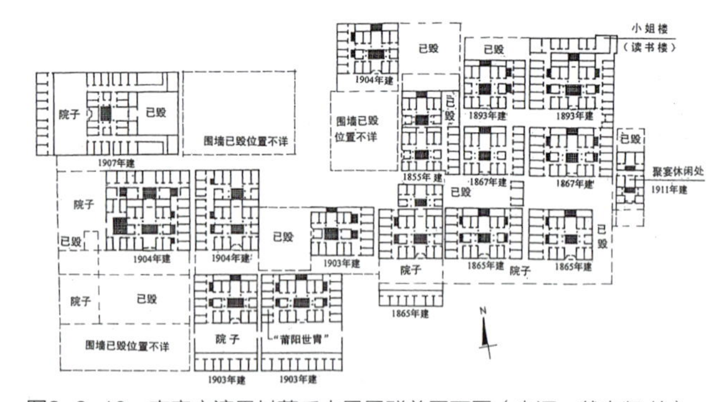

图2-2-18　南安市漳里村蔡氏古民居群总平面图（来源：戴志坚 绘）

图2-2-19　蔡氏古民居建筑群（来源：戴志坚 摄）

面布局由门厅、天井、正厅、厅后房、天井、大房、后房、厨房、后尾或后落组成。

竹竿厝是一种传统的沿街住宅，各家公用墙体，连片的街屋有序地共墙连接，形成了整体统一而又变化的景观。竹竿厝多沿商业街道建造，形成前店后宅的模式。前厅临街，一般作为商铺、作坊场所；后面住家，生活起居的功能齐全。最后一进之后设小天井或留空地，通过后门与后街相通。家庭成员和货物由后门出入，以减少对商店、作坊的干扰（图2-2-20、图2-2-21）。泉州有一种手巾寮前面沿街市，后面沿溪岸，利用临街设店、设作坊，后面水上货物运输，使用极为方便。

早期的竹竿厝为单层，常设置夹层或阁楼。夹层的层高很低，不作为卧室，只用于储物。为了增加使用面积，清末及民国时期的竹竿厝常建成2～3层楼房。民国以后闽南各地修建骑楼，虽然沿街立面发生变化，但骑楼单体基本上延续了传统的竹竿厝布局方式。

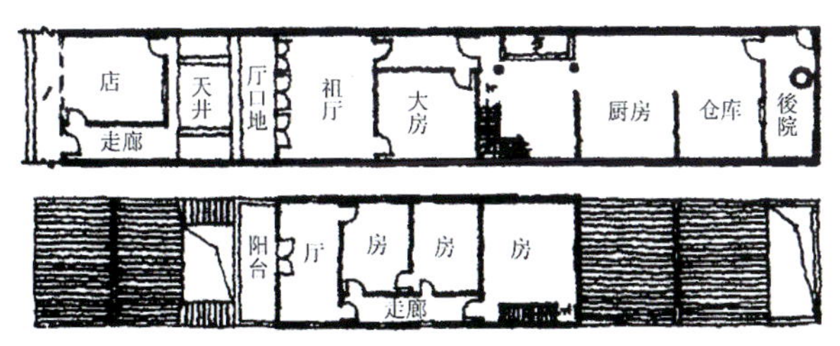

图2-2-20　漳州竹竿厝平面图（来源：曹春平 绘）

图2-2-21　漳州市芗城区新行街竹竿厝（来源：戴志坚 摄）

竹竿厝多为砖木结构，少数为土木结构，山墙为承重墙。以石材为基础，其上为砖墙或夯土墙、土坯墙，墙面用白灰砂浆粉刷。屋内临天井的横墙多用砖砌，内横墙多为木板墙。双坡面屋顶，铺红瓦。非骑楼式竹竿厝多用一至三跳丁头栱承托挑檐。有的竹竿厝将一进与二进之间天井的山墙加高一倍，墙体上部设镂空砖墙用于采光，天井盖上屋顶。

（五）闽南土楼

闽南土楼是福建土楼的一种主要类型，是闽南人居住的、与客家土楼平面布局不同的土楼类型，主要分布在华安县、漳浦县、云霄县、新罗区，以及平和县、诏安县、安溪县等地。

闽南土楼主要采用单元式布局。以3～5层的围合型夯土楼房为主体建筑，居住空间沿外围均匀布置，按竖向分配使用。整座楼被分成若干单元，每户占一个或几个开间，互不连通，有独用的楼梯上下。每户都由土楼内院进入户门，有独立的入口、内庭院、房间，自成独立的居住单元。一般主体建筑的一层为杂物间，二层以上为卧室，顶层是粮食仓库。有些土楼依着墙体设贯通全楼的走廊（俗称“隐通廊”），便于对外防御。内院为共享空间，一般不设祖堂。供奉祖宗及神祇牌位的厅堂正对大门，设在围楼中轴线的端头。

土楼的外围是承重的夯土墙，石砌基础，墙脚用卵石或块石、条石干砌。生土夯筑的墙身厚1米多，逐层收分，一、二层不开窗，窗口内大外小呈斗状。为适应多台风的气候环境，沿海一带的土楼多用三合土夯筑，墙身相对较薄，屋顶没有大出檐，甚至取女儿墙式。外围土墙绝大部分裸露，不加粉刷。单元之间的内隔墙多为夯土墙，只有少部分为木梁柱穿斗结构。屋顶为硬山搁檩，两面坡瓦屋面。内院用河卵石铺地，四周明沟排水。大门门框用条石砌成，门扇多用实心硬木板门，有的还包上铁皮，门框顶部设水槽以防火攻。

闽南土楼有方楼、圆楼及变异形式土楼等类型。方楼的平面呈方形、长方形，多为前面方形、后面两角抹圆，也有的将四角抹圆。一般以分割成若干个小单元围合。圆楼的平面呈圆形或椭圆形，有单环与多环之分。沿圆形外墙分隔成众多的房间，房间呈扇形。华安的二宜楼是闽南圆形土楼的典型。变异形式的土楼结合地形，布局自由，形式独特。如漳浦县旧镇秦溪村的清晏楼，在28米见方的方楼四角，呈风车状突出4个半径2.5米的半圆形角楼，不仅造型奇特，而且更有利于防卫。

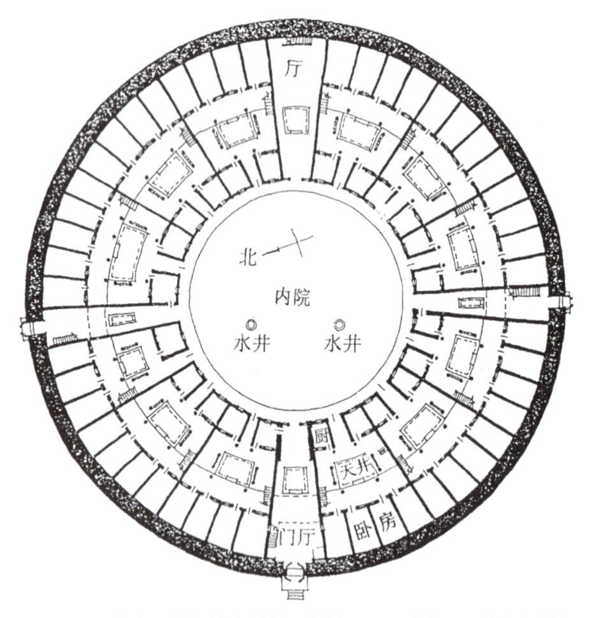

图2-2-22　华安县仙都镇大地村二宜楼平面图（来源：戴志坚 绘）

闽南土楼的装饰较客家土楼丰富，木雕、彩绘、泥塑、石雕并用。装饰重点在大门入口及祖堂等公共空间。

例二宜楼位于华安县仙都镇大地村，建于清乾隆五年（1740年）至乾隆三十五年（1770年），直径71.2米，占地面积9300平方米，由4层的外环楼和单层的内环楼组成。外环楼共有52个开间，三个楼门和祖堂占4个开间，其余48个开间分隔成12个独立单元，底层作客厅或卧房，二、三层均作卧房。第四层是各户单独设置的祖堂，外圈设连通全楼的隐通廊，以弥补单元式土楼防御时各自为阵的不足。内环楼设厨房、餐厅，筑过廊与外环楼连接。外墙底层厚达2.53米，为福建土楼墙厚之最。其雕梁画栋之精巧在福建土楼中首屈一指（图2-2-22、图2-2-23）。

（六）闽南土堡

闽南土堡是闽南民间以乡族为组织修筑的居住建筑，可分为围城式与家堡合一式两类。主要分布在漳浦、云霄、平和、诏安、华安、龙海、同安、南安、安溪、永春、德化、漳平等县（市)。

宋元时期，闽南土堡尚少。明万历版《漳州府志》记

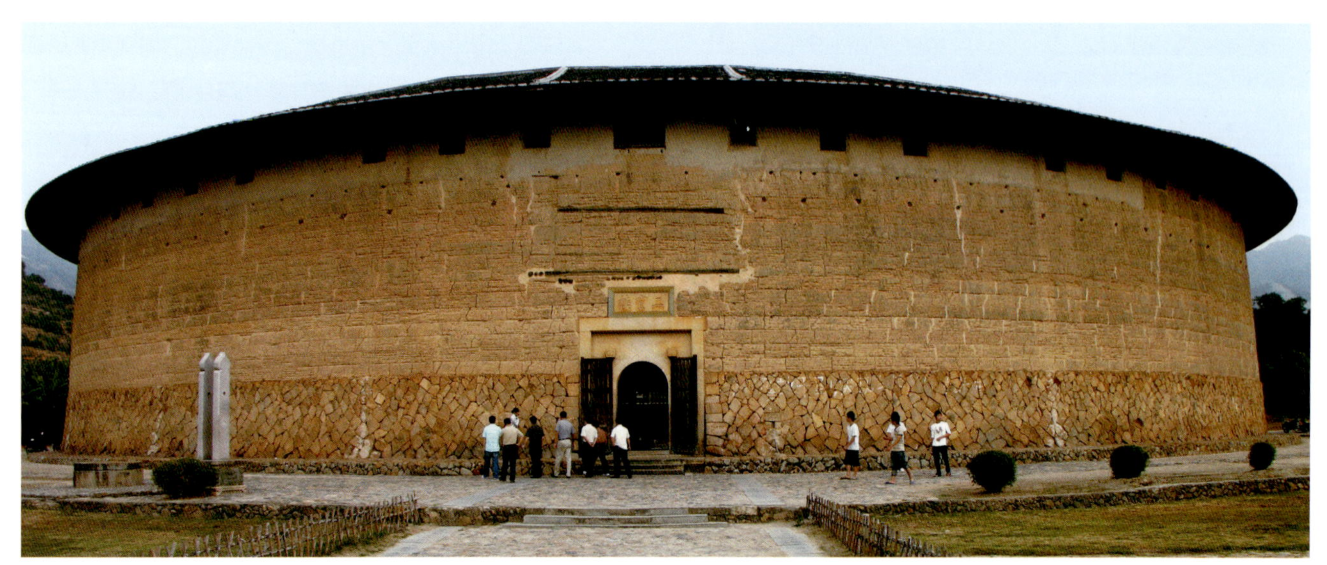

图2-2-23　华安县仙都镇大地村二宜楼（来源：戴志坚 摄）

载：“漳州土堡旧时尚少，惟巡检司及人烟凑集去处设有土城。”土堡的兴盛发展是在明代中叶以后。明代前期以官军建城为主，嘉靖、万历间则以民间筑堡为主，主要目的是为了防御倭患、抵抗海盗、山寇。本章所介绍的是民间修筑的土堡。

土堡的堡墙高大厚重，一般是单独夯筑的封闭性围墙。沿海地区大多采用三合土夯筑墙体，或外墙用三合土，内隔墙用生土；山区普遍采用生土夯筑墙体。三合土墙体极其坚实，因此堡墙较薄，墙顶可设环形通道，墙头作城垛。生土墙体承重能力有限，因此底层要求较厚，堡墙厚达2米以上。堡门为券顶或平顶，门框一般用花岗岩条石砌筑，门扇多用实心硬木板门。

闽南的围城式土堡是在村落四周建堡墙围护，规模宏大。这类土堡模仿官建城堡的建筑形式和防御功能。有的堡墙上建城垛和瞭望口，有的建突出于堡墙之外的角楼，有的还在城门建城楼。堡内有民居、有公共建筑，生产、生活设备齐全，具备了防御、居住、生活等功能需要。典型代表如漳浦县的赵家堡、诒安堡，云霄县的菜埔堡。赵家堡位于漳浦县湖西畲族乡赵家城村，始建于明万历二十八年（1600年），是赵宋皇族后裔聚族而居的大型城堡。占地面积约10万平方米，外城墙周长1062米，厚2.5米，高6.3米，为条石砌基的三合土墙体，上有垛口。现存城门3个，北门设瓮城。城东南建内城，内城中有一座三层的方形土楼——完璧楼。城中主体建筑府第（俗称官厅）由4座并列的五进合院式建筑组成。东侧建有上下三堂、辑卿小院、武庙、石牌坊等。府第前开莲花池，东西筑长堤，南北横跨汴派桥。池西为园林山石景区，建有佛庙、禹庙、聚佛宝塔，集中了十几处碑刻(图2-2-24、图2-2-25)。

家堡合一式土堡融防御与居住为一体，防御功能突出。堡墙的墙基通常用条石、毛石或鹅卵石砌筑，上部是夯土墙，向上逐渐收分。墙体内二层或三层建有畅通无阻的跑马道。堡内设有居住用房，多为木构建筑或土木结构，平时可供人居住，也可作为乡族临时避难之所。典型代表如永春的巽来庄、德化的大兴堡、漳平的泰安堡。泰安堡位于漳平市灵地乡易坪村，建于清乾隆三十三年（1768年），依山而建，平面呈前方后圆，占地面积约2000平方米。堡墙高13米，基厚2.35米，生土墙上有34个哨窗和60多个射击孔，二层设跑马道。堡门用砂岩条石垒砌起券，拱顶凿有3个泄水孔，设三重木门。堡前有前坪及门楼。堡内建三进楼房和左右护厝，前厅和中厅为单层，后楼二层。后院为木构三层建筑，面阔十一间，进深一间，三楼房间后面的室内通廊宽1.5米，与二楼东西两边的回廊贯穿，可绕堡一周(图2-2-26、图2-2-27)。

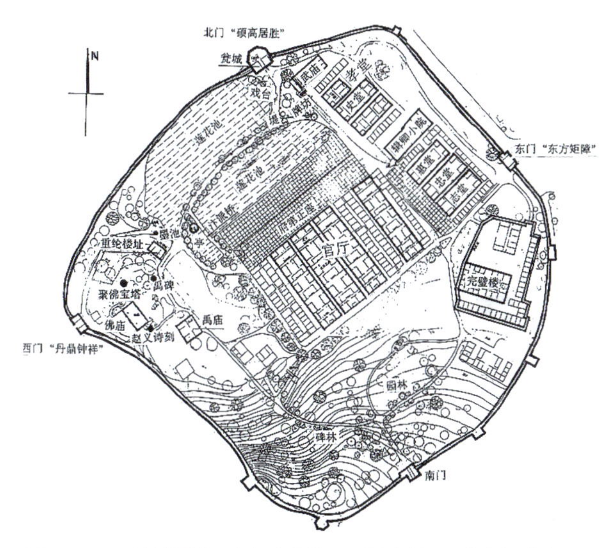

图2-2-24　漳浦县湖西乡赵家堡总平面图（来源：戴志坚 绘）

图2-2-25　赵家堡“完璧楼”（来源：戴志坚 摄）

图2-2-26 漳平市灵地乡易坪村泰安堡（来源：戴志坚 摄）

图2-2-27 漳平市泰安堡的跑马道（来源：戴志坚 摄）

二、宗祠

不管是北方移民南进，还是闽南人外迁，往往举族迁移，从而加强相互扶持，巩固血缘关系。因此闽南是家族组织完善，家族祭祖习俗盛行的地区之一。闽南民间的宗祠建设始于宋代，明清两代进入繁荣时期。现存建造时间最早的宗祠当推漳州林氏宗祠。该祠又称比干庙，位于芗城区振成巷，原为三进，前后进已毁，现存正厅，抬梁穿斗式木构架。其红瓦重檐歇山顶、粗大紧凑的梁架斗栱、上下昂经专家分析鉴定，乃宋、元时期的建筑特征。

宋元时期有许多侨民在泉州聚居。这些外族与本地人融合，逐渐汉化，也采用宗祠建筑祭祀祖先。晋江市陈埭镇岸兜村的丁氏宗祠是福建省内历史最悠久、规模最宏大、保存最完整的回族祠堂。始建于明初，万历二十八年（1600年）重建，占地面积1359平方米。建筑形制别致，正厅单独建于内院中央的四方形石砌平台上，门厅、后厅及两侧廊庑环护，整体布局呈“回”字形。硬山式屋顶，燕尾脊。该祠的石雕、木雕、灰塑等属闽南做法，但兼有伊斯兰文化装饰，如前廊相向堵石雕及门上的木隔板以阿拉伯文《古兰经》构成装饰图案（图2-2-28、图2-2-29）。

闽南祠堂的格局来源于住宅，但更为开敞，装饰也更华丽。根据规模的需要，祠堂的天井比住宅略大。为适应祭祀的要求，不设榉头间，各落也多不设房间，形成通透的平面。祠堂的布局形式主要有以下三种：

1.单落式。一般用于小宗的祠堂。只有一进，正屋三间，正中为厅堂。厅堂后部设神龛，前面是祭拜空间。正屋前有小院，设门墙或门楼。

2.双落式。这是完整的祠堂格局。下落是门厅，顶落是厅堂，大厅与门厅之间左右围以两廊，有的祠堂还增设护厝。大厅后部设神龛，大厅正中的空间称“寿堂”，是主要的祭祀空间。如龙海市角美镇白礁村的王氏家庙始建于明永乐十年（1412年），由前殿、天井、大殿和两侧护厝组成，占地面积1327平方米（图2-2-30）。

3.三落式。大型的祠堂可以再设置后寝，还可增设护厝作为辅助用房。后寝存放祖先牌位。前厅一般开敞，祭祀时将牌位移至大厅。如晋江市龙湖镇衙口村的施氏大宗祠始建于明崇祯十三年（1640年），清康熙二十六年（1687年）重建，占地面积1451平方米。平面布局为三进五开间，由门厅、正厅、后堂及东护厝组成。前设埕院、围墙，主体建筑与护厝之间有火巷（图2-2-31）。

图2-2-28　晋江市陈埭镇岸兜村丁氏宗祠（来源：戴志坚 摄）

图2-2-29　陈埭丁氏宗祠的吉祥鸟标志碑（来源：戴志坚 摄）

图2-2-30　龙海市角美镇白礁村王氏家庙（来源：戴志坚 摄）

图2-2-31　晋江市衙口村施氏大宗祠（来源：戴志坚 摄）

三、宗教建筑

由于海外贸易兴盛，佛教、伊斯兰教、基督教、印度教、摩尼教等宗教传入闽南。闽南民间社会所奉祀的神祇众多，如漳州人流行对开漳圣王陈元光、保生大帝、三平祖师的信仰，清水祖师、广泽尊王是泉州人信奉的神祇，妈祖则是闽南方言区共同信仰的神祇。外来宗教、道教与本土民间信仰互相渗透，创造了辉煌灿烂的宗教建筑。

闽南寺庙宫观的布局与住宅、祠堂相似，但装饰更为豪华。如寺庙内的木构件遍施彩绘、雕刻，重要部位的木雕常贴上金箔、涂以金粉，显得富丽堂皇。为增加祭拜空间，大殿前往往增设拜亭，天井扩大为庭院。有的寺庙还增设照壁、牌楼、戏台、钟鼓楼等建筑。常见的格局有以下四种：

1.单殿式。小型寺庙只设一殿，也有寺庙在殿左右设廊道，形如三合院。如华安县华丰镇良埔村的南山宫只有一殿，始建于南宋德祐元年（1275年），明弘治十五年（1502年）重建。平面呈正方形，面阔、进深各三间，抬梁式木构架，重檐歇山顶，下檐有副阶周匝。殿明间顶施斗栱叠涩螺旋式藻井，梁架、板壁保留大量明清时期彩绘（图2-2-32）。

2.两殿式。中型寺庙设前殿、正殿，以廊道或拜亭相连，形如四合院，如东山关帝庙、泉州真武庙、惠安青山宫。东山关帝庙位于东山县铜陵镇岵嵝山东麓，明洪武二十年（1387年）建。依山面海，由牌楼、前殿、回廊、大殿组成。牌楼俗称“太子亭”，由6根圆形石柱并2根石梁承托数百木斗栱组成。大殿面阔三间，进深六间，抬梁式木构架，悬山顶。庙内雕梁画栋，漆金绘彩，雕石剪瓷，华丽绝伦（图2-2-33）。

3.三殿式。包括前殿、正殿和后殿，这是大型寺庙常见的格局，如泉州天后宫、安海龙山寺、白礁慈济宫、青礁慈济宫等。安海龙山寺位于晋江市安海镇型厝村，相传始建于隋大业年间（公元605~618年），现存建筑为清康熙二十三年（1684年）修葺，康熙五十七年（1718年）扩建。由放生池、山门、钟鼓楼、前殿、拜亭、正殿和后殿组成，占地面积4250平方米。正殿面阔五间，进深五间，抬梁式木构架，重檐歇山顶，殿内供奉的千手千眼观音为明代木雕艺术珍品（图3-2-34、图3-2-35）。

4. 多殿式。这类寺庙或为纵向多殿布局，如厦门南普陀寺、平和城隍庙；或多殿左右并置，如漳州南山寺、泉州开元寺。平和城隍庙位于平和县九峰镇，明正德十四年（1519年）始建，占地面积1400平方米。前后五进相

图2-2-32 华安县华丰镇良埔村南山宫（来源：戴志坚 摄）

图2-2-33 东山县铜陵镇关帝庙（来源：戴志坚 摄）

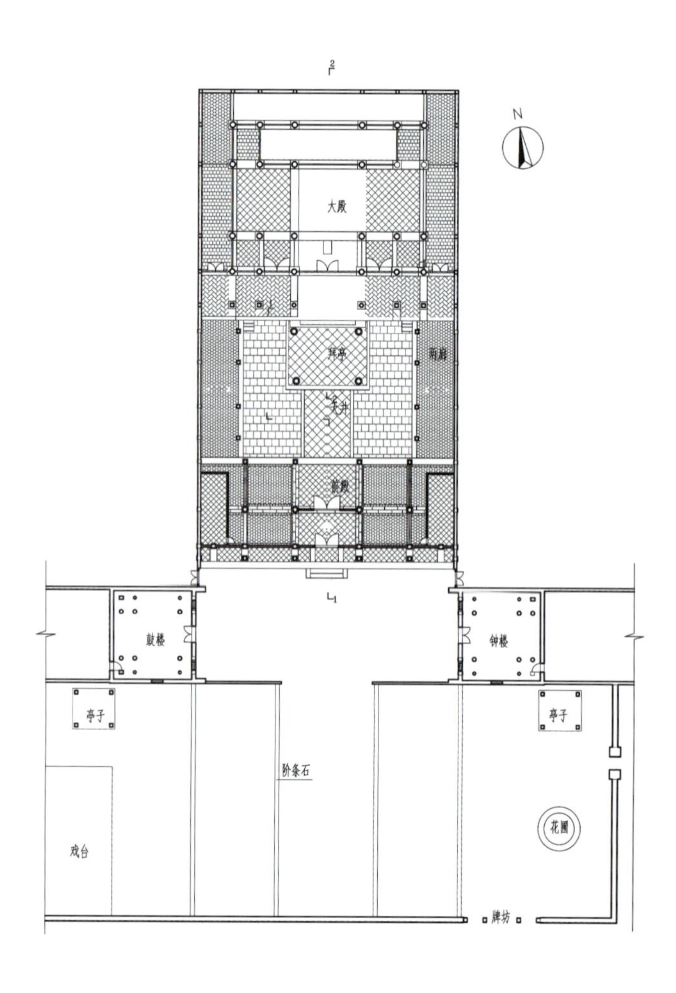

图2-2-34 安海龙山寺平面图（来源：姚洪峰 提供）

连，平面呈“中”字形，依次为门厅、仪门（戏台）、拜殿、正殿、后殿，天井两侧为回廊。拜殿与正殿连成一体，拜殿前的天井两边各有一列三间厢房。庙中保存40余幅明清时期的壁画，弥足珍贵（图2-2-36、图2-2-

图2-2-35　晋江市安海镇龙山寺拜亭（来源：戴志坚 摄）

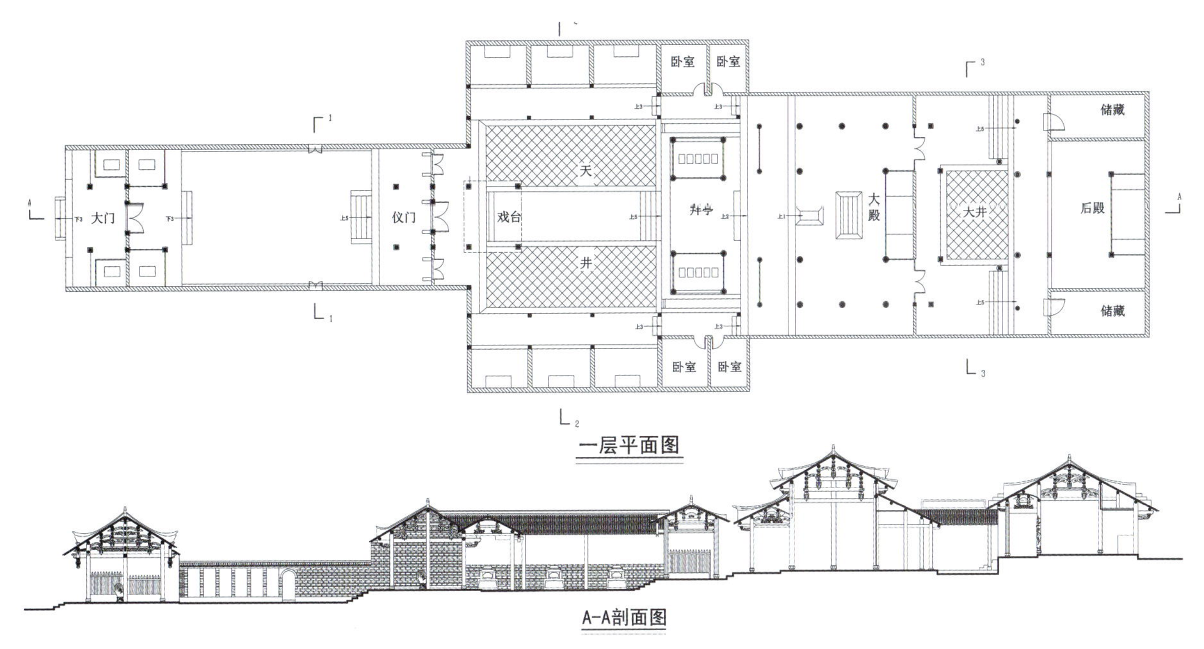

图2-2-36　平和城隍庙平面图、剖面图（来源：厦门大学闽台建筑文化研究所 提供）

图2-2-37 平和县九峰镇城隍庙（来源：戴志坚 摄）

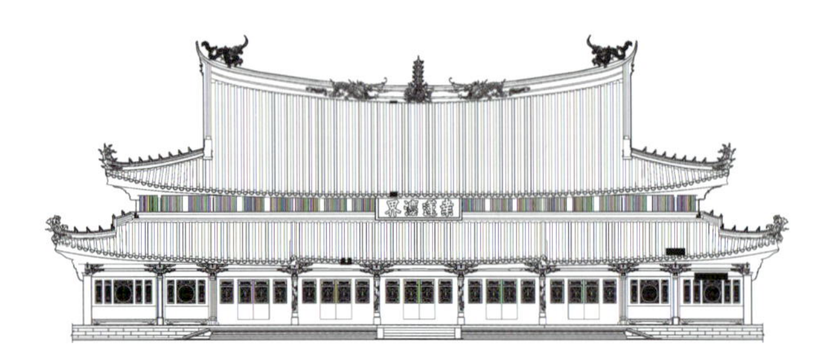

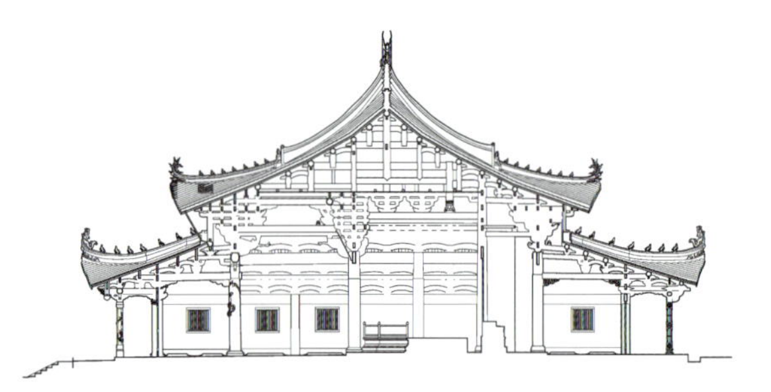

图2-2-38 泉州开元寺大雄宝殿立面、剖面图（来源：姚洪峰 提供）

37）。泉州开元寺位于泉州市鲤城区西街，始建于唐垂拱二年(公元686年)，现存主要庙宇系明清两代修建。占地面积7.8万平方米（图2-2-38）。中轴线自南而北依次有紫云屏、山门（天王殿）、拜亭、拜庭、东西两廊、月台、大雄宝殿、甘露戒坛、藏经阁。东翼有檀樾祠、准提禅院（俗称小开元寺），西翼有功德堂、五观堂、尊胜院、水陆寺。大雄宝殿和甘露戒坛柱顶斗栱均附雕24尊飞天伎乐造型，极为巧妙地将宗教、艺术与建筑融合起来，为国内木构建筑所罕见。拜庭两旁列置唐至明代建造的小型石经幢、石塔15座。东、西两侧拔地而起的宋代石塔——镇国塔和仁寿塔（图2-2-39、图2-2-40）是我国古代石构建筑的瑰宝，其雕刻代表了宋代泉州石雕艺术的杰出成就。

闽南的寺庙宫观多为木结构或砖木结构，但在泉州市

图2-2-39 泉州开元寺镇国塔（来源：戴志坚 摄）

图2-2-40 泉州开元寺仁寿塔（来源：戴志坚 摄）

仍有石结构寺庙保存至今，以鲤城区涂门街的清净寺、泉州清源山的弥陀岩和瑞像岩最为著名。清净寺始建于北宋大中祥符二年（1009年），是我国现存最早的伊斯兰教清真寺之一。占地面积2184平方米，由门楼、奉天坛和明善堂等组成。门楼朝南，三进四甬道，用辉绿岩和白色花岗岩砌筑，为中世纪阿拉伯地区流行的传统形式。门楼西侧奉天坛为礼拜殿，石构墙体四壁镶嵌古阿拉伯文《古兰经》石刻（图2-2-41）。明善堂是寺西北角的小礼拜堂，为砖木结构的四合院式建筑。弥陀岩建于元至正二十四年（1364年），为单开间仿木构石室建筑，重檐攒尖顶，仿木斗栱，有皿斗，门洞为尖券式，反映了元代闽南地方建筑的特征。

图2-2-41 泉州市清净寺（来源：戴志坚 摄）

四、文庙

闽南各地的文庙虽然大小不一，但规制大体相似，中轴线上一般有万仞宫墙、棂星门、大成门、大成殿等主体建筑，两侧配以廊庑。有的还有照壁、牌坊、仪门、碑亭、崇圣祠、明伦堂、乡贤祠等相关建筑。与府学、县学合建一处的都有半月形的泮池。文庙的不同等级可以从大成殿的开间和屋顶的形制体现出来。在闽南现存的12处文庙中，泉州府文庙的大成殿面阔七间，重檐庑殿式，代表最高的级别，其他文庙面阔为五间或三间，多用重檐歇山顶。

文庙的装饰比一般庙宇简朴，有庄重肃穆之感。如文庙的门口没有放置石狮，大门不画门神，柱子没有楹联，门窗没有镌刻。闽南文庙的屋脊上常装饰一种筒状物，称为“通天筒”，垂脊上站着一排泥塑的枭鸟。通天筒也称“通天柱”，一说是用以表达对孔子道德的崇敬，另一说是表达对读书人爱书精神的敬佩。枭鸟即鸱鸮，是一种性情凶猛且不孝顺的鸟，可是它飞过孔子讲学之处亦被感化，表现了孔子“有教无类”的精神。在安溪文庙仍然可以看到这种文庙特有的脊饰，泉州府文庙、惠安孔庙也有枭鸟雕塑（图2-2-42）。

例一 泉州府文庙始建于唐开元末年，南宋绍兴七年(1137年)重建，是一组具有宋、元、明、清不同时期风格的建筑群。占地面积约5000平方米，依次为大成门（东有金声门，西有玉振门）、泮池（上架石拱桥）、石铺院庭、月台、两庑、大成殿。文庙东侧为泉州府学，现尚存育英门、水池、明伦堂。大成殿面阔七间，进深五间，抬梁式木

图2-2-42 安溪文庙棂星门屋脊上的通天筒和枭鸟（来源：戴志坚 摄）

构架，栋梁用材粗大，仍保持南宋咸淳年间（1265~1274年）重建遗物。大成殿为重檐庑殿顶，是闽南唯一的一座庑殿顶建筑（图2-2-43）。

例二　安溪县文庙始建于北宋咸平四年(1001年)，现存建筑为清康熙年间重建，在闽南文庙中保存最为完整。中轴线上自南而北依次为泮池、照墙、棂星门、戟门、前庑廊、大成殿、后庑廊、崇圣殿、教谕衙；照墙与棂星门之间为露庭，东西两侧立“腾蛟”、“起凤”石坊；主体建筑的东边是明伦堂。大成殿面阔、进深各三间，明间用如意斗栱交错重叠成八角形藻井，抬梁式木构架，重檐歇山顶。石雕、木雕、彩绘、剪粘等装饰工艺精巧，8根辉绿岩石镂雕龙柱和云龙戏珠丹墀石的艺术造诣尤高（图2-2-44）。

图2-2-43　泉州文庙大成殿（来源：戴志坚 摄）

图2-2-44　安溪文庙大成殿（来源：戴志坚 摄）

第三节　建筑元素与装饰

一、屋顶

闽南传统建筑的屋顶为双向曲线，即屋面是曲线，屋脊也是曲线。屋面檐口曲线从房屋中点开始向外向上起翘，曲率平缓柔和而富有韵律。屋顶正脊多半呈弧线曲线，向两端吻头起翘成燕尾，使建筑显得更有生气和活力。在双曲屋面上盖板瓦或筒瓦，或二者并用呈双层架空式，也有在板瓦屋面的两端盖筒瓦的做法。屋面的筒瓦和檐口的垂珠是闽南沿海传统建筑的特色之一。筒瓦等级较高，多用于庙宇、祠堂、官署、官宅，但泉州沿海民居也普遍使用。南安一带有板瓦屋面、筒瓦作边的做法，即在靠近垂脊处铺设三道或五道筒瓦，其余为板瓦屋面。在泉州地区，也有整座房子的屋面都用筒瓦铺设，檐口的花当头和垂珠成锯齿状，起落变化富有节奏(图2-3-1)。漳州地区多使用板瓦。

闽南传统建筑的屋顶多为硬山式和悬山式。硬山式可防止台风侵袭，沿海一带较多采用；悬山式便于挡雨，内地山区较多采用。山区土墙建筑的上部往往挑出二至三檐的瓦顶，与人字屋面构成三角形屋檐，其外观貌似歇山顶。不同地方的屋顶做法在统一之中又有差异：有的出檐，有的不出檐；有的用筒瓦，有的用板瓦；有的用红瓦，有的用青瓦。屋脊生起的曲线也不相同，有的较为挺直而显得厚重，有的较为弯曲而显得轻巧。不过同一个县或同一个乡的做法是一致的。

屋脊为燕尾式或马背式，尤以燕尾脊独具特色。燕尾脊俗称“燕子尾”，即屋顶正脊向两端延伸超过垂脊，向上翘起，在尾端呈燕子尾状分岔，有轻灵飞动之势。闽南庙宇、祠堂及大厝多使用燕尾脊，有的在燕尾脊上再加吻兽作为装饰（图2-3-2）。屋顶通常做分段错落处理，称“三川脊”。三川脊也是富有闽南风格的屋顶形式，一般用于庙宇的前殿（三川殿）及祠堂、民居的门厅。其做法是将硬山或悬山屋顶的正脊分成三段，明间的屋脊抬高，并于两侧加垂脊，与两侧屋脊形成“山”字形，使屋面主次分明而又富于变化(图2-3-3)。

屋脊装饰为灰塑嵌花式或镂空花式。灰塑嵌花式的中脊塑有人物、动物、花卉、鱼鸟等彩瓷图案。镂空花屋脊的中间砌雕孔花砖，既能减少风的阻力，又能减轻屋盖重量。有的民居在正脊正中安一个称为“风师爷”或“瓦将军”的陶烧避邪物(图2-3-4)。

二、墙身

闽南传统建筑的墙体用材与砌筑形式多样。墙体按用材分为夯土墙、土坯墙、砖墙、石墙、木墙、编竹（木）泥墙、牡蛎壳墙等。现选择有代表性的几种做法予以介绍。

（一）红砖封壁外墙

在闽南传统建筑中，泉州、厦门喜用红砖，漳州有的用青砖，做法都差不多。以红砖、白石为主要墙体材料的红砖建筑最有代表性。红砖种类很多，以釉面砖、雁只砖最为常见。雁只砖又称福办砖、烟炙砖， 广泛使用于闽南传统建筑外墙。雁只砖在烧制时交叉叠起，制成后正面带有自然的黑色斜条

图2-3-1 泉州天后宫屋面为全筒瓦屋顶（来源：戴志坚 摄）

图2-3-2 厦门大嶝民居的燕尾脊（来源：戴志坚 摄）

图2-3-3 厦门海沧民居屋顶做法——三川脊（来源：戴志坚 摄）

图2-3-4 厦门市海沧区新垵民居屋脊上的瓦将军（来源：戴志坚 摄）

纹，在叠砌时形成独特的装饰效果。外墙通常用空斗砌法（称“封砖壁”），内填瓦砾、土。为了保护、美化墙角，转角处用砖叠砌。受西洋及南洋建筑影响，有的建筑在转角处用隅石与红砖搭砌，白石与红砖相嵌，称为“蜈蚣脚”。

墙身的正面称“镜面墙”、“马面墙”（图2-3-5）。闽南红砖厝的镜面墙分成数个块面，每一个块面称为一“堵”，用红砖、花岗石砌成。镜面墙由下而上依次为：柜台脚、裙堵、腰堵、身堵、顶堵、水车堵。台基、勒脚用白色花岗石砌成。台基以下，与地面齐平或者略微露出的石块称“地牛”。地牛之上是用白石加工成的条石，正面多浮雕双足矮案，双足外撇成八字形，称“柜台脚”、“虎脚”。柜台脚以上是高及人腰的墙裙，用数块经细加工的白色花岗岩石板竖立砌成，称“裙堵”、“粉堵”。裙堵以上用白石或青石制成的狭长状块面称“腰堵”，一般用线雕的手法阴刻花草图案。腰堵以上、檐口以下是红砖砌成的身堵。身堵四周用红砖砌成数道凸凹线脚作为堵框，称“香线框”。香线框以内，简单地砌成空斗墙，大多用特制的花砖组砌成各种吉祥图案，异常精致。根据花样有万字堵、古钱花堵，人字堵、工字堵、葫芦塞花堵、龟背堵、蟹壳堵、海棠花堵等。近代也有用日本或南洋进口的彩色瓷砖贴面的做法。身堵正中，是白石或青石雕成的窗户。身堵之上，若再用一块狭长的块面，称“顶堵”[1]。

图2-3-5 泉州民居的镜面墙（来源：戴志坚 摄）

图2-3-6 泉州“出砖入石”墙体（来源：戴志坚 摄）

（二）出砖入石

出砖入石的墙体做法是泉州传统民居外墙体砌筑的一大特色。这种墙体利用红砖片与块石有规则混砌，石竖砌，砖横叠，上下间隔相砌，使受力平衡均匀。墙厚约30厘米，前后砖石对搭，石块略退后，用壳灰土浆黏合，使整个墙壁浑然一体。“出砖入石”多用于山墙及后墙、围墙，粗看起来简陋粗糙，仔细琢磨却红白颜色对比和谐，具有一定的美感(图2-3-6)。

（三）方仔石墙

石墙体是闽南沿海民居建筑的主要形式，在惠安、泉港、晋江、南安、东山等地特别多。石材规格一般为100厘米×24厘米×24厘米或125厘米×24厘米×24厘米。石材正面加工粗细不一，有几次凿和粗崩、细崩、磨等不同工艺。有的壁石正面不需加工，只修边，使石坯平直，称“四线直”。方仔石墙有密缝和离缝两种砌筑方法。离缝约2.5厘米，只用3～4块小石子作垫，混合沙浆塞缝，水泥泥浆勾缝。石墙的优点是坚固耐久，不怕日晒雨淋，但抗震性能较差(图2-3-7)[2]。

① 曹春平. 闽南建筑[M]. 厦门：厦门大学出版社，2006：91-94.
② 张千秋，施友义. 泉州民居[M]. 福州：海风出版社，1996：156.

（四）牡蛎壳墙

用牡蛎壳砌筑民居外墙，多见于泉州沿海一带。闽南沿海有大量牡蛎，人们把小的牡蛎壳烧制成壳灰，用大的牡蛎壳来砌筑民居外墙。砌筑时用灰泥浆黏结，有的用铜丝穿过蛎壳，使之成为整体。牡蛎壳墙的做法基本与封砖墙相同，在墙柱堵框表面用牡蛎壳有规则的排列砌筑，壳后用砖石或土坯填充成墙体厚度，墙体的转角处用砖石叠砌(图2-3-8)。

（五）山墙

闽南传统建筑两侧山墙，因其顶部如山形，俗称“马背”。闽南民居普遍使用硬山搁檩、悬山搁檩的做法，山墙是承重墙壁。山墙的处理主要在顶部山墙尖部位，其形状变化较多，是闽南民居富有地域特色的造型元素。

闽南称垂脊为规带（图2-3-9）。硬山顶的规带，位置在边侧围墙从鸟踏至规尾、脊尾部分，形式多样，体态轻盈秀美。墙头上以火垫、厚仔、尺工、平瓦、中兴或瓦筒覆盖成墙檐和墙脊。泉州地区的山墙有马鞍规、人字规、椭圆规等多种式样（图2-3-10）。马鞍规山墙的规带中央隆起，人字规山墙的规带作人字形，椭圆规山墙的规带以三个弧形相连。漳州地区的山墙处理有“金、木、水、火、土”五行之象征意义。圆形（金形）最为常见，呈线条滑顺的单弧状；直形（木形）呈较陡直的单弧状；曲形（水形）由三个圆弧构成，像水波般起伏；锐形（火形）由多个反曲线形成，如燃烧的火焰；方形（土形）顶部呈平头状（图2-3-11～图2-3-15）。

山墙主要装饰是用灰泥塑纹花、贴嵌彩色瓷片，上雕有火纹、云纹以及细致生动的人物、动物、鱼虫、花鸟等各种图案。墙头压顶的处理，通常用几层凹凸的线条，可以增加阴影变化以加强轮廓线。山墙的山尖处常泥塑、剪粘浮雕式的悬鱼，称“规垂”、“脊坠”。多以八宝、云龙、花篮、飘带、虎首、狮子衔剑等为题材。图案题材丰富，色彩鲜艳，装饰性很强（图2-3-16）。

图2-3-7 晋江方仔石墙（来源：戴志坚 摄）

图2-3-9 泉州民居的规带（来源：戴志坚 摄）

图2-3-8 泉州海蛎壳墙（来源：戴志坚 摄）

图2-3-10 泉州民居的牵手规（来源：戴志坚 摄）

图2-3-11　金形山墙（来源：戴志坚 摄）

图2-3-13　水形山墙（来源：戴志坚 摄）

图2-3-12　木形山墙（来源：戴志坚 摄）

图2-3-14　火形山墙（来源：戴志坚 摄）

图2-3-15　土形山墙（来源：戴志坚 摄）

图2-3-16　闽南脊坠（来源：戴志坚 摄）

三、入口

闽南传统民居、祠堂、庙宇入口大门居中，通常内凹一至三个步架的空间，称“塌寿”、“凹寿”。塌寿有孤塌与双塌之分。入口处内凹一次称“孤塌”（图2-3-17）。在孤塌的基础上，大门处再向内凹一次，形成“凸”字形空间，称“双塌”（图2-3-18）。

漳州、厦门地区的民居有的不设塌寿，而是将前檐墙退后一二个步架，形成檐下空间，由两山伸出挑檐石支撑出檐，称“透塌”（图2-3-19）。

四、建筑装饰

（一）石雕

闽南石材有白石、青石之分。白石即白色花岗石，青石即辉绿岩。闽南石雕以惠安石雕最为著名。石雕传统加工工艺有圆雕、浮雕、沉雕和线雕。圆雕是立体的雕刻品，前后左右都要求形象逼真，工艺以镂空技法和精细剁斧见长。浮雕是半立体的雕刻品，根据图案突出石面的程度不同，又分为浅浮雕和高浮雕。沉雕是将石料平面打平或磨光加工后，在石面上描摹图案，依图案刻上线条，以

图2-3-17 闽南“孤塌”前厅（来源：戴志坚 摄）

图2-3-18 闽南“双塌”前厅（来源：戴志坚 摄）

图2-3-19 闽南“透塌”前厅（来源：戴志坚 摄）

图2-3-20 泉州杨阿苗宅入口塌寿青石雕（来源：戴志坚 摄）

线条的粗细深浅程度来表现各种文字、花卉、图案。线雕是在加工成平滑光洁的石料上，描出各种线条及装饰图，按照所描线条，平整光滑地雕刻出作品。闽南传统建筑石雕运用广泛。石塔、石牌坊、石梁桥有许多精美的石雕艺术构件，庙宇、祠堂、民居的柜台脚、窗框、漏窗、壁饰、抱鼓石、柱础等均采用青石或白石雕刻，形式多样，图案繁多，雕工精细，颇有地域特色。如杨阿苗民居的主入口塌寿部位布满青石雕，人物、花草、飞禽走兽等各种图案精巧细腻，令人赞叹不已（图2-3-20）。

（二）砖雕

闽南的砖雕用红砖，绝大多数属于在已烧好的砖上雕刻的窑后雕。红砖比较容易碎，因此多用浅浮雕或线刻技法。红砖砖雕是在大型方砖上绘上花鸟、人物等图案，再将图案雕出，底子涂上白灰泥，然后拼成整幅画面，形成红白相衬、独具一格的壁画装饰。砖雕一般施于庙宇、祠堂、民居的墙堵、门额等处，尤其是塌寿两侧的对看堵（图2-3-21）。

（三）剪黏

闽南的剪黏装饰在全国独树一帜。剪黏也称剪花、嵌瓷、剪瓷雕。其做法是，用铁丝扎成骨架，再用灰泥塑成坯，将各种颜色的陶瓷片剪成所需要的形状，然后黏贴或插入未干透的泥塑上，塑造出人物、动物、花草等形象。剪黏多施于庙宇、祠堂等公共建筑及传统民居的屋脊上，水车堵、脊坠等处也常运用这种装饰手法。陶瓷片的颜色亮丽，用剪黏作品装饰的建筑外观华美绚丽。经过雨水淋冲后，在阳光照耀或反射下，更显出其光泽。如东山关帝庙的太子亭脊顶遍布剪黏，有双龙抢珠、八仙骑八兽和古代人物形象120多个，造型生动，色彩艳丽（图2-3-22）。

（四）交趾陶

交趾陶盛行于广东、福建、台湾一带，是一种上釉入窑烧制的陶艺。交趾陶属于低温陶，烧的温度一般在900摄氏度之间。它的釉药色彩丰富，可作细腻的艺术表现，但硬度不够，容易断裂，因此陶匠师制作时，尺寸无法放大。若要做一尊较大的动物，通常要分解成数小片分开烧制，完成之后再拼合。交趾陶多作为脊饰，也常置于建筑物入口正面墙上、大门两侧以及对看墙上，水车堵、脊坠等处也可运用这种装饰手法（图2-3-23）。

图2-3-21　泉州民居红砖砖雕（来源：戴志坚 摄）

图2-3-22　东山关帝庙太子亭屋顶剪黏（来源：戴志坚 摄）

（五）水车堵

水车堵流行在闽南与台湾地区，是位于房屋外墙檐下的水平装饰带。水车堵以砖叠涩出挑，正面做出凹凸线脚，边框内施山水人物泥塑、彩绘、剪黏或交趾陶艺。水车堵常划分为堵头、堵仁。堵头起框边作用，图案多为螭龙、蝴蝶、蝙蝠或云雷纹，线条极为细致，通常只有二分或三分宽度，但凹入的深度多达八分或十分。堵仁是装饰主题的安置之处，题材多为历史故事，也有表达忠孝节义内容，或祥瑞景物、男耕女织、渔樵耕读等。水车堵的装饰部位通常在房屋外墙檐下，也有的在正面门楣或窗子之上、入口左右廊墙之上，或山墙外侧的鸟踏之下，或重檐歇山顶的博脊等部位使用水车堵装饰。厦门、金门、漳州一带房屋建筑的水车堵，多由正面延伸至山面；泉州一带则仅至转角处，用“景”（墀头）作为结束（图2-3-24）[①]。

图2-3-23 安海龙山寺交趾陶（来源：戴志坚 摄）

图2-3-24 海沧民居檐下水车堵（来源：戴志坚 摄）

第四节 闽南区传统建筑风格

一、以合院为中心组织布局

院落空间是汉族传统建筑的原型。闽南房屋建筑也是以合院为中心组织布局。以传统民居为例，闽南民居的平面格局，有向纵深方向延伸的，有向横向方向扩展的，有向纵横两个方向发展的，但不管如何发展，都是以三合院或四合院为核心或基本单元组合演变而成。为适应闽南炎热、潮湿、多雨的气候条件，多设置塌寿、厅堂、檐廊、过水廊、榉头口等半开敞空间。前后进的厅堂均面向天井开敞，天井既是引风口，又是出风口，形成空气对流。大型住宅在主体建筑的旁边设置单边或双边护厝，以狭长的天井与大厝组合，侧天井起着冷巷作用，通风、防潮效果良好。在城镇街区中，由于土地相对紧张和人口密集，演变出称为“竹竿厝”、“手巾寮”的街屋，形成平面狭长的布局，也以天井、巷路联系前后落，并解决通风、采光等问题。出于防卫需要，闽南山区建造了多层夯土建筑——土楼，也是采用天井与房间组合的单元式平面布局，围合成环形或方形的大型住宅。

二、外部材料以红砖、白石为多，内部以木构架为主

闽南的传统建筑以红砖建筑最为靓丽，也最具地方特色。闽南红砖建筑是指以红砖红瓦为主要建造材料的庙宇、祠堂、住宅等建筑，分布范围以泉州为中心，大致包括今晋江、九龙江两大平原区域及其沿海岛屿。闽南区并非自古使用红砖。红砖建筑的起源至今尚未定论，推测应与海洋文化密切相关。根据近年来考古调查与发掘发现，红砖建筑至迟在宋代已经在闽南得到一定程度的推广与应用，至迟在明末已经在闽南大地广为流行。

红砖建筑为砖、石、木结构，外部材料为红砖、白

① 李乾朗. 台湾传统建筑匠艺四辑[M]. 台北：燕楼古建筑出版社，2001：87-93.

石，内部材料为木构架。典型的平面布局为三进三开间，两边带护厝。红砖建筑以红砖为封壁外墙，以花岗石加工成的条石为勒角和墙裙，红砖与白石形成强烈的色彩对比。“出砖入石”和“角隅石”也是闽南红砖建筑中独具特色的墙体形式。另外，屋顶铺设的红板瓦、红筒瓦以及宅内的红地砖等，都体现了闽南建筑的红砖文化特性。红砖大厝的屋顶作分段错落处理，多使用两端起翘的燕尾脊，形成丰富的天际轮廓线。外墙窗口较小，常用青石或白石作窗框，条石竖棂，有的还透雕成竹节枳窗、螭虎窗等。普通民居内部多采用穿斗式木构架，室内隔墙多用木板镶嵌。祠堂和大型住宅的厅堂常使用插梁式构架，柱头用藤条或生牛皮加固。

闽南红砖建筑不仅在外观上以红砖红瓦为特征，而且在装饰与色彩纹样等方面，也有与其他区域截然不同的建筑特征。其特有的空斗墙体，以红砖组砌成万字花、海棠花、菱形、六角形、八角形、双环金钱形等各种纹样、拼花图案，或用红砖錾砌成隶书或古篆体的对联以及“福、禄、寿、喜”等文字，色彩鲜艳，精致美观（图2-4-1）。另一种装饰是红砖砖雕，采用浮雕的手法，在红砖墙面浅雕花鸟人物等图案，底子填白灰，形成红白相间的壁画装饰，醒目而又美观。

三、精湛的石构建筑

闽南有着丰富的质地极好的石材资源。从色泽上看，建筑用石材可分为白石和青石。白石数量多，产地主要集中在泉州市、厦门市，以南安的石砻石（又称泉州白）、惠安的峰白石最为著名。白石色泽洁白，质地坚硬，在大型建筑工程中广泛使用，主要用于加工板材、柱材、石雕等建材。青石以惠安的青草石（也称青斗石、玉昌湖石）最为著名。青石质地坚实，纹理细密，非常适合表现细部的雕刻，多使用在建筑的台基、裙堵、柱子、柱础、门框、门槛、门枕石、窗框、窗棂等处（图2-4-2）。

闽南石构建筑历史悠久，遗留至今的桥梁、塔幢、牌坊等大型石构工程无不以独特的结构、精湛的雕刻闻名遐迩。如建于北宋皇祐五年(1053年) 的泉州洛阳桥（又名万安

图2-4-1　泉州民居建筑墙体装饰（来源：戴志坚 摄）

图2-4-2　泉州青石雕（线雕）（来源：戴志坚 摄）

桥），首创“筏形基础”法、“种蛎固基”法，是我国第一座横跨海湾的平梁式石桥，有“北有赵州桥，南有洛阳桥”之誉；建于南宋绍兴八年(1138年) 的泉州安平桥（俗称五里桥），原长2700米，现长2255米，是中世纪世界最长的跨海港平梁式石桥，有“天下无桥长此桥”之誉（图2-4-3）；建于南宋嘉熙元年(1237年)的漳州江东桥（又名虎渡桥），桥梁石板块最重达200吨左右，有“江南石桥，虎渡第一”之誉。泉州开元寺镇国塔和仁寿塔（俗称东西塔）、石狮万寿塔（俗称姑嫂塔）、石狮六胜塔（图2-4-4），均建于宋代，是我国仿木构楼阁式石塔的佼佼者。泉州开元寺东塔的须弥座束腰嵌以青石浮雕释迦牟尼成佛故事39幅，西塔的须弥座束腰浮雕花卉鸟兽，两塔的门、龛两旁共浮雕天王、力士、菩萨、天神、罗汉等佛像160尊，其塔雕艺术与内容堪称福建之最。闽南的石牌坊常将白石和青石相间使用，石材颜色对比鲜明，整体和谐自然。如漳州石牌坊分别位于芗城区香港路双门顶（图2-4-5）、新华东路岳口街，这4座牌坊均用花岗石和辉绿岩石相间建造，坊上用浮雕、镂雕、双面雕等手法刻出龙凤、花卉、飞禽、瑞兽、人物等，既有细腻繁缛的风格，又有粗犷刚毅的气派。

在闽南房屋建筑中，石材得到充分的运用。石材不仅作为建筑构件以及石雕细部装饰应用于房屋建筑中，而且直接用来砌筑墙体，甚至建造全石构房屋。例如，泉州清净寺用青石砌成门楼拱券，用白石砌筑大面积石墙，运用传统石构技术构筑出具有中亚风格的伊斯兰教寺庙。泉港区前黄镇涂楼村的黄素石楼为石构四合院式三层楼房，外墙用花岗岩条石砌成，仅在西面设一个拱形石大门，顶层四角各伸出一个哨楼，布局严谨，工艺高超（图2-4-6）。石构民居主要分布于惠安、泉港、晋江、南安、漳浦、云霄、东山等沿海一带，以惠安石厝最为典型。惠安石厝最常见的形制有“四房看厅”、“六房看厅”，即以厅为中心，左右环绕四间或六间房间。采用石砌墙体承重或石墙石柱混合承重结构体系，楼板和屋面板用板石（俗称石枋），梁、柱、斗栱、楼梯、门窗框、栏杆等构件也都使用石材，能够满足沿海民居抵御台风和防盐碱腐蚀的特殊要求（图2-4-7）。

图2-4-3　中世纪世界最长的跨海港石梁桥——泉州安平桥（来源：戴志坚 摄）

图2-4-4　石狮市蚶江镇六胜塔（来源：戴志坚 摄）

四、装饰丰富，色彩浓艳

闽南的生产以农耕、渔业、海盐及海上贸易为主，生活与生产方式造就了闽南人的性格特点，也形成了闽南传统建筑的地域建筑风格。闽南的人文性格具有海洋文化的特点，敢于冒险，追求财富，民众性格开放而偏爱装饰。较为优越的自然环境与富足的生活，也使闽南人有余力将建筑内外都进行装饰，石雕、木雕、砖雕、灰塑、彩绘等装饰丰富多彩。尤其是闽南沿海一带，海外贸易兴盛，百工技艺发达，红砖大厝规模宏大，装饰精美，集石雕、木雕、砖雕、彩绘、剪黏、交趾陶等各种工艺于一身。其石刻的柜台脚、石雕的壁饰、木雕的吊筒与狮座、红砖壁画、水车堵以及山尖的悬鱼饰，都独具地域特色。

闽南传统建筑用色大胆，色彩浓艳，在以青灰色为主的南方建筑中十分突出。在闽南传统建筑中，红色得到充分运用，红砖建筑的屋顶铺红瓦，墙身砌红砖，地面铺红地砖，喜庆、富贵的气氛浓烈。尤其是镜面墙，柜台脚、裙堵、腰堵用白色花岗石，身堵用红色雁只砖，中间是白石、青石雕成的条枳窗、螭虎窗，檐口下的水车堵用灰塑、彩绘、交趾陶装饰，色彩丰富绚丽。在庙宇、祠堂的屋脊上，彩瓷剪黏装饰五彩缤纷，耀眼夺目。剪黏作品极其华丽复杂，单看起来甚至过于繁琐，但由于花饰大都集中在屋脊上部，整个屋顶总体看来并不杂乱。

闽南建筑虽然喜用浓艳的色彩，但不同的建筑类型对

图2-4-5　漳州市芗城区石牌坊之“尚书探花”坊（来源：戴志坚 摄）

图2-4-6　泉港黄素石楼角楼（来源：戴志坚 摄）

图2-4-7　泉港民居——石厝（来源：戴志坚 摄）

颜色的使用是有所不同的。例如，寺庙内木构件有雕刻必有彩绘，彩绘以红色为基调，色彩丰富绚丽。文庙的装饰色彩虽然以朱红色为主，但通常没有过多的彩绘，显得庄重典雅。宗祠的木构件多以黑色为主色调，局部红色，采用深色系的彩绘，给人于肃穆之感。闽南俗语“红宫乌祖厝”，说的就是寺庙与宗祠在色彩上的差别。民居的室内装饰，虽然不像庙宇、宗祠等公共建筑那样雕彩结合，雕梁画栋，但是富裕之家会在显眼之处以强烈色彩作醒目的渲染，有的还在重要部位的木雕上贴金箔、涂金粉，使建筑显得富丽堂皇。

第三章　莆仙区传统建筑特征解析

莆仙区指历史上莆田、仙游二县，位于福建省沿海中部。莆仙传统建筑分布在莆田市所属的荔城区、城厢区、涵江区、秀屿区和仙游县。莆、仙二县最早归泉州管辖，宋代另立兴化军辖之，在经济往来等方面与闽东区有了更多联系。因此，莆仙传统建筑兼有闽南建筑与闽东建筑的特点，形成自己独有的风格。莆仙区素称“海滨邹鲁”、“文献名邦”，文化教育兴盛，科举文化积淀深厚。体现在传统建筑上，受中原京城居住文化影响至深。平原地区的深宅大院多为纵向多进式合院布局，具有官式建筑的气派。山区民居结合地形环境，多为浅进深、宽开间的横向布局。房屋建筑注重外部装饰，“砖石间砌”墙面处理有独到之处。海上交通的发展和人多地少的现实，使得莆仙人为生活所迫而向外发展，衣锦还乡以光宗耀祖是他们的追求。这种社会的群体心态，强烈地反映在莆仙传统建筑，尤其是莆田侨乡民居的“满装饰”上。

第一节 莆仙区自然、文化与社会环境

莆仙区南邻泉州市泉港区、南安市，西接永春县、德化县，北连福州市永泰县，东北与福清市交界，东南濒临台湾海峡。地势由西北向东南呈梯状倾斜，西部和北部以山地为主，中部和东部是莆田平原（也称兴化平原），东南部沿海为半岛和丘陵台地。主要河流为木兰溪和萩芦溪。海岸线曲折，有兴化湾、平海湾、湄州湾三大海湾，较大的岛屿有湄洲岛、南日岛等。属亚热带海洋性季风气候。

莆田、仙游本属泉州。南朝陈光大二年（公元568年）首置莆田县。唐圣历二年（公元699年）析莆田县西部置清源县，天宝元年（公元742年）改名仙游县，莆田、仙游二县归泉州管辖。北宋太平兴国四年（公元979年）析莆田、仙游、福清、永泰县地置兴化县，并设立太平军（后改称兴化军），领兴化、莆田、仙游三县。北宋以来莆仙地区始终自成一个二级政区。宋代的兴化军、元代的兴化路、明清的兴化府，均与泉州无关，经济上自成一体，地理上更接近省城福州（图3-1-1）。

莆仙区是北方汉人迁入福建最早的聚居地点之一。该区地处福建沿海，木兰溪、萩芦溪及其支流贯穿境内，形成了福建四大平原之一的莆田平原，海上交通比较便利，农业自然环境也比较优越，十分有利于传统农业生产的发展。早在魏晋南北朝时期，北方汉人就已陆续迁移到莆田平原。他们大多聚居在莆田平原的西北部，即木兰溪及萩芦溪的中游两岸地带。这些地方地势平衍，水源充足，是汉人入迁后进行农业开发的优良地带。唐末五代宋初，北方汉人入迁莆田平原进入高潮，莆田平原的开发逐渐从莆田中部向沿海及山区推进，进入全面开发的时期。到了北宋年间，北方汉人在莆田平原聚族而居的局面已经基本形成。仙游县的开发步伐要比莆田县略微迟缓一些。北方汉人入迁仙游之始，多集中在郊尾、枫亭等沿海平原地区。唐末五代之后，在莆田平原开发的带动下，仙游的开发也迅速向西部、北部山区推进，入迁汉人的人数迅速增长。据《宋史·地理志》记载，在莆仙区不足4000平方公里的土地上，崇宁元年（1102年）就有63157户。当时全国县均户16000户，而兴化军3个县高达21000户，已经人满为患了。宋代以后，仍然有一部分外省和外地的汉人继续迁入莆仙区，但人数已明显下降。明代中期，因社会问题民众纷纷逃亡，兴化县只剩下300户，只好将其裁革，剩余的户口并入莆田、仙游两县。

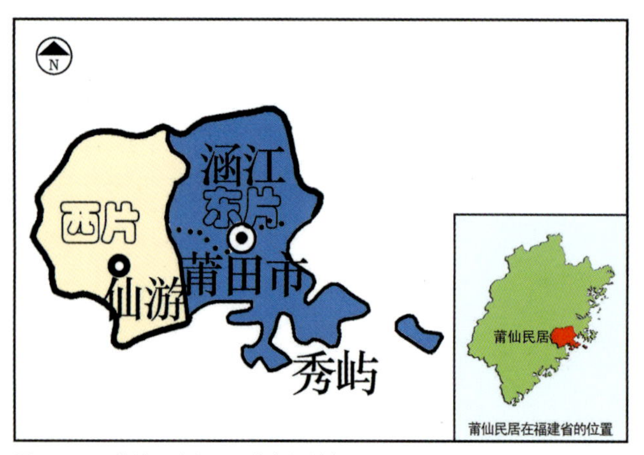

图3-1-1 莆仙区（来源：戴志坚 绘）

北方汉人入迁和开发莆田平原的历史，实际上也是莆田平原兴修水利的历史。莆田平原原是海湾，经过泥沙的沉积，逐步形成沼泽地。潮来海水茫茫，潮退莆草连天，所以在陈朝时莆田即有“莆口”的称呼。木兰溪以北的平原被称为“北洋”，以南的平原被称为“南洋”。为了使经常受海潮淹浸的沼泽地变成良田，从唐代开始，人们就分别在莆田平原的北洋、南洋围筑海堤，修筑塘坝，引水溉田。如北宋太平兴国、治平年间，先后在萩芦溪和木兰溪修建大规模水利工程南安陂、木兰陂。近出海口又开了许多小沟渠，形成了河网地带。随着水利工程的建成，莆田平原得到大面积开发，农业生产年年丰收，水稻一年两熟，荔枝、龙眼、枇杷等水果闻名全国[①]。

优良的农业环境、悠久的农业传统和比较发达的农耕经济，造就了莆仙人固守本业、具有保守怀旧色彩的人文性

① 陈支平. 福建六大民系[M]. 福州：福建人民出版社，2000：87-91.

格。虽然也有一部分人从事工商业和海上贸易活动，但无论是数量还是活动形式，都不如同是沿海地区的泉州人、漳州人。莆仙人的第二个人文特点是教育兴盛、科举发达。莆仙区的兴学之风，早在南朝时已经逐渐形成。入唐以来，形成了若干个以家族、乡族为核心的文化教育中心。不仅世家大族重视教育，一般的平民百姓往往也把读书作为改变命运的重要途径。当时有“十室九书堂，龙门半天下”、“地瘠栽松柏，家贫子读书”之语，形象地描述了莆仙人浓厚的读书风气。宋代300年间是它的全盛时期，有众多科举佳话。例如，北宋熙宁九年（1076年），文状元、武状元都是莆田人。南宋绍兴八年（1138年），一榜前四名都是莆田人。自宋咸平三年（1000年）至咸淳元年（1265年），莆田方氏一门十九进士，而且都是著名学者。

莆仙区处于闽南区与闽东区的交叉点，宋朝之前长期属于闽南区，宋以后单独列为一军，在地理上更靠近省城福州，在经济来往等方面与闽东区有了较多的联系。因此莆仙传统建筑既保持了泉州大厝注重外部装饰的特点，又带有福州官家大宅的气派，形成自己独有的风格。沿海平原地区的经济较发达，不乏深宅大院，多是纵向多进式合院布局，通常进深都超过五进，甚至达七进之多。山区的住宅结合地形环境，多为横向布局，进深不多，面宽却很大，最多的横向组合竟达十九开间。沿海的地理位置、人多地少的现实和海上交通的发展，促使许多莆仙人出海谋生。出外之后能衣锦还乡、光宗耀祖是莆仙人的追求。莆仙传统建筑，尤其是宗祠和民居建筑的“满装饰”就是这种心理的反映。在沿海的侨乡常见四合院式的两层民居，门楼上置中式凉亭，主屋设前廊、西式宝瓶栏杆，墙面布置装饰，细部过分堆砌，具有明显的炫耀性（图3-1-2）。

图3-1-2　莆田涵江区“满装饰”民居（来源：戴志坚 摄）

第二节 建筑群体与单体

一、传统民居

（一）三间厢与四目厅

三间厢、四目厅是以厅堂为中心的单体建筑，是莆仙区最常见的小型民居形式。

三间厢即三开间的“一明二暗”。其平面布局为厅堂居中，一厅二房横向排列(图3-2-1、图3-2-2)。

四目厅即一厅四房，“四目”指次间位置上的四个房间。其平面布局是增加三间厢的纵深，把中间厅堂的后部隔出一段为福堂（福堂原是出殡前停放灵柩的地方），两边的房间也分隔为前后房各两间。在厅与房的前面设门口廊。建筑的正前方一般设一个等宽的门庭，称为“埕”，有时后面还会设一个等宽的“一明二暗”作为辅助性用房。早期的四目厅是平房，因人口增加和生活水平的提高，逐步演变为二层的楼房。楼梯设在后堂（图3-2-3、图3-2-4）。

三间厢、四目厅多为悬山式双坡屋顶，屋脊为两端翘起的燕尾脊或平头的生巾脊。位于山区的三间厢、四目厅多为土木结构的平房，外墙体使用卵石或条石作为墙基和墙裙，上部为夯土墙，山墙直接作为承重墙。沿海地区民居为了防风雨，在夯土墙的外侧加一层三合土，在屋面的瓦片上加压小石块或砖块。在富庶的沿海侨乡地区，土木结构的四目厅逐渐被砖石结构所取代，并大量出现楼房形式。

（二）五间厢

五间厢是莆仙区最为常见的民居建筑形式。它既是以厅堂为中心的单体建筑，也是小型民居向大厝发展的基础单位。

五间厢是在三间厢或四目厅的基础上在两侧增加开间，由三间变成五间，尽间俗称“山房”。早期的布局形式是，明间为前厅后堂，次间为前房后间，即中间的三开间为四目厅布局，两端增加的山房成为套间（图3-2-5、图3-2-6）。后期的形式有所变动，为了顺利从大厅通向山房，在前房后间之间设置内廊，使前厅后堂与两侧内廊形成一个“十”字形的公共空间，这种布局称为“十字厅”。五间厢的门口厅一般只占明间和次间三个开间，两侧山房各设一个边门。前方有一个与建筑等宽的石埕或砖埕。

以五间厢为基本单元，在前方厢房位置伸出的横屋称“伸手屋”。伸手屋通常二至三开间。伸手屋与五间厢之间

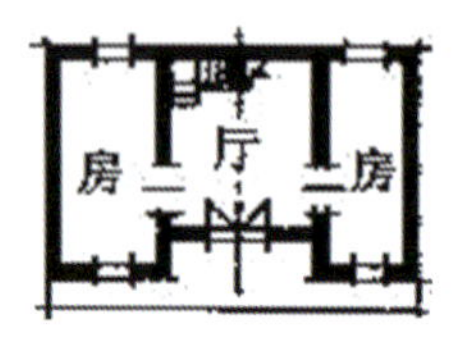

图3-2-1 三间厢平面（来源：戴志坚 绘）

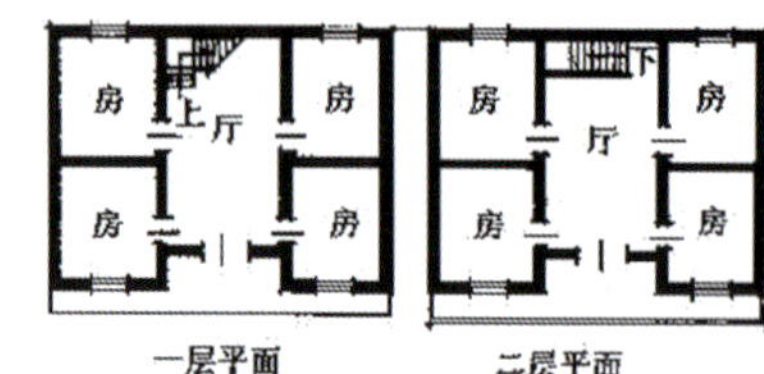

图3-2-3 四目厅平面（来源：戴志坚 绘）

图3-2-2 莆田三间厢民居（来源：戴志坚 摄）

图3-2-4 莆田四目厅民居（来源：戴志坚 摄）

留出约1米宽的通道。当五间厢两侧都增加伸手屋，整栋民居便从长方形变成“ㄇ”形，把埕包在中间。在五间厢带双伸手的前方筑围墙，并在围墙的中央设院门，便形成了围合的三合院。围墙把原来开敞的埕变成完全围合的“里埕”。院门外再设一个埕，称“外埕”。五间厢在明清时期以平房为主，近代演变为二至三层的楼房。

五间厢及其演变形式的屋顶多为双坡悬山顶，屋面上的瓦片用小石块或砖头压住。屋脊或作燕尾脊，或作生巾脊。在山区以土木结构为主，在沿海地区逐渐演变为砖石结构。墙基和墙裙用石材，上部为夯土墙或砖石墙。夯土墙的外侧或用蛎壳灰作为保护层，或加一层三合土，有的往墙上黏贴红色壁瓦。后期在沿海地区，夯土墙变成外侧砖墙、内侧土墙的复合墙，采用“砖石间砌 ”的外墙面处理方法，独具莆仙特色[①]。

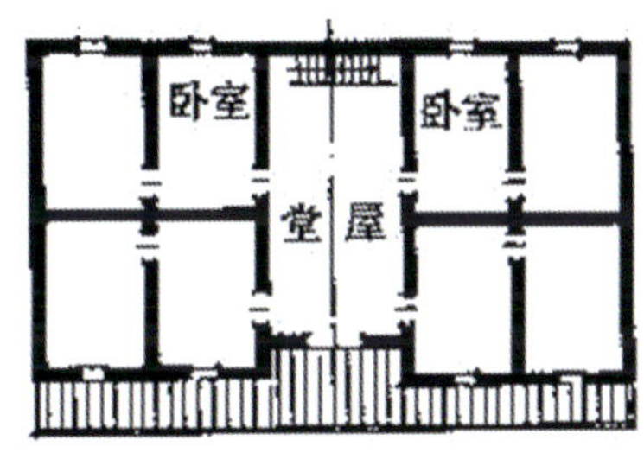

图3-2-5　五间厢平面图（来源：戴志坚 绘）

图3-2-6　莆田五间厢民居（来源：戴志坚 摄）

（三）连体大厝

连体大厝是以天井为中心的单元院落建筑，规模宏大，布局严谨，是莆仙传统民居的典型代表。

莆仙式连体大厝是由五间厢扩大和延伸而成的。五间厢从横向可以扩大为七间厢、九间厢、十一间厢……(图3-2-7～图3-2-10)，还可以再加护厝，甚至几重护厝。在纵向上，可以有双座厝（莆仙方言称进深为座）、三座厝……为了满足采光、通风和流泻雨水的需要，在左右的厢房（护厝）与前后的座之间，以天井为中心组成院落。在天井四周和天井与天井之间，均有廊道相通。地上水平面由前及后次第升高。

莆仙士大夫宅第的规制，一般为纵贯三座七间厢正厝，再加上两边的护厝及下座照、后供堂等，形成“囯”字形的封闭式大宅院。后供堂是后院的最后一排建筑，是家族聘请塾师课读之处，因中间明堂供奉圣先师孔子画像，故名供堂。除以上常规布局，士大夫宅第往往还有楼、馆、亭、园等附属建筑，因此轴线常超过五进。如大宗伯第不包括后花园即有七进，共有大小房间100多间。像这类超大型的士大夫宅第，俗称“百廿间大厝”[②]。

连体大厝的屋顶多为双坡悬山顶，燕尾脊。五间厢以上的大厝，一般作成中间高、两边低的三段脊和高低檐；七间厢以上的或作五段脊。明清古厝的建筑结构，基本上属木构架体系，尤其是明代士大夫的宅第，连外墙都是纯木结构，而另在外表附筑一层土石防护墙。清代以后，逐渐改为直接砌筑石基加夯土的外墙体。内墙使用编竹夹泥墙。梁架结构以穿斗式为主，明代建筑的厅堂因宽度大，多采用穿斗与抬梁混合式。多用红砖、红瓦，具有莆仙民居的地域特色（图3-2-11、图3-2-12）。

例一　大宗伯第位于荔城区长寿街庙前路，建成于明万历二十年（1592年）占地面积2833平方米，是以重叠三座七间厢正厝为主体，前后七进深，左右加护厝的超大型宅第。第一进为院门、前院，院门连着下座照。第二进是大门及两旁的门

① 住房和城乡建筑部. 中国传统民居类型全集（中册）[M]. 北京：中国建筑工业出版社，2014：24-26.
② 蒋维锬. 莆仙老民居[M]. 福州：福建人民出版社，2003：2-3.

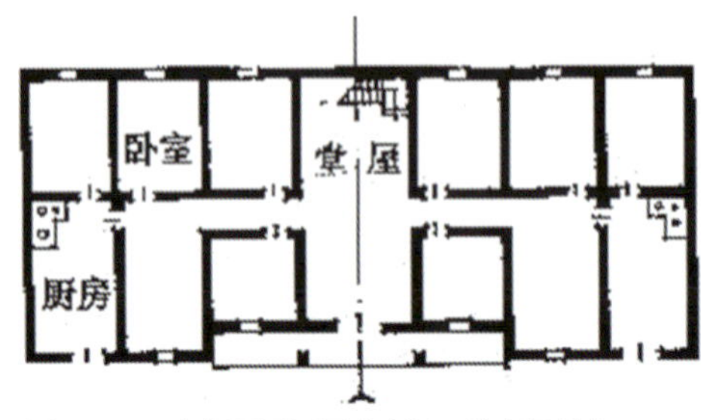

图3-2-7　七间厢平面图（来源：戴志坚 绘）

房。第三进至第五进是三座七间厢共9个天井院的正厝。其当心间皆为敞口厅，梁架为穿斗、抬梁混合式，厢厅为穿斗式木构架。前两座厅堂的后部原置有隔扇门。七间厢的横向组合，后两座均从宽7米的当心间向两厢展开，分别为正房、厢厅、厢房。第一座非常特殊，中路有厅无房，正厅宽达11米，两厢各自成四目厅，在厅前廊道两头各置一座过道门通向厢厅。

图3-2-8　莆田七间厢民居（来源：戴志坚 摄）

图3-2-9　涵江区九峰村七间厢（来源：戴志坚 摄）

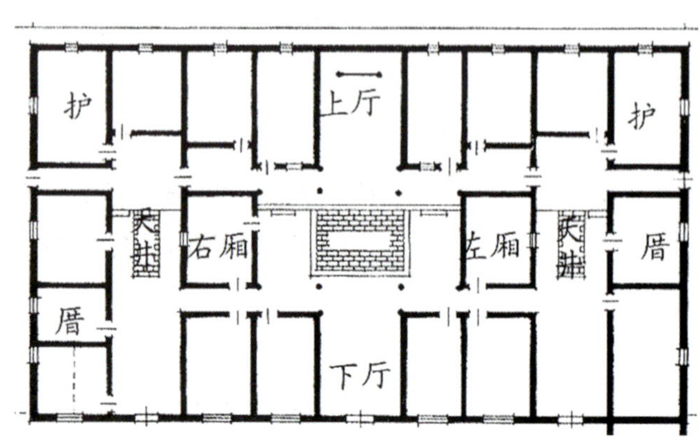

图3-2-10　连体大厝（九间厢）平面（来源：戴志坚 绘）

图3-2-11　仙游县前连村连体大厝（来源：戴志坚 摄）

图3-2-12　仙游县前连村连体大厝（来源：戴志坚 摄）

图3-2-13　大宗伯第屋顶（来源：戴志坚 摄）

第六进的御书楼和第七进的后供堂及后花园已毁。悬山式屋顶，作三段脊、高低檐。为防止雨水浸湿墙壁，外山墙黏贴一层红壁瓦，并加砌条石墙裙（图3-2-13）。

例二　林扬祖宅位于荔城区长寿街庙前路，清咸丰年间（1851～1861年）建。占地面积1500多平方米，坐南向北，由双座七间厢加护厝和后供堂组成。前院是条石铺就的长方形大埕，石埕三面围墙，北面为照墙，东西两侧各开一个石框院门。主屋建在高约0.7米的石砌台基上。下厅、上厅依例为敞口厅，两厢有廊道通向厢厅和护厝。穿斗式木构架，悬山顶。正厝屋顶作三段脊、高低檐，中段为燕尾脊。

图3-2-14　莆田市荔城区林扬祖宅（来源：戴志坚 摄）

外墙自下而上砌四层条石、五层红砖，顶层以黏土夯筑，外加白灰抹面（图3-2-14）。

（四）鸳鸯厝

鸳鸯厝也是以天井为中心的单元院落建筑，是莆仙传统民居的一种横向组合方式（图3-2-15）。

鸳鸯厝是把两座大厝并连在一起。其平面布局是两座五间厢或七间厢并排，中间隔一条巷道，在小巷前后加筑一截墙。与多进式布局相比，这种浅进深、宽开间的横向布局，无需多进的费木材的正厅和中、后厅，具有采光通风易于组织、相互干扰少、交通便利又利于分户等优点。鸳鸯厝的建造与装饰与连体大厝类似，在此不赘述。

例 仙游县赖店镇坂头村的鸳鸯大厝，由旅印尼华侨杨家两兄弟建于清宣统三年（1911年）。由两座并连的七间厢二进大厝及左右各一座三层楼组成，两座大厝相邻处辟一条巷道，并排横宽160米，纵深80米，内有6个天井。两座大厝均为穿斗式木构架，悬山式屋顶，做成三段脊和高低檐。大厝两边的大楼均面宽三间，第三层外设栏杆围绕，穿斗、抬梁式屋架。该宅装饰豪华。前后墙壁的墙裙高约1米，用青石磨光砌筑。大厝的正面作凹斗式，两个大门坦用青石雕装饰。外门面墙壁用红砖白地的砖雕装饰，共有砖雕图案29幅。内外屋顶下檩木和横梁间的斗栱、雀替、吊筒精雕细刻，正漆贴金，金碧辉煌（图3-2-16）。

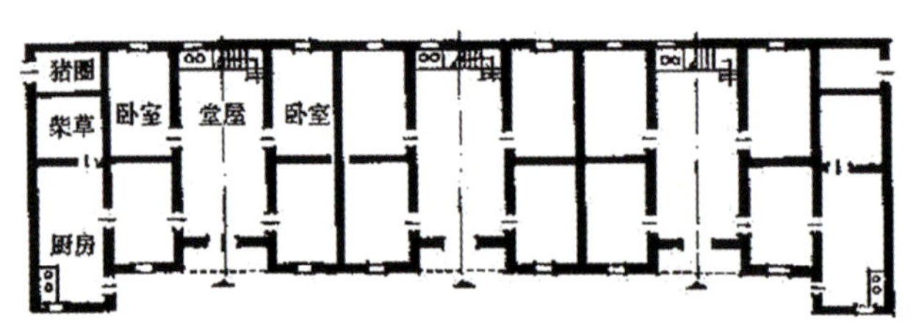

图3-2-15 鸳鸯厝平面图（来源：戴志坚 绘）

图3-2-16 仙游县赖店镇坂头村鸳鸯大厝（来源：戴志坚 摄）

二、寺观与祠庙

反映莆仙区传统营造特色的公共建筑主要是寺观和祠庙。

城厢区的广化寺初名金仙院，建于南朝陈永定二年（公元558年），隋开皇九年（公元589年）扩建为寺，是福建省四大禅林之一（图3-2-17）。仙游县大济镇的三会寺始建于隋大业年间（公元605～618年），也是莆仙区著名的古刹。该区的寺观和祠庙建筑，大多在宋代始建或重建，经历代重修，得以保存至今。有些古建筑仍保持明代风格，构件保留了早期建筑的特征。

现存的寺观以元妙观三清殿最为典型。元妙观位于荔城区梅园东路，始建于唐贞观二年(公元628年)，北宋大中祥符二年（1009年）重建。原道观规模宏大，现存山门、三清殿、东岳殿、五帝庙、西岳殿、五显庙和文昌三代祠等。三清殿为遗存的宋代建筑，是中国现存最早的道观木构建筑之一。三清殿占地面积约700平方米，重檐歇山顶。原面阔、进深各三间，八架椽前后乳栿对四椽栿用四柱。明代重修扩展，现存殿面阔七间，进深六间，当心间及左右两次间仍保持宋代建筑风格。柱头铺作，华栱两跳用单材挑出，七铺作双抄双下昂重栱偷心造。补间铺作，前后檐各斗底为皿板，斗欹有顱。殿内立有木石相接的圆柱20根，柱头微具卷杀，覆莲柱础。两柱之间只施阑额，不用普拍枋。斗栱与椽檩间彩绘飞鸟、果盘、蝙蝠、书卷、炼丹炉、葫芦等有关道教图画（图3-2-18、图3-2-19）。

宋元时期，八闽大地曾掀起一场声势浩大的造神运动，涌现出众多的地方神。在众多的神灵崇拜中，妈祖信仰最为著名。妈祖林默是北宋莆田湄洲岛的渔家妇女，乡人感其生前为民治病、海上救人恩德，建庙祀之。经历代朝廷的褒封，妈祖的封号从“夫人”、“天妃”、“天后”，直至“天上圣母”，逐渐成为中国影响最大的海神。妈祖信仰也深入民间各地，可以说，有水的地方基本都有妈祖庙。莆仙区有数百座妈祖庙、天后宫。湄洲岛上的妈祖祖庙在国内外有重要影响。湄洲妈祖祖庙始建于北宋雍熙四年（公元987年），历代扩建。现建筑总面积1.18万平方米，有大牌坊、左右长廊、妈祖事迹陈列室、山门、仪门、庆典广场、钟鼓楼、正殿、朝天阁、梳妆楼、升天楼等（图3-2-20）。秀屿区平海镇平海村的天后宫是湄洲妈祖祖庙分灵的第一座

图3-2-17 莆田市城厢区广化寺（来源：戴志坚 摄）

图3-2-18 莆田元妙观三清殿（来源：戴志坚 摄）

图3-2-19 莆田元妙观三清殿梁架（来源：戴志坚 摄）

行祠，北宋咸平二年（公元999年）始建，清康熙二十二年（1683年）重建。占地面积1064平方米，抬梁、穿斗混合木构，面阔五间，由大门、内庭、大殿及两庑组成，平面保持宋代“工”字形布局。大门檐下沿用梭形石柱（图3-2-21）。山亭镇港里村古称贤良港，是妈祖诞生地。贤良港天后祖祠在五代至宋时为林氏宗祠，宋代并祀妈祖。明永乐十九年（1421年）奉敕重修，清康熙年间再修，占地面积615平方米，由照壁、仪门、拜亭、主殿、后殿组成。主殿供奉妈祖，面阔、进深均为三间，穿斗式木构架，歇山顶。后殿供奉林氏列祖、妈祖父母及兄姐。祖祠红砖红瓦，屋顶灰塑精巧生动，彩画色彩鲜艳亮丽，彰显当地建筑风格（图3-2-22）。

莆仙区的寺观和祠庙以两殿式居多。通常面阔五间，平面布局为大门、前殿、正殿及两廊，或者大门、拜亭、前殿、正殿、两廊。如荔城区的云门寺始建于南宋德祐元年（1275年），元大德九年（1305年）增建，历代重修，占地面积3500平方米，由门坊、天王殿、拜亭、大雄宝殿及两庑组成。大殿面阔五间，进深四间，抬梁、穿斗式木构架，重檐歇山顶。拜亭为元代原构。

大型的庙宇如广化寺、三会寺、元妙观、万寿观、兴化府城隍庙、仙游文庙等，规模宏伟壮观。多为纵轴式布局，即把各主要殿堂有序布置在一条轴线上，由主房、配房等组成多个院落形式。例如，三会寺占地面积2.1万平方米，保持明末清初建筑风格，中轴线依次为天王殿、天井、左右钟鼓楼、廊庑和大雄宝殿，左侧有僧舍和斋房等。大雄宝殿为明正统二年（1437年）重建，面阔五间，进深四间，抬梁、

图3-2-20 莆田湄洲岛妈祖祖庙（来源：戴志坚 摄）

图3-2-21 莆田市秀屿区平海天后宫（来源：戴志坚 摄）

图3-2-22 莆田市贤良港天后祖祠（来源：戴志坚 摄）

穿斗式木构架，重檐歇山顶，斗栱均为一斗二升式，彩绘莲花天花（图3-2-23）。兴化府城隍庙位于荔城区庙前路，明洪武三年（1370年）建，原有五进，现存仪门、正殿、寝殿，仍保持明代风格。正殿抬梁、穿斗式木构架，重檐歇山顶，面阔五间，进深四间，素面覆盆柱础，补间铺作1朵，用材颇大（图3-2-24）。仙游文庙始建于北宋咸平五年（1002年），现存建筑为明末清初所建。占地面积8000平方米，中轴线上依次为绰楔门、内门堂、泮池、戟门、天池、拜台、大成殿、圣贤祠，左右有厢房、廊庑，左侧为明伦堂。大成殿面阔五间，进深四间，用材粗壮，内施八卦藻井，重檐歇山顶。戟门和大成殿各有两对青石透雕龙柱，为清代石雕佳作（图3-2-25）。

三、古塔

莆仙区的古塔用材因地制宜，以石塔居多。如城厢区的释迦文佛塔（俗称广化寺塔）、荔城区东岩山的报恩寺塔、仙游县枫亭镇辉煌村的天中万寿塔、仙游县西苑乡凤顶村的无尘塔、仙游县龙华镇灯塔村的龙华双塔、湄洲湾北岸管委会东埔镇的东吴石塔，都是用石料建造的。报恩寺塔原为砖塔，隋开皇元年（公元581年）建，今塔建于北宋绍圣年间（1094~1098年），为八角三层楼阁式空心石塔，高13米，四面开拱门。须弥座束腰上浮雕37只狮子，第一层塔门两旁浮雕金刚力士，线条粗犷有力，保留了隋、唐造型风格。释迦文佛塔建于南宋乾道元年（1165年）以前，继承了

图3-2-23　仙游县大济镇三会寺（来源：戴志坚 摄）

图3-2-24　莆田市兴化府城隍庙（来源：戴志坚 摄）

图3-2-25　仙游文庙（来源：戴志坚 摄）

唐塔饱满、雄厚的风格。该塔为八角五层楼阁式空心石塔，高30.6米。塔身转角倚柱作瓜楞形，柱上置栌斗，出华拱，转角和补间铺作均为双抄双下昂。各龛、门两侧均浮雕立佛，神态丰满逼真。各层塔檐薄且长，出檐1米。檐下出两层叠涩，浮雕频伽鸟、凤凰、飞仙、祥云、花卉等纹饰。八角攒尖顶上置相轮塔刹。塔心室逐层砌石台阶，通各层塔身外廊和顶层，顶部为4组叠涩结构的八角藻井（图3-2-26）。

莆仙区的古塔以楼阁式居多，少量为阿育王式。阿育王式塔也称宝箧印经塔，平面呈四方，多在塔顶四角置蕉叶形插角，是五代时由浙江传至福建的。天中万寿塔是福建建造年代最早的阿育王式塔。天中万寿塔俗称塔斗塔、青螺塔，建于五代年间，北宋嘉祐四年（1059年）重修。为五层方形实心石塔，高7.4米，基座边长7.8米。须弥座底边长5.1米，转角各雕一尊力士，四面各浮雕2条蟠龙。第二层北面刻铭文，其余三面雕四季花卉，四角圆形倚柱。第三层每面浮雕3尊坐佛，嵌于3个拱门形佛龛中，四个角柱各雕1尊金刚力士。第四层每面浮雕1尊半身佛像，四个转角浮雕鸟嘴人形、长翅膀的雷电金刚，边缘饰卷草、覆莲组成的图案。塔顶四角作山花蕉叶形，中间安置相轮塔刹，七重相轮以一根花岗岩条石凿成（图3-2-27）。

有的古塔造型独特。例如，无尘塔建于北宋大中祥符年间（1008～1016年），为八角三层楼阁式空心石塔，高14.22米，一层在南北开门，东西设窗，二层、三层四面都开门。护门武士镶在东南、西南面石壁上，而不是置于门的两旁。这与宋以来的石塔结构迥然不同。龙华双塔建于北宋大观、政和年间（1107～1118年），为八角五层楼阁式空心石塔，高44.8米，建塔时即在塔尖灌铅作为避雷，这在古塔建筑史上亦属罕见（图3-2-28）。城厢区的石室岩寺塔始建于南宋，明永乐年间（1403～1424年）重建，为方形七层楼阁式空心砖塔，楼板、回廊、护栏、出檐均为木构，这是明代塔所少见的。

第三节　建筑元素与装饰

一、屋顶

莆仙传统建筑的屋顶形式多为双坡面悬山顶，屋面弯曲，屋脊两端起翘。屋面呈双曲面起翘升起尤为明显，勾画出优美的天际轮廓。屋面施红瓦或青瓦。沿海一带民居在屋面的瓦片上加压小石块或砖块，既防台风掀瓦，又装点了屋面（图3-3-1）。莆田民居在筒瓦屋面上两端升起的最高处

图3-2-26　莆田市城厢区释迦文佛塔（来源：戴志坚 摄）

图3-2-27　仙游县天中万寿塔转角鸟嘴人形浮雕（来源：戴志坚 摄）

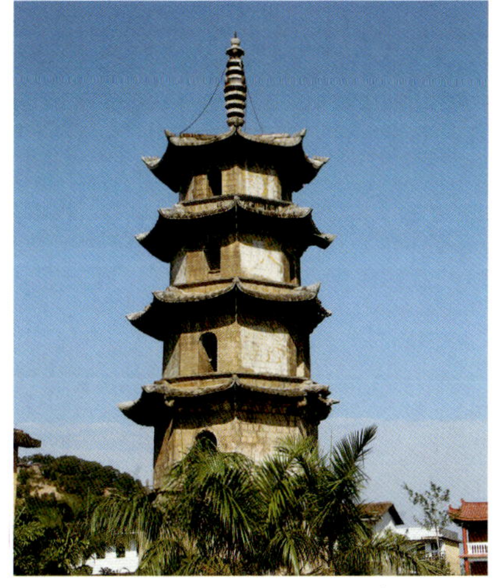

图3-2-28　仙游县龙华双塔之一（来源：戴志坚 摄）

加贴板瓦，形成独特的屋面装饰。山区的古厝往往在护厝山墙的三角形底边增辟一道披檐，外观貌似歇山顶，起保护土墙的作用（图3-3-2）。

屋脊或作燕尾脊，或作生巾脊。燕尾脊俗称“武脊”，屋脊微微生起，两端脊头起翘，尾部开双叉或三叉，形似燕子尾巴（图3-3-3）。武脊翘起的红舌、脊须比闽南的“燕尾”细巧，且尾部弯卷。山尖顶部的檐口做成圆弧形，使得两坡顶山面出檐的转折流畅柔和，这也是莆游民居屋脊处理的不同之处。生巾脊俗称“文脊”、“贡银头”，两坡顶的垂脊自然地向上延伸，形成倒契形收头，形状略似古装戏文生戴的生巾（图3-3-4）。

屋面分段跌落，通常分三段处理，中段屋面最高，两侧跌落。五间厢以上的大厝，一般都做成中间高、两边低的三段脊和高低檐。这种出檐的分段跌落与一些闽南民居不出挑的分段跌落不同，从而形成莆仙民居的独特风格。仙游民居常横向扩展成七间厢、九间厢等，屋顶作分段小跌落处理。由于跌落较小，下层瓦屋顶几乎紧挨上层悬山出檐的檩条（图3-3-5）。其正立面两端以向前的歇山顶收头，且与护厝的歇山顶组合，形成正立面端部两个跌落向前的山花，使立面造型更为生动（图3-3-6）。

仙游传统建筑的歇山山花或悬山出挑桁条的端头不设博风板，而是在桁条端头钉一块桃形或其他形状的红瓦，俗称“桁头瓦”。这是仙游传统建筑特有的做法，既可阻挡风雨对木头的腐蚀，又有装饰作用（图3-3-7）。

图3-3-1 莆仙民居屋面（来源：戴志坚 摄）

图3-3-2 仙游民居护厝山墙下加一披檐（来源：戴志坚 摄）

图3-3-3 莆仙民居的武脊（燕尾脊）（来源：戴志坚 摄）

图3-3-4 莆仙民居的文脊（生巾脊）（来源：戴志坚 摄）

图3-3-5 莆仙寺庙三段式尾顶（来源：戴志坚 摄）

图3-3-6　仙游民居立面端部歇山顶山花处理（来源：戴志坚 摄）

图3-3-7　仙游民居“桁头瓦”（来源：戴志坚 摄）

图3-3-8　莆田民居“砖石间砌”墙体（来源：戴志坚 摄）

二、墙身

莆田传统建筑在夯土墙的外侧加砌红砖形成复合墙。为了加强砖墙与夯土墙的整体性，按一定距离相间加入小条石（俗称“护墙石”）拉结。护墙石的尺寸约20～30厘米，厚度同墙一样。红砖顺砌，护墙石丁砌，砖、石上下左右间隔开来，形成红砖墙面上点缀呈菱形布局的白石图案。这种以护墙石点缀、红白相间的“砖石间砌”外墙砌筑方式是莆田的独特做法，具有很强的识别性（图3-3-8、图3-3-9）。

仙游民居的正立面墙脚通常以规整的青石斜砌，并用白灰勾缝，形成斜方格石墙裙。窗间墙用红砖组砌贴面，与白粉墙组成精美的几何图案。侧墙多以毛石砌筑墙脚，有的高达一层，二层为砖墙。石砌墙面常做收水基，即接近地面部分墙体呈曲面逐渐加厚，使建筑更显稳重坚实（图3-3-10）。部分古民居保留生土墙体，以红砖贴面、白灰勾缝，或以白灰抹面。

在夯土墙或木构架上贴红壁瓦，俗称“满堂锦”。其做法是，将专门烧制的红色平板瓦片黏贴在外墙面上，用竹钉从壁瓦上两个小孔打进墙内，钉头以菱形的灰塑遮盖，壁瓦四周用蛎灰勾缝，形成的红底白线的方格网状和保护竹钉的蛎灰菱形突起，构成了奇特的饰面效果。莆仙传统建筑的山花常采用此法，既保护墙体又装饰墙面，很有地方特色（图3-3-11）。

图3-3-9 莆田民居“砖石间砌”墙体（来源：戴志坚 摄）

图3-3-10 仙游民居石墙基处理（来源：戴志坚 摄）

三、前院

莆仙传统民居的前院分敞开式和封闭式。平民百姓住宅的大院多为敞开式，屋前铺设宽敞的大埕，作为族人日常生活劳作以及节庆祭祀活动的公共场所。封闭式是在两旁厢房位置伸出横屋，筑一道院墙，墙中间建一座院门。封闭院一般还要在院外另铺一个大埕，农事活动和迎神赛会等都在外埕举行。

图3-3-11 仙游民居“满堂锦”（来源：戴志坚 摄）

明清时期官宦的宅第，前院多为封闭式，其规制有别于平民的宅院。一般做法是在大院的前方筑一道照墙，两边再加两堵护院墙，在左或右前方的角隅处建一开间屋宇式的院门，俗称“大门坦”，取走出大门有坦途之意。另一种做法是在正厝前院建一排面向正厝、背向外院的倒照屋（俗称“下座照”），大门坦设在下座照的一边。

四、入口

莆田传统民居的正面多作凹廊式。三间厢或四目厅，面墙都与大门平行，门前形成一条横向的廊道，廊中竖立两根檐柱，上面附设斗栱，用以支架挑檐的梁、桁。两边的山墙比面墙突出2～3米，墀头作卷书状挑出以支檐。五间厢或七间厢，则将厢厅和厢房的正面墙体前移，厢厅门开在廊道两头，左右相向。

仙游传统民居的正面多作凹斗式。即只将大门位置的墙体凹进，两旁正房及厢厅的面墙平行凸出大门两三米，与闽南传统民居的塌寿类似（图3-3-12）。如果两边再加护厝，其向前的山墙也与厢厅面墙平行，并在山墙的三角形底边增辟一道同正厝前檐平行的披檐[①]。

① 蒋维锬. 莆仙老民居[M]. 福州：福建人民出版社，2003：6.

图3-3-12　仙游凹斗式民居入口（来源：戴志坚 摄）

图3-3-13　莆仙民居的檐下装饰（来源：戴志坚 摄）

图3-3-14　莆仙民居的木雕装饰（来源：戴志坚 摄）

五、建筑装饰

（一）木雕

莆仙区木雕装饰的重点是廊檐和厅堂。廊檐的雕饰主要是以廊柱上头为中心向前后左右展开的建筑构件。如檐桁和月梁的底面全面施雕，挑檐支撑的吊筒多圆雕花篮、倒吊莲花等，斗栱、雀替、驼峰等构件都雕刻成花卉、人物、动物、器物等造型，门额上的两支门簪雕刻精美。以上所有雕件一般都加贴金描彩，显得金碧辉煌。厅堂的梁枋、斗栱、雀替、神龛、隔扇门、木窗等处是室内装饰的重点，尤其是大厅横枋上的楣额（俗称“前后楣”）雕饰极为精彩（图3-3-13～图3-3-15）。檐桁、月梁和大梁的底部刻出凹入的线脚并施花饰，是莆仙木雕装饰的特色。

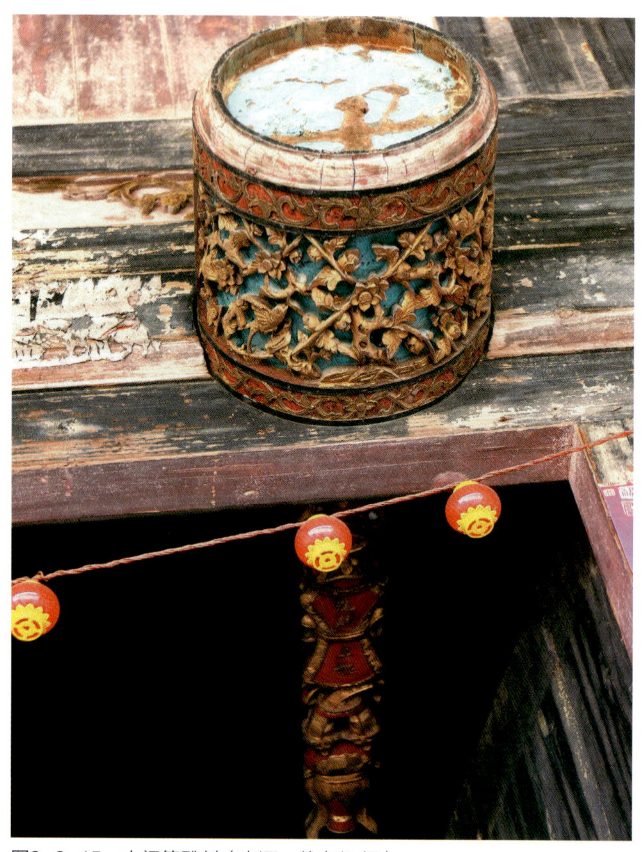

图3-3-15 木门簪雕刻（来源：戴志坚 摄）

（二）石雕

莆仙区的石雕大量运用在佛塔、牌坊上。房屋建筑的石雕主要集中在墙身正面（称“码面”）、门枕石、柱础、天井、石窗等处。码面的墙裙一般用磨细的条石砌筑并施以雕刻。尤其是仙游凹斗式门墙的墙裙普遍施雕，其工艺有线雕、浮雕、透雕，并与木雕、砖雕配合装饰（图3-3-16）。门枕石有上马石和抱鼓石两种。士大夫宅第一般在院门置上马石，大门置抱鼓石，平民的住宅只有低矮的上马石。天井的前后井壁上普遍作对称的高浮雕图案，名“搁栅托座”，用于搁“木搁栅”。每逢喜庆等活动，即在搁栅上铺设天井盖板，让宾客能直线走上厅堂。

图3-3-16 莆仙民居石雕（来源：戴志坚 摄）

（三）砖雕

砖雕装饰主要流行于仙游县。明清有些古厝用特制花砖作漏窗和贴墙。清末及民国时期，在仙游流行用红砖砖雕装贴面墙的做法。砖雕的题材有花鸟、动物和历史人物故事等，工艺有线雕、浮雕和剔地平雕等。仙游砖雕的做法与装饰效果与泉州砖雕相似，但画面较为粗犷（图3-3-17、图3-3-18）。

图3-3-17　仙游红砖雕（来源：戴志坚 摄）

图3-3-18　仙游红砖雕（来源：戴志坚 摄）

第四节　莆仙区传统建筑风格

一、以主厅堂为中轴线的对称式平面布局

莆仙沿海的平原地区，交通运输方便，地理条件优越，人民生活较富庶。传统建筑大多规模宏大，装饰装修比较讲究。仙游山区由于海拔较高，交通运输、地理条件比平原地区差。传统建筑结合地形，平面布局灵活多变。但不管形式如何变化，均保持以主厅堂为中轴线的对称式平面布局。

以传统民居为例，莆田民居多为纵向多进的合院式布局，仙游民居通常以主厅堂为中心作横向扩展，多为浅进深、宽开间的横向布局。莆仙区民居平面布局最为显著的特点是：不管环境和建筑朝向如何，都有一条明确的中轴线，左右对称，主次分明，而且以中轴线上系列厅堂的大尺度为人们所注目。正厅的纵深，不含前后挑檐桁，一般安排9架桁。明代古厝的厅堂面宽一般7米左右，多采用穿斗、抬梁混合式构架。清代古厝的厅面缩为6米左右，一般单用穿斗式。

二、封闭的建筑外观与开敞的内部空间相结合

莆仙传统民居具有建筑外观封闭、内部空间开敞的特点，一是能起到保安、防卫等作用，二是隐蔽含蓄，自成一体。

平民百姓的前院多为敞开式，但开敞院的出户门是有严格限制的。一般五间厢设三个出门，即中间的大门和两边的厢厅门。双座五间厢只有五个出门，即在顶座廊道两头各再开一个边门。如果增建护厝，就在正厝与护厝之间的院落两头各开一门，正厝的边门变为户内门。这样，建筑体量虽然增加，出户门反而减少。

富裕人家的大厝和官宦的宅第多作封闭院。其外观基本是封闭的，除了必须开设的为数不多的门窗之外，大厝的四周几乎为高墙所封闭。内部各个院落则完全开敞，可以四通八达。在纵向上，通向大门的下厅为穿堂厅，顶厅作敞口厅。如果有第三进，便在第二进厅堂后墙两边各开一小门直通后厅，或者

把后壁改作随时可以开启的隔扇门。在横向上，正厝中间大厅与两旁的厢厅、重厢厅之间可以直接相通，还可直通到护厝院。仙游民居的内部除了横贯东西的几条横向通道之外，还在主厅堂两侧各加了一条1米多宽的纵向通道，构成了完整的交通系统，具有交通方便、通风易于组织的优点。

三、以木构架为承重，生土墙为围护的结构体系

莆仙传统建筑大量采用木构架作为主要承重构件，生土墙则起着分隔空间、内外围和挡风遮雨的作用。常用的木构架形式为穿斗式木构架。其受力的特点是每一根柱子都落地，柱子架檩，柱与柱之间的穿枋上立瓜柱来承檩。穿斗式木构架刚度好，抗震性强，可灵活适应地形和空间高度的变化，屋顶组合形式也灵活多样。落地处用石头柱础，既受力明确，又可避免地表的潮气引起木材腐烂。除了面向天井的部分采用木隔扇以外，外围护墙与主要内分隔墙均采用生土材料夯筑而成。黄土材料价廉、取材容易，而且防潮、保温、隔热性能均在砖石之上，因此在莆仙区尤其在仙游一带，生土墙体是民居建筑的主要材料。墙的厚度通常为0.4米左右，材料有黄土、壳灰、沙母（粒径较粗的砂）和旧厝的瓦砾土渣，按一分壳灰、二分黄土、三分沙母及瓦砾土渣的比例加水拌匀。在外护围墙上，通常在生土墙体外侧加砌一层块石或鹅卵石，起到勒脚的防潮保护作用。夯土墙的外侧或用蛎壳灰作为保护层，或加一层三合土，或用方形的红壁瓦黏贴加钉作为饰面。后期在沿海地区，夯土墙变成外侧砖墙、内侧土墙的复合墙，采用“砖石间砌”的外墙面处理方法。

四、满装饰

莆仙民居建筑装饰的发展规律是，年代越早越简朴，年代越近越豪华。莆仙区所遗存的明代至清前期的宅第，装饰都较为简洁。晚清及民国时期，民居的装饰趋向豪华，满装饰成为莆仙民居尤其是华侨民居的一大特点。由于人多地少，田不足耕，许多莆仙人为生活所迫而出海谋生，远飘东南亚各国。华侨在海外发家致富后，衣锦还乡以荣宗耀祖是他们的最高追求，起厝建宅是他们荣归故里要做的一件大事。这种社会的群体心态，强烈地反映在民居建筑的装饰上。下递晚清及民国时期，莆仙民居的装修装饰越来越豪华。尤其是一些富商、华侨，互相攀比，不惜耗费巨资，竭力追求精雕细琢、金碧辉煌的豪华装修。如在建筑内部，梁架及斗栱、雀替、驼峰、吊筒等构件雕刻精细，彩绘繁复，显得金碧辉煌。在建筑外观装饰上，木雕、石雕、砖雕、泥塑、壁画、贴面等各种手法并用，建筑细部处理繁杂，颜色对比强烈。过分堆砌的外部装饰，使整个建筑外观极其花哨，给人“珠翠满头”之感，但这也反映出当地人的审美趣味而自成一格。

第四章　闽东区传统建筑特征解析

闽东区范围较大，包括位于福建省东部沿海的福州市、位于福建省东北部的宁德市，全境是闽江下游流域和交溪流域。闽东传统建筑分布在福州市和宁德市所属的各县（市、区）。闽东自然环境较为优越，是福建最早开发的区域。福州地处闽江口，上可沿江进入建州，下可跨海连接泉州、漳州，汉晋以来一直是控制全省的行政中枢和文化经济中心。福州地区历史悠久，文化沉积颇多，传统建筑类型较多，工艺水平较高，具有鲜明的江城文化特色。以“三坊七巷”建筑群为代表的多进天井式住宅，坊巷格局鲜明，文化氛围浓厚。高低起伏的封火山墙是闽东传统建筑最为突出的外部特征。闽东山区的开发比较迟缓，至明清两代才逐渐发展起来。自唐宋以来，畲民大量移居至此，闽东山区成为畲族的最主要聚居地。宁德地区的三合院、四合院楼居和闽东大厝以福安民居为代表，其形制独特，富有地方特色。

第一节　闽东区自然、文化与社会环境

闽东区南片的福州市，地处戴云山脉东翼的闽江下游流域，地势由西北向东南成阶梯状下降，东南滨海，西北负山。南部地形属河口盆地，盆地内部是冲积海积平原，盆地四周被群山峻岭所环抱。闽江是福州境内最大的主河流。属亚热带海洋性季风气候。闽东区北片的宁德市，地处洞宫山脉南麓、鹫峰山脉东侧，东面濒临太平洋，中北和中南部又有太姥山和天湖山两条山脉，构成沿海多山地形。地势从西北向东南倾斜，境内山岭起伏，高低悬殊，地势陡峻。中亚热带海洋性季风气候明显，兼有山地气候、盆谷地气候等多种气候特征。

闽东区既兼山海之利，又有沃野平原，自然环境较为优越。闽江下游的福州平原，农业环境优良，是北方汉人最早入迁和开发的地区。汉代在闽江口置冶县，是福建最早置县之处。三国以后，江淮移民大量在此定居。东晋南北朝时期，入迁福州平原的北方汉人也为数不少。他们或定居于此，开拓发展;或以此为中转站，分支转迁莆仙、泉州、漳州各地。唐末五代时，福州平原基本得到开发，位居福州平原中心的福州城更是繁盛一时。从晋太康三年（公元282年）晋安郡太守严高在福州屏山筑子城算起，福州城已有1700多年历史。汉代的东冶究竟在何处，至今仍有争议，但是东汉末年所置侯官、晋代所置的晋安郡以及隋代所置的泉州、闽州都在现在的福州，这是没有争议的。福州得到较大发展，成为闽之都城，闽王王审知功不可没。福州所属的那些比较偏僻的山区如永泰、古田、闽清，这时也有不少北方汉人迁入开发。闽国时期（公元909～945年），福州所辖县有12个：闽县、侯官、长乐、福唐（今福清）、连江、永泰、古田、尤溪、宁德、罗源、闽清、长溪（今霞浦）。除长溪、宁德在闽东沿海属交溪流域外，其余都在闽江下游。这个范围，便是现在人们所说的“十邑”。十邑地处闽江下游两岸，人口密集，交通便利，又占有省城之利，历来是全闽政治文化中心。马尾港是福建北半部出海口，闽北、闽中的山货沿江而下，海外洋货从此入口，又使之成为经济中心。到了南宋，由于金人南侵，北人大量南移，临安（今杭州）成了首都，福州更是成了繁华都会。

福州平原以外的闽东区各县，北方汉人的入迁与经济开发的道路要曲折得多。早在西晋太康三年，中央政府就在今霞浦、宁德、连江一带设立了温麻县。可以想见，闽东沿海地区也是北方汉人入闽后的重要居住地点。虽然闽东沿海与中原的交通有着海路之便，但在古代航海技术较为原始的情况下，海上交通的危险性相当大，因此北方汉人入闽的主要途径还是依靠陆路交通。从整体发展情况看，汉人定居与开发的步伐一直比较迟缓。主要有两个原因：一是闽东山区山高岭峻，道路险阻，交通不便，使许多北方汉人望而却步；二是自唐宋以来，土著畲民一直在这一带山区繁衍，宋代以后福建其他地区的畲民也逐渐向这里迁徙，闽东山区成为畲族的最主要聚居地。由于人口增长较为缓慢，一直到两宋时期，这一带只有长溪、宁德、福安三县。宋代以后闽东腹地山区才得到全面开发，元至元二十三年（1286年）置福宁州。据《读史方舆纪要》，明代的福宁州只有12260户，还不及当时长乐县的户数多。到清嘉庆二十五年（1820年）福宁府已有75万人，与同时期的延平府、邵武府规模相当。可见福宁府即交溪流域一带是明清两代才逐渐发展起来的。现宁德市的其余各县都是迟至明清以后才开始设置的。如寿宁、屏南、福鼎三县设于明清时期，周宁、柘荣二县是迟至民国时期的1945年才设置的（图4-1-1）。[①]

闽东区的农耕经济和海洋经济并重。人文性格主要有两个特征：一是追求正统教化，循礼守法，重农纯朴，这个特征在福州平原地带及其内地山区的居民身上有更多体现；二是有着开拓进取精神，冒险远涉重洋的传统至近现代犹然，这个特征以沿海居民所表现的最为典型。闽东的文化教育和科举文化发达。如唐神龙二年（公元706年），福安廉村的薛令之考中进士，成为开闽第一进士。在唐代，仅闽县一个

① 陈支平. 福建六大民系[M]. 福州：福建人民出版社，2000：77-79.

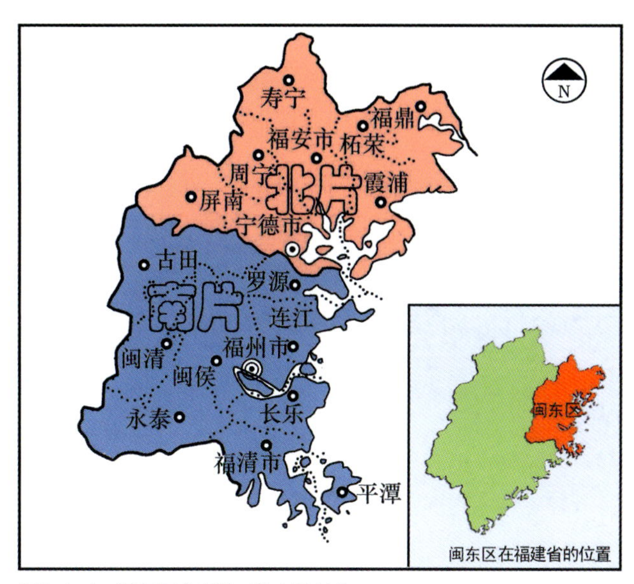

图4-1-1　闽东区（来源：戴志坚 绘）

县就有20人中进士，几乎占全省中进士人数的三分之一。入宋以来，这里涌现了不少政治家、军事家和文学家，福州的“三坊七巷”和朱紫坊至今还保留着许多名人故居。尤其到了清代中后期，从福州走出了一大批具有强烈忧患意识与开拓维新精神的著名人物，如林则徐、沈葆桢、严复、林觉民等。这一大批精英的出现，不能不说是与闽东人追求正统教化的人文性格与开拓进取的海洋文化精神的相互融合紧密相关的。

福州平原是北方汉人入闽后最先定居的地点之一，福州是一座历史文化名城，中原文化传入的历史相对比福建其他地区更为悠久。因此文化氛围较浓，建筑类型较多，工艺水平也较高。连片纵向多进式的合院民居如“三坊七巷”建筑群布局有方，设计合理，具有高超的工艺水平。靠闽江上游漂下来的木排为原料建造的柴板厝防涝、防震，曾是福州地区常见的传统民居形式。形式多样的封火山墙曲线多变，错落有致，是闽东传统建筑最为突出的外部特征。房屋外墙的色彩以白色或黑灰色为主，粉墙青瓦，格外素雅。宁德地区的三合院、四合院和大厝因山地地形、气候条件而发展为楼居形式，其形制独特，具有鲜明的地域特征。

第二节　建筑群体与单体

一、传统民居

（一）柴板厝

柴板厝也称柴栏厝，是以木材为承重和围护结构材料的联排木屋，分布于福州地区大街小巷的沿街面，多为平民百姓居住。

柴板厝的平面呈矩形，面阔通常为一开间，3～5米，进深根据地形长短不一，多数建2～3层。一户占一开间，几户或十几户并列共建。多数建于人口特别稠密的地段和商业街道两侧。底层临街，高3.3～3.8米，常作为铺面营业，后面作厨房兼饭厅。二层、三层高仅2.2～2.6米，作为储藏、居室，设小阳台用于晾晒衣服和夏天乘凉。

柴板厝通常沿街以一开间为一个单元联排建造。铺面按面宽留出门的位置，其余部分做固定的矮墙（铺柜）。矮墙的上方做活动的店门板，可顺矮墙上的凹槽竖向装上或取出。店门板和门上方设一长条木格栅，具有采光通风的作用，后期用玻璃窗取而代之。

柴板厝为木框架式结构，排架靠榫头紧密联系，墙体、楼板、楼梯等均使用杉木。底层结合开门、开窗需要，使用木板墙拼接。山墙和楼层铺设俗称“蓑衣板”的木板墙。蓑衣板上一片压着下一片，排水防水好。穿斗式木构架，坡屋顶，上覆青瓦（图4-2-1）。

柴板厝具有结构简单、造价较低、防震性较好等优点，是福州地区常见的住屋形式。它的最大缺点是防火性能差。一旦发生火灾，一烧起来就是整个街区，几十、上百户人家遭殃。因此，有些柴板厝逐渐被其他类型的建筑如“火墙包”（民国时期出现的外墙为砖石结构、内部为木结构的建筑）所取代。

（二）院落式大厝

院落式大厝是福州地区常见的民居类型。它以院落为中心，由院落和敞厅组成“厅井空间”，沿纵向或横向扩展形成多进式大厝，是闽东区具有代表性的传统民居。

图4-2-1 福州市鼓楼区南后街柴板厝（来源：戴志坚 摄）

图4-2-2 长乐市“九头马”民居（来源：戴志坚 摄）

图4-2-3 福州三坊七巷民居山墙（来源：戴志坚 摄）

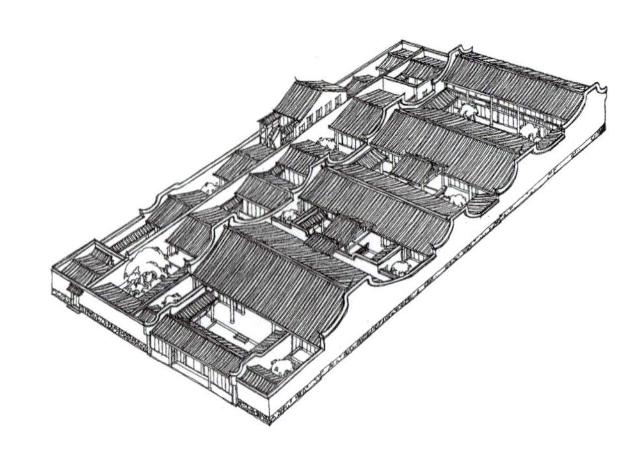
图4-2-4 福州市三坊七巷沈葆桢宅鸟瞰图（来源：黄汉民 绘）

院落式大厝的基本单元是：整座建筑三开间或五开间，由左右两侧的山墙和廊庑、正前方的院墙和廊庑围合中心院落而成。根据地域的不同，大致有三种扩展方式。第一种是：主落为纵向组合的多进式布局，在一侧增加一座相似、略小的单体（跨院），作为书房、花厅及附属用房。布局上以三开间、五开间为常见，等级比较严谨。这种院落式大厝在福州古城“三坊七巷”和朱紫坊等历史街区保留较多且完整。第二种是沿纵向扩展形成多进式大厝，采用横屋模式两侧对称加宽。如闽清宏琳厝，纵向建三进院落，横向建横厝、外横厝，占地面积 17832 平方米，是福建省单幢面积较大的古民居建筑。第三种是沿横向扩展形成多座联排式大厝。如长乐市鹤上镇岐阳村的“九头马”民居，整体布局为五落透后五落排，即五座一字排开，每座前后五个院落，院落各自相对独立又连成一体，形成占地面积 15000 平方米的建筑群（图 4-2-2）。

院落式大厝的主体结构是穿斗式与抬梁式结合的木构架。硬山式屋顶，铺青瓦。外墙以石料做墙基和墙裙，墙体用夯土，墙体表面或用白灰作饰面，或粉刷成深灰色。山墙顶部用青砖砌成马鞍形的封火墙，俗称“观音兜”。外墙装饰主要在墙体端部墀头的泥塑（图 4-2-3）。内部装饰以木雕为主，具有高超的工艺水平。窗花、隔扇、插栱、雀替、吊筒，以及廊轩卷棚的雕花、梁托、斗栱和额枋等，是整座建筑装饰的重点。

例一 沈葆桢故居位于福州市鼓楼区宫巷 11 号，明天启年间（1621 ~ 1627 年）建造。坐北向南，由中轴对称的正座与西侧的跨院组成，占地面积约 2000 平方米。前后五进，每进均有墙分隔，厅前为天井，左右为披榭或回廊。正座包括门房和前后院落。大门口有檐楼，下有门廊，六扇开门。进门厅迎面为屏风（称“插屏门”），两侧耳房。前院五开间，中间三开间为大厅（称“扛梁厅”），空间高大敞亮，梁架涂朱描金。后院共三进。第一进、第二进均为单层五开间，中间为厅堂，由屏风隔成前后厅，左右各有 4 间厢房。大厝前中间为覆龟亭。第三进是五开间的两层楼房，称“观音楼”。主座西侧为一宽一窄两个跨院。大跨院由南至北依次为花厅、书斋、卧房、厨房，用紧贴正座院墙的通道串联起来。小跨院是护兵、仆人住处，从南到北由卧房和天井交替组合成数重院落，中间是两层的“饮醉楼”。宅院四周筑马鞍式封火山墙，在墙头翘角和墙的上部有彩色泥塑的人物、花鸟、鱼虫、静物等（图 4-2-4、图 4-2-5）。

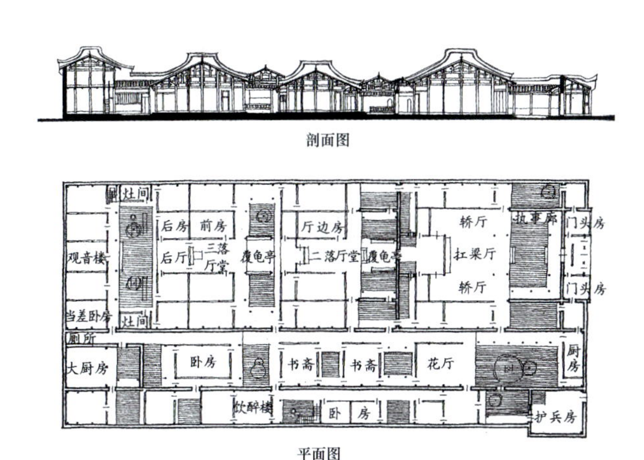

图4-2-5 福州宫巷沈葆桢宅平面与剖面图 (来源：黄汉民 绘)

图4-2-6 闽清县坂东镇宏琳厝（来源：戴志坚 摄）

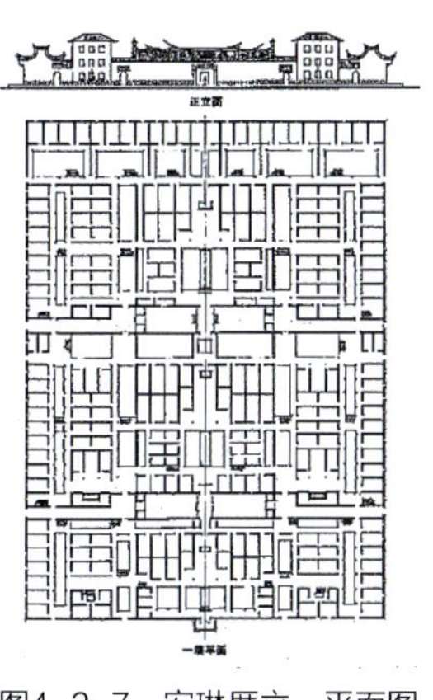

图4-2-7 宏琳厝立、平面图（来源：戴志坚 绘）

例二 宏琳厝又名新壶里，位于闽清县坂东镇新壶村，清乾隆六十年（1795 年）动工建造，历时 28 年落成。占地面积 17832 平方米，由中轴线上的三进建筑与左右各二排横屋组成，穿斗式木构架，双坡顶，围以封火墙。主座建筑面阔均为七开间，以正厅为中心，两边各建一、二、三官房和火墙弄；天井左右为书院，中为书院厅，两旁为书房。三进均建有回照，首尾进两边不设开间，第二进回照左右各分二间。第三进正厅是祭祖的地方，正厅与后厅用屏风相隔，厅堂宽敞明亮。封火墙东西两旁建横厝，其外复建外横厝。整个宅院由 3 条横向通道贯穿，并以廊、门窗、花墙、过雨亭分隔成大小不等的院落空间。共有大小厅堂 35 间，住房 666 间，

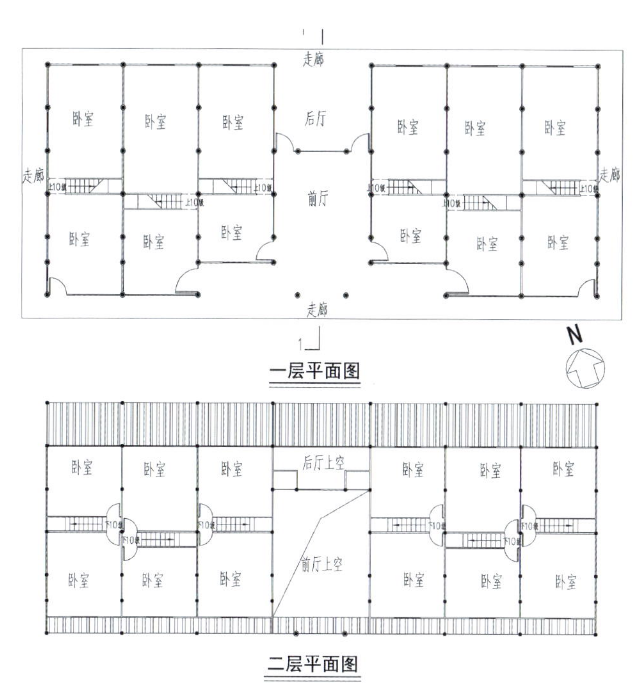

图4-2-8 闽东排屋民居平面图（来源：戴志坚 绘）

天井 30 个，花圃 25 个，封火墙 36 堵，大门 13 个，水井 4 口。在厝的东北角、西南角各建一个方形两层角楼（俗称“兔耳”），作为应急防御设施（图 4-2-6、图 4-2-7）。

（三）闽东排屋

闽东排屋是闽东山区结合山地地形发展出的一种联排屋，主要分布在山区或县、镇用地比较紧张的地方。

闽东排屋一般 2 ~ 3 层，为一明六暗七开间或一明八暗九开间，四面出廊。明间为厅堂，以太师壁隔成前后堂，为祭祀、婚丧等公共活动空间。两侧对称的房间自成相对独立的小单元，进深方向分成前后间，底层前间为小厅，后间为厨房，前后间都直接对外开门；二层为卧室。每个单元都设独立的楼梯，位于前后间当中。有些排屋在前面围出一个矮院墙。有的外间沿进深方向向后延伸，逐渐向三合院布局发展（图 4-2-8）。

闽东排屋一般以木构架承重，以木板与毛竹夹板结合的板壁围合。木构以穿斗式构架为主，楼层间以密集的楼板梁支撑的木板分隔。厅堂地板以素土或三合土铺就，一层卧室

图4-2-9　福鼎市管阳镇西昆村排屋（来源：戴志坚 摄）

图4-2-10　西昆村排屋牛腿装饰（来源：戴志坚 摄）

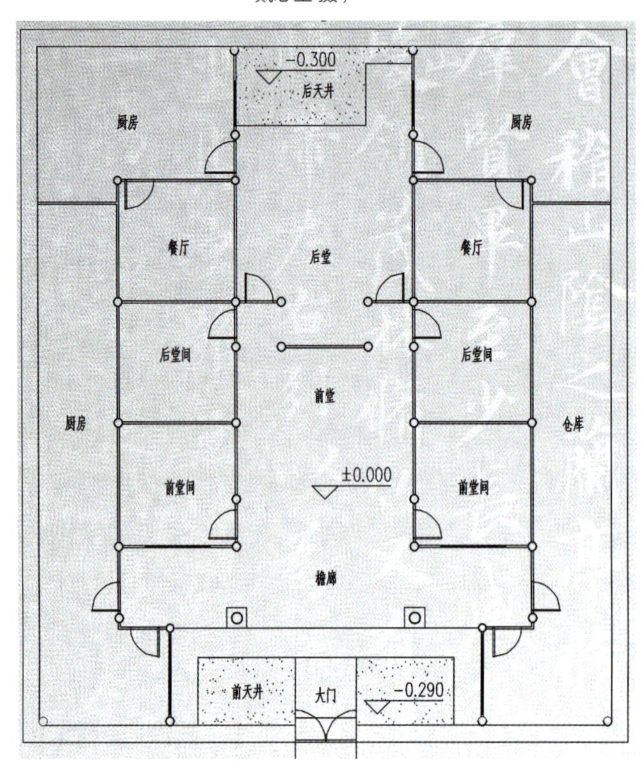

图4-2-11　闽东三合院民居平面图（来源：戴志坚 绘）

木板架空铺地。多设悬山大屋顶，出檐深远，正脊平缓起翘，铺设小青瓦。层与层之间设腰檐，层次感强。大部分排屋梁架简洁。个别排屋装饰较讲究，木雕较精美。木雕主要应用在大厅的卷棚梁架、穿枋、牛腿等部位，以浮雕为主（图4-2-9、图4-2-10）。

（四）三合院楼居

三合院楼居是闽东传统民居中典型的小型住宅。

三合院在闽东各地均有分布。在宁德地区，则结合山地丘陵地形和气候条件，发展成楼居形式，具有大进深、宽面阔、多夹层、天井较小等特点。

三合院楼居因地形不同，大致有两种形制：沿海三合院以天井为中心，天井呈矩形，较宽敞；山地三合院以厅堂为中心，前后设狭长天井。主体建筑面阔三间或五间，进深12～15架；明间为厅堂，设前后廊以遮阳避雨；中设太师壁，前厅待客、祭祖、敬神，后堂女眷活动。两侧设通廊连接前后空间。主体建筑2～4层不等，一层居住，二层以上晾谷、储物，屏南、古田等县还兼居住（图4-2-11）。

三合院楼居一般以木构架承重，墙体只起围合作用。木构以穿斗式构架为主，内、外墙均用木板与毛竹夹板结合的板壁。有些住宅在板壁之外加建夯土墙，以加强防御；在正面或沿街一面使用青砖空斗墙，以彰显财力。厅堂木构架有两种做法：一种是使用重栋，即在明间穿斗草架下加做一个屋顶，细节处理讲究。另一种是直接使用木楼板，楼层间以密集的楼板梁支撑。厅堂地板用三合土或青砖铺就，一层卧室多为木地板架空铺设。多设悬山大屋顶，出檐深远，铺设小青瓦。山墙面层层设腰檐，富有层次感。天井前后山设“屏风墙”，造型丰富，有一字形、马鞍形、弧形、跌落形等。外立面较简洁，有些民居做跌落的门楼或以一对墀头夹门上小披檐，檐下有匾额、对联、灰塑、彩画。内部装饰以木雕见长，手法有浮雕、透雕、镂雕等，主要应用在卷棚梁架、穿枋、雀替、窗扇等部位（图 4-2-12）。

图4-2-12　福安三合院楼居（来源：戴志坚 摄）

（五）四合院楼居

四合院楼居是闽东区常见的中型住宅，功能多样，较有代表性。

四合院在闽东各地均有分布。在宁德地区，则因气候条件和山区地形的要求，发展成楼居形式，主体建筑大进深、宽面阔、高楼层、宽外廊，次体部分小进深、低楼层，具有鲜明的地方特色（图 4-2-13）。

四合院楼居的布局以天井为中心，前设门厅，后为厅堂，两侧为 1 ~ 2 层的厢房。天井宽敞。门厅为单层，进深小，中设屏门。厅堂面阔三间至七间不等，进深 12 ~ 15 架，广设外廊，层高 2 ~ 4 层。厅堂的功能分区、建筑造型与三合院楼居相似，但面阔更宽，一般民居在两梢间的外侧设通廊连通全宅；大户人家将梢间当心间设为偏厅，前设小天井，天井两侧设附屋，成为一个小三合院；厅堂后设天井，形成“一大四小”四厅背向夹前后堂而立的格局。这样的布局，既有良好的采光通风，又兼顾了礼仪与隐私空间。

四合院楼居的构造做法与三合院楼居并无二致，只是在用料上更为大气讲究。山区的住宅多用夯土墙与毛竹夹板板壁围合；沿海的大户人家，外墙全用造价较高的青砖空斗墙围合，更显美观大方。有的厅堂为了获取更大的使用空间，在厅堂明间使用抬梁、穿斗混合的构架，减柱造。层层叠叠的屋顶，丰富多变的“屏风墙”，饰以灰塑、彩画的门楼、墀头、天井，雕刻精美的梁架、穿枋、雀替、窗扇等，都具有较高的文化艺术价值（图 4-2-14）。

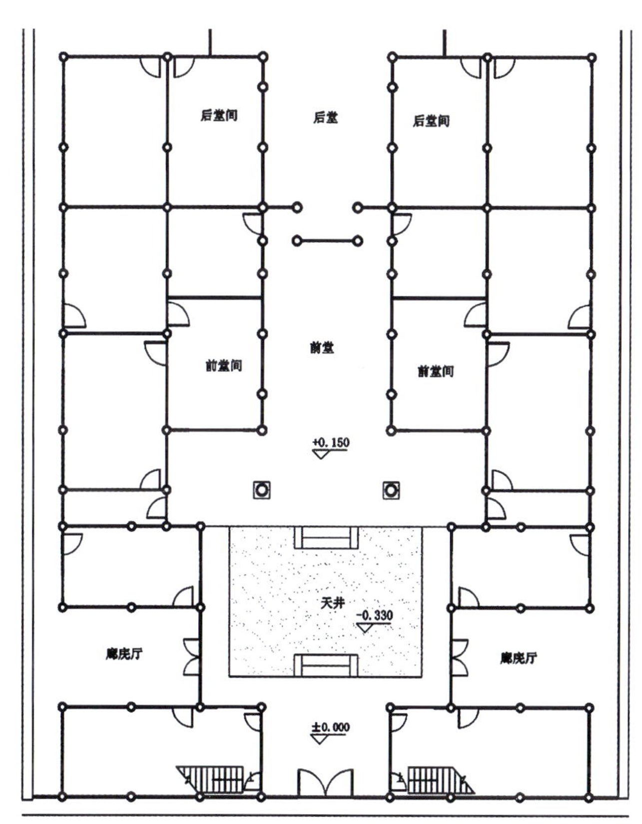

图4-2-13　福安市楼下村四合院楼居（来源：厦门大学闽台建筑文化研究所 提供）

（六）闽东大厝

闽东大厝是对宁德地区多进多落大厝的俗称，多是富甲一方的地主商人所建，其规模宏大，布局严谨，装饰精美，

图4-2-14　福安市楼下村四合院楼居（来源：戴志坚 摄）

图4-2-16　福安市楼下村四合院楼居（来源：戴志坚 摄）

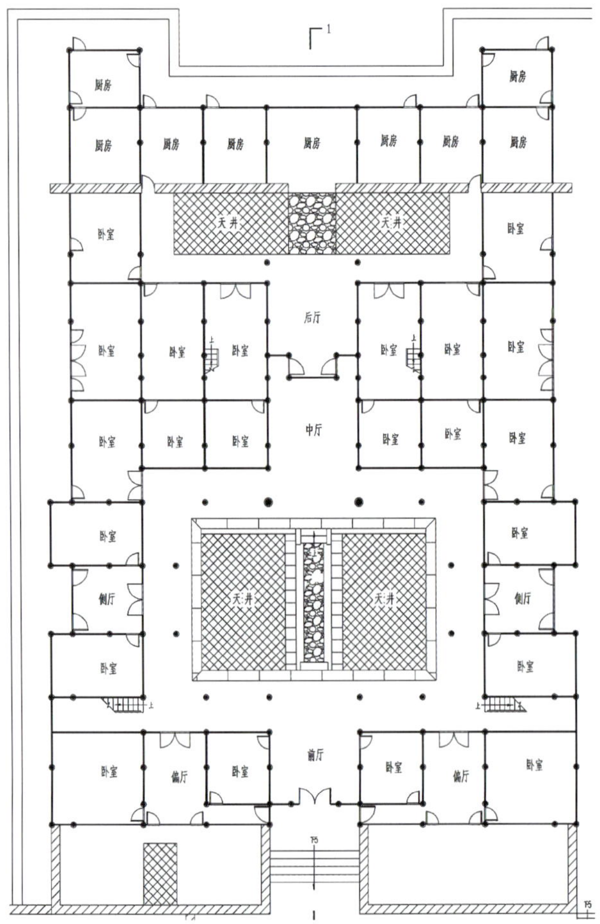

图4-2-15　闽东四合院民居平面（来源：厦门大学闽台建筑文化研究所 提供）

是闽东地区传统民居的典型。

闽东大厝主要分布在宁德各县、市古代经济比较发达的地方。其布局由纵向串联、横向并联的三合院与四合院组合而成，规模一般在三落三进以上，主体建筑二层以上。大厝中轴对称，纵横交错布局，复杂而又秩序。九间的面阔巧妙地借助双面覆廊与三个天井隔成三落，形成“明三暗九”的平面布局：各落每进厅堂连为一体，共同覆盖在一个大屋顶之下，通过前廊小门贯通；三个一字排开的天井中间隔以双面覆廊，空间既隔又连。主落二进主厅为主要的待客、祭祀、婚丧等礼仪空间与公共活动空间，边落与后楼为起居空间（图4-2-15、图4-2-16）。

闽东大厝多以木构架承重，外墙以青砖空斗墙围合，内墙使用毛竹夹板木板壁。主厅明间使用五架或七架抬梁、穿斗混合式构架，梁架用料硕大，做工讲究。一层厅堂三合土铺地，天井石板铺设，卧室木板架空铺地。屋顶为双坡悬山与硬山相结合的形式，楼层间广设腰檐，山花下设披檐，富有层次感。大门设随墙小门楼，三山跌落，门额以灰塑、彩画装饰。内檐梁、枋、斗栱、驼峰、牛腿、门、窗等部位的木雕精巧细腻。[①]

① 住房和城乡建筑部. 中国传统民居类型全集（中册）[M]. 北京：中国建筑工业出版社，2014：4-16.

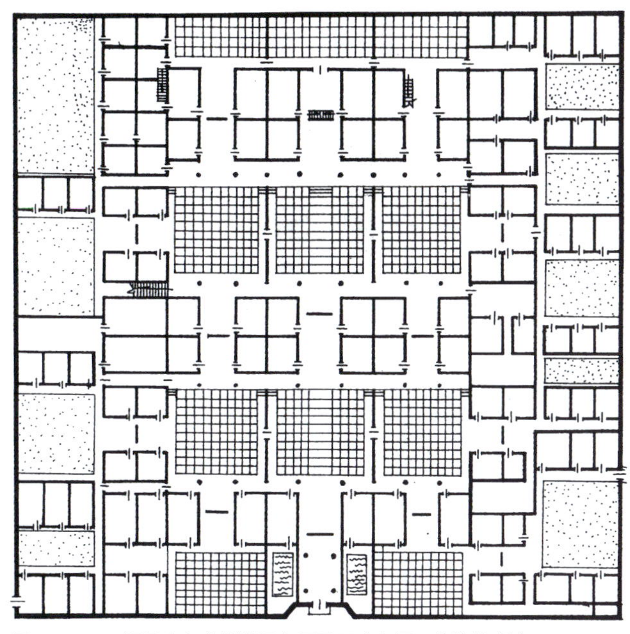

图4-2-17 福鼎市白琳镇洋里大厝平面（来源：黄为隽 绘）

例 洋里大厝也称翠郊大厝，位于福鼎市白琳镇翠郊村。清乾隆十年（1745年）建，历经13年完成。平面呈方形，占地面积10560平方米，整体布局为三列三进加左右横屋，共有6个大厅、12个小厅、24个天井、192间房。门楼为砖砌八字牌楼式，门内为木构太子亭。宅内有三条平行的纵轴线，沿轴线分别有一个面阔三间的三进合院，院落之间用带漏窗的隔墙分隔，并挑出屋檐形成檐廊。首进为单层建筑，二进、三进均为两层楼房，轴线上的明间都做成高大的单层敞厅。正房两侧为厢房，厢房外侧又建数幢南北向的附属楼房。宅内建筑均为硬山顶，穿斗式木构架。入口、大厅、梁架、门窗上的木雕异常精美。刘墉赠予的楹联、萨镇冰题赠的匾额点缀于建筑中，昭示了主人的地位和风雅，也使建筑更加丰富多彩（图4-2-17、图4-2-18）。

（七）寨堡

寨堡是位于福州山区的防御性极强的居住建筑，主要集中在永泰、闽清、闽侯、福清等地，多以“寨”、“庄”、“庐”命名。

福州寨堡在福州院落式大厝的基础上，把外围一圈的墙

图4-2-18 洋里大厝托木（来源：戴志坚 摄）

体加厚，形成坚固的寨墙。平面一般为方形，高2～4层。寨墙的一层用卵石、毛石砌筑，高大厚实，只开门不设窗。大门和边门用花岗岩条石砌筑，用坚硬的不易燃火的原木做成二至三重门板。二层以上为夯土墙。夯土墙之内中间留有通道（称“走马道”），以便作战时人们的集中、遣散和抵抗入侵者。有的寨堡在四角或对角设角楼。角楼和夯土墙上开外窄内宽的小窗，设置不同角度的射击孔。寨墙内为院落式大厝，其布局、构造、装饰与当地民居相似。寨堡内水井、粮仓等生活设施一应俱全（图4-2-19）。寨堡平时是人们生活起居的场所，遇有匪劫、敌情时，又是很好的防御工事。

例一 青石寨也称仁和庄，位于永泰县同安镇三捷村，清道光十年（1830年）建。平面呈横向长方形，占地面积6059平方米。寨墙下半部用青石垒砌，上半部为厚实的夯

图4-2-19 永泰寨堡的典型代表——中埔寨（来源：张培奋 摄）

土墙。墙高4.6米，墙基厚2米，顶墙厚0.6米。墙上开一排外小内大的窗户，用于观察、射击。寨墙内设有走马道，左右对角设有两层角楼。大门安厚重结实的两重门板。寨内建筑为合院式布局，由前院、天井、正座、后院、左右护厝等组成，有房388间，水井2口。入门为前院廊屋。正座二进，前堂面阔五间，进深三间，穿斗式木构架，悬山顶。后院分左、中、右三组三合院，正房为两层楼，中院辟作学堂。两边护厝为三开间两层楼房，均面向主座，主从有序。主座与护厝之间有马鞍形的封火墙相隔，封火墙两面粘贴青色瓦片（俗称“挂瓦”）（图4-2-20）。

图4-2-20 永泰县同安镇青石寨（来源：戴志坚 摄）

例二 东关寨位于福清市一都镇东山村，清乾隆元年（1736年）建。依山势而筑，层层递升，气势雄伟。平面呈长方形，占地面积4180平方米。寨墙基座和墙体下半部用块石砌筑，高达10余米。石墙之上筑土墙，沿内墙辟宽2米多的走马道。寨墙开小窗，设枪眼62个，还有若干炮口。石框寨门顶部有注水孔，以防火攻。寨内建筑为三进式布局，由门楼厅、正厅、后楼院等组成，两旁别院各居左右，共有房99间，水井1口。门楼厅为两层楼房，背倚寨墙，面对厅堂，楼上、楼下均为五开间，穿斗式木构架，悬山顶。二进厅堂前有左右披榭、回廊，正厅面阔五间、进深七柱，左右披榭面阔三间、进深一间。堂前游廊两端设门通别院和南、北寨门，堂后有高墙阻断第三进后楼院。后楼院为两层楼房，独成院落。中、左、右三部分之间筑曲线优美的封火墙（图4-2-21、图4-2-22）。

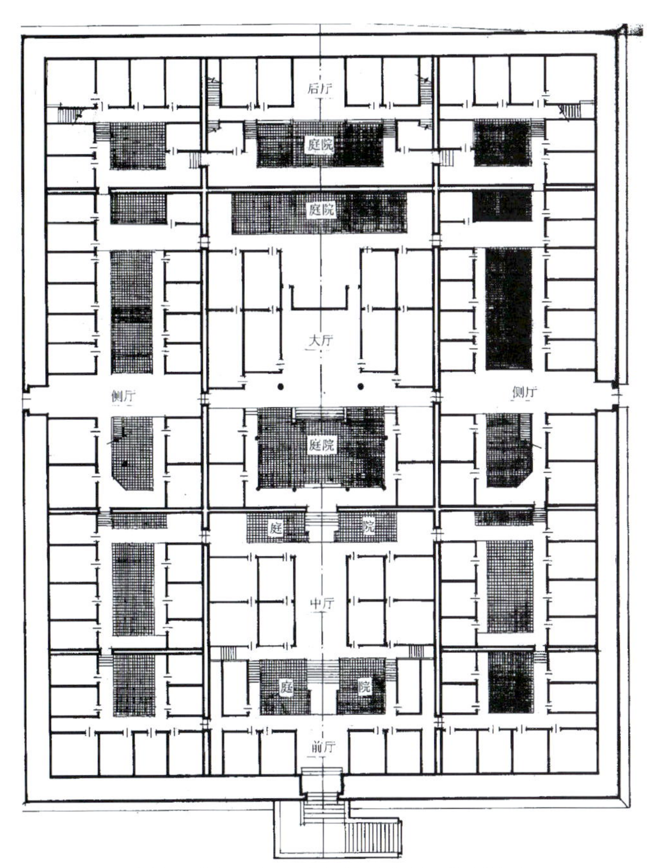

图4-2-21　福清一都东关寨一层平面图（来源：戴志坚 绘）

图4-2-22　福清东关寨（来源：戴志坚 摄）

二、寺观

闽东区的宗教文化发达，寺庙宫观历史悠久。西晋太康三年，晋安郡太守严高在今福州城北建造绍因寺，这是见诸文字记载的福建第一个寺院。南朝梁大通二年（公元528年），宁德霍童建有规模宏大的道教鹤林宫，现唯留上刻篆书“霍童洞天”、旁刻隶书“天宝敕封”的残碑一方，收藏于文昌阁中。福州的开元寺、西禅寺、林阳寺和长乐龙泉寺等均建于南北朝时期。唐宋时期，闽东又修建不少寺观，经历代不断修葺或扩建、重建，有不少古建筑被保存下来，如福州的涌泉寺、华林寺大殿、龙瑞寺大殿、道山观，闽侯的雪峰崇圣寺，永泰的凤凰寺大殿，古田的临水宫，宁德的华藏寺，福安的狮峰寺，屏南的龙漈仙宫，周宁的林公忠平王祖殿等。建于北宋乾德二年（公元964年）的华林寺大殿是我国江南现存最古老的木构建筑。大殿面阔三间，进深四间，抬梁式木构架，单檐九脊顶。其用“材”规格超等，构件硕大。梭形柱，斗底作皿板形，梁栿、前檐阑额均作月梁形；斗栱组合严谨、简洁，檐下四周外向用“双抄三下昂重栱偷心造七铺作”，内转铺作均按需随宜加减；运用了插栱和云朵状驼峰等做法。日本镰仓时期“大佛样”、“天竺样”建筑，深受此类建筑风格影响。

闽东区寺庙宫观的规模大小不一。永泰县大洋镇的名山室金水洞祖师殿，是至面阔一间5.6米、进深二间7米的宋代木构建筑。大型的寺庙如鼓山涌泉寺、雪峰崇圣寺、古田临水宫等由主殿、配房等组成对称的多个院落形式，或纵向多殿布局，或多殿左右并置。古田县大桥镇中村的临水宫祀临水夫人陈靖姑，是海内外临水宫的祖庙。古田临水宫占地面积约2000平方米，有宫门、戏台、拜亭、钟鼓楼、正殿、后殿、生成宫、太保殿、婆祖殿等建筑。钟鼓楼为双层，整体造型华美，木雕极其精细，是宫中最精美的建筑。整个建筑群依山而建，红墙青瓦，参差有序。宫内飞檐翘角交错，屋面泄水陡峭，石刻、木雕和壁画精美，堪称清代民间宫庙建筑的佳作（图4-2-23）。

闽东区山多，庙宇也多。不少寺观依山而建，错落有致。如涌泉寺位于鼓山半山腰，坐北向南，占地面积16000多平方米。中轴线上有天王殿、庭院（中间为五代建的方池与石卷桥，两侧为钟鼓楼、伽蓝殿、闽王祠）、大雄宝殿、法堂，东侧有地藏殿、藏经殿、明月楼、白云堂、香积厨、库房、

图4-2-23 古田县大桥镇临水宫（来源：戴志坚 摄）

图4-2-24 福州市鼓山涌泉寺（来源：戴志坚 摄）

图4-2-25 屏南县甘棠乡龙漈仙宫（来源：戴志坚 摄）

图4-2-26 福州市鼓楼区闽王祠（来源：戴志坚 摄）

图4-2-27 福州仓山区林浦村泰山宫（来源：戴志坚 摄）

图4-2-28 罗源县中房镇陈太尉宫（来源：戴志坚 摄）

聚香堂、祖楼等，西侧有僧寮、经版库、禅堂、圣箭堂（即方丈室）等，基本保持明嘉靖年间的布局。这些殿堂楼阁高低错落，分布于山泉古树、层峦叠嶂之中，借山藏寺，布局井然（图 4-2-24）。有的寺观布局巧妙，造型奇特。如龙漈仙宫位于屏南县甘棠乡漈下村，明隆庆三年（1569 年）重建，由门楼、天井、两侧厢房和大殿组成。大殿面阔三间，进深四间，斗栱三跳叠涩成圆形藻井。屋面下檐作四面坡，上檐为圆形攒尖顶，呈现出外方内圆、穹窿高起之外观，颇有特色（图 4-2-25）。有些寺观利用天然岩洞修建。如永泰方广岩寺位于葛岭的半山腰，整组建筑依山悬空而筑，木结构的殿宇建在岩洞中，上方由一巨石护盖，俗称“一片瓦”，洞天圣地，堪称奇观。

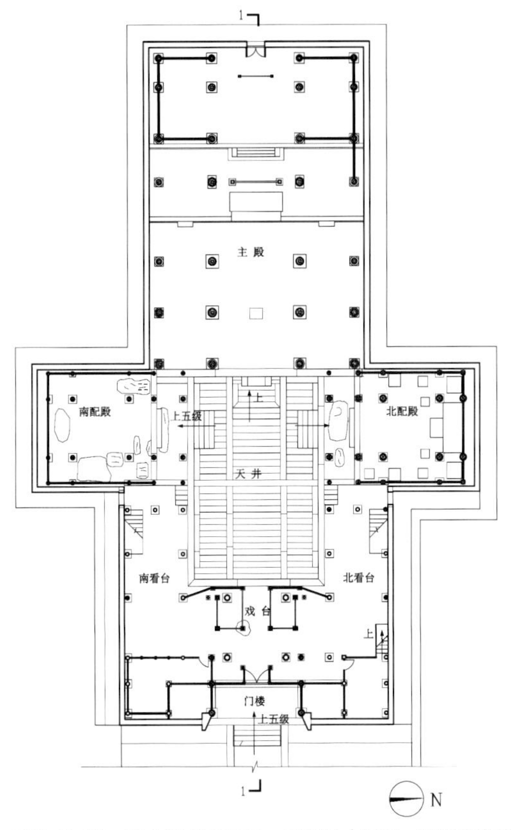

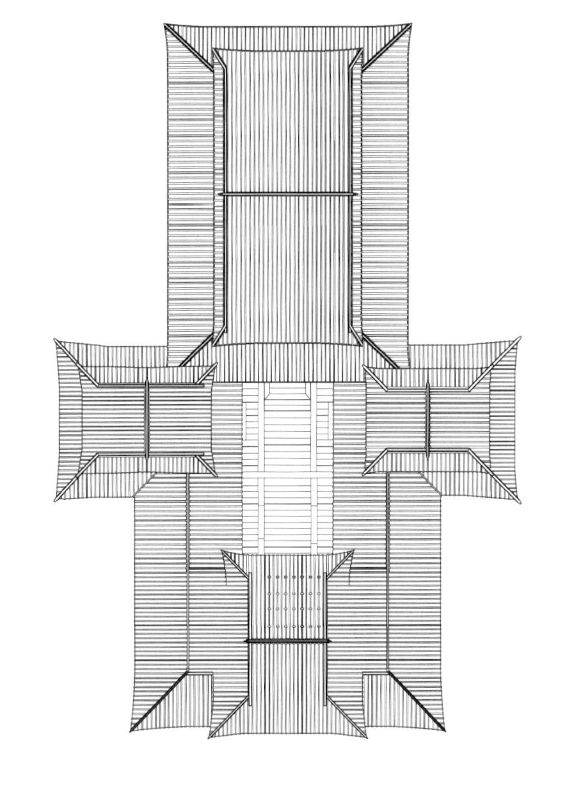

图4-2-29　陈太尉宫平面图、屋顶图（来源：姚洪峰 提供）

三、祠堂

闽东区的祠堂几乎遍及所有聚落，或祀奉历代祖先，或祭奠当地先贤，或纪念历史名人。尤其是福州地区，地灵而人杰，历代有不少名人入祀祠庙。如闽侯县有祀闽越王无诸的闽越王庙，鼓楼区有祀闽王王审知的闽王祠（原称“忠懿闽王庙”）（图4-2-26）、祀民族英雄林则徐的林则徐祠堂、祀明代抗倭名将戚继光的戚公祠、祀至圣先师孔子的福州府文庙，仓山区有祀宋端明殿大学士蔡襄的蔡忠惠公祠、祀宋端宗赵昰及文天祥、陆秀夫、张世杰、陈宜中等名臣的林浦泰山宫（图 4-2-27），马尾区有祀马江海战中殉难官兵的昭忠祠，长乐市有祀宋端明殿学士高应松的高应松祠堂，罗源县有祀唐末入闽教民农桑的陈苏及其十五世孙陈庆的陈太尉宫。

陈太尉宫位于罗源县中房镇大官口村，是我国现存最古老的民间祠庙建筑之一。该祠始建于唐末，南宋嘉定二年（1209 年）扩建。坐西向东，占地面积 1155 平方米，由大埕、宫门、戏台、庭院、左右庑殿、正殿组成。正殿完整保存了宋代原构，为抬梁式木构架，面阔一间，进深二间，前廊后堂，方形础石，圆柱形磉石，梭形柱，前、中、后六柱等高，不用普拍枋，栌斗施于柱头；柱头斗栱外向为双抄双下昂七铺作单栱偷心造，柱头缝为单栱素枋重复叠置，里转出双抄五铺作；前、后檐补间铺作三朵，山面补间铺作各一朵；单檐九脊顶。北庑殿建于明万历年间（1573 ~ 1620 年），南庑殿建于清乾隆五十三年（1788 年），牌楼式宫门和戏台建于清咸丰十一年（1861 年）。总体规整和谐，宋、明、清各时代建筑特点兼备（图 4-2-28 ~图 4-2-30）。

闽东祠堂为中轴对称布局，大多由祠门、戏台、天井、廊屋、正厅组成。祠堂兼设戏台的布局方法与北方地区截然不同。多数戏台设在仪门或门厅之后，戏台对着厅堂，两厢设一至二层看台，人们在祠堂内看戏既可避风雨又可获得较好的音响效

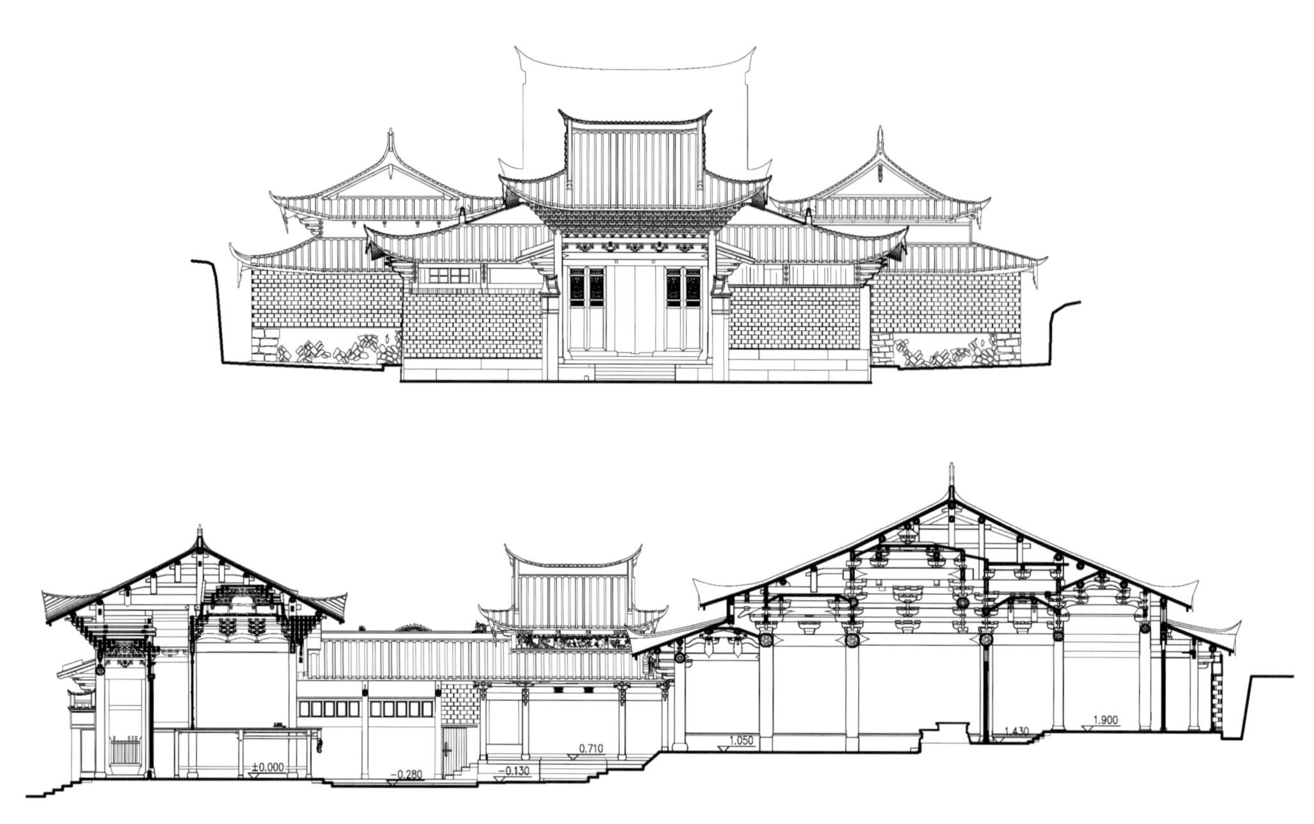

图4-2-30 陈太尉宫立、剖面图（来源：姚洪峰 提供）

果。如屏南县双溪镇陆氏宗祠由南至北依次为照壁、半月池、祠门、戏台、天井、正厅、魁星阁，占地面积约1600平方米。大门为八扇，封火墙层层跌落，墀头翼角飞翘。大门内建戏台，戏台以斗栱承托，中饰藻井。天井左右两厢建双层看台。正厅建在1米高的台基上，面阔五间，进深三间，正中设神龛，穿斗式木构架，单檐悬山顶。厅后居中开随墙门，通往后院的魁星阁。魁星阁为三层建筑，可登高望远（图4-2-31）。

四、古塔

闽东区的佛塔具有历史悠久、材料多样、雕刻精美的特点。

早期佛塔应是木材建造，易建易毁，现已无遗存。如福州于山西麓的报恩定光多宝塔始建于唐天祐元年（公元904年），原为八角七层，高66.7米，以砖为八角形轴心，外施木构楼阁，斗栱重叠，翘角飞檐，极为壮观。可惜这座唐塔被雷火焚毁。明嘉靖二十七年（1548年）重建时利用砖轴改为八角七层砖塔，塔内施木梯，高45.35米，外粉白灰，俗称白塔（图4-2-32）。

连江县的仙塔（又名护国天王寺塔）建于唐大中二年（公元848年），为八角楼阁式石塔，现仅存两层，须弥座雕刻力士、瑞兽、牡丹等纹饰，塔内砌塔道，塔身外壁设佛龛，八角仿木立柱，柱下用石礩，柱顶施斗栱、下昂，檐面刻出瓦垄、勾头、滴水，应是福建石仿木塔的最早式样。闽侯县上街镇侯官村的镇国宝塔建于五代闽国时期，是侯官古镇和码头的标志，为方形七层实心石塔，高7.5米，塔壁浮雕亭阁，阁中有坐佛，各层檐面刻瓦垄，檐口刻勾头、滴水，相轮塔刹，造型简朴，不失为塔中上品。位于福州乌石山东麓的崇妙保圣坚牢塔俗称乌塔，五代后晋天福六年（公元941年）在唐代无垢净光塔的基址上兴建，高34.74米，为八角七层楼阁式空心石塔，塔身八角立柱，外壁砌佛龛，龛内镶嵌黑色页岩浮雕佛像，刻祈福铭文，巨石叠涩出檐，檐面仿刻瓦件，各层施平坐和护栏，是福建保存最完整最高大的五代石塔。

图4-2-31　屏南县双溪镇陆氏宗祠（来源：戴志坚 摄）

图4-2-32　福州市报恩寺定光多宝塔（来源：戴志坚 摄）

图4-2-33　古田县吉祥寺塔（来源：戴志坚 摄）

图4-2-34　古田县鹤塘镇幽岩寺塔（来源：戴志坚 摄）

图4-2-35　长乐市圣寿宝塔又名三峰寺塔（来源：戴志坚 摄）

图4-2-36　福清市瑞云塔（来源：戴志坚 摄）

闽东现存的古塔以石构为主，楼阁式居多。楼阁式塔在结构规模上可分为两种：建造技巧高可供登临的大型空心塔和施工较简便不可登临的小型实心塔。楼阁式实心塔以古田县松台山的吉祥寺塔和古田县鹤塘镇幽岩村的幽岩寺塔最为著名。吉祥寺塔建于北宋太平兴国四年（公元979年），高25米（图4-2-33）；幽岩寺塔重建于南宋庆元六年（1200年），高13.5米，均为八角九层石构（图4-2-34）。

闽东古塔不仅以石料为主材，建塔的材料也兼有其他。如福鼎市桐城街道柯岭村的昭明寺塔始建于南朝梁大通元年（公元527年），明嘉靖十三年（1534年）重建，为六角七层楼阁式砖塔，高25.6米，内设扶梯，塔檐用砖砌出挑斗栱。砖塔的形式大致有两种：一种是预制砖雕斗栱，以斗拱叠涩出檐。如福鼎市白琳镇下炉村的三福寺双塔，用36种不同形状的特制青砖砌造，倚柱、斗栱、塔檐飞椽、垂脊、瓦垄等惟妙惟肖。另一种是以砖块叠涩出檐。如连江县江南乡文新村的含光塔，塔身用红砖砌筑，叠砌出檐，中有轴心柱，台阶沿壁绕轴盘旋至顶。在闽东古塔中，有两座千佛陶塔为国内所罕见。千佛陶塔原立在仓山区城门镇的龙瑞寺，1972年移置鼓山涌泉寺天王殿前，北宋元丰五年（1082年）烧造，是用陶土手工分层捏制，经窑烧后组装而成的。陶塔上施釉，作紫铜色，高8.03米，八角九层仿木楼阁式，塔壁分别塑贴佛像1092尊和1122尊，反映了宋代福州高超的陶瓷工艺水平。

许多古塔雕刻精美，造型栩栩如生。精细的石雕工艺与整座塔融为一体，成为精美的艺术品。例如，长乐市的圣寿宝塔又名三峰寺塔，北宋政和七年（1117年）建，为八角七层楼阁式空心石塔，高27.4米。须弥座环雕蕉叶、莲花纹饰，八面浮雕狮子、花卉图案，八角有侏儒力士承托。塔身第一层正面浮雕文殊、普贤菩萨像，各面浮雕佛教故事图像以及50尊神态各异的罗汉、16尊手持管弦乐器的飞天。二至七层转角作瓜楞倚柱，塔檐下施仿木构斗栱铺作，塔壁设神龛，龛内嵌浮雕莲花坐佛共200尊（图4-2-35）。福清市的瑞云塔有明代“江南第一塔”之称。这座八角七层楼阁式空心石塔建于明万历三十四年（1606年），高34.6米。须弥座束腰浮雕麒麟、玉兔、芝鹿、天马、狮子等祥禽瑞兽，八角各雕一尊侏儒力士。最别致的是每层高翘的塔檐上都置一尊镇塔将军。全塔共有浮雕的菩萨、力士和佛像388尊，最大的高1.5米，最小的仅0.2米，千姿百态，神态逼真（图4-2-36）。

五、木拱廊桥

木拱廊桥也称叠梁式风雨桥、虹梁式木构廊屋桥。木拱廊桥在中国木构桥梁中技术含量最高，具有重要的文物价值。闽东区是我国木拱廊桥最为集中之处。现存的木拱廊桥主要分布在宁德市的寿宁、屏南、周宁、古田、柘荣、霞浦、福安、福鼎等县（市），以及福州市的闽侯、闽清、晋安区等地。其中寿宁县保存的木拱廊桥多达19座，屏南县也有13座之多，堪称廊桥之乡。典型的木拱廊桥有屏南县的万安桥、千乘桥，寿宁县的鸾峰桥、杨梅州桥，古田县的田地桥，柘荣县的东源桥等。

木拱廊桥的结构为上廊下桥。下部的拱架部分由三个系统组成。第一系统为3根长圆木纵连成八字形拱架（称“三节苗”，顶部的水平拱木称“平苗”，两边称“斜苗”），可并列9组。第二系统为5根稍短的圆木纵连成五折边形拱架（称“五节苗”），并列8组，与三节苗相互穿插。在拱架的转折处都置1根横贯全桥的枋木（称“牛头”），拱木的端部与牛头相扣，使拱架相互联系成为整体。三节苗、五节苗的平苗与牛头用燕尾榫卯接。拱架两端在桥台外壁各立一竖式木排架，木排架上下端也用牛头卯接。在三节苗牛头、五节苗下牛头和端竖排架之间置2组“X”形撑木（称“剪刀苗”），以避免桥拱产生侧移。第三系统为桥面系统，木纵梁两端各为9根，一端顶住竖排架上横梁，另一端与五节苗的上牛头卯接，并与五节苗的平苗一起，组成一个从左岸到右岸联通顶紧的水平支撑。在五节苗的中间横梁上，设立3根短柱组成的小排架，支撑桥面系统木纵梁。桥面系统之上铺横板，横板之上铺9根半边圆木，然后在上面铺桥面板，做廊屋。以上介绍的只是木拱廊桥中最普遍的一种结构类型。木拱廊桥的拱架结构还有三节苗对三节苗、三节苗对四节苗等不同结构制式，三节苗的数量可以3～11组不等，因桥而异（图4-2-37）。

我们姑且把上部的廊、屋、亭统称为桥屋。桥屋的梁架结构多为九檩四柱，采用榫卯结合的梁柱体系联成整体，两侧设固定坐凳和木栏杆。为保护桥梁结构和桥面，桥身的外缘鳞叠铺钉木板（俗称“风雨板”）。为了让桥屋内通风、采光和行人观赏风景，有的上层风雨板开启了形状各异的小窗。屋面铺小青瓦。屋顶为双坡式，曲线的屋脊形成柔和的凹凸面，显得轻盈活泼。有的在桥屋中间或两端高架起悬山式或重檐歇山式的楼亭，既美观又气派。

图4-2-37 木拱廊桥桥下结构（来源：戴志坚 摄）

图4-2-38 屏南县长桥镇万安桥（来源：戴志坚 摄）

图4-2-39 寿宁县下党乡鸾峰桥（来源：戴志坚 摄）

例一 万安桥初名龙江公济桥，俗称长桥，位于屏南县长桥镇长桥村，始建于北宋元祐五年（1090年），清乾隆七年（1742年）重建。为石墩木拱廊桥，桥长98.2米，宽4.7米，桥屋杉木立柱156根，38开间，两旁设木条凳、靠背栏杆，双坡单檐悬山顶。桥墩用条石纵横叠砌，前尖后方呈半舟形，共有5墩6孔，最大跨度15.3米，最小跨度10.6米。西端桥台为平地起建，有石阶36级；东端桥台建于山石之上，有石阶10级。万安桥是我国现存最长的木拱廊桥（图4-2-38）。

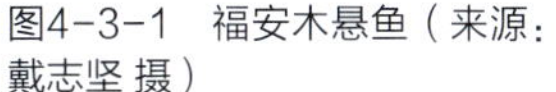

图4-3-1　福安木悬鱼（来源：戴志坚 摄）

图4-3-2　福州“城市瓦砾土”墙体（来源：戴志坚 摄）

例二　鸾峰桥又名下党水尾桥，位于寿宁县下党乡下党村，始建于明代，清嘉庆五年（1800年）重建。为单孔木拱廊桥，长47.6米，宽4.9米，单孔跨度达37.2米。该桥飞架于悬崖峭壁之间，北面桥台利用悬崖凿成，南面桥台用块石砌筑。桥屋17开间，共72柱，上覆双坡顶，两侧设木条凳，檐下施挡雨板。桥屋中心间用如意斗栱叠梁成八角藻井，檩梁下皮墨书造桥木匠、捐款人等。桥中神龛主祀观音。鸾峰桥是我国现存的单拱跨度最大的木拱廊桥（图4-2-39）。

第三节　建筑元素与装饰

一、屋顶

闽东传统建筑上覆青瓦，屋顶常见悬山和硬山两种做法，双坡瓦顶坡度平缓。悬山顶出檐深远，正脊两端以翘起的鹊尾收头，两侧封火山墙夹峙。福州山区全木结构民居的瓦顶出檐巨大，屋顶山面出檐的垂脊处理颇具特色，垂脊呈曲线形升起，使屋顶更显轻盈。在福州古城中，传统民居的屋顶常见硬山封火墙的做法，屋脊做成两端翘起的鹊尾。歇山屋顶四面出檐很大，山花较小，并采用封火墙形式，外观别致。宁德民居的悬山屋顶坡度陡峭，山墙面显露出木构架，悬挂着修长的木悬鱼（图4-3-1）。山墙披檐层层出挑，曲线形封火山墙高高扬起，造型变化极其丰富。

二、墙身

闽东传统建筑的外围护墙体常采用夯土墙或青砖空斗墙，勒脚用毛石或卵石砌筑，内分隔墙用木板或毛竹夹板。柴板厝、排屋等木构建筑采用木板墙。沿海一带的石厝用块石或条石砌筑外墙。在各种墙体中，以福州的“城市瓦砾土”墙和福清的灰包土夯筑墙最为独特。

“城市瓦砾土”墙也称“碎砖三合土”墙，墙厚约0.6米。用料按瓦砾土4份、黏土3份、灰2份的比例掺水搅拌，再用夯土墙板分层夯筑而成。这种用平凡的废弃材料创造出独特墙体的施工做法具有可持续发展的意义（图4-3-2）。

福清地处沿海，为防止台风暴雨对夯土墙的破坏，创造出灰包土夯筑墙。做法是：在夯筑墙身时，先在模板内侧贴一层灰砂料，中间再倒入一般的黏土料同时夯筑。夯筑一个模板后，把墙体表面补平、拍实。这样在土墙的表面形成一层厚约1厘米的灰砂保护层，既可抵抗雨水侵袭，又达到粉刷的效果。

三、封火山墙

闽东区的封火山墙体量高大，曲线优美舒展，大起大伏，成为传统建筑造型的重要元素。封火山墙的主要功能是围屋、防火，同时也极具装饰效果。封火山墙有马鞍形、弧形、弓形、尖形、折线形等多种形式，以马鞍形最为常见。其起伏的高低适应瓦屋面的坡度。封火墙山水头是装饰的重点。墙头作燕尾翘起，且灰塑、彩绘精美的线脚及堵框，彩塑狮子、山水、人物、花鸟等图案（图4-3-3）。

为了遮挡风雨对夯土墙体的侵蚀，常见在山墙墙体挂瓦，使墙体既防雨又美观。做法是：采用定制的带孔的青色平板瓦片，用黄草泥浆将瓦片贴在夯土墙上，并用竹钉钉牢，钉孔及瓦缝处用白灰浆勾缝。这种工艺称为“穿瓦衫”（图4-3-4）。

图4-3-3 闽侯封火山墙（来源：戴志坚 摄）

图4-3-4 永泰“穿瓦衫”墙体（来源：戴志坚 摄）

图4-3-5 宁德“木悬鱼”（来源：戴志坚 摄）

图4-3-6 霍童民居入口门楼（来源：戴志坚 摄）

四、木悬鱼

福安市传统民居悬山屋顶的山墙面，木构架裸露，其木材原色与白色夹泥墙形成鲜明的色彩与质感对比。屋顶悬挂的木悬鱼长达1～1.5米，宽约0.2米，刻有花卉图案及吉祥文字，隐含余（鱼）庆及以水治火等寓意。宁德地区尤其是福安传统建筑的木悬鱼比例细长，轮廓挺直，形象简洁，细部精致，有如飘带悬垂，与轻巧的屋顶轮廓相协调（图4-3-5）。

五、门楼

福州地区门楼较简洁，常见单坡披檐门罩，由大门两侧墙体中伸出的木拱支撑，屋面或作斜坡式，或作成亭翼翘檐状。这类门罩的木构横梁、垂花柱头常作精细雕刻。也有用两片山墙与披檐组成入口门廊，门斗内凹，山墙的墀头用灰塑、彩绘人物、花鸟、瑞兽及几何图案来装饰。这种大门称为“虎头门”。门楼墙裙用石头砌筑，墙身夯土，外表用白灰或烟灰粉刷。大户人家的门头房采用六扇板门形式。门板下裙表面钉竹片保护。门花钉多用“万字不断纹”图案。宁德地区各县的门楼造型各异，例如，蕉城区霍童镇的民居门楼，是在门头墙上出挑装饰华丽的墀头墙，青瓦披檐（图4-3-6）；福安市的民居门楼则是在门头墙上出挑泥塑屋脊及门匾装饰。

六、建筑装饰

（一）木雕

闽东传统建筑的木雕极其精美。雕刻艺术形式有圆雕、浮雕、透雕，有单幅雕、组雕、连环雕等。木雕多出现在梁架、雀替、斗栱、垂花柱（俗称“悬钟”）、灯梁托、门窗等处，以厅堂前廊两端轩棚下方的梁架雕刻最为精彩。门窗漏花木雕精细，或卡榫或镂雕，各种雕刻手法结合，精心布局，构成拼字、人物、花鸟或几何图案花饰，形式非常丰富（图4-3-7～图4-3-9）。

图4-3-7　寿宁县龚宅竖材“母子情深”，木雕惟妙惟肖（来源：戴志坚 摄）

图4-3-8　寿宁民居托木（来源：戴志坚 摄）

图4-3-10　福州民居梁架（来源：戴志坚 摄）

图4-3-9　寿宁民居梁架（来源：戴志坚 摄）

图4-3-11　宁德市霍童镇章氏宗祠书卷式墀头（来源：戴志坚 摄）

图4-3-12　闽清民居挡溅墙彩绘与灰塑相结合（来源：戴志坚 摄）

福安民居厅堂的猫伏状穿枋，人字栱加一斗三升的隔架科，楹间繁密细碎的“对树花”雕刻等，具有浓郁的地方特色。

福州地区民居的清水梁架表面以浅雕填白灰底形成素雅的装饰图案，这种清水木构架的装饰独具地域特色（图4-3-10）。

（二）灰塑

灰塑是以牡蛎壳捣成灰或石灰加麻巾，加水搅拌、锤筑，而后在墙体上进行堆塑雕塑。闽东传统建筑的灰塑多出现在封火墙的墀头、墀尾，大门两侧的墀头，门墙内侧花墙和屋面正脊，天井两侧书院屋面的防溅墙（用瓦片、青砖叠涩垒砌成的矮墙，用来阻挡雨水滴溅至堂屋内）上。清代晚期至民国时期，有的灰塑局部加入了玻璃、马赛克、瓷片的材料（图4-3-11）。

（三）彩绘

彩绘多用于封火墙山水头的凹面暗角（枭混线）、屋面正脊前后墙堵、正门门墙、天井两侧书院屋面的防溅墙等处的装饰。彩绘的图案有两类，一类是较为简洁的几何花边、缠枝花卉、卷草螭龙等，或作连续图案，或自成画面。另一类是以人物为主角，配以市井山水，表现一定的主题。这类彩绘也称作壁画，常见的题材有二十四孝、八仙过海、三星拱照等（图4-3-12）。

第四节 闽东区传统建筑风格

一、纵向组合的多进天井式布局是福州民居常见的布局形式

闽东民居深受儒家礼制影响，等级比较严谨，面宽多为三开间或五开间。同时重视内外之别，在前后多进院落中，前进院落为仪式空间，后进院落用于家人日常起居。因此福州传统民居常见的布局形式是纵向发展形成的多进天井式布局。这种由数个四合院沿纵深方向拼接起来的形式，面宽小，进深大，最适宜在城镇人口密集的街巷之间建造。“三坊七巷”建筑群就集中体现了福州古城这种民居特色。

“三坊七巷”位于福州市城区中心，东临八一七路，西靠通湖路，南接吉庇路和光禄坊，北至杨桥路，占地约 40.2 公顷。南后街自南向北贯穿其中，街的西边是三坊：衣锦坊、文儒坊、光禄坊。街的东边是七巷：杨桥巷、郎官巷、塔巷、黄巷、安民巷、宫巷、吉庇巷。自唐末形成至今一千多年间，名人官宦府第多集中于此，至今尚有明清建筑 260 多座，被誉为明清古建筑博物馆，唐代坊巷规划结构的活化石（图 4-4-1）。

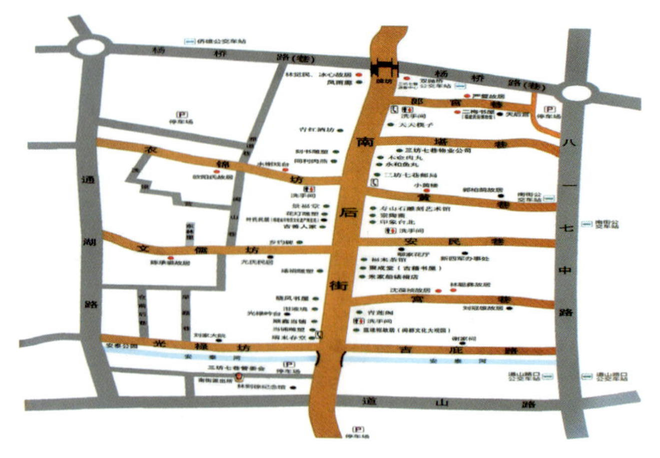

图4-4-1 福州三坊七巷（来源：戴志坚 摄）

“三坊七巷”古街区具有三个特点：一是坊巷格局鲜明。巷内一般由 3 ~ 6 米宽的石板铺路，两侧高耸白粉墙。入口门楼两侧插栱支撑的单披雨罩，有的入口大门扇外还有作书卷饰的镂空“六离门”。每座宅院都有高墙环护，重重封火墙极有规格地将座座民居隔开。流畅的曲线山墙，舒展的门罩排堵，富有地方特色。二是门、院、园错落有致。“三坊七巷”民居的大门用规整巨石架设门框，石门框后安装厚实板门。大门后即是院落前回廊，回廊必有一道插屏门，遮住直对正座建筑的视线。正座厅堂通常三开间或五开间。前后均有天井，天井两侧往往兼有披榭。院中楼房一般安排在最后面。庭院安排在宅轴线的另一侧，并配以假山、楼阁或水榭，小巧玲珑，情趣盎然。三是雕刻艺术精美。门窗漏花采用镂空雕刻，榫接而成，不仅工艺精细，而且通过骨骼的精心布局，构成丰富的图案花饰。梁架、斗栱、月梁、童柱等部位常有重点雕饰，与整座建筑有机地融为一体 。[①]

二、封火山墙是闽东传统建筑最具特色的外部特征

曲线封火山墙是闽东传统建筑最具地方特色的内容之一，也是闽东民居最为突出的外部特征。因连片建造的木构民居在防火要求上特别突出，户与户之间设封火墙就显得十分必要。有的民居出于防火考虑，在一户之内的每组合院之间也用防火墙隔断，只留中门相通。一些古建筑的封火墙，少的几扇、十几扇，多的达数十扇，是防火的重要设施之一。封火墙主要根据建筑的大小、建筑物所处的位置来构筑。通常情况下，建筑正座的封火墙体量高大，位于后座的较为低矮，位于书院、横厝的就更矮小。有别于江浙、皖南一带民居山墙的直线型台阶式，闽东一带传统建筑的封火山墙有马鞍形、

① 何绵山. 八闽文化[M]. 沈阳：辽宁教育出版社，1998：288-289.

弧形、弓形、尖形、折线形、牌坊形等多种形式。若登高远眺，民居集中的街坊邻里曲线山墙层层叠叠如同波涛起伏，其形式之丰富、变化之自然在全国首屈一指（图 4-4-2）。

封火山墙既有实用功能，又具观赏价值。福州的封火山墙在砖砌的山墙上部作成弯弓形，脊顶做成水平短墙与倒弯弓形前后相接。脊背为青灰抹平，向下斜坡，在脊角雕成图案花纹，两坡角向上翘起，翘角下方作几层退进的线角。山墙轮廓或圆或方，跌宕起伏（图 4-4-3）。古田的封火山墙，墙脊与两坡角都向上高高翘起，作法如闽南的燕尾式屋脊，内夹钢筋，外包青灰。有的墙头上用瓦片覆盖两坡，山头处做青灰塑雕山花，风格浑厚。土墙常裸露本色，或间以刷白处理，与封火山墙、悬挑的吊脚楼、高高的碉楼组合在一起，别具风味。

图4-4-2　福州古城老照片（来源：网络）

图4-4-3　福州封火山墙（来源：戴志坚 摄）

三、因地制宜，就地取材，形式多样

闽东区面向大海，既有平原，也有山地，木材、红土、石材等建筑材料丰富。传统建筑与自然环境相协调，充分利用当地建筑材料进行构筑，具有浓厚的乡土气息。例如，福州平原一带盛产花岗石，桥梁、塔幢、牌坊等建筑物均用石材砌筑。平潭民居以花岗石建造的石头房屋为主，无论是以单进四扇房为主的“四扇厝”（布局类似莆田的四目厅），还是数十间连成一排的“竹竿厝”，都用石材作为主要建造材料（图 4-4-4）。但与木材相比，石材虽然经久耐用，却难以加工和运输。因此在闽东山区，大多利用当地盛产的木材建造木结构、砖木结构的建筑物，省工省力，方便经济。寿宁、屏南等地遗存的木拱廊桥，就是就地取材、因材施工的典范。

闽东区跨越幅度大，建筑类型较多，建筑风格多样。从大的区域看，地处闽江下游流域的福州市与交溪流域的宁德市在平面布局、立面造型等方面差异较大。以传统民居为例，福州是省会城市，历代不乏达官贵人在此建宅立业。福州民居多为纵向组合的多进式布局，有较浓的文化氛围。有些合院民居在住宅的后部或侧面设有花厅或书斋，个别还做成楼房形式，并配以假山、楼阁或水榭等，庭院布置典雅，颇有

图4-4-4　平潭民居石头房（来源：戴志坚 摄）

审美情趣（图 4-4-5、图 4-4-6）。宁德地区的地形以山地丘陵为主，受用地限制，适宜发展大面阔、小进深的建筑。

图4-4-5　福州三坊七巷民居（来源：戴志坚 摄）

图4-4-6　福州三坊七巷民居花园（来源：戴志坚 摄）

图4-4-7　福安民居（来源：戴志坚 摄）

图4-4-8　永泰寨堡——坂中寨（来源：戴志坚 摄）

因为平地较少，建筑只好往高处发展，于是出现了三合院楼居、四合院楼居。如福安民居的布局常用“一明两暗”三开间带前后天井的形式，建筑组合以大厅为主轴向两侧扩展（图4-4-7）。主体部分一般高3层，一层正房作堂屋，二层晾晒、堆放粮食，三层以上为夹层堆放杂物。高高的悬山山墙，长长的木悬鱼，丰富了建筑景观。

由于地形地貌的多样性和不同的风俗习惯，即使处于同一地区，各地的建筑风格也不尽相同。如闽清、永泰等县的民居，虽然与福州城区的民居一样为合院式布局，但是在材料的使用上以木构为主，瓦顶出檐巨大。为了加强防御，厝的四周多以夯土墙围合，并出现了寨堡这种集居住与防御功能于一身的建筑形式（图4-4-8）。闽东区南部的福清民居，因靠近莆仙区，建筑带有莆仙风格。常见的平面形式为“一明两暗”或“一明四暗”，类似莆仙民居的三间厢、四目厅做法。民居比较讲究外门装修，常在门楣上做石雕、石刻，门扇也有考究的油漆和题字。

第五章　闽北区传统建筑特征解析

闽北区位于福建省北部。闽北传统建筑分布在南平市所属的各县（市、区）以及三明市的泰宁县、将乐县。闽北是福建全省的陆路门户，是北方汉人迁徙入闽最先抵达并最早得到开发的地区，但其发展历程却不够稳定。战乱、起义和地理条件的限制，使得闽北的人口、族群流动性较大，村落以杂姓居多，呈现小聚落、大分布的格局。宋代是闽北发展的鼎盛时期，经济繁荣，人文荟萃，书院文化发达。闽北文化受儒家礼法影响，重视内外之别，住宅建筑多形成前后多进院落。在多进合院式民居中，常设有书院或读书厅，体现了理学之邦书院文化的延伸。闽北是福建重要林区，传统建筑就地取材，充分利用木材资源。山区民居至今仍沿用全木穿斗结构，木构件表面不施油漆，凸显质朴的个性。形式多样的封火墙，工艺精湛的砖雕装饰，有着鲜明的地方特色。

第一节　闽北区自然、文化与社会环境

闽北区西北面与江西省接壤，东北面与浙江省为邻。有武夷山、杉岭、仙霞岭、鹫峰山四大山脉。武夷山脉横亘西北边境，又向东北延伸与仙霞岭对接，成为福建与赣、浙之间的天然分水岭。闽北地势东、西、北部高，中、南部低。境内千米以上山峰绵亘不断，低山、丘陵广布，河谷与山间小盆地错落其间。溪河众多，建溪、金溪和富屯溪是闽江上游的重要河流。属中亚热带季风湿润气候，局部山区为中亚热带山地气候。

秦汉时，闽北是闽越国的地域。汉初，闽越王为了叛汉守险，在邵武、建阳、浦城、崇安建有6座城池。其中城村汉城遗址是江南保存最完整的古城址之一。闽越国灭亡后，北方汉人迁徙入闽，闽北是其入闽最先抵达的地方。汉晋以来北方汉人入闽的主要路线是翻越武夷山脉，顺闽江而下分布于各处。在闽北境内，闽江上游的几条支流呈扇形分叉密布，河流的两岸有一些较为平坦的河谷小平原，有利于发展农业生产，交通也较方便。入迁闽北的北方汉人，首先选择在这几条支流的河谷地带进行定居和开发。到东汉末年，福建境内最初设置的五个县中，闽北就占有建安（今建瓯）、建平（今建阳）、南平、吴兴（今浦城）四个县。三国时，孙吴政权于永安三年首置建安郡，又增设了昭武（今邵武）、将乐两县。吴兴、建平、建安位于由浙江仙霞岭沿建溪入闽的交通线上；邵武、将乐位于由江西越武夷山沿富屯溪入闽的交通线上，南平正处于这两条交通线相会的闽江边。这样的分布，反映了移民由浙、赣两方面入闽后的分布态势。西晋太康三年分立晋安郡，建安、晋安两郡各有4300户。建安郡领有闽北八县,即建安、吴兴、东平（今松溪）、建阳、邵武、将乐、延平、绥城（今建宁）。当时闽北极盛，占有全闽一半县份和一半人口。继东吴开发闽北之后，中原汉人的入闽是南朝梁侯景之乱后自江浙等地继续南下的。南渡北人辗转入闽的主要定居点是闽北，也有部分人辗转到了闽江下游、木兰溪流域和晋江流域等闽东南沿海山区。至北宋中叶，闽北有近40万户，仍占全省人口三分之一。从北宋末到南宋末一百多年间，农民起义此起彼伏。其中南宋初年的范汝为起义聚众20万，征战一年半，几乎攻占了闽北的所有州县。战乱使闽北人口锐减。据《元史·地理志》载，只剩28万户，减少了三分之一（图5-1-1）。

闽北虽然是北方汉人入闽时最先到达并最早开发之地，但是由于山高林密，除了闽江上游的主要支流外，对外交通极为不便，生产、生活条件比较恶劣。因此，入闽的北方汉人，往往从闽北向闽江下游及沿海等自然条件较为优越的区域转徙。这样，作为北方移民最初驻足地的闽北山区，反而成了临时的中转站。再加上战乱的破坏，使得闽北山区的汉人迁徙具有流动性比较大、迁入与迁出都比较频繁的特点，定居的稳固性不如沿海的福州、莆仙、泉州、漳州等地。到了宋、元、明、清时期，福建平原与沿海等自然条件较优越地区的人口逐渐饱和，各地居民只好再次返回山区谋生，闽北山区的汉人入迁与开发逐渐从河谷地带向深山老林拓展[①]。由于自然地理条件的限制，加

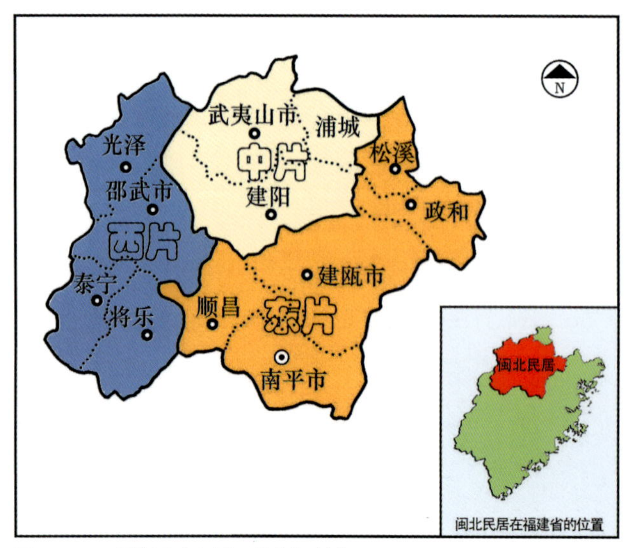

图5-1-1　闽北区（来源：戴志坚 绘）

① 陈支平. 福建六大民系[M]. 福州：福建人民出版社，2000：106.

上人口、族群流动性较大，闽北区村落的规模一般都比较小，以杂姓聚居为主，家族、乡族组织相对松弛，聚族而居的现象不太明显。

闽北文化有两个主要特点：一是固守农业传统，人文性格较为纯朴敦古。与福建沿海地区相比，闽北人口较少，人口对土地的压力相对较小，传统农业一直占据主导地位。闽北人勤于耕作，注重传统农业的生产，使得闽北成为福建省内最重要的粮食供应地和山区原材料、土特产供应地。二是重视文化教育事业，书院文化发达。早在唐宋时期，闽北就形成重视文教之风。邵武的和平古镇至今还遗存一座由后唐工部侍郎黄峭弃官归隐后创建的家族书院——和平书院。两宋时期，闽北文风昌盛，人才辈出。仅建安一县，宋代就出过进士994人，占全省7607人的近七分之一。浦城章氏一门，北宋100多年间出了1名状元，23名进士。建阳麻沙刻书业十分繁荣，其规模居全国之首，与临安、成都号称三大刻书中心。杨时、柳永、严羽、宋慈、真德秀、李纲等名臣大家相继而出。朱熹生于尤溪，长于崇安，在闽北从事学术著述和讲学教育数十年。他所教的学生中不少是闽北人，其中不少弟子也是出色的理学家和清正的官吏。他们世代相传，为朱子学说的传播发挥了巨大的作用。当时闽北书院如林，学者如云，文化教育与人文事业进入一个辉煌的时期。后因明清开发沿海，重心南移，闽北相对落伍。

平原面积的狭小及山间大小盆地的发育，使闽北古村落呈现小聚落、大分布的格局。朱子学说在闽北影响深厚，闽北书院独步东南。在大型多进合院式民居中，常设有书院或读书厅，体现了理学之邦的书院文化的延伸。闽北区盛产木材，尤其是杉木，传统民居、廊桥等传统建筑广泛使用木材作为建筑材料。木材表面不施油漆，表现出简洁、质朴的个性。传统民居的形式丰富，有竹竿厝、吊脚楼、合院式民居、“三进九栋”式民居等。砖雕是闽北最有特色的建筑装饰艺术，精致、华丽的砖雕门楼令人叹为观止。

第二节　建筑群体与单体

一、传统民居

（一）合院

合院式民居是闽北区较为常见的传统民居形式。平面布局以天井为中心，由正房与两侧厢房围合形成合院。按照围合建筑方式的不同，可分为三合院和四合院（图5-2-1、图5-2-2）。

合院式民居一般由天井、厅堂、厢房、后阁组成，或由门厅、天井、大厅、厢房组成，四周以封火墙围护，对外不开窗。平面布局为：中有天井，两侧为厢房，天井两旁设台阶上厅堂。厅堂明间为大厅，以太师壁分隔前后堂，太师壁两侧甬门上方各设一个神龛，安放祖先的牌位。大厅两旁各有二间或四间正房。后阁多作为厨房和杂物间。住宅的天井较小，这是与当地的湿热气候相适应的。

合院式民居多为平房。有些合院的大厅明间一层，高敞明亮；次间两层，底层为卧室，二层是用于储物的阁楼。也有一些合院由门厅与楼组成，中间隔以天井。其布局是将大厅建成两层的楼房，底层明间为厅堂，也以太师壁分隔前后堂；二层厅堂为私密活动的空间；两层两侧次间均为卧室，增加了使用空间。

合院式民居多为土木、砖木结构瓦房。以木构架承重，大厅堂多用抬梁减柱造。木构件清水表面不施油漆。外墙是用黄土夯筑成厚约0.6米的生土墙，墙体与内木构架分离，仅起围护作用。内分隔墙多采用木板或编条夹泥墙。

例　金坑儒林郎第位于邵武市金坑乡金坑村，清道光八年（1828年）建。由主座和左侧的小花园组成。主座为四合院式，占地面积352.34平方米，中轴线上依次为门楼（内带门厅）、天井、主厅、春亭。门厅内侧柱间设六扇隔扇门以分隔内外。天井两侧的厢房面阔一间，厢房之后各有一个小天井。主厅面阔五间，进深五间，穿斗式木构架，硬山顶。主厅明间单层，中设太师壁；两侧房间分隔成前后两间，上

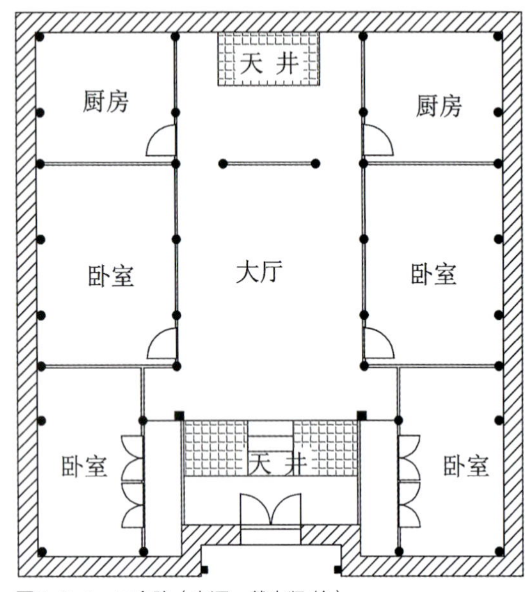

图5-2-1　三合院（来源：戴志坚 绘）

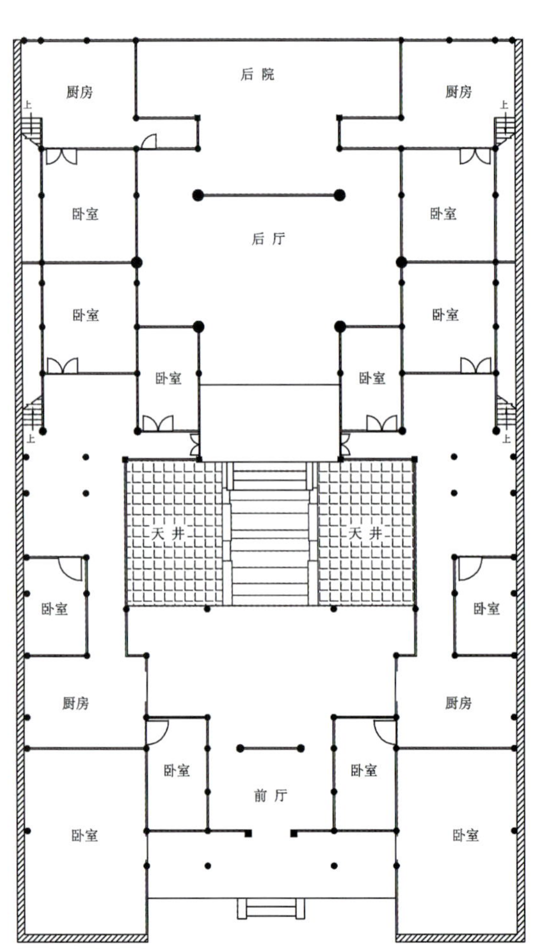

图5-2-2　四合院（来源：戴志坚 绘）

下两层。主厅的左侧有宽约0.9米的通道（称“子孙巷”），供家中女眷通行。主厅的后侧与春亭直接相连。春亭面阔一间，内侧居中设神龛。春亭两侧各有一个后天井，后天井的外侧为上下两层的后厢房。宅第外部围以一字跌落式封火墙，前檐墙檐下彩绘生动鲜丽。门楼上部的牌楼为四柱三间三楼，砖雕精巧细致。宅内挑檐、雀替、隔架斗栱、隔扇等雕饰精美(图5-2-3)。

（二）三进九栋

“三进九栋”式民居为古代富商和官宦的住宅。这种多进院落的大型合院是闽北传统民居的典型。

“三进九栋”也称“三厅九栋”。“三”和“九”都

图5-2-3　邵武市金坑村儒林郎第（来源：戴志坚 摄）

是虚指，意思是前后多进院落。因受儒家礼法影响，建筑重视内外之别，有用于仪式和日常生活的不同空间。“三进九栋”的总体布局一般是依中轴两边展开，层层递进。第一重天井通常是整个民居建筑中最大的院落空间，由门厅、正厅和两侧的厢房围合而成。多在门厅中设屏门。第二重天井位于后厅前，因居家生活的私密性要求，尺度一般小于第一重天井。第三进大厅设神龛，神龛及祖先牌位一般安放在太师壁两侧甬门上方，或在甬门上方墨书“敬天”、“尊祖”，神位放在香案上或神橱里。堂、房、厅之间以内隔墙、便门贯通。清晚期、民国扩改建者有的设二楼。每幢建筑以封火山墙围护，山墙多为一字跌落式(图5-2-4)。

这类大型合院也有三进以上的，如光泽县崇仁乡崇仁村的裘氏民居为五进五开间布局，占地面积1512平方米(图5-2-5)。也有纵向数进和横向护厝相结合，或主座与附屋相结合的，如光泽县崇仁乡崇仁村的福字楼由停轿厅、门厅、天井、大厅、后厅、附屋等组成，正屋五开间，中间三开间为大厅，后厅围绕天井设东、西、南、北四个厅，均面阔三间，当地称“十字厅”。还有由多进多落合院并列组合而成的，最为典型的是泰宁尚书第。

“三进九栋”式民居的屋面多为前后双坡，加两侧跌落式封火山墙。墙体土筑或青砖空斗墙，石砌墙基。正门多用

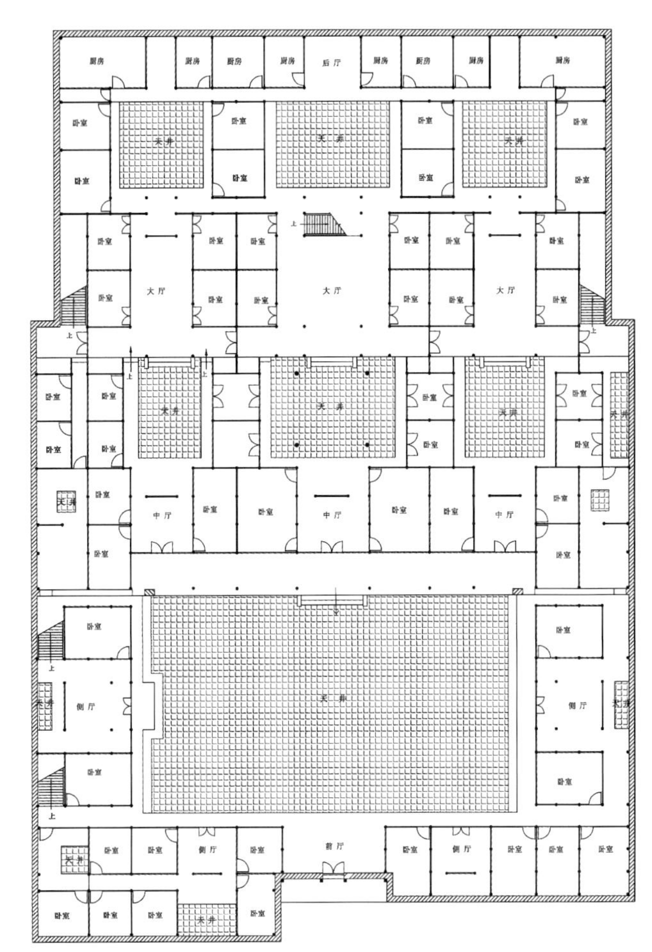

图5-2-4　南平市延平区峡阳土库“三进九栋式”民居（来源：厦门大学闽台建筑文化研究所 提供

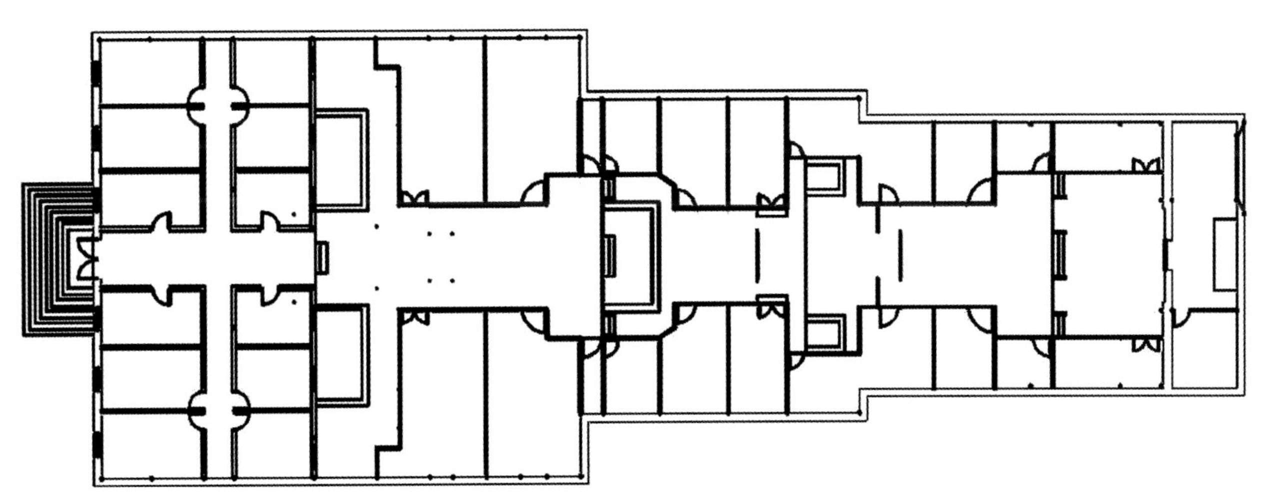

图5-2-5　光泽县崇仁村裘氏老宅平面图（来源：厦门大学闽台建筑文化研究所 提供）

石条和青砖砌成，饰以精美的砖雕。以穿斗式木构架承重，也有抬梁减柱的手法。室内用板壁分隔不同的使用空间。前廊做轩顶，丁头栱挑檐，有的使用斜撑。柱础为木质或石质，也有不用柱础而柱脚直接落地的。天井、走廊、檐阶一般铺石板。天井为长形或长方形，有的摆设长条石花架。

例一　泰宁尚书第也称五富堂，位于泰宁县杉城镇尚书街，明天启年间（1621～1627年）建。坐西向东，南北面阔87米，东西进深52米，有主体建筑5幢，辅房8幢，共120余间房。主体建筑均为三进合院，分客厅、中厅和后厅，隔以天井，两侧厢房。5幢建筑沿南北向一字排列，大门前设甬道相连。自北而南第二幢建筑为主幢，开间尺寸最大，门前甬道扩大为前院。整条甬道共设5道门，两端为南北大门。南门为礼门，磨砖门楼建筑；北门为仪仗厅，三开间硬山式平房木构建筑。幢与幢之间用砖砌封火墙相隔，有廊门相通。各幢进与进之间也分别设有1～2道封火墙。厅堂为抬梁、穿斗式木构架，粗大木柱直径0.45米。石雕、砖雕、木雕工艺精湛。特别是前厅的前金柱柱头，前后挑出二抄斗栱（俗称“象鼻栱”），斗栱两侧露出两叶花舌装饰，更显得精致华丽。甬道、走廊、庭院、天井、大门门框均用精加工的花岗石构筑铺砌(图5-2-6、图5-2-7)。

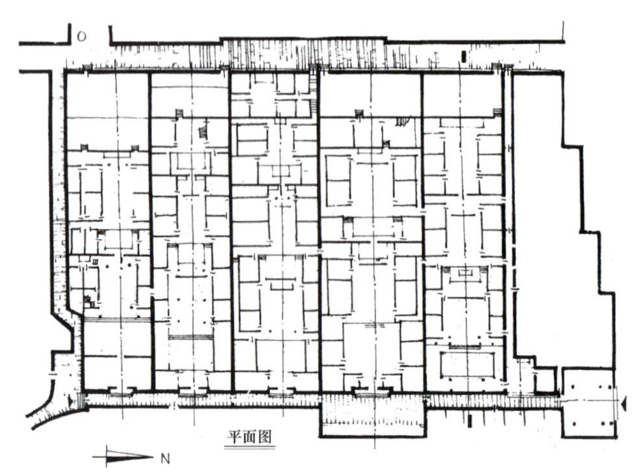

图5-2-6　泰宁县城关尚书第平面图（来源：黄为隽 绘）

图5-2-7　尚书第“曳履星辰”门（来源：戴志坚 摄）

例二　下梅邹氏大夫第位于武夷山市武夷街道下梅村，清乾隆十九年（1754年）建。占地面积932.2平方米，平面布局为四列三厅四进，前有歇屋两列，右后院造花园。布局井然有序，依次有门厅、天井、厅堂等，并有楼、池、书房等附属建筑。四周砖砌封火墙围护，山墙做层层跌落的马头墙，具有徽派民居的视觉效果。门楼为牌坊式，面壁全部用砖雕装饰，雕刻手法以浮雕和透雕相结合，题材有人物故事、祥禽瑞兽、花卉植物等，形象逼真。屋内梁架、雀替、两厢隔扇窗的木雕精美。每个天井都有一高一矮两个石制花架。后花园名“小樊川”，园内筑石栏鱼池、对弈台、镜月台，花园与后厅的隔墙嵌双面镂空砖雕，风格古典而流畅，为江南园林的袖珍版(图5-2-8、图5-2-9)。

例三　元坑陈氏民居俗称东郊三大栋，位于顺昌县元坑镇东郊村，建于清中期。占地面积4718.76平方米，由一字排

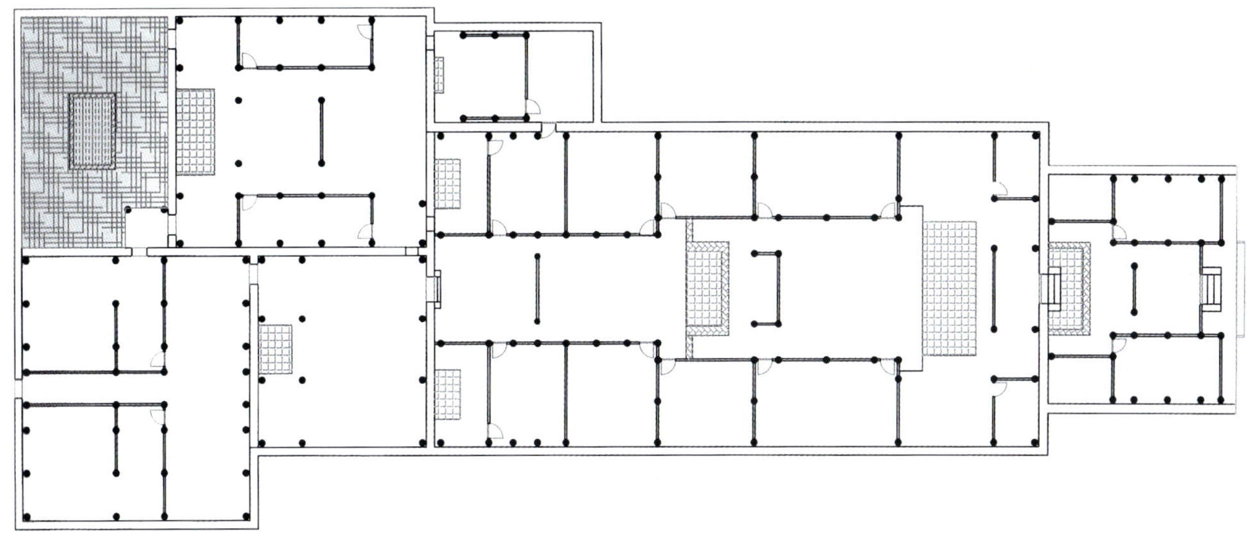

图5-2-8　武夷山市下梅村邹氏大夫第平面图（来源：厦门大学闽台建筑文化研究所 提供）

图5-2-9　邹氏大夫第后花园（来源：戴志坚 摄）

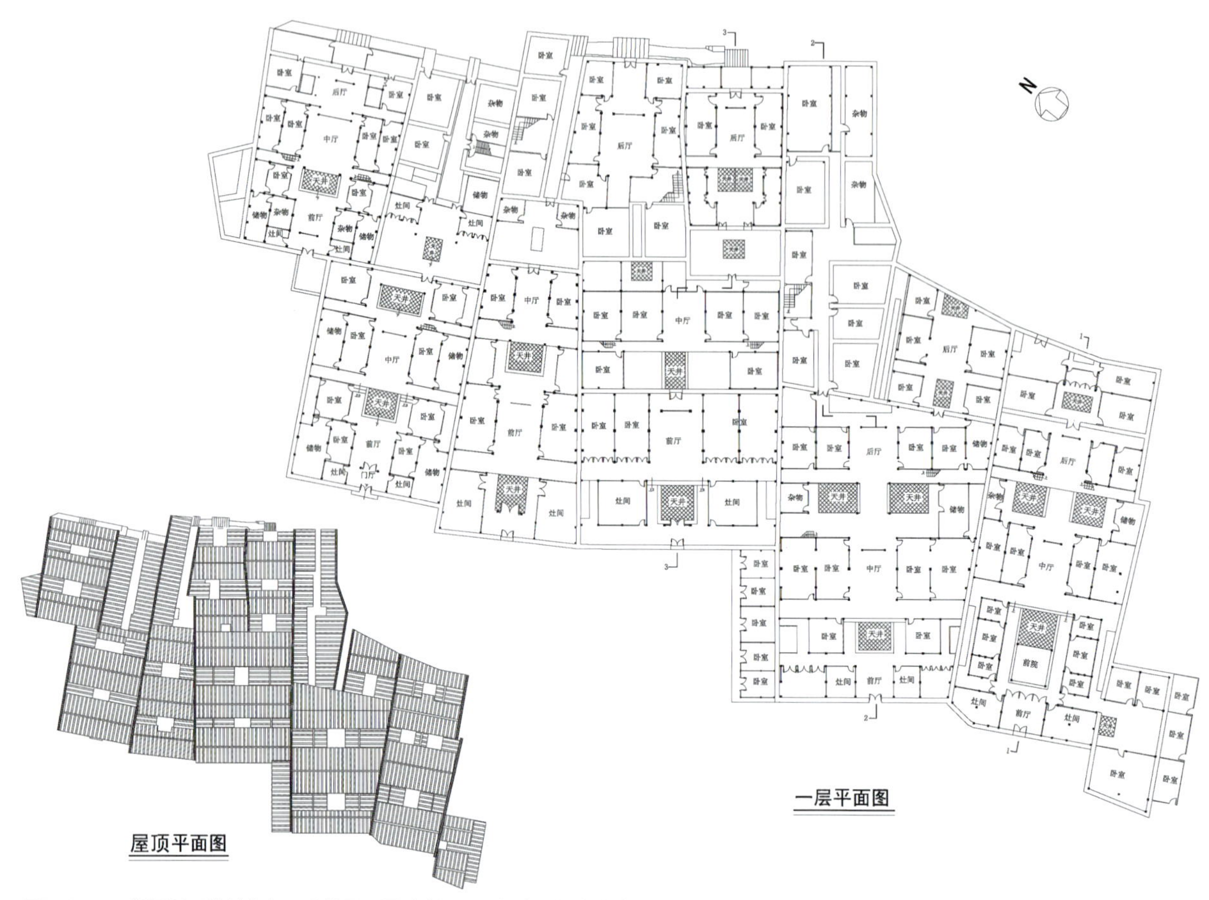

图5-2-10 顺昌县元坑镇东郊三大栋平面图（来源：厦门大学闽台建筑文化研究所 提供）

图5-2-11 顺昌元坑东郊三大栋（来源：戴志坚 摄）

开、大小不一的六路合院式建筑相邻共建而成，各路二至四进不等，内部廊院相接。每座院落结构、布局基本相同，布局为门、前厅、正厅、后厅，前后厅之间设置天井、回廊和一处凉亭。院落沿轴线前后多进相接，设前、中、后院门，自成天地。左右各座又在大厅前廊处设门，相互贯通。建筑群南筑围墙，东蓄池水，西、北两面沟渠环绕。大门的门罩为木构披檐，以造型别致的象鼻承托。大厅以太师壁分隔前后堂，太师壁两侧上部设神龛，神龛镏金，木雕十分精美。宅内梁架、雀替、窗扇的木雕精巧生动(图5-2-10、图5-2-11)。

（三）吊脚楼

吊脚楼是我国南方干阑式建筑一种独特的类型。福建省内的吊脚楼建筑主要分布于闽北山区，在一些依山傍溪的村落尤为多见，是有效利用地形的建筑形式。

吊脚楼、高脚厝等干阑式建筑通常建在两级台地或斜坡上，地板一部分使用架空地板，一部分直接利用地面。这类民居多为二层木楼房。下层以若干杉木柱为支架，形如高脚，既可防洪，又可避虫蛇，下层往往用竹篱圈围。也有的整座楼只用一根木柱，四面围墙，视木柱高度，可建一至二层。楼上楼下隔若干间。下部空敞部分往往用作牲畜和堆积杂物的场所，上层前为走廊及晒台，后为堂屋与卧室。

吊脚楼为木结构建筑，单檐悬山顶。屋架主体以穿斗式构架为基础或原型，大多采用上下串通的整体框架体系，即将干阑式建筑的下部支撑结构和上部庇护结构上下串通形成整体结构形式。大多数吊脚楼的柱、梁都呈细长状，但又十分牢固。穿插较为简单，甚至没有大过梁，免去了梁柱榫接的繁难处理，但受力性能良好，屋架的整体抗震性也很好。木构件不施油漆，外观朴实，有利于防潮(图5-2-12)[①]。

图5-2-12　南平吊脚楼（来源：戴志坚 摄）

① 住房和城乡建筑部. 中国传统民居类型全集（中册）[M]. 北京：中国建筑工业出版社，2014：18-22.

二、寺观

汉晋以降，北方汉人陆续入闽，带来了中原的先进文化，也带来了汉人的宗教信仰。闽北区佛教、道教、民间信仰兴盛，寺庙宫观林立，具有浓厚的地方色彩。

继晋太康年间福州建绍因寺之后，福建又建造了5座佛教寺院，其中闽北就有3座（瓯宁开元寺、建阳灵耀寺和水陆寺）。建瓯的光孝寺在福建佛教界素有“南开元，北光孝”之称，始建于南北朝陈永定二年（公元558年），几经重建、扩建，现占地面积46620平方米，是现存闽北区建寺最早、规模最大的寺院（图5-2-13）。邵武的宝严寺始建于唐大顺元年（公元890年），北宋天圣元年（1023年）重修，元延祐年间（1314～1320年）、明嘉靖十二年（1533年）重建，现仅存大雄宝殿。大殿面阔、进深均五间，抬梁式木构架，重檐歇山顶，顶脊用预制脊砖、鸱吻垒砌。明间4根金柱的覆莲方形柱础为唐、宋遗物，部分大杉木柱及前檐梁栿保留宋代原件，梁架结构和斗栱具有明显的明代建筑特征。梁栿、斗栱均彩画佛像、花卉、龙凤及几何图案，是明代画家严宗儒、上官伯达手迹，至今色彩艳丽，画面清晰(图5-2-14)。

道教在福建的早期发展与名山大川关系极为密切，其中以武夷山最为著名。武夷山的道观众多，极盛时有九十九观。大王峰下的武夷宫始建于唐天宝年间（公元742～755

图5-2-13 建瓯光孝寺（来源：戴志坚 摄）

年），始称天宝殿，后改名冲佑观，是福建历史上最大的道观。坐落在建瓯市白鹤山麓的东岳庙是福建省最早、最规范的古代道教建筑之一。该庙东晋始建，明代重建，清嘉庆十九年（1814年）重修。坐北向南，由山门、前殿、戏台、主殿、后殿、东西厢房组成，占地面积2600平方米。主殿称圣帝殿，面阔五间，进深六间，抬梁式木构架，重檐歇山顶。屋面举架颇高，保留明末清初北方官式做法的风格。柱头铺作施清式人字斗栱，转角铺作施三抄龙头单下昂，并伴有装饰性象鼻三下昂。藻井为明栿，四面托以清式如意斗栱。内檐补间铺作三朵，下施雕刻羊、鹿等瑞兽的驼峰。金柱、中柱的柱础为覆盆式过渡到鼓镜式的造型，是较为典型的明代早期风格(图5-2-15、图5-2-16)。

闽北民间信仰的神灵众多，所建宫庙富有地方特色。南平市延平区樟湖镇的蛇王庙始建于明代，清代重建。大殿面阔五间，进深一间，穿斗式木构架，重檐歇山顶。殿前立双柱歇山顶拜亭。两侧半圆形封火墙，四周檐下用如意斗栱，昂头雕有蛇首。庙内前檐6组挑栱，分别雕刻6条象形蛇。正门柱上楷书对联：“登斯台莫潦草拜几拜，履此地应仔细想一想”，凸显了蛇崇拜对闽人的影响。建瓯市玉山镇榧村的大圣庙供奉的是齐天大圣孙悟空，建于元元统年间（1333~1335年），由山门、戏台、过雨亭、大殿组成。殿宇劈山而建，前边以高低不等的木桩柱支撑。大殿面阔三

图5-2-14　邵武市宝严寺藻井（来源：戴志坚 摄）

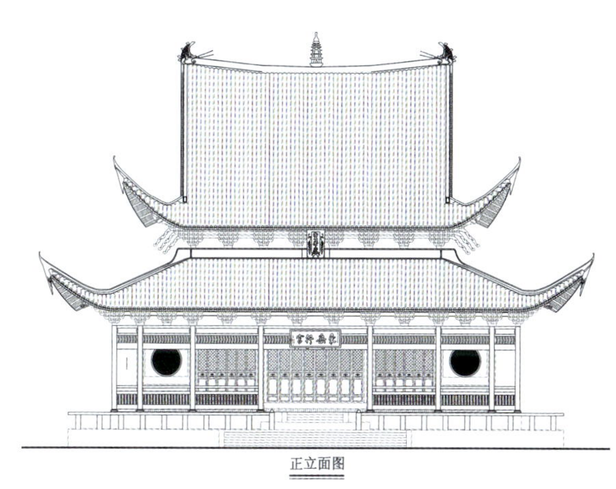

图5-2-16　东岳庙之圣帝殿（来源：厦门大学闽台建筑文化研究所提供）

图5-2-15　建瓯市东岳庙（来源：戴志坚 摄）

图5-2-17　建瓯市榧村大圣庙（来源：戴志坚 摄）

图5-2-18　政和县杨源乡英节庙（来源：戴志坚 摄）

图5-2-19　顺昌县宝山寺大殿为全石构建筑（来源：戴志坚 摄）

间，进深五柱，两侧带边殿。大殿为抬梁、穿斗式木构架，歇山顶，梭形柱，覆盆式柱础，是省内罕见的元代木构建筑(图5-2-17)。政和县杨源乡杨源村的英节庙始建于宋崇宁年间（1102～1106年），供奉杨源张姓祖先唐招讨使张谨。占地面积420平方米，由戏台和大殿组成，中有天井和过廊。现存大殿为清康熙元年（1662年）重建，面阔三间，进深14.2米，抬梁、穿斗式木构架，硬山顶。戏台为道光三十年（1850年）重建，面向大殿，面宽4.8米，深5.2米，上饰八角藻井，重檐歇山顶，两侧为厢楼。戏台后壁绘有四平戏故事壁画。戏台面板以下各构件可拆卸，神像出游时从中门进出后，再安装还原(图5-2-18)。

闽北的寺庙宫观以木构居多，宝山寺大殿却是石仿木结构建筑。宝山寺位于顺昌县大干镇土垄村宝山峰巅，元至正二十三年（1363年）建，清宣统三年（1911年）扩建前殿，占地面积5809.8平方米，由山门、前殿、天井、大殿及东殿、南天门、双圣庙等组成。大殿为元代原构，明万历和清光绪年间进行局部修葺加固，是全国少有的有明确纪年的元代石仿木构殿堂建筑。大殿面阔五间，进深四间，通高5.59米，穿斗减柱造石仿木构架，悬山顶。台明、梭形柱、月梁造乳栿、丁头栱、雀替和元宝形平盘斗、屋面等全部构件均采用花岗石仿木作、瓦作。屋脊两端各置石质鱼形鸱吻，脊中置塔形脊刹(图5-2-19)。

三、书院

书院，也有的称精舍，是中国特有的一种教育组织形式。闽北是福建历史上书院数量最多的区域之一。其建筑群体组合，既反映了福建传统建筑的共性，也表现出地方民间建筑和书院文教性质的个性特征。

闽北书院的出现始于唐五代时期。如邵武的和平书院是后梁开平二年（公元908年）由黄峭创办。宋代，是闽北书院最兴盛的时期。宋代福建共有书院121所，其中闽北有56所之多，居全省前列。宋代的书院带有浓厚的闽学色彩。朱熹足迹所至，都有书院之创。理学家走到哪里，哪里就有书院产生。以朱熹主持的武夷书院、考亭书院（图5-2-20）为代表的一批著名书院，对全国有重要影响。宋代书院已从唐五代的私人读书、教授子弟生徒之处逐渐演化为奉祀、讲学、授徒、研究学术、著作兼而有之的场所。为适应集奉祀、讲授、研究等于一体的需要，在建筑布局上有全面的考虑和安排。

书院多建在依山面水、风景优美、远离市尘的地方。书院建筑的功能，以讲学、藏书、祭祀为基本规制，并相应安排学习、生活和憩息的场所，中心建筑是讲学的讲堂。规模较小的书院包括礼殿、讲堂、斋舍三个部分，平面布局以二进式为主，中心建筑是具有讲学及祭祀功能的讲堂，环绕着讲堂的是师生居住、读书的院落（图5-2-21）。大型书院的建筑包括讲堂、祀祠、藏书楼阁、斋舍以及厨房，有的书院还建园圃、亭台等。讲堂面阔多为三至五间，讲堂前有较宽敞的庭院。书院中的礼殿或祠堂，除了奉祀先圣先师孔子、孟子，还奉祀学派宗师及乡贤名宦、建院功臣、著名山长等。祭祀空间设在后堂或独立设置。藏书楼阁一般为面阔三至五间、高二至三层，多位于书院后部。例如，武夷书院为南宋淳熙十年（1183年）朱熹辞官归来后营建，初称武夷精舍，亦称隐屏精舍，南宋末扩建改称紫阳书院，后又改称武夷书院（图5-2-22）。初建时，有主建筑“仁智堂”，兼礼堂和讲堂之用；堂左两间卧室为“隐求室”，堂右“止宿寮”为接待友人处；外建一批房屋，名“观善斋”，是学生宿舍；另建“寒栖馆”，供来访的道者居住；还有晚对亭、铁笛亭、石门坞等景点。

图5-2-20　南平建阳区考亭书院（来源：戴志坚 摄）

图5-2-21　武夷山市兴贤书院（来源：戴志坚 摄）

图5-2-22　武夷山市紫阳书院（来源：戴志坚 摄）

四、廊桥

廊桥俗称厝桥。闽北区多山多水多险阻，建造桥梁的必要性不言自知。在桥面上加盖长廊或建屋、亭，在桥屋内设置固定坐凳，既可以保护木桥，也为过往行人提供了遮风躲雨、落脚歇息的场所，体现了形式与功能的统一。

闽北廊桥的形式有石拱廊桥、平梁木廊桥（包括简支木梁廊桥和伸臂式木梁廊桥）、木拱廊桥和八字撑木廊桥。

石拱廊桥和木伸臂廊桥造价较低，施工较容易，在闽北各地均有分布。建瓯市迪口镇黄村的值庆桥建于明弘治年间（1488～1505年），是福建发现有明确纪年的最早的廊桥。该桥为单孔木伸臂廊桥，有廊屋9间，每间用4柱，重檐悬山顶。廊屋梁架做大量粗大的丁字形斗栱，桥中设神龛，顶设藻井，饰有彩绘图案(图5-2-23)。八字撑木廊桥是平梁木廊桥的变异形式，很少采用。政和县岭腰乡锦屏村的上场桥是一座特征比较明显的八字撑木廊桥（图5-2-24）。木拱廊桥的结构特殊而又巧妙，闽北区仅存11座，集中在政和县、建瓯市境内。

在闽北现存的廊桥中，以政和廊桥最有代表性。政和县现存各类廊桥102座，其中木拱廊桥有7座之多。政和县澄源乡赤溪村的赤溪桥、岭腰乡后山村的后山桥和外屯乡洋后村的洋后桥是闽北木拱廊桥的典型。洋后桥横跨七星溪，周边青山连绵，自然风光优美。该桥于清道光三十年（1850年）重建，桥身长34米，宽5米，单孔跨度27.7米。桥体由9组三节苗、8组五节苗及剪刀苗拱骨相贯而成，廊屋14间，每间用4柱，中部设神龛。桥面条板横铺，两侧设木凳、栏杆，檐下施风雨板。桥北面的引桥长11.5米，桥门为牌坊式，装饰

图5-2-23　建瓯市迪口镇值庆桥（来源：戴志坚 摄）

图5-2-24　政和县锦屏村八字撑木廊桥（来源：戴志坚 摄）

造型生动的泥塑和彩绘图案。南桥头由末间两侧开门出入。桥的南面连着一座寺庙，庙依山而建，重檐歇山顶，为廊桥增色不少(图5-2-25)。

廊桥不仅是交通设施，还具有历史文化、民俗活动、宗教信仰等丰富的文化内涵。不少廊桥的桥屋梁上墨书重建和修缮的时间、桥匠姓名等资料，为后人留下珍贵的历史资料。洋后桥在每年端午节都要举行“走桥”活动，各地有成百上千人前来走桥，向溪流中丢粽子，既祭桥神，又纪念屈原。松溪县渭田镇渭田村的五福桥、政和县杨源乡坂头村的坂头花桥均以造型优美、装饰华丽著称。五福桥始建于明永乐九年（1411年），清光绪二十九年（1903年）重建，为石墩木伸臂廊桥，桥长109.5米，宽5.2米，4墩5孔。桥墩呈舟形，分水尖上雕有鸟首。桥屋中段升起一座飞檐翘角的四角歇山顶桥亭，桥两端建有牌坊式石砌拱门，装饰形态逼真的八仙人物泥塑和色彩鲜艳的植物图案。桥屋的梁枋、斗栱上绘着700多幅彩画，步入桥屋内仿佛置身于五彩缤纷的绘画长廊（图5-2-26）。坂头花桥始建于明正德六年（1511年），1914年重建，为单孔石拱廊桥，桥长38米，宽8米，

图5-2-25 政和县洋后桥（木拱廊桥）（来源：戴志坚 摄）

图5-2-26 松溪县渭田镇五福桥（木平梁廊桥）（来源：戴志坚 摄）

净跨12.2米。桥屋东侧设一条通道，用木栅栏分隔，古时专为妇女通行。桥头两端为两层楼亭，中间建三层阁楼，三重檐歇山顶，层层飞檐翘角。桥屋中部施八角斗栱藻井，两端为八角覆斗式藻井，藻井板壁彩绘人物故事及花卉画案。外露梁枋均施彩绘或书写联句。桥柱上刻楹联32幅，立意深远。桥屋西侧及两端共设9个神龛，供奉观音大士、魏虞真仙、许马将军、林公大王、福德正神、真武大帝、天王菩萨、通天圣母等神像以及该桥创建者塑像，人文气息浓厚(图5-2-27)。

第三节　建筑元素与装饰

一、屋顶

闽北传统民居的屋顶多为悬山或硬山式，前后双坡，屋脊平直，屋面铺青瓦，全木结构民居为悬山顶，瓦屋面出檐深远。寺庙宫观、楼阁等多为重檐歇山屋顶，飞檐翘角，角叶悬垂(图5-3-1)。

二、墙身

闽北传统建筑的外围护墙体大多是夯土墙，石砌墙基。夯制墙体前，要把新挖出的黄土先放置一至二年，待到黏度

图5-2-27　政和县杨源乡坂头花桥（石拱廊桥）（来源：戴志坚 摄）

合适后再使用。夯土墙施工时用1.5米左右的木模板，依墙厚两边放好，用特制的卡子夹住，再配置黏度合适的黄土分层夯筑。夯几层后放入竹片、松枝或木棍以加强墙体的联系和拉结强度。夯好一板再移动模板，一板一板地夯筑。待墙体全部完成后，用特制的小木拍子将墙面补平拍实。有的土墙抹灰， 有些讲究的建筑采用青砖空斗墙围护。其做法是，墙面用青砖砌筑，墙心用砖分格，格内以黄土夯实。也有采用下部青砖墙，上部夯土墙泥灰粉面。

也有采用下部青砖墙，上部夯土墙泥灰粉面，并在灰皮上描出砖纹。还有一种墙体是由石、砖、土三种材料砌成的。通常做法是，勒角以下部位用卵石叠砌，卵石墙上砌青砖实心墙，再上是夯土墙，有的还在大约一层楼面以上的位置砌空斗砖墙(图5-3-2)。

有些民居采用木板或编条夹泥墙作为围护结构。使用木板墙的民居多设外廊以保护墙体。编条夹泥墙是在柱与穿枋之间用竹条、树枝等编成壁体，两面涂泥，再施粉刷，多用于穿斗式民居中。

三、封火山墙

闽北传统民居四周以封火墙围合，各厅堂的山墙处也常做成硬山的封火墙。封火山墙的墙头常有精美的堆塑、彩绘

图5-3-1　建瓯市东岳庙大殿屋顶（来源：戴志坚 摄）

图5-3-2 光泽民居墙体材料：鹅卵石，砖，夯土（来源：戴志坚 摄）

图5-3-3 闽北民居门楼（来源：戴志坚 摄）

图5-3-4 顺昌县元坑镇蔡氏宗祠门楼（来源：戴志坚 摄）

装饰。为了防火起见，通常山墙高出屋面和屋脊，随院落空间高低变化而错落有致。屋脊的山墙最高，随屋面的倾斜而向下跌落。封火山墙的形式多样，有一字跌落式、曲线形、马鞍形等。一字跌落式山墙呈阶梯状跌落，墀头做耸立的“人”字形山面，类似徽州民居阶梯形层层跌落的马头墙。曲线形或马鞍形的山墙弧线起伏，角脊飞扬，具有优美的动感。有的大型合院在一幢建筑中采用多种形式的封火山墙，构成富有变化的天际轮廓线。

四、门楼

闽北区传统民居和祠堂的门楼独具特色。门面多用石条和青砖砌成，饰以精美的砖雕，有一字形和八字形两种形式。一字形门楼下枕墩石，上挑披檐。八字形门楼为砖石构牌楼式门楼，多为四柱三间一门，也有六柱五间一门的。砖雕牌楼式门楼尤为精美，雕刻精致，题材丰富，富有文化韵味（图5-3-3、图5-3-4）。

五、柱础

闽北传统建筑的柱础别具一格。除了其他区常见的造型外，还有明代的覆盆式柱础、楼阁式石柱础，以及罕见的全木质柱础。楼阁式石柱础雕成有楼层有屋顶及腰檐的楼阁造型，相当别致。木柱础用硬木横向制作，与木柱的竖纹相垂

图5-3-5　武夷山市民居木柱础（来源：戴志坚 摄）

图5-3-6　武夷山市青砖砖雕（来源：戴志坚 摄）

图5-3-7　武夷山市青砖砖雕（来源：戴志坚 摄）

直，有效地阻断地面潮湿的水气沿木材的纹理上渗，起到防潮作用(图5-3-5)。

六、建筑装饰

（一）砖雕

闽北的砖雕富有地域特色。砖雕主要用在民居、祠堂等传统建筑的大门门楼、分隔庭院空间的檐墙、山墙墀头等处，成组地镌刻着回纹、祥云、人物、鸟兽、花卉、文字等。也有的镂刻雀替、垂花，用磨砖拼成斗栱、漏花砖窗和各种线脚。雕刻细腻，图案精美，构图巧妙。砖雕所用的青砖，需要经过筛选泥土、搅拌、踩筋、沉淀、制坯、晾干、入窑、水磨等一系列的过程，最后在窑里烧制成与砌墙用大小一致的淡青色水磨砖。匠人依据画幅层次的要求，将青砖排列开来，依次逐块雕出纹样，然后逐层逐块嵌砌在墙上，形成多层次的画面(图5-3-6、图5-3-7)。

（二）木雕

闽北传统建筑的木雕粗犷有力又不失精致华丽。木雕装饰广泛出现在梁架、斗栱、雀替、门窗、神龛等处。梁架构件硕大，月梁形式古拙，浮雕的图案繁简有度。斗栱雕饰以撑栱和象鼻栱最有特色。斜置的撑栱通体布满动物或植物雕饰，别有一番情趣。形式多变的象鼻栱与精雕细刻的雀替组合，其造型在其他区很少见到。建瓯等地的木雕多漆成朱红色或金色，与整体建筑相互辉映，更显得绚丽豪华(图5-3-8～图5-3-10)。

（三）彩绘

彩绘、彩画多出现在墙头、梁枋、斗栱、天花、藻井和柱头上，构图与构件形状结合，绘制精巧，色彩丰富。外墙彩绘多为青、白、蓝相间，颜料系植物熬制，历百年而不褪色。屋内彩画多为金粉细描，人物栩栩如生，花卉摇曳多姿(图5-3-11)。

图5-3-8 闽北传统建筑梁架斗拱（来源：戴志坚 摄）

图5-3-9 南平市民居梁架木雕（来源：戴志坚 摄）

图5-3-10 泰宁县尚书第象鼻拱梁架（来源：戴志坚 摄）

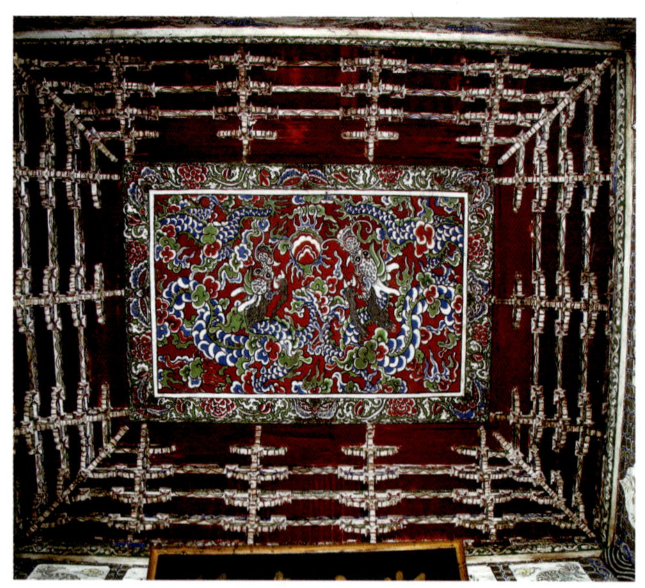
图5-3-11 建瓯文庙彩画（来源：戴志坚 摄）

第四节 闽北区传统建筑风格

一、因地制宜，建筑布局形式多样

闽北区山多地少，溪流密布，雨水充沛，林木茂盛。传统聚落和单体建筑与独特的自然环境有机融合，达到协调、统一。村落选址大多在自然条件较好的山地东南坡或河谷两岸。传统建筑因地制宜，依山就势，布局较为自由。民居在布局上有两个特点，一是由于地处山区，房屋多建在较陡的山坡上。为省土石方，常用垂直等高线办法布置，进进升高，山墙和屋面则层层跌落。一幢房屋高差达3~5米并不罕见。二是民居的最后一进以两层楼房居多，楼下会客，楼上可以读书、休息，分区明确，空间利用合理。厨房、饭厅设在宅居的最后头，即在后进房子长长的披檐之下。有条件的通常在此设内庭院作为服务、活动空间。

闽北传统民居的形式多样。在街市上，有“竹竿厝”式民居，一般为木结构瓦盖二层楼房，多为前店后宅，由厅堂、厅房、后房、厨房依次相连，用板壁相隔（图5-4-1）。在山区尤其是一些依山傍溪的村落，有干阑式的二层木楼房，下层以杉木柱为支架，既节约土地，又可防洪。闽北民居更多的是合院天井式布局，全木穿斗结构或土木、砖木结构。小型合院的平面布局为三合院式和四合院式。中型合院多为纵深二进或三进，在地形许可的情况下左右灵活布置侧屋。明清时，有不少达官贵人或富商修建了“三进九栋”式的青砖大瓦房（图5-4-2），“三大栋”、“土库”也属这种大型民居。顺昌县元坑镇的大型民居俗称“三大栋”，由多进多落合院并列组合而成。延平区峡阳镇民居俗称“土库”，为封火砖墙围合、多进院落组成的达官富豪宅第，以气势宏伟、用材硕大、结构独特、雕饰精美而著称（图5-4-3）。

二、充分利用木材资源

闽北是福建重要林区，杉、松、樟、竹等资源丰富。闽北传统建筑就地取材，最大限度地利用木材资源。闽北的桥梁出于保护桥身和为行人遮风挡雨的需要，大多在桥面上

图5-4-1　邵武和平镇古街（来源：戴志坚 摄）

图5-4-2　武夷山下梅大夫第入口（来源：戴志坚 摄）

图5-4-3 南平延平区峡阳镇土库（来源：戴志坚 摄）

加盖廊屋，形成造型别致的廊桥。不仅廊桥的桥屋以木材为构架，木拱廊桥、平梁木廊桥的桥身也是用一根根杉木上下交错搭建而成的。闽北山区的吊脚楼完全用杉木构建，木构件清水表面不施油漆，既经济又实用。寺庙宫观、祠堂、民居等传统建筑的所有柱、梁、板及建筑构配件均由木材为主要承重构件，外墙仅起围护作用，墙倒屋不塌。建筑内部则采用木板或用竹片、芦秆编织成片，外抹草泥，作为内分隔墙。建瓯、邵武、武夷山、建阳、松溪等地的木质柱础是很罕见的形式。木柱础用硬木横向制作，造型似覆盆式柱础，风格古朴，别具一格。

三、厚重朴实的夯土墙

闽北传统民居多为合院天井式布局，四周有高高的封火墙围护。或层层跌落，或角脊飞扬，成为聚落的视觉中心。闽北具有重要的军事和经济意义，历来是兵家必争之地。历史上遭受过多次大规模社会动乱，如唐末黄巢起义、南宋范汝为起义、明末邓茂七起义、清末太平天国起义都曾在这一带辗转征战，尤其是宋、明两次起义都以闽北为中心区。因此在建筑的外围修筑高大厚实的封火墙，既有防火的功能，更是安全防卫的需要。

高大的封火墙多为夯土墙，石砌墙基，厚度约0.6米。施工时用木模板分层夯筑，并在黏土中放入竹片、松枝或木棍以增加墙体的拉结强度。这种夯土墙貌似粗糙，却十分牢固，可以经上百年而不倒。有些公共建筑或富商或官宦的住宅用青砖空斗墙围护，墙体厚度约0.4米，厚实而又美观。还有一种墙体是由卵石、青砖、生土三种材料依次砌筑，其材料搭配科学，受力合理，保证了墙体的稳定和牢固（图5-4-4）。

四、工艺精湛的砖雕艺术

砖雕是闽北区最有特色的建筑装饰艺术。砖雕是模仿石雕而来的，与石雕相比，虽然耐久性差一些，但经济、省工，也更为精细，因此在民居、祠堂、佛塔、牌坊等传统建筑上得到广泛运用。闽北的砖雕属于在已烧好的淡青色水磨砖上雕刻的窑后雕。深青色的砖质地太硬，容易迸裂。砖雕有剔地雕、浮雕、透雕、圆雕和多层雕等多种形式，在一块砖板上可使用各种技法，作品的层次分明，有景深不尽之感。闽北砖雕的内容极为丰富，有的雕刻图案寄托了人们祈求生活幸福、四季平安、耕读传家的美好希望，并具有明显的教化作用；也有的镂刻雀替、垂花，用磨砖拼成斗栱、漏花砖窗和各种线脚。祠堂、民居等传统建筑的砖雕多用在大门门楼、分隔庭院空间的檐墙、山墙墀头等处。如滴水檐下、门框上方的位置嵌有长条形的青砖砖雕，两侧有方形的砖雕，或者整个门楣就是一整块砖雕。在闽北许多祠堂和大型民居都可以看见砖雕门楼以及外墙装饰的实例，让人对磨工、刻工精湛的技巧和工艺水平惊叹不已（图5-4-5、图5-4-6）。

图5-4-4 闽北民居墙体（来源：戴志坚 摄）

图5-4-5 闽北民居砖雕（来源：戴志坚 摄）

图5-4-6　闽北宗祠砖雕门楼（来源：戴志坚 摄）

第六章　闽中区传统建筑特征解析

闽中区位于福建省中部。闽中传统建筑分布在三明市所属的沙县、梅列区、三元区、永安市、尤溪县、大田县。闽中是福建最迟开发的地区，移民的主要来源是由浙江、江西进入闽北后继续沿沙溪溯源而上的汉人。闽中区处于闽北、闽东、闽南、客家几个方言区的交界处，众多外地移民带来了各自原住处的建筑风格，经过不断融合，兼容并蓄，形成了多元的建筑文化和具有地域特色的建筑形式。闽中山多田少，地广人稀，村落布局松散，传统建筑以木构为主，有着外观纯朴、讲求实用的山林文化气质。闽中地形复杂，山高林密，矿藏资源丰富，历史上治安状况混乱，匪患不断。当地先民从实际防御需求出发创造出来的土堡，平面布局和建筑结构独具一格，是闽中最有特色的防御性乡土建筑。

第一节　闽中区自然、文化与社会环境

闽中区地处戴云山脉西北侧、玳瑁山脉北段，闽中大谷地贯穿其中，主要河流有沙溪、尤溪，沙溪是闽江上游的三大支流之一。地形以中低山地、丘陵为主，河谷与山间盆地错落其间。属中亚热带季风气候，并具有南亚热带气候特点。

闽中是一块既古老又年轻的土地。说它古老，是因为位于三元区岩前镇的万寿岩遗址表明，早在20万年前，古人类就在这里繁衍生息。万寿岩遗址发现的约4万年前古人类石铺地面和排水沟槽，则是目前世界上最早的建筑遗址。说它年轻，是因为从移民史的角度看，闽中是福建开发最晚的地区。闽中移民大部分是闽北移民的分支，只是他们从浙江、江西过来之后走得更远，从建溪南下到达闽江上游沙溪流域。沙村县（今沙县）设置于东晋义熙元年（公元405年），属建安郡。当时闽中区只有一个沙县，地盘大，人口少。尤溪于唐开元二十九年（公元741年）置县，也是人烟稀少。唐末著名诗人韩偓《自沙县抵尤溪县，值泉州军过后，村落皆空，因有一绝》诗云："水自潺湲日自斜，尽无鸡犬有鸣鸦，千村万落如寒食，不见人烟空见花。"足见当时闽中区的荒凉。五代南唐灭闽国，方以延平为州治设剑州，将闽北、闽东、闽南和闽西中间这片无人管辖的飞地划分出来。明景泰三年（1452年）析沙县、尤溪县地置永安县，嘉靖十四年（1535年）又析尤溪、永安、漳平、德化县地置大田县，闽中才有了进一步开发。现三明市区原称三元县，是迟至1940年才设置的（图6-1-1）。

闽中区处于几个不同方言区的交界处。北面的顺昌、延平是闽北方言区，东面的闽清、永泰是闽东方言区，南面的漳平、德化、永春是闽南方言区，西面的连城、清流、明溪是客家方言区，各种文化成分混合交融。闽中区的移民主要有两个来源，一是宋代以来从闽西南进入这里的畲族；二是由浙江进入闽北后继续沿沙溪溯源而上的汉人。两者在闽中区不断融合，加上地理的阻隔，使得闽中逐渐脱离闽北中心区，形成与周边区域有所不同的方言，并对闽中的文化现象和社会组织形态产生直接影响。

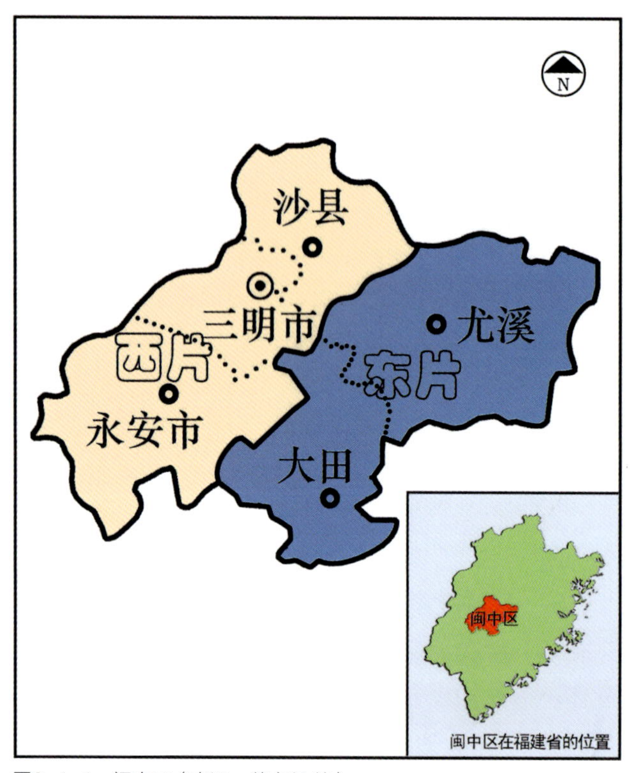

图6-1-1　闽中区（来源：戴志坚 绘）

闽中区的地理和气候决定了该地区的特点：青山长绿，植被多样，极少干旱，宜于农耕。但是由于谷地狭窄，水陆交通不够畅通，与外地交往历来较为困难。闽中人千余年来都以传统农业作为生存的最主要方式，这就养成了人们知足常乐，眷念故土，安土重迁，"父母在，不远游"的小农经济思想。与之相应，民风较为纯朴敦古。这种独处山区、自成一体、淡泊名利的人文性格，体现在传统建筑的风格上，形成了外观纯朴、不求奢华、讲求实用的山林文化气质。

闽中地处林区，木材资源丰富，传统建筑采用纯木结构或木构架承重，较少用砖建造住宅。传统民居散落在山坡上、流水边，质朴的木穿斗结构、清水木构梁架与白粉墙的质感、色彩对比，悬山屋顶丰富的跌落组合，构成了鲜明的地域特色。受周围各区建筑风格的影响，闽中传统建筑呈现出多元建筑文化现象。传统民居的类型有"一明两暗"式、排屋、堂横屋、土堡等。土堡是战乱时人们临时躲避居住之处，具有很强的防御功能，是闽中区最有特色的乡土建筑。

第二节　建筑群体与单体

一、传统民居

（一）排屋

排屋是闽中传统民居形式之一，为前店后宅式，在县镇一类用地比较紧张的地方较多采用。如沙县城关东门街区、三元区岩前镇忠山村、永安市贡川镇、尤溪县洋中镇桂峰村等地是排屋形式较为典型和集中之处。

与其他区相比，闽中排屋的进深较浅，其平面实际上是“一条龙”和“竹筒屋”式住宅的综合。排屋一排有若干开间，每间统一模式，通常为两层。底层靠近街道一侧的是客厅，有的辟为商铺店面，进去是卧房，卧房旁边留一条 1 米左右的走廊，通往后面厨房，厨房后部有小天井。两层的排屋多从底层厨房设楼梯上二楼。二楼设前后卧房，前卧房沿街巷一侧多设有阳台（图 6-2-1）。

闽中排屋的承重结构多采用穿斗式木构架，小青瓦屋面。以夯土墙或砖墙作为各户公用的墙体，多采用块石为基础，条砖斜砌勒脚。沿街巷立面一般不设檐墙，而是装有可拆卸、安装的木制隔扇，形成可通可隔的灵活空间。内墙材料为毛竹夹板草筋泥灰隔墙（图 6-2-2、图 6-2-3）。

（二）堂横屋

堂横屋是闽中传统民居形式之一，是客家堂横屋与闽中当地建筑风格结合所形成的独具特色的建筑形式。

堂横式民居的布局，常以形状如“口”字形或“日”字形的合院为主体，左右两侧对称分布纵向条形排屋。“口”字形合院叫做“二堂”，为前后两排堂屋，分别称“下房”、“上房”，下房、上房的明间称“下堂”、“上堂”。中间有天井，天井两侧为厢房。“日”字形合院叫做“三堂”，为三排堂屋，分别称“下房”、“中房”、“上房”，正中的明间称“下堂”、“中堂”、“上堂”。合院外两侧横屋称“扶屋”、“扶厝”。堂屋与横屋之间，以长条形的天井相隔；天井上，在与堂屋边门的对应处，建有过水亭廊。此类民居以二堂一横为主，

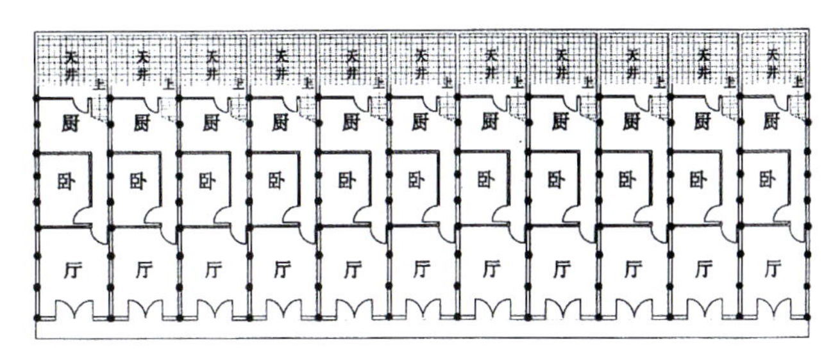

图6-2-1　沙县建国路排屋平面（来源：戴志坚 绘）

图6-2-2　沙县建国路排屋（来源：戴志坚 摄）

图6-2-3　三明市三元区忠山村排屋（来源：戴志坚 摄）

即前后二堂，左右各一条（称“直”）横屋。大型民居可以扩展为三堂二横或三堂三横等（图 6-2-4、图 6-2-5）。

闽中堂横屋可分为平地形和山地形。平地形堂横屋一般周

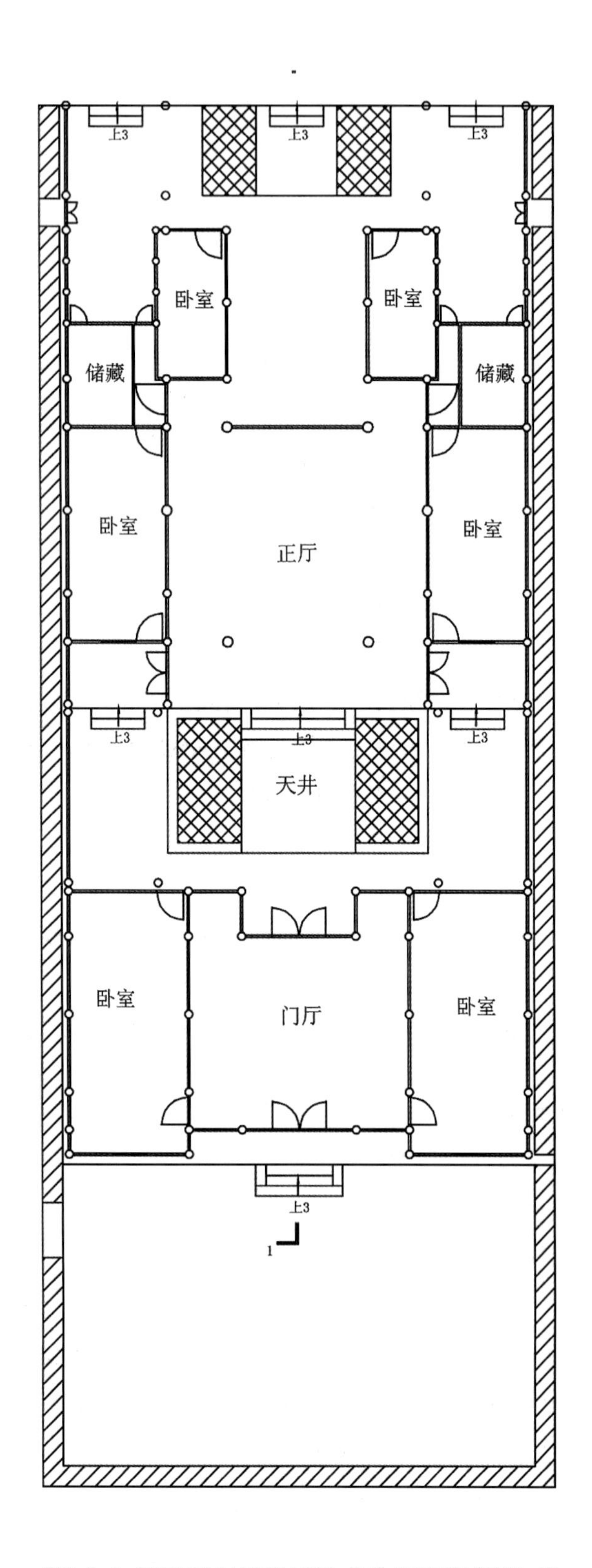

图6-2-4 三元区忠山村陈家大院为“口”字形平面（来源：戴志坚 绘）

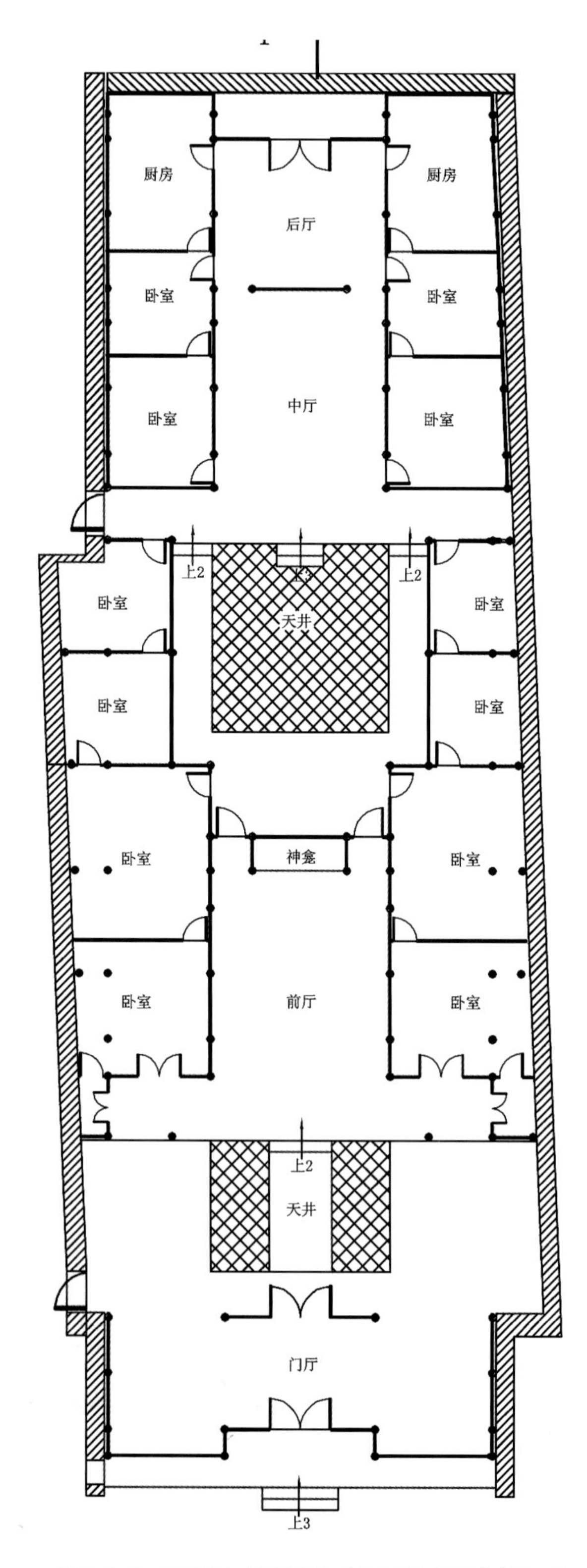

图6-2-5 三元区忠山垂裕堂为“日字形”平面（来源：戴志坚 绘）

图6-2-6　大田县太华镇小华村广崇堂（来源：戴志坚 摄）

图6-2-7　大田县广平镇绍恢堂（来源：戴志坚 摄）

图6-2-8　大田县广平镇深原堂（来源：戴志坚 摄）

边建矮墙；大门开在前围墙之侧，多为屋宇式随墙门；围墙之内、主体建筑前有长方形的庭埕。其平面布局与客家堂横式建筑相近，但主体建筑及横屋的侧面、背面，加建外挑的“挂寮”并开竖向木条窗，使起居及劳作空间更趋合理。山地形堂横屋地处坡地，面积较小，多数仅二堂二横。虽然也是前有空坪，后有化胎，但外部较少建围墙，也不做独立的外门楼，大门设在中轴线上，与下堂的明间部分合二为一。山地形民居的显著特点是，天井两侧的厢房、上堂，以及两侧横屋、后部围屋等，多数建成两层，以满足人口的居住需求[①]。

堂横屋多为穿斗式木构架，悬山顶，上覆小青瓦。地面多用三合土夯铺。墙体以夯土筑成，外墙较厚，约 0.5 米，内墙较薄，约 0.2 ~ 0.3 米。为了防水和美观，在墙上再刷一层石灰泥，白墙与青瓦屋顶形成强烈对比，朴实大方（图 6-2-6、图 6-2-7）。

例　深原堂位于大田县广平镇广平村，清咸丰元年（1851 年）建，光绪三十二年（1906 年）重修。占地面积 3582 平方米，由前后二堂、两侧各二直横屋及前部池塘、后部围垅等组成。池塘外侧建围墙，左右两侧与房屋的墙体连接，右前方开门。池塘与堂横式院落之间建院墙及路坪、前埕。主院落大门开在院墙右前方，为进深三柱、面阔一间的悬山屋宇式大门。主体建筑面阔五间，悬山顶，屋脊做三段跌落。下堂是开敞的门厅；尽间内靠次间一侧，用板壁隔出巷路，前檐开门，通往院内。下房与上房之间是大天井及厢房，天井居中设甬道；厢房后部有廊，可以下堂间的巷路相通。上堂在后金柱间用太师壁分隔前、后厅；次间与尽间之间设宽 1.05 米的通道，称“子孙巷”。合院的两侧是长方形的天井，有过水廊与扶厝连接。扶厝前方各自有门，可独立出入。建筑装饰类型丰富，木雕、石雕、灰塑、彩画技艺高超。特别是彩画装饰，色彩鲜丽，形象生动（图 6-2-8）。

（三）大厝

大厝是大户人家建府第式住宅的常用形式。其规模宏大，布局合理，防御功能较强，是闽中传统民居的典型。

闽中大厝是大型的集合住宅，建筑群以三合院、四合院为基本单位进行组织，布局形式是“一明两暗”的三间正房

① 陈其忠. 闽中大田文物精粹[M]. 福州：海峡书局，2010：151-152.

前的两侧配以厢房或两廊，围合成一个三合天井形庭院。整个建筑群由正厝、护厝、壁舍和厢房等组成，外有围墙围护，出入仅一个大门和几个小门。正厝多为三进式院落，有上、中、下堂，天井两侧设厢房。正厝两侧为护厝，上、中、下堂与护厝的横向连接处是“桥厅”（因侧天井的水从厅下流过，又称“过水廊”）。除有前后相连的天井院落外，又向横向并列几个院落，内部天井多达七八个，甚至十余个，占地面积多达几千平方米。

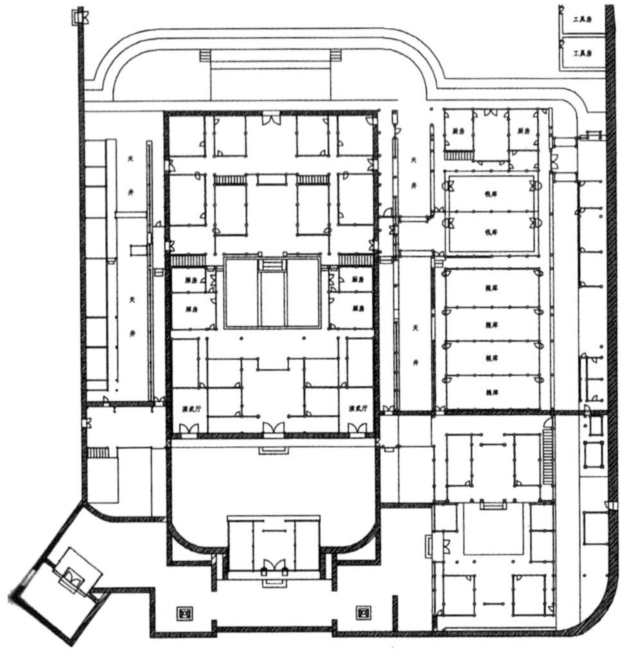

图6-2-9 尤溪县西滨镇厚丰村玉井坊郑氏大厝平面图（来源：李建军 绘）

闽中大厝的承重结构通常为穿斗式木构架，或采用抬梁式、穿斗式混合木构架。砖石墙或生土墙仅起围护作用。屋顶多为悬山式，屋面纵横交错、层层跌落并有精美装饰。木板隔墙是常用的室内空间分隔形式，也有采用编竹夹泥墙作为室内分隔材料。地面用砖铺砌或用三合土夯筑[①]。

例一 玉井坊郑氏大厝位于尤溪县西滨镇厚丰村，清乾隆五十五年（1790 年）建，历时十余年建成。坐北向南，主体建筑由正厝、扶厝和左右壁舍组成，占地面积 4485 平方米。厝内有主堂、礼仪堂、大型空坪、扶楼、壁舍、厢房，计 18 个厅、108 个房间、4 个书斋、4 个钱库、4 个粮仓、8 个过水亭、2 间武库、2 间工具房、2 间地契库、2 间厕所，建筑功能十分齐全。门庭开在围墙的西南角，为重脊悬山顶，面阔三间，进深三柱。门厅前后各有一块空坪。正厝为三层建筑，抬梁、穿斗式木构架，歇山顶，梁柱用材硕大。中堂为正堂，面阔五间，进深六柱，檐顶弓形轩，一层明间为议事大厅，后部的太师壁设神龛。一层地面用三合土夯铺，土丹施色。整个建筑群由围墙圈护，门庭之侧的围墙内建一座炮楼，具有较强的防御性能。装饰主要集中在中轴线上的房间，石雕、木雕、彩画的内容丰富，颇具特色（图 6-2-9 ~图 6-2-11）。

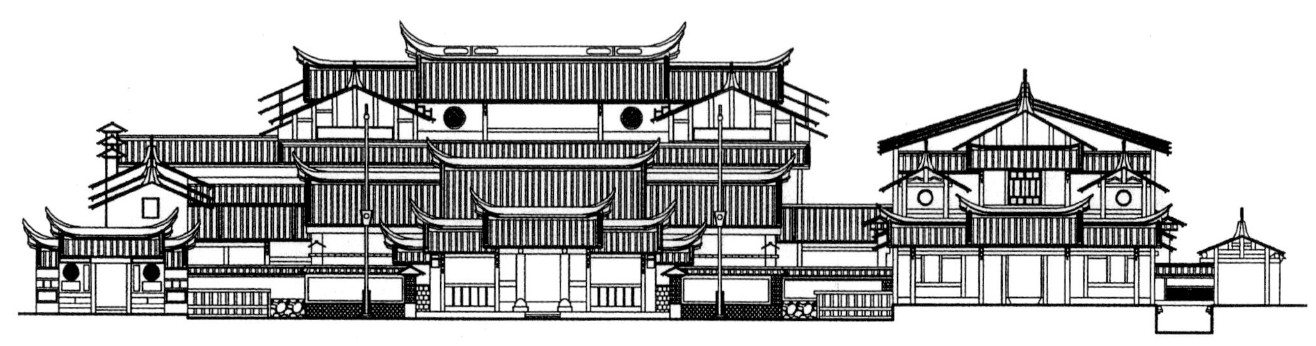

图6-2-10 玉井坊郑氏大厝立面图（来源：李建军 绘）

① 住房和城乡建筑部. 中国传统民居类型全集（中册）[M]. 北京：中国建筑工业出版社，2014：54.

图6-2-11　玉井坊郑氏大厝（来源：戴志坚 摄）

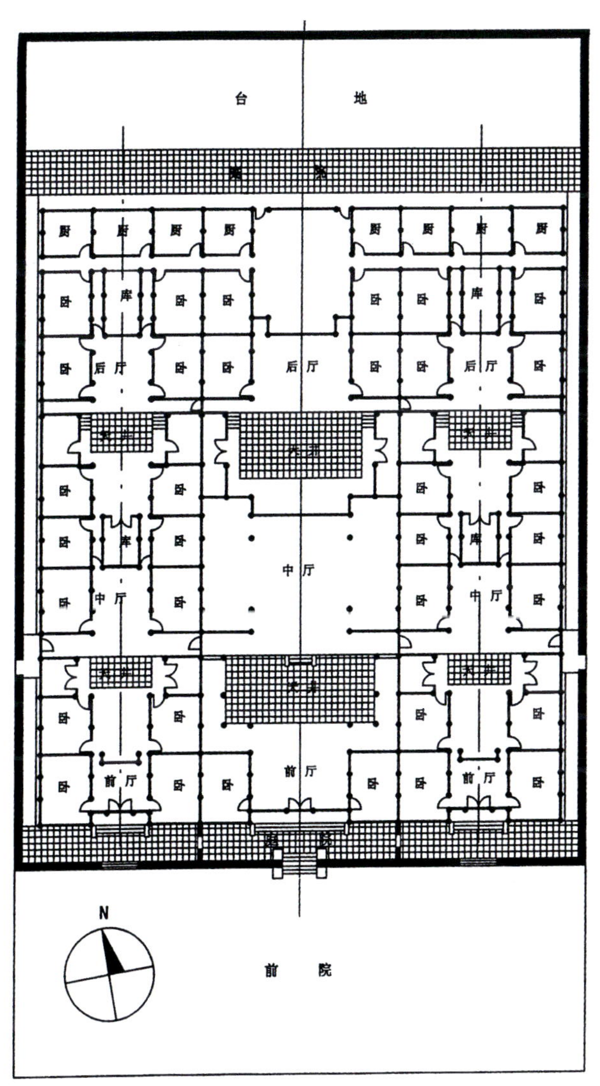

图6-2-12　沙县大水湾陈氏大厝平面（来源：戴志坚 绘）

例二　大水湾陈氏大厝又称“孝子坊”大院，位于沙县虬江街道茶丰峡村，清道光九年（1829年）建。占地面积8980平方米，由内院和外院组成。内院前墙中间设大门，两侧砌高大的封火山墙并安边门。院内由三座并列的三进三开间木构建筑组成，三座均有下堂、正堂、上堂、前后天井和两侧厢房。内院墙外各建两排护厝及外院墙。平面布局形式为在三条纵向轴线安排9个院落，具有纵向进深长、横向面宽窄的特点。正中轴线上的房间不仅尺寸大、体量大，而且装修豪华，随处可见精美的木雕和石雕。两侧轴线的房间则尺寸适中，装修一般。厨房等附属用房在最后一进的后侧，用横向走廊与卧房隔开。厨房后面是一个横向庭院，庭院后部登上几级台阶是一个台地，作为休闲、观赏之地。全宅均为木柱落地承重，当中只用木板作隔墙，穿斗式木构架，悬山式屋顶。四周外院墙为生土墙体，外墙西南面建一座碉楼（已毁）（图6-2-12）。

（四）土堡

土堡是位于福建省中部山区的防御性极强的居住建筑，其平面布局和建筑结构独具一格。现保存较完整的闽中土堡主要集中在大田、尤溪、永安、沙县等地。

闽中土堡是由极其厚实的土石堡墙围合着院落式民居构成的，平面多为方形、长方形、前方后圆形，极少数土堡为圆形、不规则形。土堡的外围是高大厚实的堡墙，墙体内二层或三层建有畅通无阻的防卫走廊（称“跑马道”）（图6-2-13）。大部分土堡在四角或合适的位置，建有碉式角楼（俗称“铳角”、“铳楼”）（图6-2-14）。堡内的民居建筑是主要生活空间，多为2～3层。大部分土堡的内院为合院式布局，中轴线上是二进或三进堂屋，正堂内设太师壁及神龛。厅堂两侧为厢房和护厝。堡内水井、粮仓等生活设施一应俱全。有的土堡的避难空间沿四周布置，内院中仅设主堂（图6-2-15）。前方后圆形土堡的后部有近似半圆的围屋，含有围垅屋等元素。有的土堡门前有半月池。

土堡的堡墙一般是单独夯筑的封闭性围墙，不作为建筑的受力体。墙基厚达2～6米，向上逐渐收分。墙体下部用

图6-2-13 大田县潭城堡跑马道（来源：戴志坚 摄）

图6-2-14 大田县太华镇小华村泰安堡角楼（来源：戴志坚 摄）

图6-2-15 大田县桃源镇 安良堡，堡墙内一间间避难屋（来源：戴志坚 摄）

大块毛石砌筑或外包石墙，上部用生土夯筑。堡墙上安装内大外小的斗形窗户和不同角度的竹制枪孔。堡门洞用花岗石砌筑成拱形，安装双重木门，木门外包铁皮，堡门上方有储水槽及注水孔等防火攻设施。堡内建筑按照当地传统民居风格建造，主体建筑为木结构或砖木结构，一般采用穿斗式木构架，有的主厅堂为抬梁、穿斗混合式结构，上覆小青瓦。双坡悬山式屋顶，屋宇跌落有序。堂屋地面用砖铺砌或用三合土夯筑，天井地面多用鹅卵石或三合土铺砌。

例一 安贞堡又名池贯城，位于永安市槐南乡洋头村，清光绪十一年（1885年）建，历时14年建成。依山而建，平面呈前方后圆，由外围堡墙和以厅堂为中心的院落组成，堡前有长方形空坪和半月池，占地面积8500平方米。堡墙高9米，墙基厚4米，中间夯土，外墙面用毛石垒砌，上部为夯土墙，厚0.8米，共设96个瞭望窗洞、198个射击孔。二层墙体内侧的跑马道宽2米多。堡门用花岗石起拱砌筑，门洞上方有2个泄水孔，安装两重铆着铁皮的硬木门板。正面两侧建凸出堡墙3米的碉式角楼，堡后屋檐下悬挑1个瞭望台。中心院落为二层三进，中心厅堂三开间，两侧各有3排厢房（俗称“正官房”、“二官房”、“三官房”）。外围是一圈二层护楼，护楼内侧有一圈层层抬高的通廊。堡内共有木构房屋320余间，水井5口，楼梯5部。梁架结构正堂为抬梁、穿斗混合式，其余为穿斗式，悬山式屋顶。该堡在闽中土堡中规模最大，装饰最精美（图6-2-16、图6-2-17）。

例二 安良堡位于大田县桃源镇东坂村，明万历四十七年（1619年）始建，清嘉庆十一年（1806年）重建，历时5年建成。依山临溪而建，平面呈前方后圆，占地面积约1500平方米。溪上设独木桥，加上堡前高高的石阶，构成护卫土堡的屏障。堡墙高约9米，基础宽达5米，用毛石垒砌，上部是夯土墙，外敷一层草拌泥。二层堡墙厚0.8米，跑马道宽1米，内沿建一圈廊屋（称“包楼”或“包房”），共48间，每间5平方米。堡墙上设竹制射击孔60余个，斗式条窗17个，方窗6个。正门为石质拱门，门洞上端有2个注水孔。安装双重木门，门板外包铁皮。堡东侧另开一小门。堡内木构建筑由前后两座房屋组成，均为穿斗式木构架，悬山顶。正堂面阔三开间，明间设太师壁及神龛。正堂与后堂两侧各

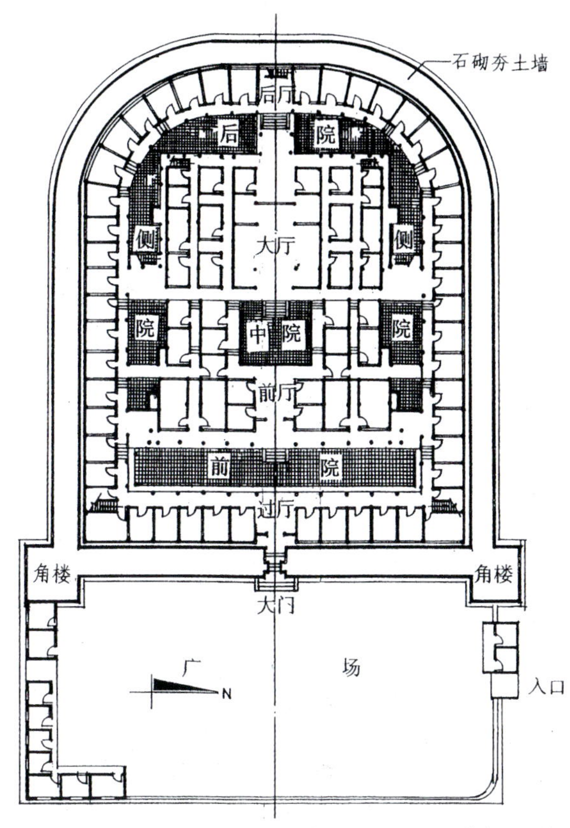

图6-2-16　永安市槐南乡洋头村安贞堡一层平面图（来源：戴志坚 绘）

有一排护厝。该堡最独特之处是高台地、高落差的建筑布局。堡墙和堡内建筑随着地势升高，前后高差达 12 米，其恢宏气势令人震撼（图 6-2-18、图 6-2-19）。

二、宫庙

在闽中区留存至今的寺庙宫观中，宫庙的数量较多，供奉的神灵多为民间俗神和地方神。

现存的宫庙多建于宋代以后，绝大多数为明清时期的建筑遗存，反映了闽中区传统营造特色。最典型的是三明市梅列区的正顺庙。该庙始建于南宋绍定六年（1233 年），历代均有修葺，祀宋代地方神祇谢佑。占地面积 534 平方米，由门殿（明间为牌楼式）、两厢、廊庑和正殿组成。正殿面阔七间（尽间为弄），进深五间，抬梁、穿斗式木构架，悬山顶。明间前檐另建四坡屋顶，檐下有如意斗栱出跳承托出檐，当心间、次间顶施藻井，梢间施平棊。抬梁上置蜀柱，雕刻瑞兽图案。里外金柱均为梭柱，石柱础为素面覆盆式，保留宋代特征。现存主要木构架为明代之物，斗栱、柁墩、雀替

图6-2-17　永安安贞堡（来源：戴志坚 摄）

等构件颇具地方特色。

闽中区的宫庙以中、小型居多。小型的庙宇为单体建筑，或者由主殿与两侧厢房组成。中型庙宇的平面布局近似四合院，通常布局形式为前堂、两厢、正殿，或者由牌楼、前堂、正殿、后堂组成（图6-2-20、图6-2-21）。大型庙宇多建有戏台，有的设钟鼓楼。如沙县城隍庙建于清乾隆九年（1744年），占地面积6426平方米，自南向北中轴线上依次为山门、中殿、倒座抱厦、抱厦、大殿。山门面阔三间，进深一间，抬梁、穿斗式木构架，歇山顶，山门东西两侧筑高墙。中殿前庭宽广，面阔五间，进深三间，抬梁、穿斗式木构架，悬山顶。倒座抱厦原有古戏台，面阔、进深各一间，抬梁式木构架，歇山顶。抱厦两侧各建9间厢房。大殿面阔、进深各五间，抬梁、穿斗式木构架，悬山顶。平面布局保持始建年代原状（图6-2-22）。

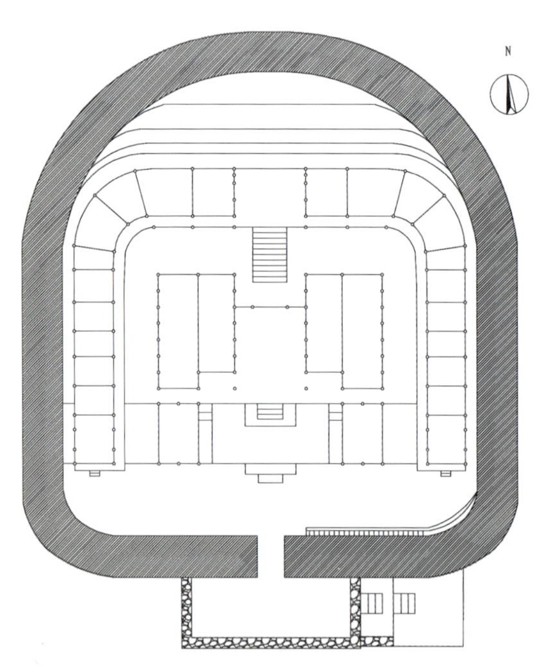

图6-2-18　大田县桃源镇安良堡平面图（来源：李建军 绘）

图6-2-19　大田安良堡（来源：戴志坚 摄）

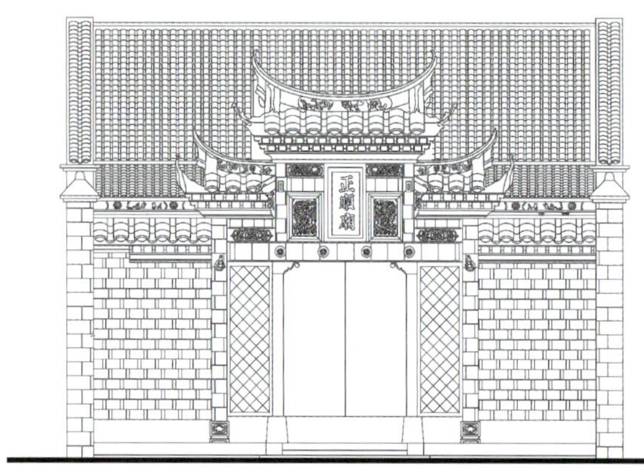
图6-2-20　永安市贡川镇正顺庙立面图（来源：厦门大学闽台建筑文化研究所 提供）

图6-2-21　永安市贡川镇正顺庙（来源：戴志坚 摄）

图6-2-22　沙县城隍庙（来源：戴志坚 摄）

三、祠堂

闽中区祠堂的建造始于宋代，大多数为明清两代所建。经历代的重建、修葺，不少祠堂仍保留清代的建筑风格。

尤溪是南宋著名理学家朱熹的诞生地。在闽中，对朱子等理学家的崇拜处处皆是。例如，在三元区岩前镇忠山村，有元代始建的四贤祠，祀宋代杨时、罗从彦、李桐、朱熹四人。在尤溪县城关镇的南溪书院（朱熹故居）（图6-2-23），有后人为了纪念朱熹倡立的文公祠。重建的文公祠面阔七间，进深五间，为二层重檐歇山顶木结构建筑。在沙县凤冈镇大洲村，有元至正元年（1341年）始建、明洪武三十年（1397年）重建的豫章贤祠。该祠为纪念宋代理学家罗从彦而建，由门屋、两侧廊庑、正屋组成，占地面积325平方米。正屋面阔五间，进深二间，明间饰藻井，穿斗式减柱造木构架，重檐歇山顶。

闽中宗祠的规模一般较小，通常为二进或三进，有的有前坪和半月池。例如，三元区荆西镇荆东村的垂裕祠为邓氏宗祠，由坪地、半月池、牌楼、前堂、后堂和后厢组成，占地面积900平方米。大田县桃源镇梅里村的荥阳祠为郑氏宗祠，由外埕、门亭、天井、厢房、正堂和围墙组成，占地面积610平方米。在装饰方面，永安、三元、梅列等地的祠堂常有木构牌楼，斗栱重叠，颇为壮观。尤溪、大田等地则相对朴素一些。

在闽中区的宗祠中，若从规模和装饰来看，应属永安市贡川镇集凤村的陈氏大宗祠最有代表性。该祠为崇祀陈氏入闽始祖陈雍所建，始建于明万历三十三年（1605年），清康熙三十六年（1697年）重建。占地面积3027平方米，坐西向东，依次为大儒里牌坊、大坪、木门楼、门厅、庭院（中有方形水池）、前厅、天井、大厅、后院，前厅与大厅的两侧建有侧厅，作为福建陈氏各地分支的祀厅。入口以3座门楼作为引导，气势非同一般。第一道是朝北的石牌坊“大儒里”，四柱三开间柱出头，石雕精细。第二座是木门楼，五开间五屋顶跌落，屋顶以斗栱承托出檐，飞檐翘角，门楼两侧有石狮和抱鼓石。第三座是石雕门楼，五屋顶跌落，以砖雕的二跳丁头栱承托出檐。前厅面阔七间，进深三间。大厅面阔五间，进深五间，设神龛。抬梁、穿斗式木构架，歇山顶。大厅明间为抬梁式，施月梁。梁架、脊檩、卷棚的木雕富有特色，挡溅墙与屋脊的灰塑、彩画十分精美。祠内保存大量的匾额和对联，昔日的荣耀尽显其中（图6-2-24、图6-2-25）。

图6-2-23　尤溪县南溪书院（来源：戴志坚 摄）

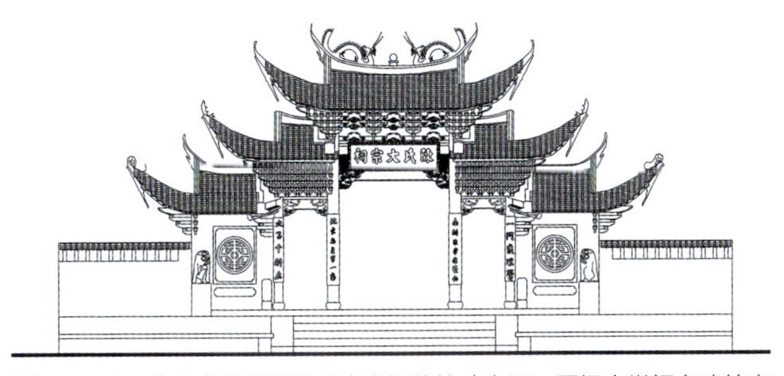

图6-2-24　永安市贡川镇陈氏大宗祠牌坊（来源：厦门大学闽台建筑文化研究所 提供）

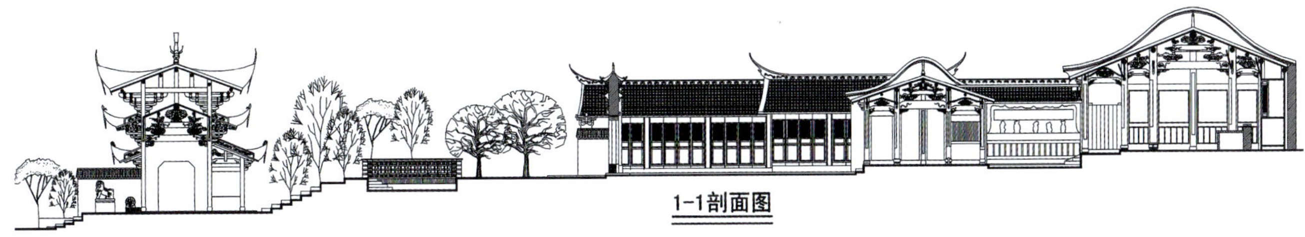

图6-2-25　陈氏大宗祠剖面图（来源：厦门大学闽台建筑文化研究所 提供）

第三节 建筑元素与装饰

一、屋顶

闽中传统建筑的屋顶形式多为双坡悬山顶，坡度平缓，屋面铺青瓦。大田等地民居的山墙上部往往挑出瓦顶，与人字屋面构成三角形屋檐，其外观貌似歇山顶。大型民居或土堡常顺应地形前低后高，屋顶也随之层层跌落，形成独特的景观（图6-3-1）。屋脊端部弧形隆起的收头造型独具地域特色。

土堡的碉式角楼屋架一般用雷公柱支撑，屋面以四面坡为主，部分用悬山顶。

二、墙身

青砖空斗墙和夯土墙是闽中传统建筑常见的外墙形式，基础用毛石或卵石砌筑（图6-3-2）。为了防水和美观，在夯土墙上再刷一层石灰泥，使外墙成为白色。也有墙体采用夯土墙与青砖空斗墙混合，基础石砌，杂砖平砌勒脚。

闽中土堡的外墙为厚实的夯土墙。墙基石砌，墙体下部用大块毛石砌筑，高度0.8～2.8米不等，也有的墙脚或墙体用块石和大鹅卵石包裹，石缝间用三合土塞紧抹平。墙体上部用生土夯筑，夯土墙内埋入毛竹片或毛竹枝丫或木桩、木板以加固墙体。向上逐渐收分，外观稳固坚实（图6-3-3）。

在正厅或正堂与天井相连屋面交界处，用瓦片、青砖叠涩垒砌成一堵矮墙，用来阻挡雨水滴溅至堂屋内，称防溅墙或雨梗墙。防溅墙上有灰塑加彩绘的装饰（图6-3-4）。

木板隔墙是闽中民居常用的室内空间分隔形式。木板墙的下截一般作平墙，用厚约1厘米的厚木板拼成，上截一般为堵板隔墙。也有的山区民居采用菅蓁（一种芦苇）杆或竹片编织成格堵板装配上墙面，然后用稻草黏土浆打底，最后用白灰砂浆抹面。

三、门楼

闽中各地的入口门楼各具特色，大致可分为牌楼式和屋宇式两种。牌楼式门楼以砖构、石构居多，多为四柱三间一

图6-3-2 毛石墙体（来源：戴志坚 摄）

图6-3-3 生土墙体（来源：戴志坚 摄）

图6-3-1 尤溪县台溪乡书京村天六堡主厅堂屋面（来源：戴志坚 摄）

门，三屋顶跌落；屋顶以斗栱承托出檐，飞檐翘角，造型优美。屋宇式门楼多为进深二至三柱、面阔一间，穿斗式木构架，悬山顶，风格较为简洁、朴实（图 6-3-5、图 6-3-6）。

图6-3-4　防溅墙（来源：戴志坚 摄）

图6-3-5　牌楼式门楼（来源：戴志坚 摄）

图6-3-6　屋宇式门楼（来源：戴志坚 摄）

四、建筑装饰

（一）彩绘

闽中传统建筑的装饰以彩绘最为突出。彩绘最集中的部位是位于正堂前檐与天井两侧厢房屋面交界处的防溅墙。防溅墙的三面均可作画，彩绘题材包罗万象，十分精美。彩绘也大量使用在门楣、护厝的山花墙上，以及屋脊、隔墙、围墙檐下的水车堵等处。彩绘颜料用矿物、植物制作，大量的彩绘、彩画遗留至今，仍然色彩鲜艳，宛如近作（图 6-3-7、图 6-3-8）。

（二）木雕

木雕一般用在梁枋、月梁、脊檩、卷棚、斗栱、雀替、门窗、

图6-3-7　大田县广平镇光裕堡檐下彩画（来源：戴志坚 摄）

图6-3-8　大田光裕堡防溅墙内彩画（来源：戴志坚 摄）

图6-3-9 永安民居木雕（来源：戴志坚 摄）

图6-3-10 永安市青水乡福临堡厅堂（来源：戴志坚 摄）

太师壁等处，雕刻手法有高浮雕、浅浮雕、透雕、圆雕、线刻、鎏金等。正堂山面梁架上和檐廊梁架上的柁墩雕刻最为精湛，隔扇和门窗的木雕也很精彩（图6-3-9、图6-3-10）。

第四节 闽中区传统建筑风格

一、对各地建筑风格兼容并蓄

闽中区地处福建腹地，四周被闽南区、闽东区、闽北区、客家区围合，东西南北各种文化成分在这个地区混合交融。加上闽中是福建最迟开发的地区，外地移民众多，移民带来了各自原住处的建筑文化，因此闽中传统建筑呈现出多元的建筑文化现象。各种建筑风格的兼容并蓄，孕育了具有闽中地域特色的建筑形式。以尤溪、大田一带的传统民居为例。民居的平面布局在三合院或四合院的基础上纵横发展，两旁的附属建筑根据地形、功能的要求灵活布置。天井较狭小，厅堂却高大开敞，以2～3层为主。大宅中往往附设学堂或书楼、书院。这样的布局方法与闽北传统民居相似。横堂式建筑由中轴线上的“堂”和两侧的“横屋”，以及前部的长方形空坪、后部的半圆形化胎共同组成，布局形式与客家的堂横屋相近。屋顶正脊分成几段，由舒展平缓的曲线向两端吻头起翘成燕尾，其做法有闽南建筑的特色。封火墙有弧形、马鞍形、折线形等造型，这是受闽东建筑的影响。闽中区的建筑装饰也兼具各地特色。彩绘、彩画的题材丰富，色彩鲜艳，画风流畅，工艺水平可与闽北彩绘装饰相媲美；木雕有闽东木雕的精致；石雕不失闽南石雕的细腻。

二、木构架为传统建筑常用承重结构

由于受外来影响较大，闽中传统建筑在建筑材料的选用上种类较多，不拘一格。如建造院落式民居主要墙体材料为砖、石，土堡外墙体的主要材料为生土。但这些都不是最典型。在闽中传统建筑中，材料来源最为广泛、使用最频繁的要数木材。因为闽中区为林区，满山遍野生长的各类木材是人们取之不尽、用之不竭的建筑资源。闽中传统建筑采用的是木构架承重，木板壁隔断。承重木构架通常为穿斗式，或穿斗式、抬梁式两者混合的构架形式。如民居的主厅堂为求得宽大的体量空间和梁枋装饰效果，通常采用抬梁式木构架；次厅堂或卧房则用比较简单的穿斗式木构架，因此闽中民居有“千柱落地”之说，意思是形容住宅中柱子之多。闽中区的堂横屋多为穿斗木结构，构架完全暴露，清水木构立柱与横梁完美地组合。夯土墙体外刷石灰泥。本色的木构件与白粉墙之间形成鲜明的质感、色彩对比，立面极富个性（图6-4-1）。

图6-4-1 穿斗木构架（来源：戴志坚 摄）

图6-4-2 永安市青水乡安仁桥（来源：戴志坚 摄）

图6-4-3 永安市贡川镇会清桥（来源：戴志坚 摄）

闽中区也有廊桥遗存，形式多为平梁木廊桥和石拱廊桥。石拱廊桥的建桥工艺不如闽东、闽北的木拱廊桥高超，但是比木拱廊桥更耐风雨侵袭和洪水冲击，因此受到人们的欢迎。闽中区现存的石拱廊桥中，有的建造水平较高，地方特色鲜明，如永安市贡川镇集凤村的会清桥、青水畲族乡三房村的安仁桥（图6-4-2）。会清桥的始建年代不祥，明成化二十一年（1485年）重修，桥长41米，宽7米，2墩3孔。木构桥屋56柱，11间，中部施藻井并设神龛，四周设护栏，两侧檐下施挡雨板。高大的木牌坊式门楼从南北两端桥头攀架而立，斗栱重叠，檐角高翘。桥屋中段升起重檐歇山式的桥亭，与两头的门楼相呼应（图6-4-3）。

三、防御功能突出

闽中区处于纵横交错的山地、丘陵等组成的大小山间盆地，地形复杂，地广人稀，竹木和矿藏资源丰富。这里是多县交界之处，山谷阻隔，交通闭塞，匪患成灾，历来便是难于管理的区域。如明景泰三年设置永安县与镇压邓茂七起义有关，嘉靖十四年又为弹压盗匪设置大田县。在这样特殊的地区，为了保护来之不易的财富和更为重要的身家性命，各家族、各村庄建寨筑堡的现象比比皆是。闽中民居四周封闭的围墙、院内或厝外建造的碉式角楼，也体现了强调安全的构筑理念。

闽中土堡是当地先民从实际防御需求出发创造出来的乡土建筑。土堡平时可以供人居住，土匪和强盗来袭时又可合力防卫。也有一部分土堡平时不住人，只有在遇到土匪流寇袭击的时候，村民或者族人才暂时居住其中。土堡在选择堡址时，注重选择有利于防御的地点。或耸立在山冈上，或依山而建，可凭借山体之势据险御敌（图6-4-4）；或建于水田中，或贴溪河岸边而建，可利用烂泥或水等自然条件御敌（图6-4-5）。有的在土堡周围挖壕沟（图6-4-6），有的土堡入口做成高台基、长坡道，以增加匪寇攻击的难度（图6-4-7）。

如果按功能分类，闽中土堡可分为防御型和堡宅合一型。绝大部分土堡以防御为主，居住为辅，因此特别注重防御设施的布建。高大厚实的土石堡墙、依建在堡墙内的畅通无阻

图6-4-4 建于山冈上的琵琶堡（来源：戴志坚 摄）

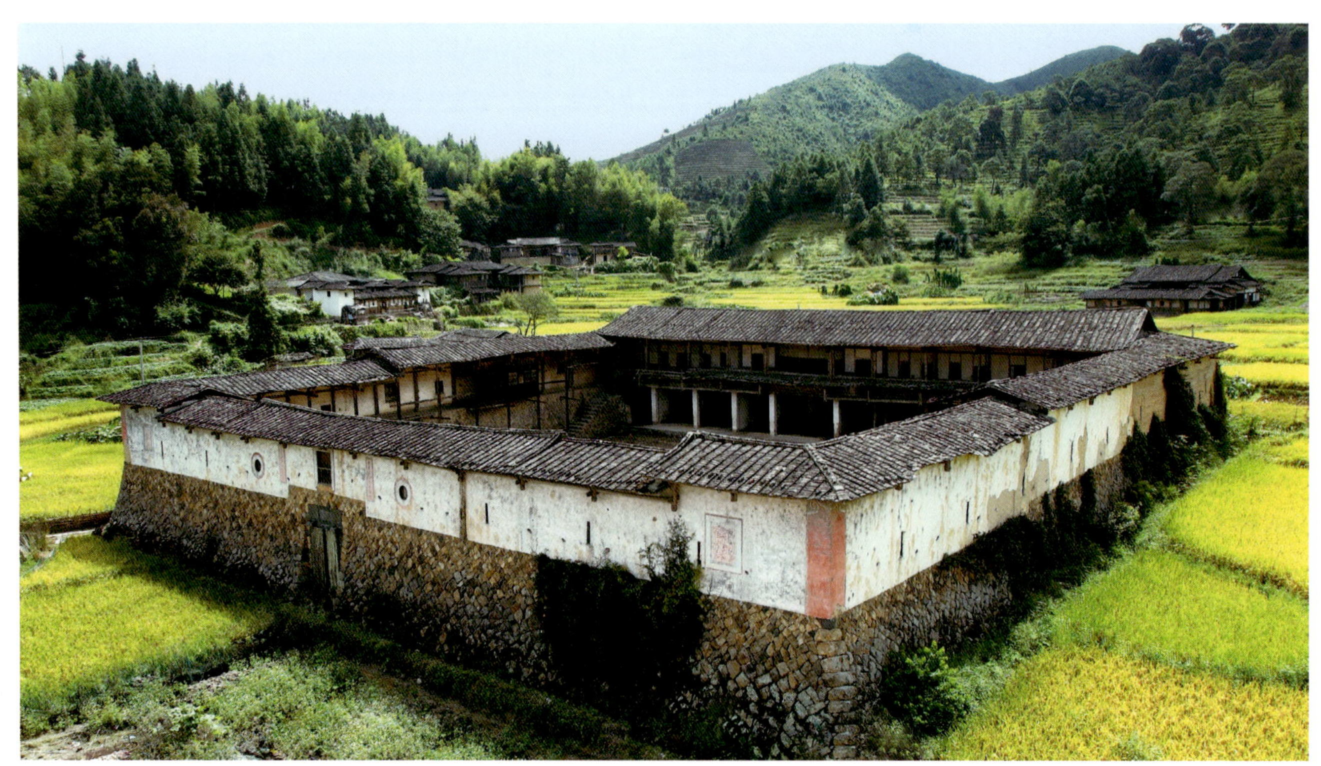

图6-4-5 建于水田中的凤阳堡（来源：戴志坚 摄）

图6-4-6　带护堡壕沟的莲花堡（来源：戴志坚 摄）

图6-4-7　入口为高台基的茂荆堡（来源：戴志坚 摄）

的跑马道（图6-4-8）、高高耸立的碉式角楼、内大外小的斗式条窗、布满堡墙的不同角度的竹制枪孔、条石或块石砌筑的堡门、外包铁皮的双重木门，以及防火攻设施（门上方设储水槽及注水孔），都是颇具特色的防御设施。有的土堡还设有犬洞和鸽楼（图6-4-9）等报警求救的设施。

图6-4-8　土堡内的跑马道（来源：戴志坚 摄）

图6-4-9　土堡里报信用的鸽笼（来源：戴志坚 摄）

第七章　客家区传统建筑特征解析

客家人是汉民族系统的一个分支，主要聚居在我国粤东北、闽西南、赣东南地区和散居于湘、川、桂、琼、台诸省。福建的客家人是指居住在原汀州府及周围讲客家方言的一个汉族民系。客家区位于福建省西部、西南部。客家传统建筑主要分布在三明市的宁化县、清流县和龙岩市的长汀县、上杭县、永定区、武平县、连城县这7个纯客住县，以及三明市的明溪县、建宁县和漳州市的南靖县、平和县、诏安县等非纯客住县。客家区农业生产的自然条件较为恶劣，交通也比较闭塞，就整体情景而言，北方汉人入迁定居的时间要比其他区迟缓一些。团结和奋进是客家精神的核心，巨大的聚居规模和向心的布局形式是客家移垦文化在传统建筑上的反映。由于北方汉人入迁的交通路线不同，客家区形成几个小区域，建筑的形式和风格也有所不同。堂横屋是客家区最常见的传统民居类型，连城、长汀一带的“九厅十八井”是客家大宅最具代表性的居住形态，分布于永定区及周围的客家土楼是最有特色的客家传统建筑类型，汀江流域的客家公共祭祀楼阁建筑也具有鲜明的地域特色。

第一节 客家区自然、文化与社会环境

客家区西面与江西省交界，南面与广东省接壤。地势西高东低、北高南低，地形破碎，峡谷交错。武夷山、玳瑁山、博平岭沿东北—西南走向，依次由西向东呈平行状分布。境内山岭起伏，间有河谷与山间盆地，可耕地较少。主要河流有汀江、沙溪上源九龙溪等。大部分地区属中亚热带季风气候。

关于客家的起源，存在着客家中原说和客家土著说等多种说法。一般认为，客家民系是南迁汉人聚集于闽、粤、赣连接地区，经过与当地畲、瑶等土著居民融合而成的，具有有别于汉族其他民系的独特的方言、文化和特性的一个汉族民系。因此，"客家"不是一个种族的概念，而是文化的概念。

福建的客家人也同闽海人一样，主要先民分布在中原各地。从入闽时间看，相对于闽海人，客家人都是后来者。由于福建的平原和沿海地区已被先来主籍捷足先登，客家人无法插足，不得不避住自然条件较为恶劣的山区。闽西是福建客家人的主要聚居地。北方汉人一般通过两种途径进入闽西山区：一是先迁入闽江流域或福建沿海地区，再转迁而进入闽西山区。因前面的章节已有介绍，在此不赘述。二是直接从外省迁入闽西。如宁化县石壁镇是历史上由赣南进入闽西的必经要冲，由赣入闽的客家先民多选择在此居留，经数代繁衍后，再向外拓展。近亿客家人、210个姓氏以上与石壁有渊源关系，故有"北有大槐树，南有石壁村"之说。

北方汉人直接从外省迁入闽西山区的交通线路有三条：一是从江西省瑞金翻越桃源栋进入长汀，二是从江西省会昌等地经过火星栋等隘口进入武平。这两条线路有汀江连接，因此形成长汀、上杭、永定、武平四县的客家小区域。其中第一条线路是北方汉人入迁闽西形成客家区域最重要的一条线路，也是客家人向广东省拓展最主要的源头。另一条主要通道是穿越江西省石城与宁化之间的站岭隘，进入沙溪上游地区，而后进入闽粤交界的客家区域。这条线路有沙溪连接，因此形成宁化、清流、明溪等县的小区域。连城县也是客家人居住区，但居民的来源较复杂，有从长汀、宁化等地迁来的，也有从永安、漳平等地迁来的，从而使连城的客家人形成一个比较独特的小区域。漳州的南靖、平和、诏安三县与永定交界的一些乡镇也有客家人居住（图7-1-1）。

客家区的自然环境比较恶劣，山峻水急，交通不便，因此客家先民迁入的时间相对要比其他区迟缓一些。闽西早期的居民有闽越族、畲族等。汉晋南北朝时期，虽然也有少量北方汉民迁入，但数量十分有限。唐代，随着经济重心的南移和福建其他地区的逐渐开发，进入闽西落户的人数有所增加。客家先民迁入闽西之初，主要居住在沙溪上游地带和汀江两岸。沙溪之畔的黄连县（今宁化县）于唐开元十三年（公元725年）设置，可见这里是闽西人口发展最快的县之一。开元二十四年（公元736年）置汀州，州治设在汀江之畔的长汀县，可知这时入迁闽西的北方汉人已初具规模。

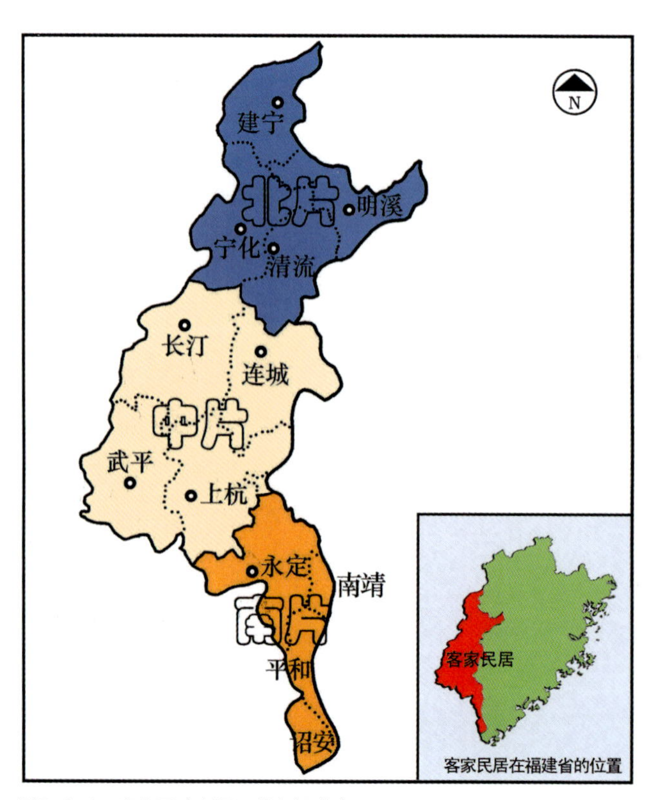

图7-1-1 客家区（来源：戴志坚 绘）

唐宋以后，北方汉人开始大规模迁入，移民逐渐从汀江和沙溪两岸向山区扩展。根据外地移民不断增加和土地逐渐开发的状况，北宋时设置了建宁、上杭、武平、清流四县，南宋时增设莲城县（今连城县），明代成化年间（1465～1487年）又增设归化县（今明溪县）和永定县。从客家区的建制沿革，大体可以看到客家移民自宋代以后大量增加，山区也得到迅速开发的趋势[①]。

客家人的人文性格主要有三点：一是勤劳俭朴，二是崇宗敬祖，三是开拓进取。客家区山多田少，地瘠民贫，农业生产的自然条件比较恶劣，社会环境也比较复杂。长期生活在这里的客家人，练就了吃苦耐劳、坚毅果敢的性格，并以此生生不息、代代相传。客家人和闽海人一样都是南迁的中原汉人，入闽之前已经历了数次大动乱。为了生存和发展，客家先民进行长途迁徙，经过几代人的艰苦跋涉，定居在闽西、闽西南这块贫瘠的土地上，“逢山必有客，无客不住山”便是客家移垦文化的写照。在饱尝颠沛流离的痛苦之后，客家人更加巩固和加强了宗族、家族观念，聚族而居、敬祖睦宗显得十分突出。客观环境造成的生活压力也要求客家人必须精诚团结，以增强与自然、与社会抗争的能力。明清时期，客家区土地与人口的矛盾日益尖锐。为了拓展生存和发展空间，大批客家人再次走出家门，移居江西、浙江、广东、海南等地，甚至漂洋过海到台湾和东南亚各国谋生。

巨大的聚居规模和向心的布局形式是客家移垦文化在建筑上的反映。在客家传统建筑中，最有特色和引以自豪的是土楼。分布在永定及周围的客家土楼造型独特，防卫性能很强，封闭的土墙内部又有开放的空间，数百人聚居在此亲密无间。客家传统民居最常见的是由居中的合院式堂屋与两侧横屋组合而成的堂横屋。连城、长汀一带 “九厅十八井”是按照北方中原一带的合院建筑形式，结合南方多雨潮湿的地理气候环境而构建的大型院落式民居，同样适应了客家人聚族而居、尊祖敬宗的心理需求。

第二节　建筑群体与单体

一、传统民居

（一）堂横屋

堂横屋是客家区最常见的民居类型，各县均有分布。它既传承了北方四合院的布局，又适应南方的气候条件，增加两侧的横屋和天井，创造了舒适的居住空间。

堂横屋由堂屋与横屋组合而成。最简单的堂屋为“两堂式”，即上下两堂与厢房围成的二进四合院。下堂为门厅，对中心天井开敞，两侧房间可作次卧室。上堂又称祖堂或祖厅，供奉祖宗牌位。祖厅两侧的房间为主卧室，由家庭中辈分较高的人居住。天井两侧的厢房可作厨房。横屋是在堂屋一侧或两侧的排屋。为适应大家族聚居的要求，可以“两堂式”为基础向横向、纵向扩建发展(图7-2-1)。扩建的首选方式是在两侧加建横屋，堂屋与横屋之间隔着纵长的天井，

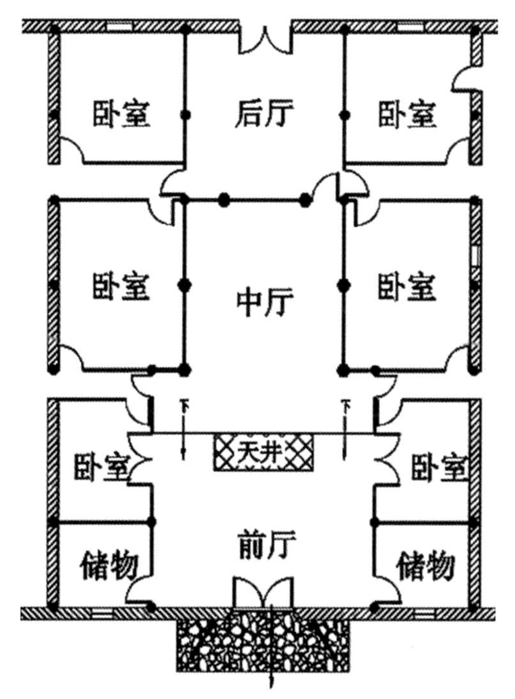

图7-2-1　堂横屋平面图（来源：戴志坚 绘）

① 陈支平. 福建六大民系[M]. 福州：福建人民出版社，2000：115-123.

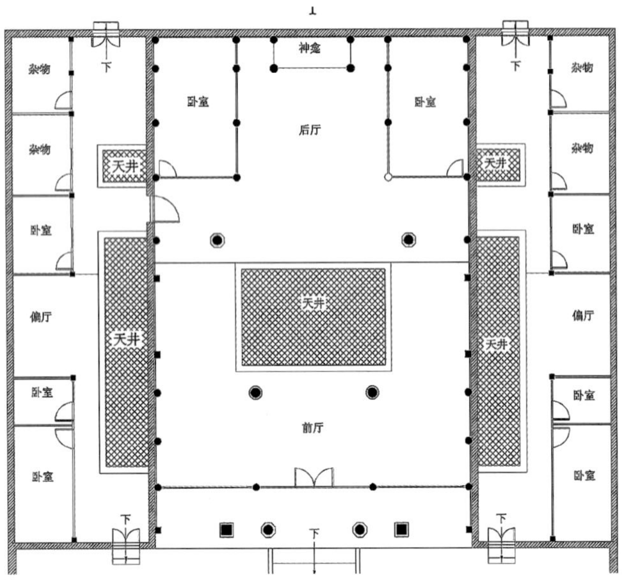

图7-2-2 两堂两横（来源：戴志坚 绘）

用廊道相连。规模较小的堂横屋由上下两堂与两侧各一列横屋组成，称“两堂两横”。沿横向发展还可以增加四列以上横屋，沿纵向则可以发展到三进、四进堂屋。这类规模较大的堂横屋称“三堂两横”、“三堂四横”、“四堂两横”、“四堂四横”等(图7-2-2、图7-2-3)。

堂横屋多采用抬梁与穿斗混合式木结构，硬山式屋顶，上覆小青瓦。基础用大块鹅卵石砌筑，墙面材料多采用青砖及毛竹夹板抹灰等。装饰主要集中在入口门楼、檐下、门窗、梁架等部位。

例一 修齐堂又名上新屋，位于宁化县石壁镇陈塘村，清咸丰五年（1855年）建。由水塘、围墙、雨坪、门楼、门厅、天井、正厅、后花台及左右各二列横屋组成。门厅为抬梁式结构，与厢房围合的天井尺度较小。正厅面阔五间，进深九柱，穿斗式结构。正厅以太师壁分隔为中厅、后厅，中

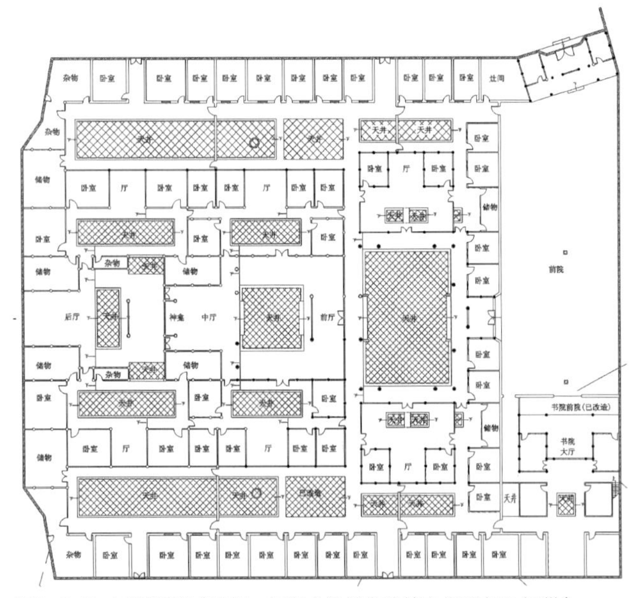

图7-2-3 三堂四横（来源：厦门大学闽台建筑文化研究所 提供）

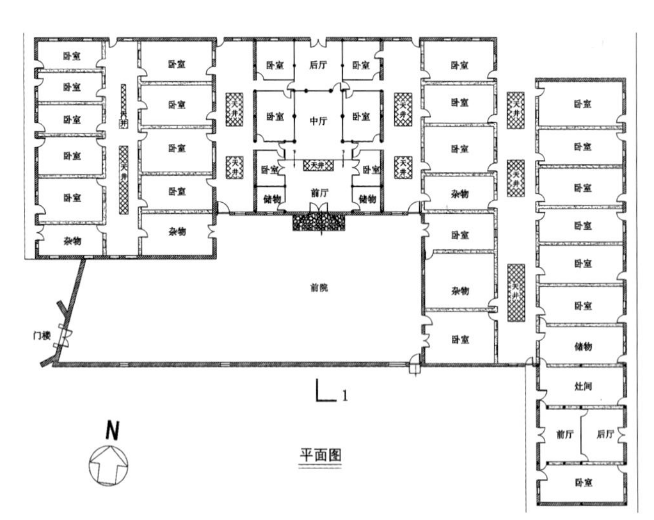

图7-2-4 宁化县石壁镇陈塘村修齐堂平面图（来源：厦门大学闽台建筑文化研究所 提供）

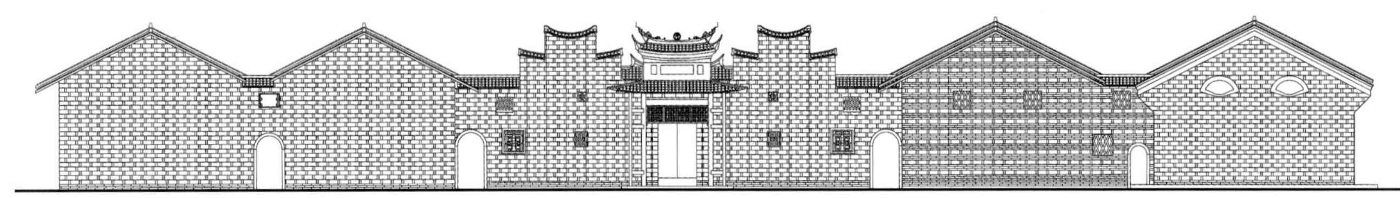
图7-2-5 陈塘村修齐堂立面图（来源：厦门大学闽台建筑文化研究所 提供）

图7-2-6 宁化县石壁镇修齐堂（来源：戴志坚 摄）

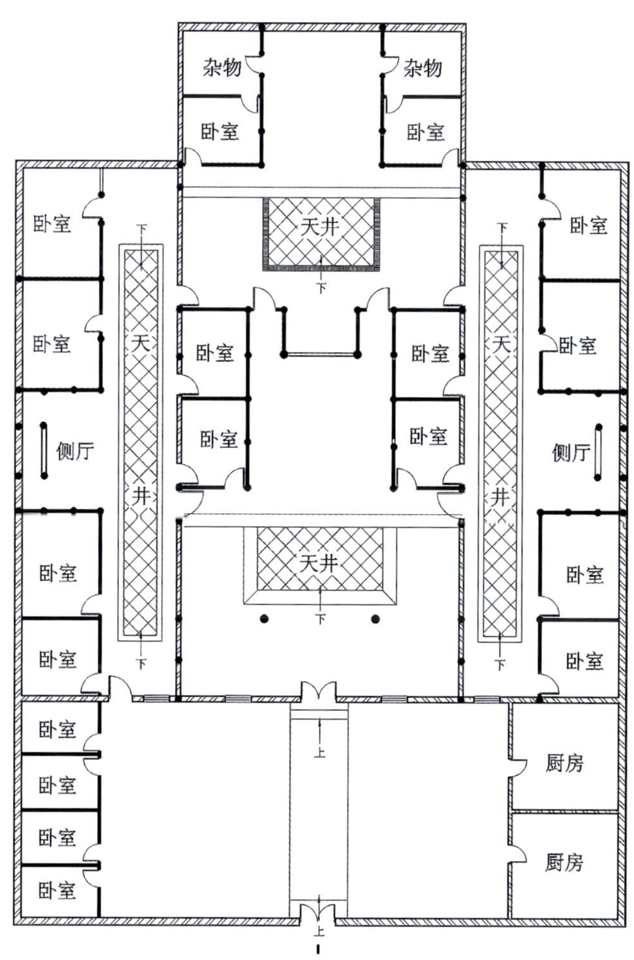

图7-2-7 长汀县三洲乡新屋下民居平面图（来源：厦门大学闽台建筑文化研究所 提供）

厅供奉祖宗牌位，左右各两间卧房。横屋用作卧房，左侧横屋伸出坪外。厢房、正厅两侧房间、后厅、横屋皆为两层。正面用空斗砖砌筑的封火墙阶梯式跌落，墙顶盖瓦呈曲线形两端翘起。前院雨坪西侧设外门楼，砖砌，重檐硬山顶。门厅大门上升起三山跌落的门楼，翼角飞翘，屋脊及翼角施以砖雕，门额上施以灰塑；门前出一个八字木门楼，门楣木质漏花十分精致（图7-2-4～图7-2-6）。

例二 新屋下民居位于长汀县三洲乡三洲村，明正德八年（1513年）建，后有修葺。平面布局为“三堂两横”，由外门、门埕、门厅、大厅、后楼及左右各一列横屋组成，占地面积715平方米。门厅三开间通透，未施隔断。大厅面阔三间，进深八柱带卷棚式前步廊，中设太师壁。后楼两层。门厅、大厅明间为抬梁式结构，次间为穿斗式结构，悬山式屋顶。木构件特别是垂帘柱及雀替的雕刻刀法流畅，做工精细。设两道大门，外大门简洁。二道门即门厅入口，做成三山跌落的门楼，施以灰塑，石质门额上阴刻“绪缵谈经”(图7-2-7)。

（二）九厅十八井

“九厅十八井”是大型院落式客家民居的典型代表。“九”、“十八”均为虚指，表示宅内有诸多的厅堂与天井。现存“九厅十八井”民居主要集中在连城县、长汀县、上杭县境内。

“九厅十八井”是在北方合院基础上由客家堂横屋逐渐发展而成的。它适应南方多雨潮湿的气候特点，有良好的通风、采光、排水系统，又满足了客家人聚族而居的心理需求。其平面布局是由居中的三至五进厅堂及左右两侧对称的横屋组合而成，充分利用敞厅与天井的空间特性营造舒适的居住环境。整个建筑群中轴对称，厅堂、房间与天井有机结合。中厅、大厅接官议政、婚丧嫁娶，偏厅会客接友，楼厅藏书教子，厢房、横屋起居饮沐，平面布局合理，使用功能齐全。

“九厅十八井”住宅以木结构为主要承重结构，青砖砌筑的外墙体只起围护作用。木构架主要采用抬梁与穿斗相结合的做法，以穿斗式为主。多为硬山式屋顶，上覆小青瓦。地面用三合土夯成。在入口门楼、檐下、大厅、花厅等处有丰富的石雕、木雕、灰塑、彩绘等装饰。

例　继述堂又称大夫第，位于连城县宣和乡培田村，建于清道光九年（1829年），历时11年建成。坐西向东，占地面积6900平方米，有18个厅堂、24个天井、108个房间。宅前有外雨坪，门楼高大宏伟。正房部分共四进，依次为前厅、内雨坪、中厅、天井、大厅、天井、后厅、天井，每进都升高一步台阶。内雨坪两侧隔花窗墙，墙后各设一个侧厅堂，自成一厅二房带小天井布局。中厅、大厅雕梁画栋，是

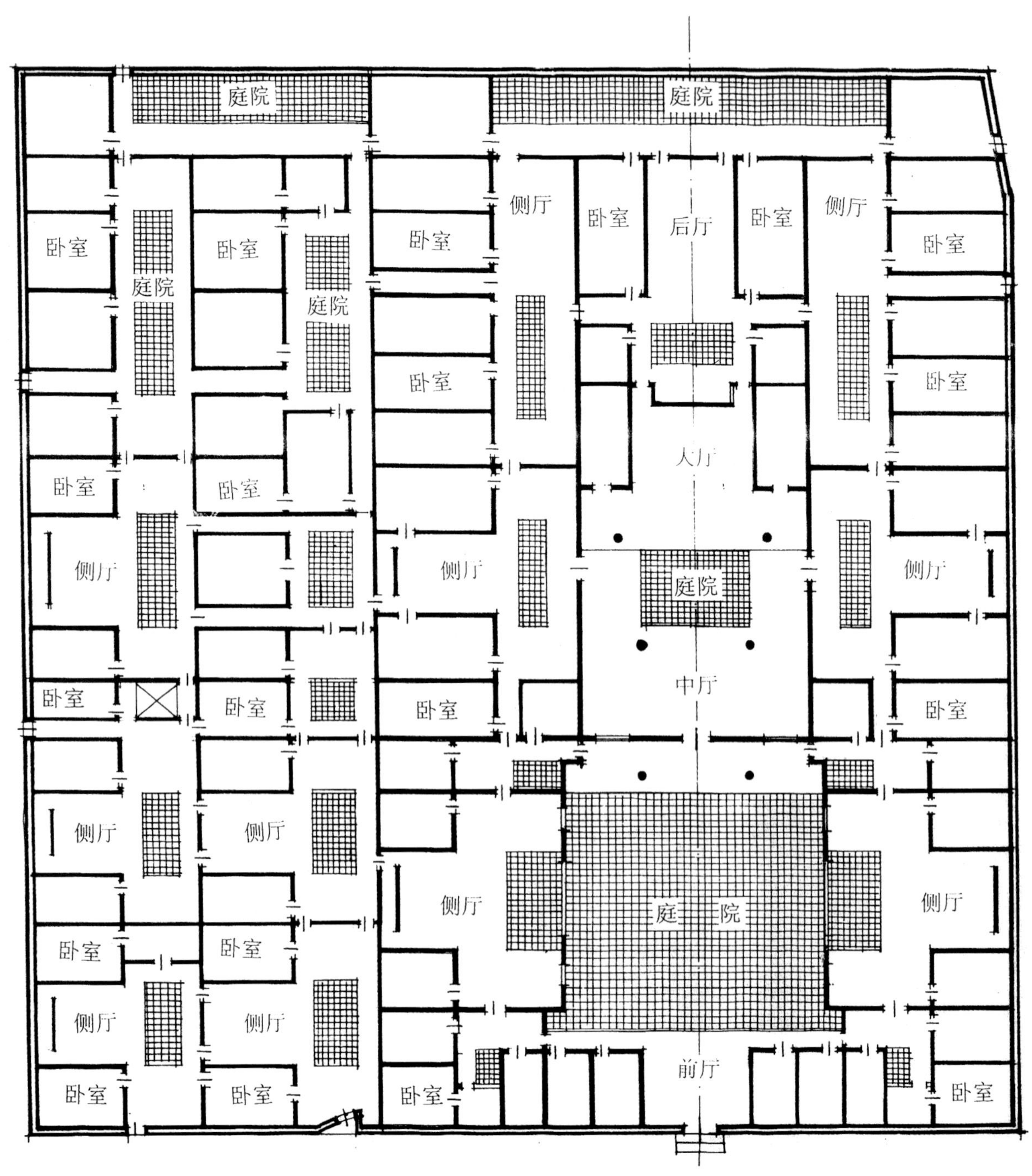

图7-2-8　连城县宣和乡培田村继述堂平面图（来源：戴志坚 绘）

婚丧嫁娶、会客、议事之处。大厅两侧设主卧房，分成前后间。后厅是主人生活起居的内宅，朴素典雅。主厅堂两侧有四列横屋，为左边一列、右边三列的不对称布局。侧天井纵长，做数个过水廊，既解决交通联系问题，又使空间有了分隔。横屋为南北朝向，每个独立单元采用一厅二房一天井的布局，虽然房间众多，但因朝向好、光线足、空间大，使用起来十分方便。地面以三合土夯铺，既防潮又耐磨(图7-2-8、图7-2-9)。

（三）围垅屋

围垅屋是在客家堂横屋的基础上，适应山坡地形，后部加半圆形围垅及“化胎”而出现的住宅类型。福建围垅屋的数量较少，主要分布在上杭、永定、连城、长汀等县。

围垅屋多建于山坡地，建筑布局顺应地形，中轴对称，主次分明。它以堂屋为中心组织院落，前半部是堂屋和横屋组成的合院，后半部是半圆形的围屋。堂屋与屋后围垅之间围合出的半圆形空间称“化胎”或“花台”。屋前有雨坪，有的还

图7-2-9　继述堂立面（来源：戴志坚 摄）

有半月形池塘。内部堂屋居中，住屋围合，空间序列井然有序。建筑主体是堂屋，至少二堂，一般为三堂，堂与堂之间是天井。下堂进深较小，作为门厅，中堂为议事厅，上堂为祖公堂。堂屋两侧为横屋，横屋与堂屋组合，形成二堂二横、二堂四横、三堂二横、三堂四横等不同形式。为适应大家族聚居的要求，后部还可以扩建发展为多围垅，有二横一围垅、四横二围垅等形式。整体建筑呈前低后高，前方后圆。

围垅屋多采用抬梁式与穿斗式相结合的木构架，硬山式屋顶，上覆小青瓦。墙脚用块石干砌，外墙为夯土墙或青砖墙。厅堂地面多用三合土夯铺，房间为泥地面。入口门楼多为牌楼式。门窗隔扇、梁架等处有精细的木雕。

例 双灼堂位于连城县宣和乡培田村，建于清后期。坐西向东，四进三开间带横屋对称布局，占地面积1320平方米。出入口偏在一侧，大门朝北。经外雨坪进中轴线上的门楼厅，到达内雨坪。内雨坪两侧对称设侧厅，自成一厅二房带小天井的三合院，分别有小门与内雨坪、横屋联系。中轴线正中是前厅、中厅、后厅，两侧为横屋。“三堂二横”之后是一个横向庭院和半圆形的围屋，围屋设1厅10房。建筑装饰考究，尤其是厅堂的屏风、窗扇、梁头、雀替等部位精雕细刻，技艺精湛(图7-2-10、图7-2-11)。

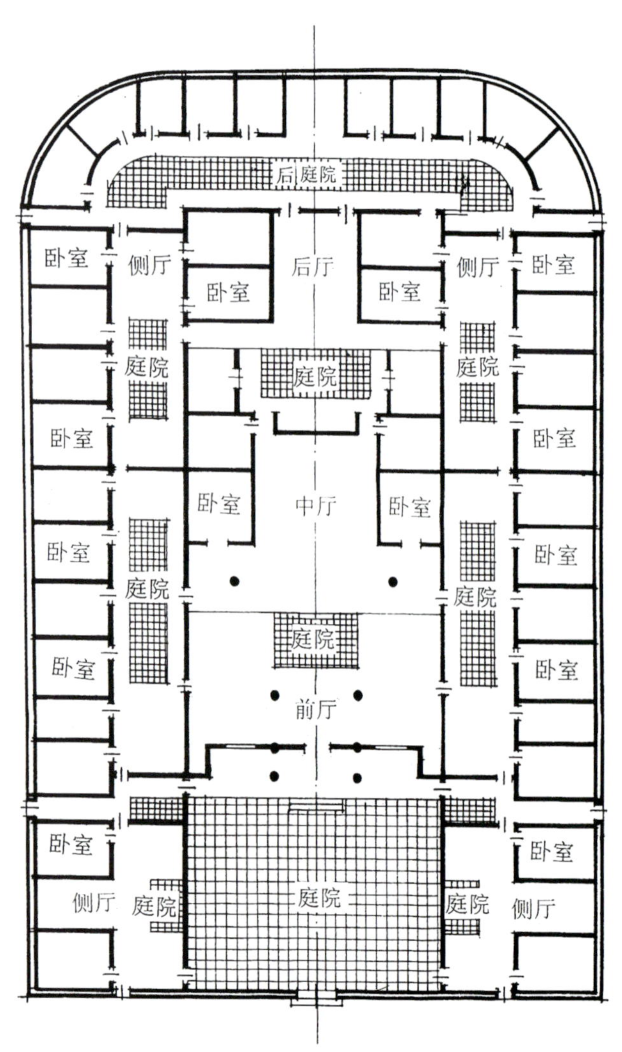

图7-2-10 连城县宣和乡培田村双灼堂平面图（来源：戴志坚 绘）

图7-2-11 培田双灼堂后院（来源：戴志坚 摄）

（四）五凤楼

五凤楼以高大的夯土楼房而独树一帜，主要分布在永定区境内。其布局规整，主次分明，充分体现了封建礼教的尊卑次序。

五凤楼的标准平面布局为“三堂二横”：下堂的明间为门厅，设屏门以分隔空间，屏门只有重大礼仪活动时才打开。中堂的明间为正厅，空间高大，是举行祭祀和婚丧喜庆活动的场所。上堂为3～5层的主楼，是全宅最高的建筑，为长辈的住房。主楼标准平面布局是以厅为中心，两侧各两间卧房，厅后设楼梯。三堂的两侧是横屋，紧挨着下堂的为单层，一般作书斋；往后靠着主楼的依次递高，是晚辈的住处。规模更大的五凤楼还有“三堂四横”等多种布局形式。主楼最高，作九脊顶；横屋歇山向前，逐级跌落，前低后高。整体平面中轴对称，主从有序，条理井然。

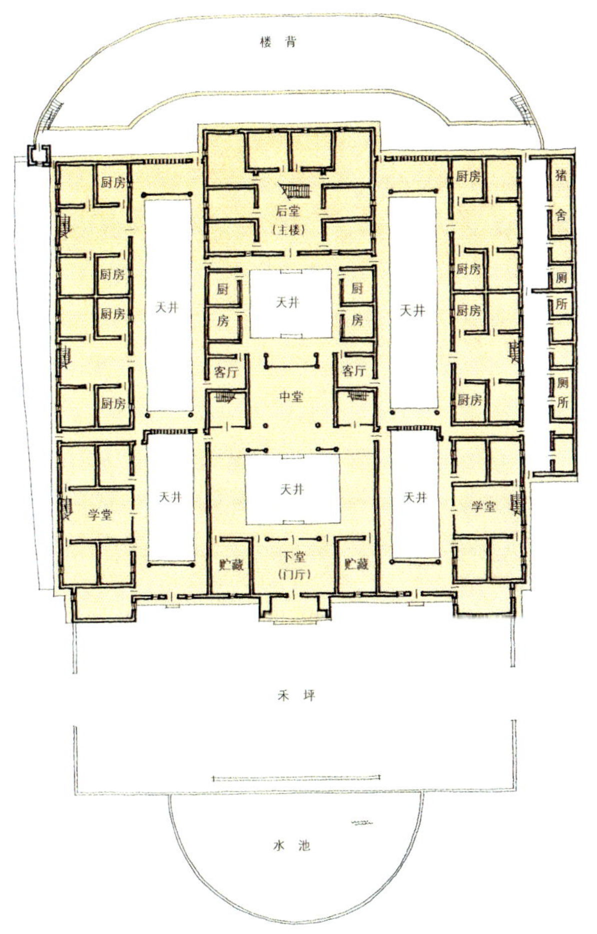

图7-2-12 永定县高陂镇大塘角村大夫第平面图（来源：黄汉民 绘）

五凤楼的堂屋和横屋均以夯土墙承重。近代建造的五凤楼内院中厅也有采用青砖墙作承重墙或矮墙隔断。夯土墙基及墙脚均用大鹅卵石干砌。夯土外墙加白灰粉刷。瓦屋顶作九脊顶，出檐巨大，檐口平直，屋脊简洁。五凤楼的装饰主要集中在入口门楼与中堂。门楼用青砖砌筑，墙面作灰塑、门联、楼名门匾等装饰。中堂是全宅的中心，厅前两侧设精美的漏花隔扇，厅内雕梁画栋[①]。

例 大夫第又称文翼堂，位于永定区高陂镇大塘角村，清道光八年（1828年）建。“三堂二横”对称布局，面宽52米，纵深53米。下堂、中堂均为三开间。大门构筑庄重、气派，屋顶作三段歇山式，出檐四角加角叶装饰。下堂明间作门厅，次间作客房和储藏室。中堂明间是祭祖的正厅，次间作客厅、书房、账房。后堂为主楼，包括夹层共5层，作为家中长辈的住所。主楼每层都是8间卧房，三面围绕大厅对称布置，厅后设楼梯。三堂之间是前后两个天井，前天井两侧为敞廊，后天井两侧是小厨房。横屋分别由三个平面布局相同的基本单元沿纵向拼接而成，最前面一开间单层；靠前的一个单元2层，作学堂；靠后的两个单元3层，为住所。横屋屋顶歇山向前，层层跌落。三堂与二横之间形成窄长的天井，用连廊联系，前后设门。楼后的山坡上围出半圆形的庭院。楼前是宽敞的晒坪，坪前是半圆形水池，晒坪与水池之间设一照墙(图7-2-12、图7-2-13)。

（五）客家土楼

客家土楼是福建土楼的一种主要类型。它适应特定的历史地理环境，形成外圈围合、聚族而居、防卫性很强的巨型楼房住宅，主要分布在永定区以及客家人、闽南人混居的南

① 住房和城乡建筑部. 中国传统民居类型全集（中册）[M]. 北京：中国建筑工业出版社，2014：30-37.

靖、平和、诏安县部分乡镇。

客家土楼从生土夯筑的五凤楼发展而来。有方楼、圆楼及变异形式土楼三种主要类型。客家土楼主要采用内通廊式布局。平面布局的特点是居住空间沿外围均匀布置，设内向通廊连通全楼。土楼高3～5层，楼内设公共楼梯联系上下。住房不分辈分一律均等。住户垂直拥有每层一个开间的房屋，通常一层为厨房，二层用作谷仓，三层以上为卧房。内院中心建祖堂，是供奉祖先牌位和地方神祇的厅堂，或兼作私塾学堂。

土楼外围是承重的夯土墙，石砌基础，墙脚用块石或大鹅卵石干砌至最高洪水位以上。墙身厚1米多，用生土夯筑，逐层收分。楼内为木穿斗结构，楼层内侧悬挑通廊。屋顶为瓦顶，通常内通廊还出挑瓦做腰檐。内院用鹅卵石铺地，四周设排水沟。窗洞内大外小，白灰抹边。大门门框用条石砌成，四周用白灰粉刷，门扇为厚木板外包铁皮，门框顶部设水槽以防火攻[①]。

在客家土楼中，方楼的建造历史早于圆楼。方楼的平面呈方形、长方形，四角各有一部楼梯。内院空敞的居多，祖堂设在中轴线尽端的底层。比较讲究的方楼还在祖堂前设客厅及回廊，即内院中套着一个四合院。规模较大的方楼，布局较为复杂。有的方楼两侧加护厝，有的大门外又围合前院，有的在方楼内院中又建一座方楼，楼中套楼，蔚为壮观。客家方楼以永定区湖坑镇洪坑村的奎聚楼、永定区高陂镇上洋村的遗经楼、南靖县梅林镇璞山村的和贵楼较为典型。和贵楼始建于清雍正十年（1732年），占地面积1547平方米，由5层高的方楼及单层的厝围合出的前院组成，为“楼包厝、厝包楼”的形式。方楼宽36.6米，深28.6米，只设一个大门出入。楼层内侧设回廊，4部楼梯分布在四角。

图7-2-13　大夫第外景（来源：戴志坚 摄）

① 住房和城乡建筑部. 中国传统民居类型全集（中册）[M]. 北京：中国建筑工业出版社，2014：56.

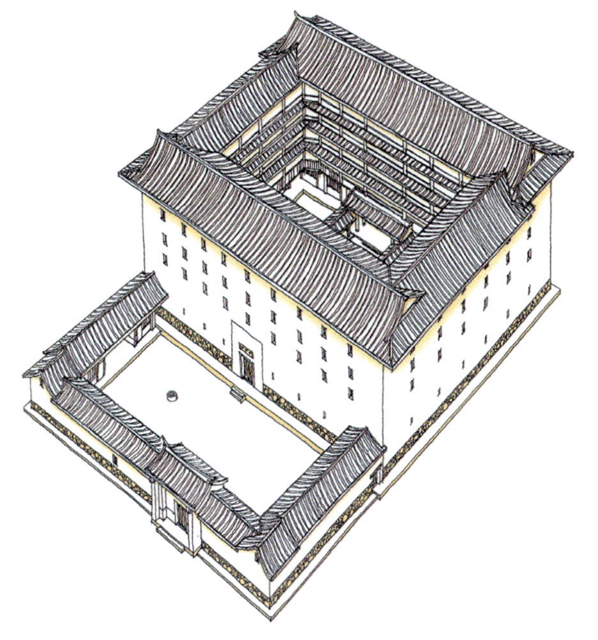

图7-2-14　南靖县梅林镇坎下村和贵楼透视图（来源：黄汉民 绘）

每层28间沿周边对称布置，围合成一个内院。内院中心是祖堂兼书斋，其间有一个方形小天井。内院用鹅卵石铺地，两边各有一口水井。瓦屋顶巨大的出檐达3.3米，九脊顶高低错落，覆盖在13米高厚实的土墙上，显得格外雄伟壮观(图7-2-14、图7-2-15)。

圆楼有单环圆楼与多环圆楼之分。沿圆形外墙分隔成大小相同的房间，内侧为走廊。祖堂一般设在内院中心，平面方、圆不一，建造年代较晚的多数设在正对大门的环楼底层。客家圆楼的典型如南靖县梅林镇坎下村的怀远楼（图7-2-16、图7-2-17）、永定区湖坑镇新南村的衍香楼、永定区湖坑镇洪坑村的振成楼、永定区高头乡高北村的承启楼。承启楼始建于明崇祯年间（1628～1644年），清康熙四十八年（1709年）落成。由四个同心环形建筑组合而成，占地面积5371.17平方米，最盛时居住600余人。外环为主

图7-2-15　和贵楼外景（来源：戴志坚 摄）

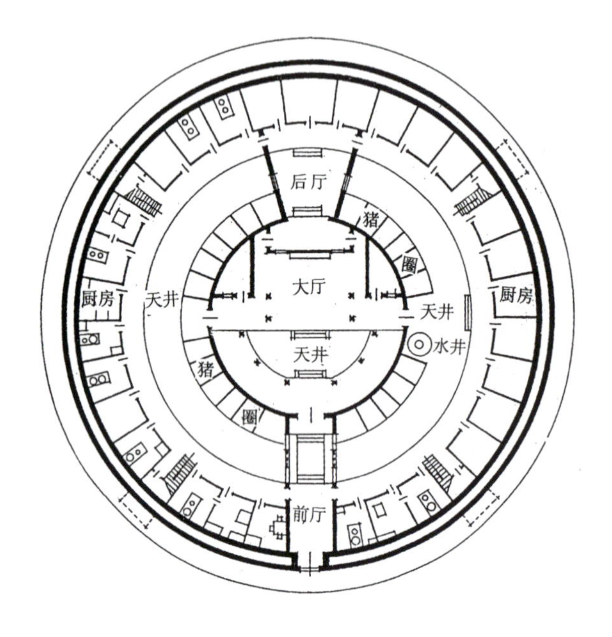

图7-2-16　南靖县梅林镇坎下村怀远楼平面图（来源：黄汉民 绘）

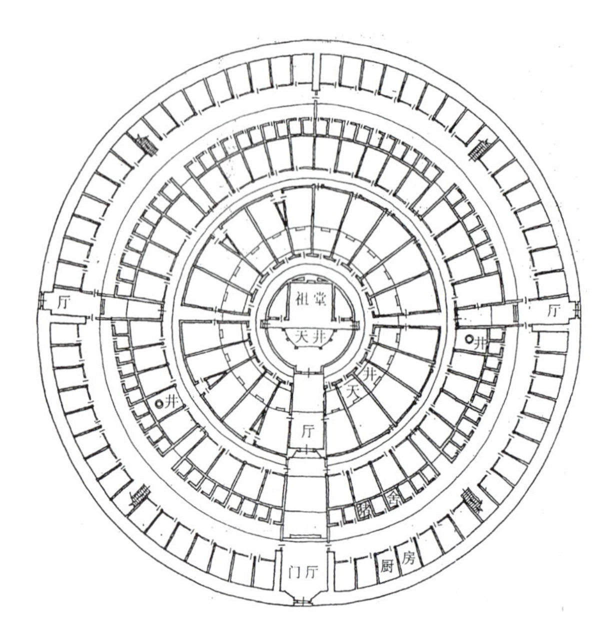

图7-2-18　永定区高头乡高北村承启楼平面图（来源：黄汉民 绘）

图7-2-17　怀远楼外景（来源：戴志坚 摄）

图7-2-19　承启楼外景（来源：戴志坚 摄）

图7-2-20　承启楼内庭（来源：戴志坚 摄）

图7-2-21　永定区高北乡高东村顺源楼（来源：戴志坚 摄）

楼，4层，高12.4米，直径62.2米，底层墙厚1.9米，每层67开间，设4部楼梯。二层以上挑梁向圆心延伸1米左右，构筑略低于栏杆的屋檐，屋檐下用杉木板按房间数分隔成一个个小储藏室。底层是厨房，二层为谷仓，三、四层作卧房。第二环分为四段，局部两层共36开间，用作客房。第三环单层，共21开间。楼中心是祖堂、回廊与半圆形天井组成的单层圆屋，歇山顶，室内雕梁画栋。环与环之间以天井相隔，以廊道或小道相连。二环和三环之间有2口水井。南面开大门，东、西两侧开边门，可通过各环的通道直通祖堂(图7-2-18～图7-2-20)。

变异形式的土楼结合地形布局，有五边形、八边形、八卦形、半月形等形式。如永定区高头乡高东村的顺源楼是一座五边形的内通廊式土楼，坐落在溪边一块三角形的陡坡地段。顺溪建造，沿溪一边为弧形。随坡地高低布局，土楼沿溪面3层，楼后部2层(图7-2-21)。

二、宗祠

客家人崇宗敬祖的观念很强，有着“求神不如敬祖”的理念。客家先民在每次迁徙定居之后，都要修建祠堂祭祀祖先，用血缘和祖先崇拜来凝聚宗族力量。因此，宗祠是客家区数量最多、最能体现地方特色的公共建筑。如连城县宣和乡培田村只有300多户、1000多人口，在明清时期祠堂竟有49座之多，现存完好的还有21座。可以与之媲美的是连城县庙前镇芷溪村，这个10000余人的村落，宋代以来居然建有宗祠74座，现存比较完整的还有40余座。这样的建筑密度，恐怕在全国也很难见到。

客家宗祠有两种基本类型：一种是单独的祠堂，仅用于祭祖联宗、商议族中大事；另一种是祠居合一的建筑，中轴厅堂为宗祠，横屋为住宅。以芷溪村的宗祠建筑为例，黄氏家庙、杨氏家庙属于第一种，平面布局较接近合院式；其他的多为祠居合一的复合型结构，建筑形式以“九厅十八井”为主。

客家区现存的宗祠多建于明清时期，既有一族合祀的总

图7-2-22 连城县宣和乡培田村吴氏分祠“久公祠”（来源：戴志坚 摄）

图7-2-23 连城县庙前镇芷溪村澄川公祠（来源：戴志坚 摄）

图7-2-24 连城县庙前镇芷溪村黄氏家庙（来源：戴志坚 摄）

祠，也有族内的各房、各支房建造各自的支祠、房祠，还有同一远祖的族人合建的超地域的大宗祠。祠堂的规模有大有小，以二进或三进最为常见。有的祠堂前有半月池和大埕，有的后有花台、围屋，有的两侧设横屋，有的还设有戏台。不管布局形式如何变化，绝大多数都设置入口门楼，门楼多为牌楼式，高高耸立在门厅之前，显得雄伟壮观(图7-2-22、图7-2-23)。

例一 芷溪黄氏家庙也称庚福公祠，位于连城县庙前镇芷溪村，始建于清顺治十三年（1656年），嘉庆元年（1796年）重建。占地面积3021.5平方米，由半月形池塘、雨坪、门楼、下厅、天井、上厅等组成，外围以围墙。主体建筑二进三开间，抬梁、穿斗式木构架，硬山顶。下厅作前檐廊，明间为木门楼，两次间木隔扇可拆卸，以便祭祖时容纳更多族人。上厅进深二间，正堂设神龛，供奉芷溪黄姓开基始祖庚福公考妣神位。上厅和下厅两侧有回廊连接，左右各开一边门。地面用三合土夯铺。上厅背后及两旁围墙内有草坪、厨房。该祠有两个门楼。外门楼朝南，为八字石门楼，七屋顶跌落。内门楼为木牌楼，歇山顶，三屋顶跌落，出五跳斗栱承托主屋顶，出四跳斗栱承托左右次屋顶，屋顶两翼灰塑鳌鱼、卷草等(图7-2-24、图7-2-25)。

例二 官田李氏大宗祠位于上杭县稔田镇官田村，为李姓入闽一世祖李火德祖祠，清道光十六年（1836年）建。占地面积5600平方米，为三进四直的砖木结构建筑。中轴线上依次为水池、坪地、石门坊、前厅、中厅、后厅、围屋，

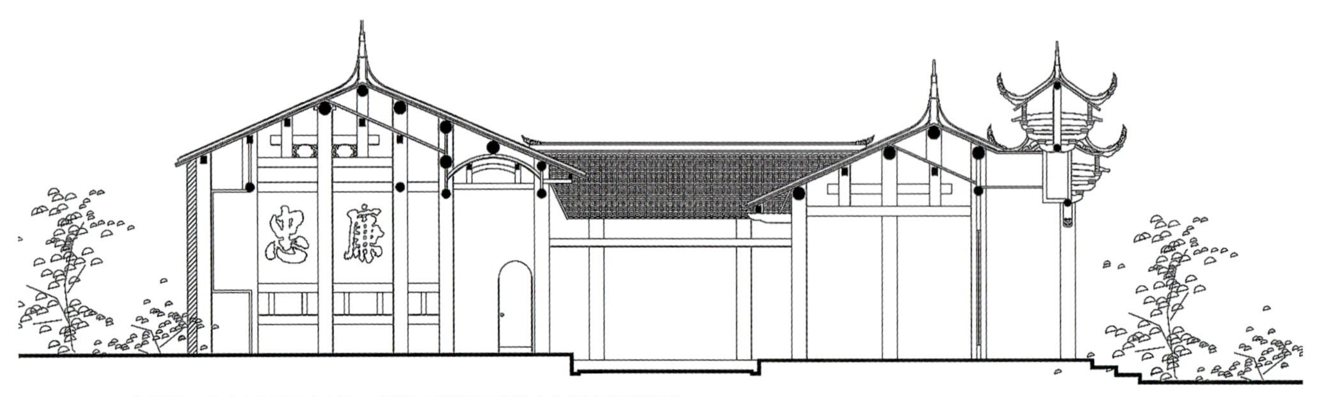

图7-2-25 芷溪黄氏家庙剖面图（来源：厦门大学闽台建筑文化研究所 提供）

左右侧为厢房，共有大厅3间，客厅26间，房舍104间。石门坊高大粗犷，四柱三门五楼，以斗栱承托歇山顶，正脊立葫芦；坊中层镶竖匾“恩荣”，坊额横刻“李氏大宗祠”；石柱前立抱鼓石，两对石狮分立左右。厅堂为穿斗式木构架，悬山顶，燕尾脊。正厅面阔一间，进深三间，悬挂“陇西堂”匾额；屏风上刻有明代人所撰《李氏火德翁传》。后厅“惇叙堂”供奉火德公雕像。围屋为两层楼房，作为李氏各地分支的祀厅。李氏大宗祠以“客家第一祠”著称，各地李氏宗亲和海外李氏后裔纷纷到此谒祖祭祀(图7-2-26～图7-2-28)。

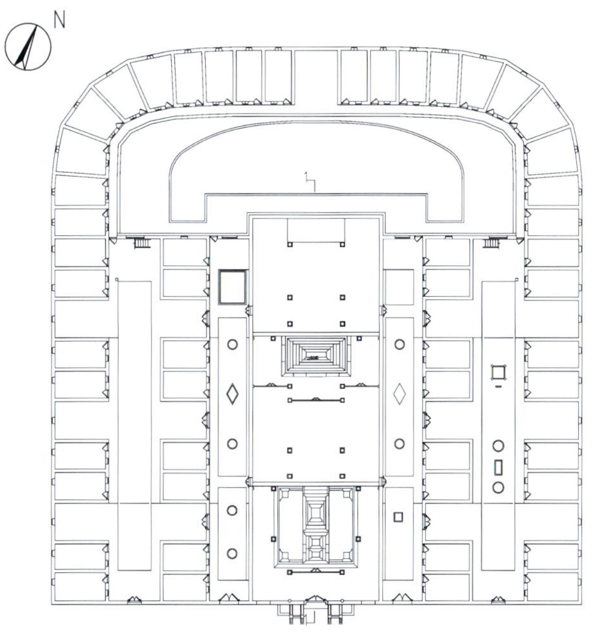

图7-2-26 上杭县官田李氏大宗祠平面图（来源：姚洪峰 提供）

三、宫庙

客家区的宗教建筑以供奉民间俗神和地方神的宫庙居多，而且神像、佛像和亲像（祖先之像）往往在同一座庙宇中供奉，表现出泛神泛灵、随意随俗的客家民间信仰。宫庙的建筑布局有纵轴式、廊院式、楼阁式。楼阁式天后宫、关帝庙、文昌阁等造型优美，形式多样，地域特色鲜明，其中以龙岩片区的楼阁建筑特征最突出，造型最丰富。

图7-2-28 官田李氏大宗祠正厅（来源：戴志坚 摄）

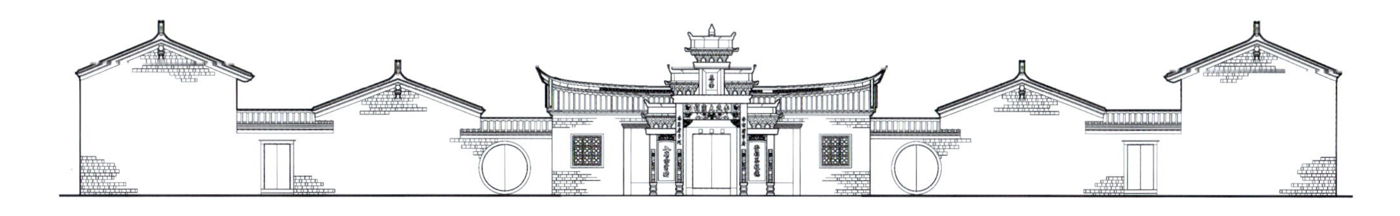

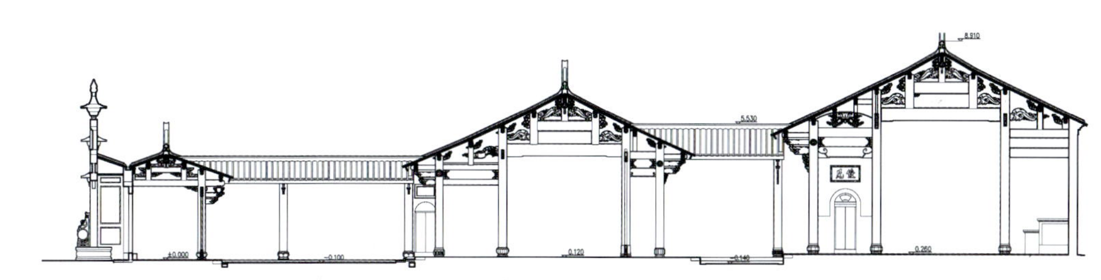

图7-2-27 官田李氏大宗祠立、剖面图（来源：姚洪峰 提供）

客家楼阁建筑大多为土木结构，少量为砖木结构。土木结构的楼阁采用夯土承重墙，木构架多为穿斗式，两者相互配合，形成两层以上的楼阁建筑，并逐层内收使建筑立面下大上小，有的还伴随着平面形式的转变。从造型的角度看，楼阁建筑可分为殿阁式和塔式。殿阁式楼阁的楼层自下而上累叠而成，平面均为长方形。如永定区高陂镇北山村的关帝庙，正殿立面呈“昌”字形，外观4层（实为3层），面阔五间，歇山顶(图7-2-29)。塔式楼阁的平面随着楼阁层数升高，由四角形变化成多边形，外观形似宝塔。如上杭县临城镇上登村的回龙阁也称罗登塔，一、二层为四角形，三至五层为八角形，攒尖顶。

客家公共祭祀楼阁建筑的平面布局可分为独立式、合院式。独立式楼阁自成一体，没有与周围的附属建筑相连，如连城县莒溪镇壁洲村的文昌阁。壁洲文昌阁占地面积约500平方米，一、二层方形，三至五层八角形，二、三层有外廊；穿斗式木构架，攒尖顶，葫芦刹；底层门为牌楼式，有斗栱(图7-2-30)。合院式楼阁由楼阁、厅堂、围廊、拜亭等组成，楼阁居于院落的重要位置，多在中轴线的后部。合院式楼阁建筑有不同布局方式：有的沿轴线形成两进院落，如上杭县中都镇田背村的云霄阁由前院、下殿、天井、上殿组成，上殿第二层屋顶突起八角形塔式楼阁(图7-2-31)。有的与其他庙宇组合成为院落群，如上杭县蛟洋乡的文昌阁外观6层（实为4层），一、二层方形，二层有回廊，三层以上八角形；阁左有天后宫，右有五谷殿，后有镇水亭（图7-2-32）。有的横向或纵向展开形成院落群，如永定区北山关帝庙由门厅、天井、拜亭、正殿、左右回廊和后院等组成。有的形成院落套院落的特殊形制，如永定区西陂天后宫。

例 西陂天后宫位于永定区高陂镇西陂村，明嘉靖二十一年（1542年）建，清代康熙元年（1662年）重修。占地面积6435平方米，依次为宫门、戏台、大殿、正殿、登云馆、后门，两侧有回廊、厢房和平台等。大殿面阔三间，进深三间，高7米，重檐歇山顶，抬梁式木构架，梁柱雕有龙凤图案。正殿又称文塔，建于明万历元年（1573年），高40米，7层楼阁式，一至五层可登临。一至三层平面呈方形，二、三层有回廊，四层以上呈八角形。底层为主殿，高6.5米，进深14.4米，面宽12米，中立4根圆木大柱，直通顶层，支撑全塔重

图7-2-29 永定区高陂镇北山关帝庙（来源：戴志坚 摄）

心。以圆木柱为轴心向八个方向辐射形成八角攒尖顶，五色球形葫芦刹。一至三层为夯土墙，墙厚1.1米。四、五层为砖墙，六、七层以板木为墙。主殿供奉妈祖，二至五层分别供奉关帝、文昌帝君、魁星、仓颉等，反映了客家特有的多神共祀现象(图7-2-33～图7-2-35)。

图7-2-30　连城县莒溪镇壁洲村文昌阁（来源：戴志坚 摄）

图7-2-31　上杭县中都镇田背村云霄阁（来源：戴志坚 摄）

图7-2-32　上杭县蛟洋文昌阁（来源：戴志坚 摄）

图7-2-33 永定区高陂镇西陂村天后宫（来源：戴志坚 摄）

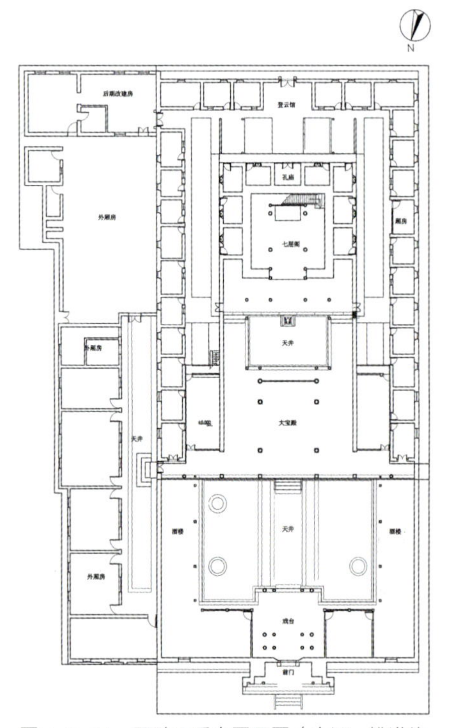

图7-2-34 西陂天后宫平面图（来源：姚洪峰提供）

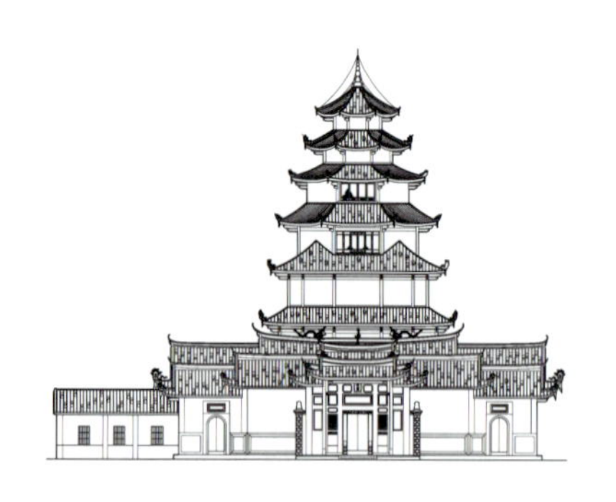

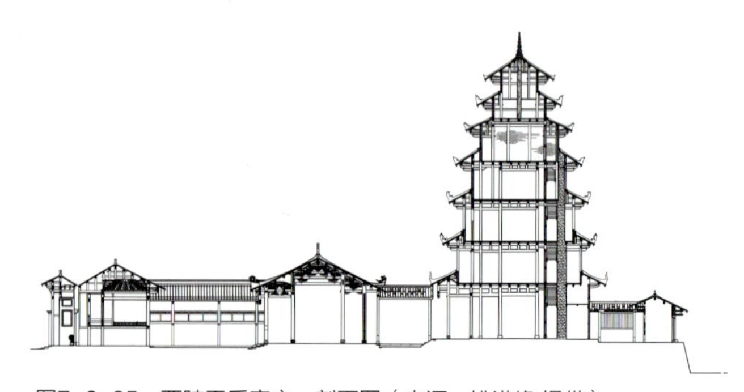
图7-2-35 西陂天后宫立、剖面图（来源：姚洪峰 提供）

第三节　建筑元素与装饰

一、屋顶

客家传统建筑的屋顶形式多为硬山式或悬山式，上覆小青瓦。采用何种形式的屋顶主要依据外墙体材料而定。正脊两端高翘，类似闽南建筑中的燕尾脊。翼角起翘，装饰下垂的角叶。正脊两端装饰木质或灰塑悬鱼，悬鱼形式一般为抽象化的双鱼图案配合八卦符号(图7-3-1)。

砖砌外墙的建筑常采用硬山顶，有的还把山墙升起，做成马头墙形式。如“九厅十八井”式建筑，两坡硬山屋面的脊端高翘，山墙灰塑悬鱼图案，与形式多样的马头墙一起，构成丰富的建筑立面。

外墙为夯土墙的建筑，为了保护墙体免受雨水侵袭，常采用悬山顶或悬山屋顶下山墙面挑出披檐的简易歇山屋顶。客家土楼的瓦屋顶出檐巨大，覆盖在厚实的夯土墙上，蔚为壮观。五凤楼屋顶主次分明，横屋屋顶歇山向前逐级跌落，层次分明(图7-3-2)。

塔式楼阁采用八角攒尖顶，屋脊为曲线形式，檐角起翘，端部有泥塑的脊饰和角叶装饰。

二、墙身

客家传统建筑的外墙体绝大多数为砖墙或夯土墙，墙基多用大块鹅卵石或块石砌筑。内墙体主要有木板、编条夹泥墙等。

青砖砌筑的墙体或为空斗墙，或为贴面砖，也有的砌成实体墙。青砖墙带着色差，以不同的拼砌方式形成富有特色的肌理(图7-3-3)。夯土墙多就地取生土熟化后夯筑，墙体中加竹筋或松木枝以增加其整体性和坚固性。土楼的外墙面通常不抹灰，生土表面自然粗犷(图7-3-4)。

堂横屋、“九厅十八井”式建筑的外墙体常用马头墙。马头墙是对闽西客家建筑高出屋脊的山墙、封火墙及围墙的总称。马头墙一般用青砖砌成，其形式有平行阶梯跌落式、弓形、马鞍形等，根据建筑主体高低错落，形成客家建筑的地域特色(图7-3-5)。

三、门楼

客家传统建筑门楼的形式和材料多样。从建筑形制上分类，有随下堂大门门楼和随前坪院墙门楼。从门楼的材料和造型分类，有牌坊式石门楼、木作如意斗栱门楼、砖

图7-3-1　客家民居的灰塑悬鱼（来源：戴志坚 摄）

图7-3-2　客家五凤楼的大屋顶（来源：戴志坚 摄）

砌砖雕门楼、砖砌灰塑门楼等。不论是石门楼还是砖门楼，都有仿木结构的痕迹。石质、木质门楼一般用于祠堂等公共建筑，砖砌门楼一般用于传统民居。门楼多为四柱三间三楼三门，偶有大型宅第做成五门。平面形式为一字形或八字形。一字形平面的门楼依附在下厅立面上。八字形平面的门楼明间向建筑内部凹进，次间与明间的角度约为150°，形成缓冲空间。民居或祠堂的沿廊与牌楼组合在一起，这是客家建筑特有的形式(图7-3-6、图7-3-7)。

图7-3-3 客家青砖墙体（来源：戴志坚 摄）

图7-3-4 夯土墙体（来源：戴志坚 摄）

图7-3-5 客家马头墙（来源：戴志坚 摄）

四、内通廊

客家方形或圆形土楼的楼层内侧环周用通廊将房间联系起来。较宽的内通廊底层加木柱，多数土楼的内通廊完全悬挑，只是在第二层以上挑廊的廊沿立有木柱支撑。木结构的内廊全楼贯通，统一完整。有的土楼在每层通廊栏杆外还设瓦作腰檐，内通廊与多层腰檐组合形成环周围合、层层叠叠的空间效果(图7-3-8)。

五、木构架

客家传统建筑多使用梁柱木构架承重体系。祠堂、大型府第等建筑的主厅明间用抬梁式木构架，也有用于下厅入口明间。厅堂次间、横屋以及普通民居用穿斗式木构架，结构形式质朴。梁架上的月梁、雀替以及卷棚下的托座是木雕的精华（图7-3-9、图7-3-10)。在上杭、连城、长汀、武平等地，有些采用硬山搁檩的建筑，在承重墙面上彩绘或灰塑假木构梁架，有的连木雕的细部也模仿出来，很有地域特色。

六、门窗

室内隔扇的绦环板雕刻花鸟或人物故事，形象生动逼真。隔扇的格心和窗扇多为木格网状花纹，有的在木格图案中镶嵌小块雕花，有的还在几何纹样或云龙纹中嵌字。门窗漏花雕刻精美，形式多样，题材丰富(图7-3-11、图7-3-12)。如培田村官厅的中厅隔扇镏金透雕“丹凤朝阳”、“龙腾虎跃”、“王侯福禄”、“孔雀开屏”图案，精美绝伦。

外墙漏窗很有特色。漏花窗有砖砌灰塑、石雕、砖雕、绿色琉璃花板拼装等形式。在古朴厚重的青砖墙面，嵌上万字形、回字形、铜钱形、龙纹、福字、寿字、喜字等图案的漏窗，显得雅致美观。连城县芷溪村砖红色的

图7-3-6 客家民居门楼（来源：戴志坚 摄）

图7-3-7 客家门楼（来源：戴志坚 摄）

图7-3-8 土楼内通廊（来源：戴志坚 摄）

图7-3-9 客家民居梁架（来源：戴志坚 摄）

图7-3-10 客家民居梁架（来源：戴志坚 摄）

漏花与青砖墙体形成鲜明的色彩对比，独具地域特色(图7-3-13、图7-3-14)。

七、灰塑

灰塑是以灰泥进行艺术造型的装饰工艺，灰泥用石灰、细沙等为原料调和而成。灰塑在客家传统建筑中运用广泛。形式大致有三类：一是浮雕式灰塑，在檐口、马头墙、门楼等处常用灰塑图案加以装饰(图7-3-15、图7-3-16)。二

图7-3-11 门窗格扇（来源：戴志坚 摄）

图7-3-12 门窗格扇（来源：戴志坚 摄）

图7-3-13 芷溪村青砖漏窗（来源：戴志坚 摄）

图7-3-14 芷溪村红砖漏窗（来源：戴志坚 摄）

是圆雕式灰塑，多装饰在门楼或屋顶的正脊、垂脊、翼角等处。一般要先用铁丝或铜丝拗成骨架、支架，再糊上灰泥，修饰成型。三是立体式灰塑。这是最为复杂的灰塑形式，既要塑出单个的圆雕造型，又要在装饰位置塑出人物、动植物、山水等作为衬景。常与彩绘结合用在天井上方的挡溅墙等部位。

图7-3-15　墙面灰塑（来源：戴志坚 摄）

图7-3-16　客家山墙灰塑（来源：戴志坚 摄）

第四节　客家区传统建筑风格

一、以厅堂为核心的建筑布局

客家传统民居采用以厅堂为核心的布局方式，表现出强烈的对称性和向心性。客家人宗族制度的显著特点是大家族小家庭制。即生产生活以夫妻和子女构成的小家庭——“户”为单位，由众多有血缘关系的小家庭聚族而居，组成跨家庭的宗族。大多数客家人结婚分家后，仍然与祖父母、父母、兄弟、伯叔父母、堂兄弟等共同居住在一座建筑里。聚居建筑就是客家人宗族观念和聚族而居生活方式的产物。不论是“九厅十八井”、围垅屋，还是五凤楼、土楼，每座聚居建筑都有明确的中轴线，厅堂、主楼设置在中轴线上，横屋和附属建筑分布在左右两侧，中轴对称，主次分明。

在一座客家聚居建筑中，往往存在两种不同性质的系列空间：一种是以祠堂或祖堂为主体的公共活动空间，具有礼制建筑的特征；另一种是以住房为主体的私密活动空间，具有居住建筑的特征。厅堂是宗族及家庭祭祀先祖、举行婚丧礼仪或其他大型活动的场所，特别是祠居合一的建筑，厅堂同时兼有祠堂的功能，因此不但处于整座建筑的核心位置，而且空间高敞，装饰考究。生产和生活房间围绕中轴线上多进的公共厅堂而建，居住用房的分配使用也以相对大厅的位置来确定。这种突出厅堂地位，住房围绕中心布置，强调对称与向心的建筑风格，在客家土楼中表现得最为充分。客家土楼的祖堂建在内院中心，众多的住房沿外围均匀布置，各户都环绕内院，面朝内院，或朝向中心的祖堂。其向心的聚居布局与宗族强大的内聚力相一致。

二、集防御与居住为一体的乡土建筑

客家区的防御性乡土建筑有土堡、土楼、五凤楼、围垅屋等类型。土堡主要分布在三明片区。据《宁化县志》载：“隋大业之季……其时土寇蜂举，黄连人巫罗俊者，年少负

殊勇，就峒筑堡卫众，寇不敢犯，远近争附之。”如果史料确实的话，福建土堡的始出年代可追溯到隋末唐初时期，土堡构筑年代最早的是宁化县。清流、明溪、建宁等县历史上也建有不少土堡。可惜时至今日，客家区的土堡仅存20余座，而且多数已是断壁残垣。土楼产生于宋元时期，明代渐趋普遍。客家土楼主要集中在永定县东部及永定与南靖等县的交界地带。五凤楼的始出年代早于土楼，晚于土堡，主要分布在永定县境内。围垅屋是粤北梅州地区主要的客家民居形式，福建客家地区也建有少量的围垅屋。

客家区的防御性乡土建筑是在特定的历史社会背景和特殊的自然地理环境下产生和发展起来的。客家区处于闽、粤、赣三省交界地区，人口的不断流动和生产生活环境的相对恶劣，使得这一地区的基层社会长期处于不稳定的状态之中，小规模的动乱时有发生。不论是中原南迁入闽汉人与原住民的抗争、客家人与闽南河佬人的矛盾冲突，还是山区盗贼的猖獗、宗族之间的械斗，都使客家先民不得不重视住宅的防卫功能。为了拥有生存空间，适应新的生产、生活和防卫要求，他们需要既能适应家族共同居住要求，具有高度防御性能，又适合当地地理环境，就地取材，经济实用的建筑形式。集防御与居住为一体的土堡、土楼等防御性乡土建筑因此应运而生。

土堡、土楼、五凤楼、围垅屋等建筑地缘相近，外形类似，均为土木结构，都具有防御能力，但在结构、布局等方面又存在差异。主要的差异如下：一是使用功能不同。土堡以防御为主、居住为辅，堡墙内设跑马道，多建有碉式角楼，大部分土堡是村落受到攻击时的公共避难之所。土楼等建筑居住空间大，生活设施齐全，是防卫区与生活区合为一体的防御性建筑。二是受力体系不同。土堡的堡墙与木结构楼房相互脱开，夯土墙只作为围护结构，不作为建筑的受力体。土楼、五凤楼的外墙为承重墙，并联建木构架等主体建筑。围垅屋的最外部是房间，外墙既是防卫围墙，也是每个房间的承重外墙。三是防御设施不同。土堡、土楼有高大厚实的堡墙（土堡的外墙一般厚2～4米，土楼的外墙厚1.5～3米）、斗式条窗、竹制枪孔、石砌堡门、双重木门和注水孔等防火攻设施。五凤楼虽然墙体比较厚重，但总体防御设施较为薄弱。围垅屋是长期居住的理想之地，但防御功能远不如土堡、土楼。

三、高大气派的客家门楼

客家传统建筑素有“三分厅堂七分门庐”、“千斤门楼四两屋”之说。无论是寺院还是宫观，总祠还是分祠，豪门府第还是普通民居，都十分注重门楼的建造。高大气派的客家门楼是客家人等级和地位的象征，门楼的结构和细部装饰体现了客家传统建筑的工艺水平和客家人的精神追求。门楼大部分为四柱三间三楼，也有做成六柱五间的。平面形式有一字形、八字形，多以外墙结合，依附在下厅立面上。根据门楼的材料和造型，可分为牌坊式石门楼、木作如意斗栱门楼、砖砌砖雕门楼、砖砌灰塑门楼和随前坪院墙门楼。

石质门楼外观类似牌坊，但功能与牌坊有别，多用在宗祠下厅入口正立面。一般都有仿木构斗栱结构，庑殿顶，明间的匾额阴刻祠名，匾额四周和次间雕刻各种图案。闽西一带不产石，石材需从外地购买，因此只有经济实力雄厚的家族才会使用石门楼。连城县庙前镇采亥公祠、上杭县官田村李氏大宗祠的门楼是牌坊式石门楼的典型（图7-4-1）。

木质门楼运用如意斗栱层层出挑，高高起翘的屋脊四角以角叶装饰，其造型在客家门楼中最有特色。木作如意斗栱门楼一般只用在宗祠等公共建筑上。连城县壁洲文昌阁、芷溪村黄氏家庙、翠畴公祠的门楼和连城县罗坊乡下罗村云龙桥（图7-4-2）的桥门都相当精彩。

青砖砌成的门楼使用频率最高，是客家门楼较典型的建筑符号。一般用在普通民居和祠堂的下厅入口，也有用在建筑的倒座前坪入口处。砖砌门楼的外立面装饰，有的配上局部的砖雕，有的墙面抹白灰，再用彩绘或灰塑装饰。屋脊翼角飞翘，并灰塑鳌鱼、卷草等纹饰，观赏性很强。清流县赖坊乡赖安村彩映庚宅（图7-4-3）、连城县芷溪村培兰堂（图7-4-4）的门楼为砖砌砖雕门楼。连城县培田村官厅、芷溪村集鳣堂、长汀县馆前镇沈坊村沈宅的门楼为砖砌灰塑门楼。

随前坪院墙门楼有砖砌、木作等式样，工艺较简单，以实用为主。一般为双坡屋面，一字形平面，结构上与主体建筑脱离，只与院墙连接。

图7-4-1 连城县庙前镇石牌坊门楼（来源：戴志坚 摄）

图7-4-2 连城县罗坊乡云龙桥木牌坊门楼（来源：戴志坚 摄）

图7-4-3 清流县赖坊乡彩映庚砖砌门楼（来源：戴志坚 摄）

图7-4-4 连城县芷溪村培兰堂（来源：戴志坚 摄）

下篇：福建近现代建筑文化传承与发展

第八章　福建近代建筑特征解析[1]

从1843年到1949年的百年间,以福州和厦门为中心，福建的城市和建筑经历了曲折的近代化历程，两种外部力量的介入催发了福建地区近代建筑的发生、发展：一方面是西方殖民者的强势登陆，另一方面是归国华侨的情感表征。前者虽然是以为自己攫取利益为目的，但同时也从侧面促进了当地的经济发展，催生了多种多样的近代建筑类型。后者带回的南洋文化与进步思想渗透到福建城市和乡村的各个方面，华侨们怀着一片矢志之心，积极推行城市的近代化改革。

将福建的近代建筑与传统建筑作比较，可以发现明显的传承与演化关系。如骑楼与洋楼民居仍然保持着传统的空间布局特点，侨办学校和公共建筑则试图采用地域营造的方式将外来建筑的类型消解。同时，形成了中西合璧、开放兼容的建筑风格与地域性的创作手法，具有独特的技术与审美价值。

由于福建各地的社会环境、经济状况差异较大,近代建筑的发展并不平衡，很难用单一的标准对其进行分类[2]。例如根据建筑的地段环境不同，可分为租界建筑、城市建筑、乡村建筑。乡村建筑可分为沿海侨乡与内地山区村落。从建筑类型来看，又可分为殖民地式、外廊建筑、洋楼民居、商住骑楼、教会建筑和船政建筑等。其中，殖民地式外廊建筑和教会建筑主要分布在福州的仓山区和厦门的鼓浪屿；商埠建筑主要分布在福州的上下杭；洋楼民居主要分布在厦门城市、鼓浪屿租界、福州仓山区以及泉州城市与侨乡村落；商住骑楼主要分布于厦门、漳州、泉州的城区；嘉庚建筑作为侨办校园建筑中杰出的代表,主要在厦门大学与集美学村；船政建筑主要集中于福州的马尾等。

---

① 福建近代建筑类型丰富，特色鲜明，国内外很多专家、学者有进行深入研究。本章整理编写时参考借鉴汪坦、张复合、藤森照信（日）、朱永春、庄景辉、陈志宏等人的重要观点和研究成果。

② 陈志宏. 闽南近代建筑[M]. 北京：中国建筑工业出版社，2012：53.

第一节 城市开埠，福建城市建筑繁荣涌现

鸦片战争后，中国被迫打开了国门，城市开埠、西方资本开始植入。福建省先后开放三个通商口岸，随着租界、洋人居留区的建立，西方建筑形式也开始出现在福建省。19世纪60年代，以“师夷长技以制夷”为口号，洋务派在福州建立船政局，福建的航运业和商品贸易由此繁盛，近代船政建筑和商埠建筑得到发展。

一、西式建筑的引入与传播

《南京条约》签订后，中国被迫开放五个通商口岸。福州、厦门由于地理位置适中，港口优良，成为其中的两个，后来，三都澳也被开辟为通商口岸，成为近代福建的贸易中心[①]。西方列强取得了在通商口岸开辟租界的特权后，于1844年和1903年分别开设了厦门英租界和鼓浪屿“公共租界”。“福州虽未形成租界，却也在仓山建立了外国人享有特权的居留区。”[②]外国侵略者在租界和居留区，兴办政治、文化、经济机构，建造领事馆建筑、教会建筑、公共企事业建筑。早期西方文明便以西式建筑的形式进入开埠城市，植入到中国传统的近代社会。

（一）殖民地式建筑

早期进入近代福建社会的西方建筑基本上都是采用殖民地式建筑形式。殖民地式，即“外廊样式”，泛指16世纪欧洲殖民者在印度等地，结合当地气候产生的一种带有外廊的建筑风格。日本学者藤森照信认为，这种外廊样式，是中国近代建筑的原点。[③]相对于西方正统的古典建筑形制，这种殖民地外廊式建筑，形式更为简单，建造成本低、建设周期短，适应早期的殖民活动。其开敞的生活空间，又与亚热带环境相适应，因此在福建传播广泛，并逐渐影响了福建传统的生活方式。早期建造的殖民地式建筑较为简单，平面多为矩形，砖木结构，立面形式为连续的梁柱柱廊或拱券柱廊，多为四坡式屋顶，装饰简单，强调秩序感和庄严感。建筑多呈点式介入环境，讲求因地制宜，与环境有机地融为一体。如鼓浪屿早期建筑群（图8-1-1）和福州仓山领事馆群（图8-1-2）。

开埠后期，殖民地式的建筑风格逐渐多样起来，新古典、新艺术、维多利亚风格，或折衷主义等样式出现。公共租界鼓浪屿因几乎集中了各国的建筑风格，被称为“万国博览会”。同时，由于施工者多为本地工匠，或设计者有意借鉴传统建筑风格，殖民地式建筑也开始具有地域色彩，逐渐本土化。

图8-1-1 19世纪80年代鼓浪屿上的殖民地外廊式建筑群（来源：厦门档案馆）

图8-1-2 19世纪的仓山领事馆：近为英国领事馆，左为美国领事馆远眺（来源：福州档案馆）

① 廖大珂. 福建对外交通史[M]. 福州：福建人民出版社，2002：523.
② 陈志宏. 闽南近代建筑[M]. 北京：中国建筑工业出版社，2012：11-15.
③ [日]藤森照信，张复合. 外廊式样——中国近代建筑的起点[J]. 建筑学报，1993（5）：33.

图8-1-3 日本领事馆正立面（来源：谭旭璐 摄）

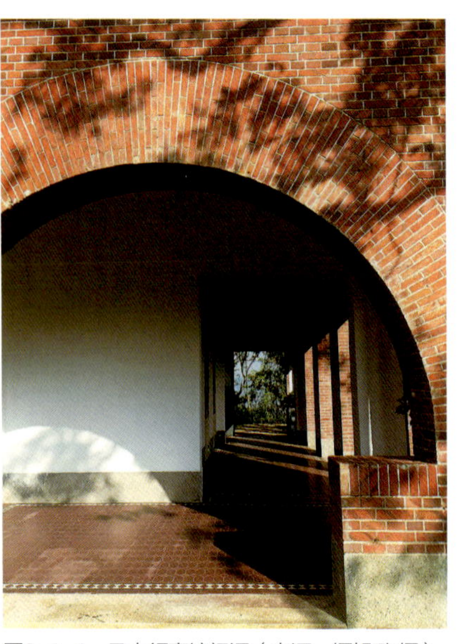

图8-1-4 日本领事馆门洞（来源：谭旭璐 摄）

图8-1-5 亚细亚火油公司办公楼（来源：谭旭璐 摄）

图8-1-6 亚细亚火油公司办公楼窗洞（来源：谭旭璐 摄）

位于鼓浪屿的原日本领事馆是典型的殖民地外廊式。它采用双层连续圆拱券廊、木屋架、清水红砖外墙,建筑首层以下设半层防潮层，建筑风格属于新文艺复兴风格(图8-1-3、图 8-1-4)。

同样位于鼓浪屿的亚细亚火油公司办公楼，建于20世纪10～20年代，是开埠后期的殖民地式建筑。建筑立面采用哥特式尖券拱窗，风格为英国维多利亚式。其外墙采用清水红砖全顺式砌筑而成，每隔四皮砖砌一皮略为突出的砖，砌法独特。楼层、窗洞券的分隔处用石材，装饰材料结构层次分明 (图8-1-5、图8-1-6)。

位于福州仓山区的美国驻福州领事馆办公楼，是目前福州地区领事馆建筑保存最完好的一幢。建筑顺应地形，坐西面东，一层西侧是地下室,用于储藏，东侧和北侧开敞，建有石砌拱券外走廊。“整体来看，因地势起伏较大，建筑的每个立面都不规整，设计手法和体现出来的形式也并不相同。”[①]建筑风格为折衷主义，融合了多种建筑风格。南立面为三段式处理，底层为敦实有力的基座，中部西侧是塔斯干柱廊，东侧是壁柱式，顶部则是多道线脚装饰的屋顶檐口。东立面二层是室外平台，东侧中间为塔斯干壁柱，两端为方形壁柱，檐口和山花均为弧形(图8-1-7、图8-1-8)。因为建筑曾经改建过，所以也是研究福州近代建筑设计、施工的重要实物资料。

图8-1-7　美国驻福州领事馆办公楼（来源：池志海 摄）

图8-1-8　美国驻福州领事馆办公楼正立面（来源：池志海 摄）

殖民地外廊式建筑是19世纪的福建近代西式建筑的主要形式，从领事馆开始，到海关、洋行、银行、府邸、教会建筑，都是外廊式或其变体。建筑一般为矩形平面，高2至3层，砖木或砖石结构，屋顶和檐口是西式的。建筑多有外廊，采用“券柱式”或者“梁柱式”，是其主要的建筑形象。并不以柱式严格控制构图，而是融合多种建筑风格，形式非常多元。外廊式的生活方式，影响了福建本土的传统生活方式，外廊开始成为主要的生活空间，并根据地域气候特点，利用百叶进行遮阳和立面处理。总体来说，这些殖民地式建筑，是福建近代建筑的重要组成部分，同时作为西方文明的载体，影响了福建近代本土建筑的发展和演变，对福建甚至中国的近代建筑的发展产生了深远的影响。

（二）教会建筑

城市开埠后，福建省的西方宗教弛禁，基督教（新教）也开始传入，福建的教会活动日渐繁荣。传教士们最初租赁民房为礼拜堂，兼设各类学校、医院等，待资金、用地条件充裕后，开始兴办教堂。

早期教会建造的教堂，受传统建筑的影响较多，很少属于纯粹“西式”的，往往简化正统西方宗教建筑的特征，注重融入若干福建传统建筑要素，表现出对地域文化和工匠技术一定的适应性。[②]真正“西式”的教堂出现比较晚。这一方面是因为，福建是中国封建经济和文化的重要省份，受儒家文化的影响较为深远。“作为西方宗教文化载体的教会建筑，在渗透过程中便遭到了本土文化的抵制。”[③]为了缓解抵触，教会采用“合儒”的路线，注重适应传统文化。另一方面是，在建造过程中本地工匠总是不自觉地运用其熟悉的传统工艺技法，使其具有地域特征。因此，近代福建的教堂表现为以砖石结构为主，细节、外观简化处理的特点。

澳尾巷天主堂（现仅遗存半座），是福州开埠后建造的首座教堂。它的平面形式是典型西式教堂的平面巴西利卡式，结构采用中式传统的抬梁式木构架体系。在形体组合上，有中国传统寺庙祠社的建筑特点，即以矩形长边为主立面，在两端搭配西式的钟楼。教堂在立面装饰上以西方建筑风格为主，其中添加若干中式建筑元素，如西方的尖券、玫瑰窗中杂糅着中式的匾额(图8-1-9)。

福建因为特殊的地理位置，历史上对外交流频繁，多种外来文化、西方宗教在此广泛交流、传播，教堂中也会杂糅多种宗教建筑的元素。如福州的泛船浦教堂，整体为哥特风格，彩色玻璃窗、尖形拱券，风格特征浓郁。而同时，在南立面中的对称的边门拱券为伊斯兰建筑风格（图8-1-10）。

基督教新教和天主教在近代福建传播十分广泛，几乎福建的每一个区县都会有基督或天主教堂，宗教气氛十分

① 闫茂辉，朱永春. 福州仓山近代领事馆遗存考述[J]. 华中建筑，2011(04)：150-154.
② 李苏豫. 近代厦门早期教会建筑(1843年-1900年)[J]. 华中建筑. 2016(05)：23.
③ 刘智颖，朱永春. 福建近代教堂与传统建筑的互动[J]. 福州大学学报：自然科学版，2005(10)：636.

图8-1-9 福州澳尾巷天主堂（来源：福州档案馆）

图8-1-10 福州的泛船浦教堂（来源：镡旭璐 摄）

活跃。厦门作为开埠城市，外国洋人和归国华侨众多，传教士也不断来此传教，宣传“福音”，兴建教堂。新晋成为世界文化遗产的鼓浪屿，作为租界，宗教活动更为活跃，也建有几座具有典型特征的教堂。厦门大学的李苏豫老师认为，“教会在厦门传教及其早期的建筑活动，是19世纪下半叶西方建筑在厦门移植和传播的重要途径之一。”①

图8-1-11 新街礼拜堂（来源：镡旭璐 摄）

新街礼拜堂，位于厦门本岛，是当时中国第一座为中国教徒做礼拜而建的教堂。建筑为南北走向，正立面朝南，为矩形的门廊支撑着三角形的山花，立有八根多立克柱式，前排六根，后排有两根。一个小型的八角形鼓座支撑着小穹顶立在坡屋顶的中间，上面架有十字架，教堂整体显得优雅而庄严，呈现出典型的西方古典主义建筑的特征（图8-1-11）。

协和礼拜堂，是鼓浪屿上始建年代最早的教堂，为典型的西方古典复兴式样。建筑平面呈矩形，入口门廊朝东，由四根罗马塔斯干柱式支撑者三角形的山墙。建筑整体简单干净，又不失庄严（图8-1-12）。紧邻协和礼拜堂的南侧，靠近西班牙领事馆，矗立着一座周身白色的天主教堂，属西班牙哥特式风格。由于用地狭促，教堂呈南北走向，主入口在南。建筑平面为巴西利卡形制，两排列柱纵分矩形大厅，采用多面连拱，串连成精美的室内空间。主入口立面由一座哥特式的高塔楼突破山墙的三角形构图，装饰着哥特式尖券门窗及玫瑰窗，标识着教堂的入口空间（图8-1-13）。一

① 李苏豫. 近代厦门早期教会建筑1843-1900年[J]. 华中建筑，2016(05)：24.

图8-1-12　协和礼拜堂（来源：镡旭璐 摄）

图8-1-13　天主堂（来源：镡旭璐 摄）

图8-1-14　三一礼拜堂（来源：镡旭璐 摄）

个狭促的路口矗立着两座教堂，相并互独立，也体现了鼓浪屿作为国际社区宗教活动的多样与融合。

三一礼拜堂是由三堂教友为了方便岛上居民做礼拜联合而建的，又寓意“圣父、圣子、圣灵”三位一体，所以取名为“三一礼拜堂”。[①]礼拜堂的体量较大，可容纳千人。几何性强，柱子和长窗为矩形，并以三角形元素装饰立面。建筑以红砖为主色调，穿插白色的大理石，线条简洁明快，外观凝重又壮观（图8-1-14）。

教会建筑中的学校、医院等建筑，在传播过程中，同样采用“合儒”的路线，呈现出教会大学“中国化”的趋势。并且，多为西方建筑师进行规划与设计，所以也可视为是近代西方建筑师的建筑“中国化”的实验地。而“这种尝试也为福建省的地域建筑的近代发展提供了可供操作的思路与方法”[②]。

以福建协和大学为例，位于福州鼓山面临闽江的山坡上，是由美国建筑师亨利·墨菲进行的校园规划与建筑设计。亨利·墨菲对中国传统建筑的评价颇高，他认为：“中国的建筑可以与西方的建筑并驾齐驱”。[③]所以热衷于从中国

① 龚洁. 鼓浪屿建筑[M]. 厦门：鹭岛出版色，2006：24.
② 陈志宏. 闽南近代建筑[M]. 北京：中国建筑工业出版社，2012：194.
③ [美]郭伟杰. Jeffery W. Cody, Building in China-Henry K Murphy’s Adaptive Architecture, 1914-1935,HongKong: The Chinese University Press, Seattle: University of Washington Press, 2001: 2. 译文引自张金红. 福州地区基督教建筑研究，福建师范大学宗教学硕士论文，2003：37.

传统建筑中寻找灵感，进行中国民族形式的早期探索。现存的文学院和理学院便是“中国古典复兴”式建筑。它们均为三层砖石承重结构，依山坡而建。平面上采用内廊式的对称布局，中间门厅设置主要楼梯。立面则呼应中国古建筑的三段式形制，上部为中国传统歇山式屋顶，中部是墙身，底部为条石砌筑的墙基。墙身部分为通高的半圆壁柱，壁柱间是大面积的玻璃窗，又具有西方建筑的特点（图8-1-15）。①

福建近代教会建筑在传播过程中，注重对中国传统建筑形式的思考与借鉴，尊重旧有格局和环境，尽量使用本土的材料与施工工艺，可以视为对地域性和民族形式的早期探索。它的传播，不仅体现了西方文化与福建传统文化的冲突，也呈现出一种交融与互动：不仅吸收传统建筑的元素，适应福建本土文化；也对福建建筑的近代转型产生了一定的影响。

图8-1-15 从闽江北望福建协和大学，左侧为理学院，右侧为文学院（来源：《中华基督教教育季刊》）

二、工商业建筑的初步发展

城市开埠后，中国开始进入世界体系。传统的自给自足的小农生产被打破，开始工业化和商品化建设。“工业化是推动传统农业社会，向近代工业社会过渡的主要动力。”②为了发展工业，加快近代化建设，19世纪60年代至90年代上半期，洋务派发起了以自强、求富为口号的洋务运动。在这场运动初期，福建走在全国前列，先后创办了福建船政局、福建机器局等洋务企业，引进了外资、新技术、新设备，极大带动了福建造船业和近代工业的发展。

在城市开埠和洋务运动的积极影响下，福建近代的民族工商业开始起步。戊戌变法和新政改良后，民间资本的积累，近代民办工业开始出现，但发展较慢，力量薄弱。一战时期和民国前期，福建的民族工商业得到发展，商品经济繁荣，传统的商埠建筑有较大的演变与发展，主要集中在福州的台江汛附近。

（一）船政建筑

福建船政局，是我国近代史上的首座专业造船厂。位于马限山下交通便捷的闽江北岸，地理位置优越，这是由左宗棠和法国人日意格共同选址，中西合作规划完成的，也是近代史上中国人自己设计规划图纸的首次尝试。③

造船厂整体布局分为两部分——坞内的工厂区和坞外的办公区、生活区，兼具中西文化的特点：既尊重中国传统，将船政衙门置于中心轴线上，强调中正为尊的观念，把监督住宅置于山坡上，突出其统领地位与中心地位；同时，又吸取西方功能分区理念，将教学区、生活区与工作区分离，生活区兼顾不同人群的生活、文化需求，让生活习惯与文化背景不同的中国学生和外国员工得以和谐共处（图8-1-16）。④

福建船政建筑可分为船政衙门、天后宫和考工所；厂

① 陈志宏. 闽南近代建筑[M]. 北京：中国建筑工业出版社，2012：197-198.
② 赖德霖，伍江，徐苏斌. 中国近代建筑史 第一卷 门户开放——中国城市和建筑的西化与现代化[M]. 北京：中国建筑工业出版社，2016：450.
③ 李振翔. 马尾船政建筑钩沉[J]. 同济大学学报：社会科学版，2004，15(2)：48.
④ 俞海洋. 中国近代工业化源头的实物见证——福州船政局[J]. 建筑与文化，2005(08)：84.

房和船坞；前后学堂和艺圃；洋员办公和居住生活建筑共四类。[①]现遗存主要有船政衙门、求实堂艺局、轮机厂、铁胁厂、绘事院，以及一、二号船坞。[②]

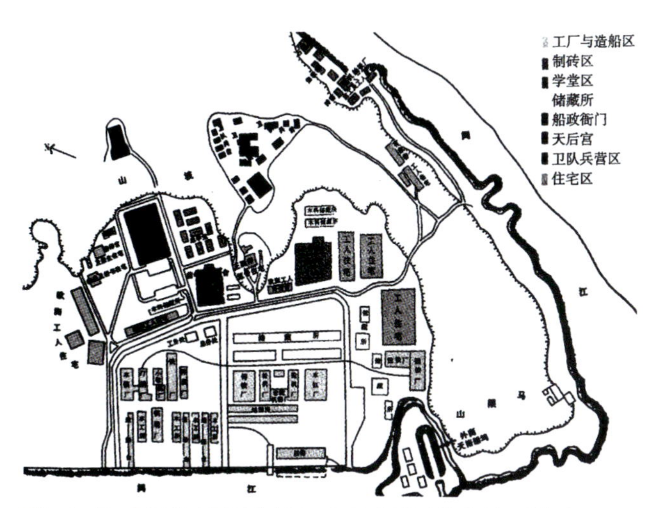

图8-1-16　福建船政平面（来源：《中国近代建筑史 第一卷》）

轮机厂是按照法国人提供的图纸兴建的。采用单层砖木式结构，屋架是斜拉式木构架。建筑为双坡的屋顶形式，墙体是以青石为基础，用红砖垒砌而成，整体造型简洁典雅。开敞的室内空间，适宜的窗地比，满足了车间的功能需求(图8-1-17、图8-1-18)。

图8-1-17　轮机车间（来源：镡旭璐 摄）

绘事院，是绘制设计图纸的场所，为一栋二层的法式风情的建筑。建筑平面是工整的长方形，采用双层砖木结构，四坡屋顶形式，利用屋顶结构空间设置阁楼作为资料储存室。外立面采用三段式构图，红砖饰面。通过女儿墙统一建筑造型，细部处理既传统，又有西洋的风格，尺度适宜，简洁大方（图8-1-19、图8-1-20）。

历时两年建设而成的总务处钟楼，则是船政局的标志性建筑。建筑高五层，总高约18米，平面为方形，外形采用法国式收分，同时又借鉴了中国传统塔的特点。结构形式是底层用钢筋混凝土浇筑，而上层采用钢骨架。建筑外墙抹灰并搭配白色边框，上层搭配精致金属栏杆，既有中国传统建筑的韵味，又有着法国风情(图8-1-21)。

图8-1-18　轮机厂内景（来源：镡旭璐 摄）

福州船政建筑体现了中、西两种设计理念的并存。从建筑组群上看，融合了中西两种不同的布局理念和格局特点。从建筑单体上看，采用西方的建筑平面、形制，但结合福建传统的建筑做法与工艺，具有中西方两种建筑风格的特点。福州大学的朱永春教授认为，“总之，从福建船政建筑可以看到两种分裂的设计理念：一是中国官式建筑的轴线、等级秩序、建筑语言；另一则是西方工业革命之后，以功能为先的设计理念。后者反映洋务派自主自强。所谓‘中学为体，西学为用’，亦即不触动封建制度，吸收西方先进技术的思想。”[③]

① 朱永春，陈杰. 福州近代工业建筑概略[J]. 建筑学报，2011(学术论文专刊)：72.
② 李臣喜，朱永春. 福州近代工业建筑初探[J]. 山西建筑，2009，35(16)：37.
③ 赖德霖，伍江，徐苏斌. 中国近代建筑史 第一卷 门户开放——中国城市和建筑的西化与现代化[M]. 北京：中国建筑工业出版社，2016. 3：459.

图8-1-19 绘事院侧面（来源：池志海 摄）

图8-1-20 绘事院内景（来源：廖磊 摄）

图8-1-21 钟楼（来源：镡旭璐 摄）

图8-1-22 下杭路街景一角（来源：镡旭璐 摄）

图8-1-23 台江区第四建筑工程公司、下杭路民宅（来源：镡旭璐 摄）

（二）商埠建筑

20世纪两次世界大战的爆发，使西方资本主义国家无暇东顾，中国的民族资本主义得到了发展的黄金时期。福建的民族工商业也发展起来。但主要集中在茶厂、纺织、造纸、制糖等轻工业部门。这些工厂大多规模小，资本薄弱，很不稳定，开张与倒闭频繁，难以形成规模[①]。因此，福建的民族工业建筑并不突出，比较具有代表性的是福州电器，是基于工业的实际需求，直接引进的西方工业建筑的建筑形制，再与传统的建筑材料和工艺相结合。而从事商业贸易的商业建筑却发展迅速，如福州台江汛的商埠建筑，并逐渐“洋化”，即对传统建筑空间的楼化与外立面装饰的洋化（俗称“洋脸面”）。这也可以认为是传统建筑形制对近代社会、经济发展以及西方文化的影响做出的适应。

福州台江汛的商埠建筑街区逐渐“洋化”的过程，是传统商埠建筑的近代化演变的体现。20世纪20～30年代，由于频繁的商贸活动，传统商埠建筑空间紧张，建筑面宽捉襟见肘，只得在水平和垂直方向不断拓展、叠加，形成了类似“手巾寮”的单开间狭长布局，容纳着数种使用功能，店屋、居屋或者会所。沿街一侧的立面处理较为严格，多为西洋建筑风格，即“洋脸面”。传统的立面装饰不断被简化、抽象化。因为模仿西洋的建筑结构，梁柱一体，不再补充构件来修饰交接处，所以装饰的部位明显减少，装饰风格也更加地简单（图8-1-22、图8-1-23）。结构上，仍多采用传统的穿斗式的大木结构，虽然开始尝试西方的新型结构形式——钢筋混凝土框架结构，但对其结构性能还不甚了解，仅仅将其作为在材料特性上保存较木材耐久、施工较木材便捷的替代品。[②]

以福建船政建筑和以台江区的商埠建筑为代表的福建近代工商业建筑，体现了在西方先进文化传播和“以洋为荣”的社会风气下，传统的建筑形制对近代社会、近代商贸发展要求的适应。值得一提的是，福州还有两处近代民营工业，分别是福州电气股份有限公司、闽江轮运公司，其主要建筑物的形式也体现了西方建筑的类型样式(图8-1-24，图8-1-25)。

① 俞海洋. 中国近代建筑的一面镜子——福州近代建筑研究[D]. 南京：东南大学，2005：14.
② 俞海洋. 中国近代建筑的一面镜子——福州近代建筑研究[D]. 南京：东南大学，2005：27-29.

图8-1-24　福州电气股份有限公司厂房（来源：《中国近代建筑史 第一卷》）

图8-1-25　福州电气股份有限公司办公楼（来源：《中国近代建筑史 第一卷》）

第二节　民国时期，福建城市的近代化探索及侨乡建设

1911年爆发的辛亥革命，推翻了清朝封建专制统治，建立了中华民国，推动了中国资本主义的发展，福建城市近代化进入一个新的阶段。与上一时期相比，这一时期社会经历了一些大的变革，城市功能也逐步扩大，福建近代城市进入近百年来的较佳状态。外贸、商业、金融、工业等蓬勃发展起来。城市空间结构渐趋清晰。华侨对福建近代建筑的发展产生了重大的推动作用。他们具有强烈的爱国和民族感情，在海外发达之后，往往以衣锦还乡、光宗耀祖为荣。他们回乡后，大举建设，修建洋楼、大厝，修复祠堂、坟墓，或者大兴教育，修建书斋、学堂，以“光前裕后”，完成“全福”。同时，他们也带回了南洋的比较西化的生活方式和开放的思维与见解，积极参与侨乡的城市建设与生活改善。在华侨的强烈刺激下，福建的传统社会、文化呈现出与西方先进文化更积极地交流与互动，促进了传统建筑的近代化的本土演变。

一、洋楼民居

西式建筑的植入，也深刻影响了近代福建居住建筑的形式。传统的居住建筑开始呈现出洋化的趋势，出现了大量的洋楼民居。洋楼民居，从词面意思看，“洋”表示建筑外观的洋化，“楼”表示建筑竖向空间上的楼化。此外，居住空间也不再封闭，逐渐呈现外向式、开放化的趋势。洋楼建筑从平面布局与建筑造型看，可分为独立式洋楼、传统合院中的洋楼，以及仅在门面洋化的“番仔厝”。从建造地点看，大致可以分为鼓浪屿租界洋楼与普通侨乡洋楼。①

洋楼民居的历史可以追溯到19 世纪末，当时闽、台的富绅及闽籍华侨开始在鼓浪屿置办房产，他们从洋人手中购置现成的住宅，如林朝栋的住宅“宫保第”、廖家别墅（图8-2-1）。19 世纪末至20 世纪初，华人华侨开始在鼓浪屿自建洋楼建筑，最初是模仿殖民地外廊式形式，如建于1902年的白登弼宅（图8-2-2）。后来，逐渐地在空间和形式方面加入地方传统建筑的特点，例如华侨洋楼往往只在正面设置外廊，这与殖民地式建筑的四周都有外廊的形式截然不同，前者是作为阳台空间使用，后者是用来休闲。这种改变显然更适合闽南地区的亚热带气候特征。平面布局上，华侨洋楼的内部空间仍然延续中国传统建筑的伦理关系：中轴对称、厅堂居住、卧室及其他次要房间居于两边。例如，台湾诗人林鹤年的“怡园”，采用了传统“三间张”闽南红砖厝顶落部分的平面格局，外立面是密缝砌筑的烟炙砖清水砖墙，这些都体现了本土化的元素（图8-2-3，图8-2-4）。

洋楼民居的外立面装饰很有特色，这其中“厦门装饰风格”尤为突出。这种风格一方面延续闽南红砖厝红砖白石的装饰传统，将大面积的红砖墙与少量白色线条（门窗框、壁柱、外廊廊柱、过梁等部位）进行对比；另一方面，强调竖向线条的装饰艺术风格开始流行，装饰题材融合了传统和西方古典装饰元素。闽南传统的建筑工艺，如洗石子、磨石子、灰塑等工艺，由于施工便利，又可以模仿石材的效果，被广泛的使用。如鼓浪屿福州路28号与30号洋楼，正面设置外廊，廊柱、柱头、山花、门窗套均采用洗石子作为饰面并做仿雕刻装饰，与清水砖墙形成色彩、质感上的对比。28号

① 陈志宏. 闽南近代建筑[M]. 北京：中国建筑工业出版社，2012：55.

图8-2-1 廖家别墅（来源：祖武 摄）

图8-2-2 白登弼宅（来源：祖武 摄）

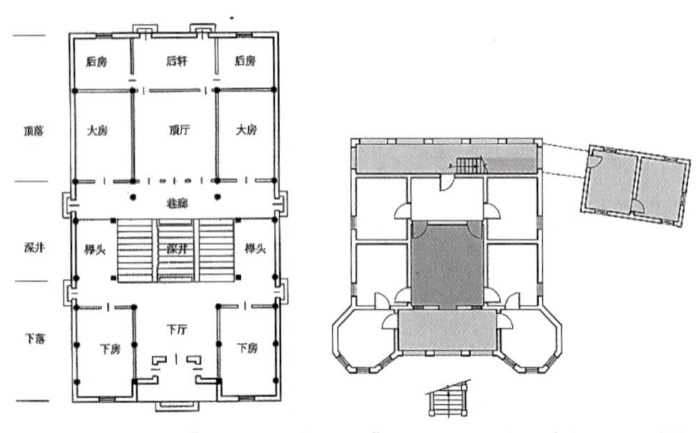

图8-2-3 “怡园”平面与“三间张”大厝平面示意图（来源：鼓浪屿申遗文本）

建筑的柱头采用柯林斯式变体，窗套上装饰有繁复的鸢尾草图案，而屋顶正中的山花和外廊廊檐、院墙、大门门头又具有典型的装饰艺术风格（图8-2-5、图8-2-6）。

随着华侨民居建设活动的开展，鼓浪屿洋楼散布衍生

图8-2-4 “怡园”（来源：祖武 摄）

图8-2-5 福州路28号、30号洋楼远景（来源：祖武 摄）

图8-2-6 福州路28号的精美的门头、廊柱（来源：祖武 摄）

图8-2-7　泉州陈光纯住宅（来源：谢骁 摄）

图8-2-8　泉州陈光纯住宅内廊（来源：谢骁 摄）

开来，在闽南各地城市与乡村得到广泛传播，如泉州地区的陈光纯住宅和宋宅都是代表性的实例（图8-2-7～图8-2-10）。20世纪20～30年代，福建传统侨乡的洋楼建设迎来高峰期，传统侨乡的近代居住文化特征逐渐形成。相较于租界洋楼而言，侨乡洋楼融入了更多的传统因素，原本就非纯正的西式建筑显露出更多的乡土特点。[①]

华侨大学陈志宏教授认为这一特点首要表现在对传统大厝平面关系上的延续，他总结出4种类型，分别是：①传统大厝平面整体楼化型；②传统大厝局部平面楼化型；③传统大厝局部平面发展型；④传统手巾寮平面的楼化，以及少数与传统民居不同的外来平面的布局方式。[②]由于这种平面上的延续性，传统大厝的楼化呈现出内部传统的生活伦理空间与外部南洋殖民地式的外廊布局的拼贴与并置的特点。建筑空间由单层变成多层，祖厅从一层移到二层，添加了外廊，生活起居空间增大，也逐渐由原本“内向围合”，变得“外向开敞”。

有意思的是，华侨在建设传统大厝时，也将外来建筑形式有意识地引入进来。这种局部被楼化和洋化的传统大厝，

图8-2-9　泉州宋宅（洲紫新筑）（来源：谢骁 摄）

① 陈志宏. 闽南近代建筑[M]. 北京：中国建筑工业出版社，2012：60-61.
② 陈志宏. 闽南近代建筑[M]. 北京：中国建筑工业出版社，2012：64.

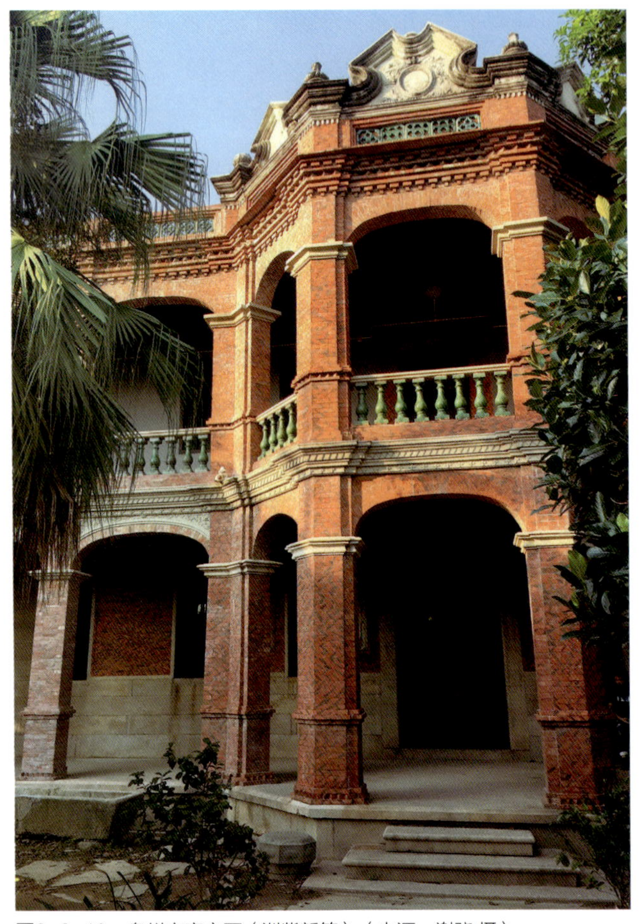

图8-2-10　泉州宋宅立面（洲紫新筑）（来源：谢骁 摄）

图8-2-11　泉州蔡光远听桐别墅（来源：谢骁 摄）

也被称为“叠楼”，它体现了在传统大厝所代表的伦理生活中，居者所寻求的另一种西化的生活空间，如泉州蔡光远听桐别墅(图8-2-11)。

总的说来，洋楼民居并没有因为采用了“西式建筑”的形式后而抛弃传统建筑的形制，而是基于传统民居形制进行洋化与楼化的再创造，如添加西式外廊的生活空间。这是由福建华侨骨子里的家庭伦理关系和多年形成习惯的外来生活方式共同作用的结果。

二、旧城改造与骑楼建筑

民国初期，近代大批有为华侨归国，见识过南洋城市的发展后，感慨于家乡落后的生活环境，纷纷开始在家乡倡导市政建设。如当时的华侨陈新政、徐剑虹、戴愧生等华侨，“由省至泉，见市况如旧，古老城垣依然如故，慨叹故乡辛亥革命已过多年，却还如此落后，于是力促讨贼军总指挥黄展云兴办市政、拆城辟路、发展交通。”[①]华侨领袖陈嘉庚在《住屋与卫生》一书中介绍了新加坡的城市建设和管理经验，提出“根据新式建筑法，不论商店住宅”的建造范式。[②]

1918年，时任粤军总司令的陈炯明奉孙中山之命，建立了以漳州为中心的“闽南护法区”。陈炯明启用了原来不少广东部下参与“闽南护法区”城市建设，漳龙工务总局局长周醒南就是广东惠州人，原为广州公路处处长。他参考当时广东的经验进行大规模的城市改造运动，主要包括道路、市政和骑楼的建设。闽南各地受此影响，纷纷开始建立市政机构与工务局，拆城辟路、修建公园、引入城市公共设施等，这标志着福建城市近代化建设的开始。

初期城市建设的主要内容以旧城改造为主，拆除墙垣，扩建街道，修建公路，改造市容，修建城市公共设施，与商业开发相结合，相继建立了发电所、水务公司、港口设施、

① 王连茂. 泉州拆城辟路与市政概况. 泉州鲤城区地方志编纂委员会. 泉州文史资料1–10辑汇编[M]. 泉州：泉州鲤城区地方志编纂委员会，1994：398.
② 陈嘉庚. 南侨回忆录[M]. 长沙：岳麓书社，1998：448–455.

医院、公园、学校、图书馆等城市公共设施，逐步实现城市结构和城市空间的近代化。①

后期城市建设以开辟新区结合旧城改造。沿海地区如厦门，填海造地建设新区，新区买卖地产得到的资金又可投入旧城改造中去，即所谓的“以路养地”，这成为用地缺乏、城市改造困顿难行的厦门近代城市建设的重要手段之一。这一时期，厦门编制了筼筜港新市区规划和嵩屿商埠规划，虽然这两项规划限于当时的社会经济政治背景并未实施，却为后世留下启发，在现代厦门城市建设中均得以实现。1926～1932年，厦门进入了城市建设的高潮期。之后，受到南洋经济危机与抗日战争的影响，福建城市建设转入低潮。②

福建近代城市建设中，借鉴了民国初期广州在市政建设上的经验，在拓宽马路的同时，大力推行骑楼建设。骑楼既可以改善当地拥挤混乱不堪的交通状况，又可方便底层商贸活动，适应闽南地区多雨暴晒的气候条件，在闽南旧城改造过程中逐渐被广泛运用。

在空间形制上，闽南骑楼布局大致可分为延续原有街屋布局的“单体联排型”格局与街道统一开发的“店宅分离型”格局。这两种骑楼单体布局体现了不同的开发方式，表现出不同的空间构成形态。早期的“单体联排型”骑楼是对传统街屋单独改造形成的，单体平面大多沿用原有“竹篙厝”街屋的长条式布局（图8-2-12）。以满足近代侨乡以零售业为主的小商品经济，其住宅部分设置在二层，底层做店铺使用，形成“下店上宅”的布局形式。“店宅分离型”骑楼布局的形成是将沿街骑楼统一规划建设，取代了早期的单独建设方式，体现了商业开发的灵活性。将店铺与楼层的住宅分离，底层用于商业经营，楼上住宅另外出租或出售。③

近代骑楼在闽南的建造时间十分相近，1918年，漳州骑楼建设由府衙前的空地进行示范开始，逐渐广泛推广到整个城市。之后漳州修建骑楼街区的经验平行推广到厦门、泉州等地。三地骑楼建筑由于地域和建造背景的差异，造成外在风格和群体布局上的一定差别。漳州骑楼起源较早，并伴随近代市政改造发扬光大，以解决近代城市发展出现的交通拥堵与环境卫生问题（图8-2-13）。整体以传统挑檐式木结构坡瓦屋面，结合当地红砖，木材质，风格古朴。厦门近代市政建设因为南洋归国华侨的参与，使得厦门骑楼的风貌特征不可避免地具有多种海外各式建筑风格的形态，体现中西建筑文化结合（图8-2-14）。泉州骑楼发展起步较晚，呈现出多元融合的折衷主义风格，街道色彩以红白两色为主，也一定程度上吸取了厦、漳骑楼的风格特点（图8-2-15）。群体布局方面，厦门与漳州两地骑楼街道群体组合由于在传统路网的基础上商业的繁荣发展与政府主导规划，表现为线状与片状相结合的特点，骑楼街区交织成网。泉州城

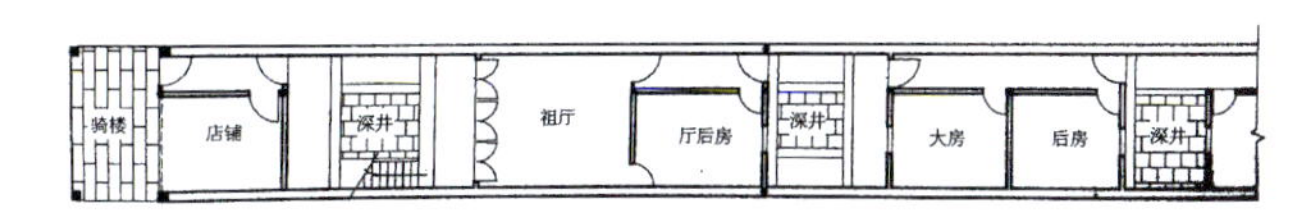

图8-2-12 骑楼新华东路骑楼单体联排型“竹篙厝”布局（来源：《闽南近代建筑》）

图8-2-13 漳州骑楼(来源：厦门大学建筑系 提供）

① 赖德霖，伍江，徐苏斌. 中国近代建筑史 第二卷 多元探索——民国早期各地的现代化及中国建筑科学的发展[M]. 北京：中国建筑工业出版社，2015：196.
② 林星. 近代福建城市发展研究——以福州、厦门为中心[D]. 厦门：厦门大学，2004: 12-20.
③ 陈志宏. 闽南近代建筑[M]. 北京：中国建筑工业出版社，2012: 138-139.

图8-2-14 厦门骑楼（来源：胡璟 摄）

图8-2-15 泉州骑楼（来源：厦门大学建筑系 提供）

图8-2-16 厦门骑楼街景（来源：胡璟 摄）

图8-2-17 厦门骑楼街景（来源：胡璟 摄）

图8-2-18 厦门骑楼立面窗户形式（来源：胡璟 摄）

内中山路骑楼因为承担城市主要交通干道与商业街道的双重职责，则表现出单一的线状布局。①

具体来看，厦门的骑楼建筑主要分布在中山路，思明东、西、南、北路以及横竹路、镇邦路、开元路、大同路等近三十条（图8-2-16）。这些骑楼街道构成了厦门著名的骑楼街区，其数十里的骑楼风貌极富韵律感和震撼力，既有中西合璧的气质，又有厦门本地浓厚的风俗气息。在建筑中大量运用线脚，每栋建筑各具特色。建筑墙面采用抹灰刷浆,颜色轻快活泼，以白色和黄色为主。建筑底层多采用梁柱式，辅以券柱式，上层则是壁柱式（图8-2-17）。骑楼开窗形态丰富，一般每开间分三扇窗，形态各异，有长方形、长方形与圆拱形相结合式以及尖券形与圆拱形相结合式窗等（图8-2-18）。骑楼檐部的造型则主要吸取了西方文艺复兴和巴洛克时期的风格，表现为一道贯穿整个立面的水平矮墙或镂空栏杆。②

漳州骑楼，主要分布于台湾路、香港路、始兴南北路、芳华横路、芳华北路等老街道（图8-2-19）。③多采用传统坡屋顶临街，几乎没有任何传统屋顶装饰，少数屋顶檐口以镂空宝瓶处理（图8-2-20）。建筑大量使用木材，与传统木骑楼相似，但底层柱子多采用砖砌，整体墙身也以红砖砌筑为主，装饰简洁，大多没有柱头和柱础，处处透露出工艺

① 方拥. 泉州鲤城中山路及其骑楼建筑的调查研究与保护性规划 [J]. 建筑学报，1997(08)：19.
② 余强. 厦门骑楼建筑风貌分析[J]. 小城镇建设，2003(09)：36.
③ 曹阳. 历史名城保护与城市建设共赢——漳州市台湾路历史街区整治保护实践探索[J]. 福建工程学院学报，2006(01)：27.

图8-2-19　漳州骑楼坡屋顶（来源：厦门大学建筑系 提供）

图8-2-20　漳州骑楼墙身处理（来源：厦门大学建筑系 提供）

图8-2-21　泉州中山路（来源：厦门大学建筑系 提供）

图8-2-22　墙身样式（来源：厦门大学建筑系 提供）

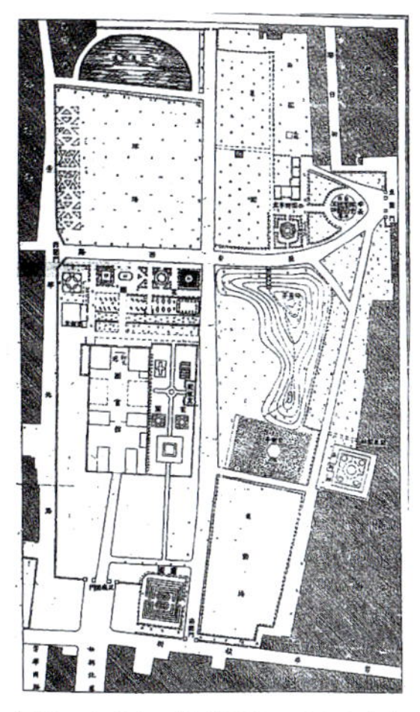

图8-2-23　漳州第一公园（来源：《漳州第一公园纪略》）

的智慧和对整体构图比例的适度把握。

泉州骑楼呈现出多元融合的折中主义风格，主要分布于中山路、新门街、涂门街等街道，其中泉州中山路是我国仅有、保存最完整的联排式骑楼建筑商业街（图8-2-21）。[①]在材料上结合了当地的红砖和石以及当时的洋灰和水刷石，都以清水呈现材质本身之美，街道色彩以红白两色为主，间以水刷石之浅灰色（图8-2-22）。窗与窗的组合以各式精美的大小柱式来连接，多采用伊斯兰三叶券变体的尖券窗饰，窗间墙嵌以浅浮雕的中西式花纹和文字，线脚精致丰富。

除了骑楼建筑，以“漳州第一公园”、“厦门中山公园”为代表的近代城市公园也是新社会、新生活的象征。漳州第一公园（后改名为中山公园）（图8-2-23）是近代闽

① 徐瑶，黄安民. 泉州中山路历史街区建筑保护与利用的探讨[J]. 科技广场，2012(07)：250.

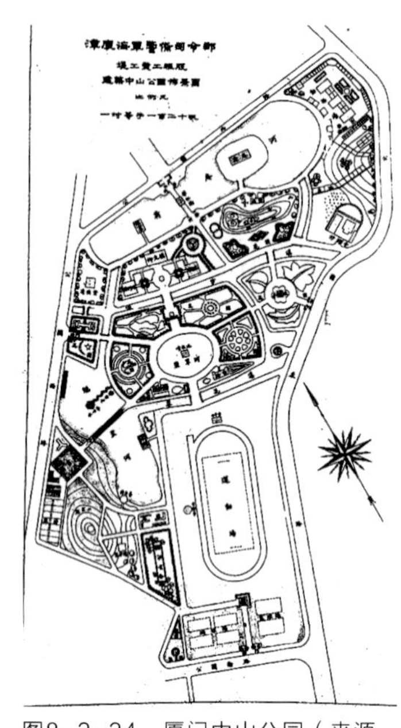

图8-2-24 厦门中山公园（来源：《厦门中山公园计画书》）

南第一个城市公园，充分利用原有书院与山水园林特点，栽植植物，巧妙加入美术馆、运动场等近代公共文化与运动设施。厦门中山公园（图8-2-24）选址于风景秀丽、人文气息浓厚的古刹胜地，由朱士圭、张元春等设计建造，历时4年完工。公园被溪流分隔为三区，模仿西式庭园以几何形式轴线布局，并在园内建有图书馆、电影院、运动馆等公共文化设施。城市公园的建设为当时的城市营造了进步、文明的生活空间，推动传统社会向近代转型。[①]

总之，这一时期的骑楼建设延续了原有城市格局，形成了独特的街道景观，无论在立面形式、单体平面、群体布局等方面都延续了地方商业的特点，适合地方经济发展的需要，深受当地居民喜爱。骑楼因地制宜的特点，尤其是对气候的适应性，对日益拥挤的街道环境适应性，使得骑楼具有强大的生命力，因此延续骑楼建筑的文化对当代城市建设具有深远的意义。

三、嘉庚建筑与地域探索

“嘉庚建筑”一词起源于1984年，陈从周先生在《厦门日报》发表的《卓越的建筑家——陈嘉庚先生》一文，文中肯定了嘉庚建筑的历史价值与文化价值，并首次提出“嘉庚风格建筑”这一概念。“嘉庚建筑”指的是陈嘉庚先生20世纪20～60 年代建于福建厦门集美学村和厦门大学的具有中西合璧特征的建筑物，因其鲜明的地方特色和个性特征，具有人文的价值取向和深厚的文化内涵，日益受到重视。[②]1988年至2006 年间，多幢嘉庚风格历史建筑被列入国家文物保护单位。

启发于教会大学中“中国化”的尝试，陈嘉庚先生开始逐渐致力于具有民族形式和地域特色的中西合璧风格的建造与探索。但不同于教会大学主要受中国官式建筑的影响，“嘉庚建筑”更多关注闽南传统建筑的特点，如闽南建筑的屋顶形式、材料、装饰特征、工匠技艺等。亦不同于当时的“中国固有形式”中对民族形式的政府倡导与复兴，“嘉庚建筑”更多的是来源于嘉庚先生的实践尝试和经验累积，是出于经济实用观念和具体建造环境的适应化选择。此外，深受中国传统文化影响的陈嘉庚在校园建筑的规划和布局上，也拥有自己的见解，除了对建筑群体中主从关系的关照，亦重视建筑与自然山水环境的有机结合。

在集美学村校园规划中，以当地人造岛屿为中心，向周边山地扩展。校园规划设计与环境密切结合，因地制宜，整体布局既考虑到不同教学楼相对独立的使用功能，又能合理安排各个教学楼之间的连接路径，形成以人工岛屿组团为中轴，两侧坡地组团均衡发展的校园格局，较好地处理了建筑与自然之间的关系(图 8-2-25)。陈嘉庚说：“论集美山势，凡大操场以前之地不宜建筑，宜分建两边近山之处。俾从海口看入，直达内头社边之礼堂，而从大礼堂看出，海面无塞。大操场，大游泳池居中，教室数十座左右立，方不失

① 陈志宏. 闽南近代建筑[M]. 北京:中国建筑工业出版社，2012：32-36.
② 周红. “嘉庚建筑”承载的文化［J］. 中外建筑，2006（03）：56.

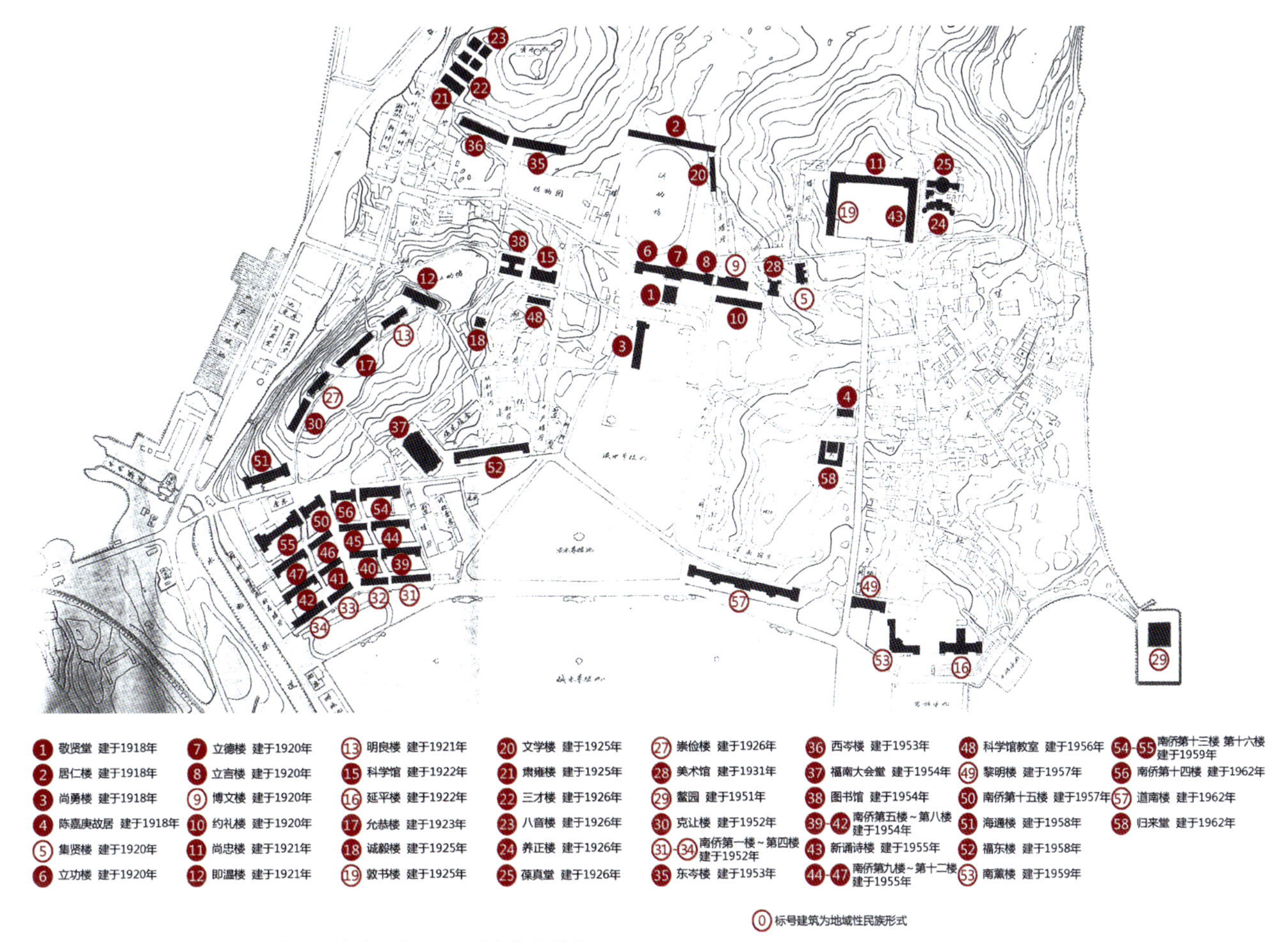

图8-2-25 1960年代集美学村嘉庚建筑地图（来源：陈志宏 提供）

此美丽秀雅之山水。”①

嘉庚建筑古朴大气、庄重恢宏，无论是整体布局还是建筑形式都具有鲜明的特点，可总结为：

(1) 因地制宜布局。陈嘉庚先生在校园总体规划中，十分强调建筑与地形环境的结合，无论集美学村还是厦门大学，均是背山面海，充分利用地势。例如在厦门大学的建设中（图8-2-26），陈嘉庚先生强调校舍建筑的“地位之安排”的整体性布局，利用五老山的余脉李厝山自东向西半月形环抱园海湾的地形，遵循整体性原则，这种因地制宜的布局手法有利于保持区域原有的整体地域环境特色。

（2）嘉庚建筑的群体布局，通常采用“一主四从”的方式，如建南楼群以中央的主楼为中心（图8-2-27），在其周围以一字形左右各布置两幢建筑，如众星捧月，增强中央主轴线的重要性与控制性。如以群贤楼为首的“一主四从”建筑楼群，中间的群贤、集美、同安三座楼为绿色琉璃瓦屋面、白色花岗岩石屋身的中式，两端的囊萤、映雪两座楼为红瓦白墙的西洋式，楼与楼之间四条“中式”廊道把五座大楼连成一体，形成“五楼宇相连，其直如矢，值前者为体

① 1923年2月28日陈嘉庚致叶渊书信. 陈嘉庚校主来函汇集（第四册），集美校委会资料室藏.

育场”的宏大布局（图8-2-28）。①

（3）中西风貌合壁，“多元综合，矛盾共存”②。陈嘉庚在地域性“民族形式”的探索中一直是采用西式墙身与闽南屋顶直接拼合的方式，将中式的屋顶，西洋式的墙面，南洋和闽南式建筑的拼花、细作、线脚等融合在一起，整体建筑使人感觉古朴大气、庄重恢宏。③（图8-2-29）。

（4）对地方材料的广泛运用，同时考虑经济实用，减少浪费。在此基础上，追求闽南匠心工艺，建筑整体简洁

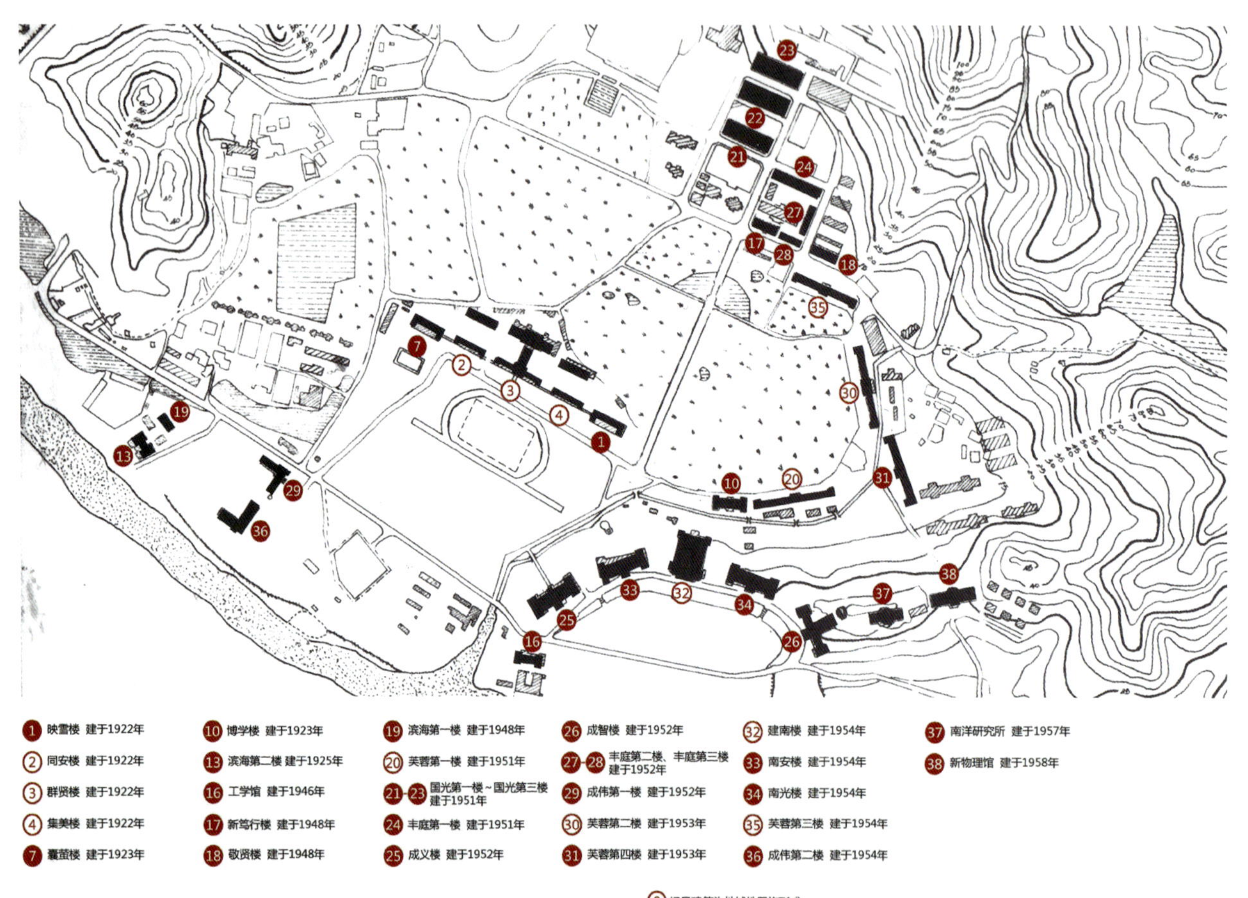

图8-2-26　20世纪50年代厦门大学嘉庚建筑地图（来源：陈志宏 提供）

图8-2-27　建南群楼（来源：镡旭璐 摄）

图8-2-28　厦门大学群贤楼（来源：镡旭璐 摄）

图8-2-29　厦门大学建南大礼堂（来源：镡旭璐 摄）

① 庄景辉. 厦门大学嘉庚建筑[M]. 厦门：厦门大学出版社，2011：45.
② 王绍森. 透视“建筑学”——建筑艺术导论[M]. 北京：科学出版社，2000：93.
③ 陈志宏. 闽南近代建筑[M]. 北京：中国建筑工业出版社，2012：212.

明快，素雅大方。对于校舍建设，陈嘉庚一贯主张“凡本地可取之物料，宜尽先取本地产生之物为至要”，“就地取材”，是嘉庚建筑的又一个重要特色。本地石材和红砖、木材等被广泛应用到校园建筑中，工匠们创造出多种石材砌筑方法，根据不同建筑类型和装饰部件，采用青白石和红砖相间，形成富有变化的石砌墙体。例如厦门大学芙蓉楼群（图8-2-30）、集美大学的南熏楼（图8-2-31）。在石作、砖作、木作的建造上，充分利用材料的自然纹理，巧妙结合材料的砌筑形式，形成严谨精致的建筑细节（图8-2-32、图8-2-33）。[①]

“嘉庚建筑”更多地是来自于华侨的生活经验，“深受中国传统文化和多年侨居生活的影响，呈现出一种中西审美价值观的兼容”[②]。同时，它对闽南地方特色的强烈关注，为近代民族建筑风格的探索寻求了以地域传统表达民族性的新思路。它表现在从项目选址、规划布局、建筑组合、形式风格和材料与装饰等各个方面；一方面体现了对福建文化和传统建筑元素的延续，尊重自然、天人合一，因地制宜的建筑构思；另一方面其自身又对独具特色的闽南地域性“民族形式”的探索，对后世地域建筑的创作具有重要的指导意义。

图8-2-31　南熏楼（来源：镡旭璐 摄）

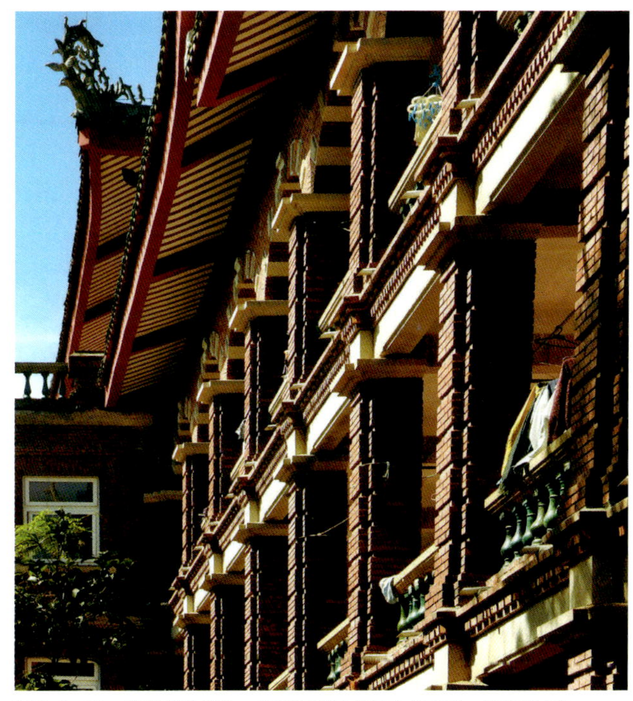
图8-2-32　芙蓉楼的砖作，严谨精美的细节1（来源：镡旭璐 摄）

图8-2-30　芙蓉楼群（来源：镡旭璐 摄）

图8-2-33　芙蓉楼的砖作，严谨精美的细节2（来源：胡璟 摄）

① 庄景辉. 厦门大学嘉庚建筑[M]. 厦门：厦门大学出版社，2011：123.
② 王绍森. 透视建筑学[M]. 北京：科技出版社，2000：93.

第三节 福建近代建筑特征

福建近代建筑在福建建筑史中占据重要的地位，总体来看，嫁接与传承并重。它起着承上启下的作用，是新中国成立后新建筑的物质基础，也是对福建近代社会、历史、文化的鉴证。纵观福建近代建筑的整个发展过程，外来文化和本地文化的相互影响贯穿始终，最终形成中西融合的独特福建近代建筑文化特征。侯幼彬在《中国近代建筑的发展主题：现代转型》中认为："近代中国的建筑转型，基本上沿着两个途径发展：一个是外来移植，即输入、引进国外同类型建筑；二是本土演进，即从传统旧有类型基础上改造、演变。"①

一、多元文化的共融共生

鸦片战争后，外来文化的介入直接导致了福建近代建筑产生。初期，西方各国建筑形式的直接植入，分布在福州泛船浦和仓前山以及厦门的鼓浪屿和海后路（今鹭江道）等地。领事馆、银行、教堂等不曾有过的建筑类型出现了、不曾见过的建筑物盖起来了。从积极的意义上讲，它丰富了建筑文化内涵，带来了开放的生活理念和先进的工程技术。当然，强行输入的这类建筑因为与福建本土文化联系甚少，因而无法得到长远的发展。后来的一些建筑形态，其在风格样式、平面布局、施工技术与构造做法上适应了福建的自然、社会、文化的特点，逐渐被当地人所接受，并将之发展成为新的"地域"风格，这要归功于华侨在中西文化双向传播中的作用。如起源于东南亚的殖民地外廊建筑与闽南的亚热带气候和生活习惯结合后，从四周环绕的外廊演进成为单边外廊布局，后又演化成洋楼和骑楼两种形式。"前者以西化的形式表征和身份标志被侨乡社会所接受；后者因适应地方商业模式成为闽南以致华南沿海各地传统店屋改良的主角。"②

与外来建筑文化影响对应的是福建本地建筑传统文化的延续，这体现在对气候的适应，传统建筑形象、传统空间形制、传统材料与工艺等发展上吸收融合外来文化的同时，依旧保持地方传统审美特质和文化价值取向。如福州台江的商埠建筑保持着传统街屋开间整齐、进深深长、封闭天井等传统特色，仅扩大晒台和阁楼，并吸取了西方建筑装饰手法，但整体上仍以传统风格为主。

福建近代建筑在中西文化融合中，包容并蓄、兼容共生，形成了风格独特的地域风格。它没有直接照搬"西式"，也没有直取其他地方的经验做法，而是结合自身所在的地域环境、风土人情下"文化创新"的产物。

二、对地域气候的适应发展

福建省位于我国东南沿海，属于亚热带海洋性气候，夏季炎热多雨多台风，冬季温和，较长的日照时间使得建筑自发性回应气候。因为对遮阳遮雨、隔热、通风、排水等方方面面的功能有要求，大量近代建筑建造有深远的挑檐，外廊遮阳，排水明沟，建筑间建起狭窄的冷巷。

例如福州的商埠建筑进深大、出檐深、门窗洞口大、室内外空间相互连通、通过前后左右的"小天井"拔风，在加上房前屋后的"冷巷"，可起到加强空气流动，快速降温的作用。同时，通过较大斜度的坡屋顶、楼层处的腰檐、门窗洞口上的雨檐灯，迅速排水，以应对夏季降雨量大的情况。闽南地区的外廊虽然是西方的舶来品，但其迅速地与闽南的气候条件和生活习惯结合，发展成了深受当地人民喜爱的空间形式，并且在多种建筑类型中都有体现。它即可避免夏季阳光直射进入室内，又可遮风避雨，使用者的活动完全不受

① 侯幼彬. 中国近代建筑的发展主题：现代转型. 张复合主编. 中国近代建筑研究与保护（二）[M]. 北京：清华大学出版社，2001：6.
② 陈志宏. 闽南近代建筑[M]. 北京：中国建筑工业出版社，2012. 11：235.

打扰。这一形式在骑楼街区的出现不仅提供了舒适的公共行走空间，还大大提高了居民休闲交往的机会。居民可以在自家对应的骑楼外廊下摆上茶桌，闲话家常，悠闲自得；这样的场景今天仍旧可见。

三、中西合璧的建筑形式

形式是建筑最为表象的特征，是最直接的视觉语言。从最初的殖民式建筑和教堂建筑在材料和局部形式上向传统风格的妥协；福州商埠建筑的“洋脸面”和内部中式风格的共存；后期洋楼、嘉庚建筑表现出来的强烈的“中西混搭”风格都体现了福建近代建筑中西合璧的外观特征。

包括陈嘉庚先生在内的福建华侨所受的中西文化的双重影响直接表现在他们回国后的大量建筑行为上。其中华侨洋楼经常以单面柱廊、红瓦坡顶、庭院环绕的西式形象出现。它的立柱、拱券、檐口线条、门窗花样、院墙、雕花装饰等采用了西方的样式；清水红砖墙、传统的拼贴纹样、宝瓶栏杆、彩画等又是中式的砌筑和装饰手法；两者自然杂糅在一起，看起来并不觉得违和。中西合璧的特征在嘉庚建筑表现更为明显，这是因为它的中式大屋顶和西式的墙身的对比强烈，差距巨大之故。嘉庚建筑的屋顶多为歇山顶，比较重要的部分还会加上重檐；屋脊通常采用闽南大厝的马鞍脊、燕尾脊。墙面喜用连续券廊、巨柱来突出气势，西式窗户的窗套复杂讲究，多外置百叶。相比早期嘉庚建筑的殖民地外廊式墙身与中式屋顶的直接碰撞，新古典主义、殖民地外廊式、民族风三种风格直接组合而言，后期民族形式占据主导地位，建筑看来更为整体。白石、红砖等地方材料的大量使用，闽南工匠的精湛技术展现了浓厚的地方色彩，加上西洋建筑的气质，给人古朴、宏伟之感。

四、传统空间的延续与发展

空间是建筑的本质，是在长期的自然地理、社会人文发展背景下的积淀。近代建筑虽然受到外来文化的影响，在建筑形式、技术工艺等方面有较多的吸收和再造，但其空间上仍保留传统空间的形制、格局、秩序等。这一特点在侨乡独立式洋楼中表现得最为明显，华侨大学陈志宏教授认为依据保留程度的不同大致可以分为传统大厝平面整体楼化型、传统大厝局部平面楼化型、传统大厝局部平面发展型、传统手巾寮平面的楼化等几种类型。传统大厝楼化以后，原有“天井”空间的功能作用慢慢消失，转而被外廊开敞空间所取代；原有一层正厅移至二层后，底层空间使用更为多样和方便，这些都是为适应新生活作的改变。①

福建近代建筑在保留传统空间格局的同时，还在吸收外来文化的基础上进行再发展，以适应当地的气候和新时代城市生活的需求。例如闽南骑楼街道就是保留了传统街屋的空间原型，与外来的街道规划模式相结合，并吸收殖民地外廊式的优点，发展成可改善当地拥挤混乱不堪的交通状况，又可方便底层商贸活动，适应闽南地区多雨暴晒气候条件的新形式。骑楼使得街道界面具有连续性与节奏性，以不同元素组合重复，自身丰富多样而又整体连续统一；还提供了城市街道与商业之间的过渡空间，形成尺度宜人的供人通行的通道系统。②

五、材料和工艺的多元表现

近代福建建筑在材料使用上，大多就地取材，因材施工，降低成本的同时，也逐渐发展出自己的建造体系。后来西方先进的材料技术传到中国后，出现了对新材料、新技术的探索。多种建筑材料交织使用，材料的多元带来不同的层

① 陈志宏. 闽南近代建筑[M]. 北京：中国建筑工业出版社，2012：64.
② 泉州市城乡规划局，同济大学建筑与城市规划学院. 闽南传统建筑文化在当代建筑设计中的延续与发展[M]. 上海：同济大学出版社，2009：95-98.

次与肌理，经过有机结合创造出丰富的风格。同时，传统建筑材料如木、石、砖的使用得到推广，也促进了如木雕、石雕、砖雕、彩塑泥塑等技艺的成熟，烟炙砖形成了特殊的闽南红砖文化。[①]

从结构系统来看，出现了传统木结构和西式结构并置的情况，但在不同时期、不同类型上份量不同。例如早期的洋楼建筑，为节省经费，通常只在较为薄弱的外廊梁板部分使用钢筋混凝土结构，以防止雨水的侵蚀，其余部分仍然沿用传统结构形式。后期的洋楼就大部分采用全钢筋混凝土。再如福州的商埠建筑“通常采用古典的券柱式、廊柱式等结构体系，原有的木构件更多是包在墙内或局部外露，不再作为承重构件使用，屋顶则为原有的木檩条搭接积瓦的形式，形成中西结合的结构体系”。[②]

从材料上看，仍旧以本土的砖、石、瓦、木等为主要材料，但也出现了一些外来材料。如洋楼中大量出现的水泥花砖和彩绘瓷砖，窗户上的彩色玻璃和铁艺栏杆等。因为市场上的供不应求，后期华侨甚至在鼓浪屿上成立了“南州有限公司花砖厂”专门生产花砖。

红砖工艺在福建近代建筑中有着广泛的应用，这与传统红砖大厝一脉相承。工匠的技艺也在这广阔的市场中得到锻炼，从拱券样式到线脚的叠涩，不时展露出来。嘉庚建筑中就大量使用红黑相间的烟炙砖砌筑出花纹和图案，或美化窗框，或位于拱券上或与白石交错突出角柱，增添了细节之美。

总之，福建近代历史建筑是与地域、时代共同发展的产物，它既延续了福建传统建筑文化，又形成自身独特的风格特征，直接导致了现代建筑的发生和发展，起着承上启下的作用。在对其传承的过程中，应该深刻了解它特定的发生背景、文化特征、地域适应性表征等，结合当代的生活方式、现代新技术、新材料等，才能创造出既符合传统文化特色又满足现代需求的优秀建筑，延续城市文脉与内涵。

① 泉州市城乡规划局，同济大学建筑与城市规划学院. 闽南传统建筑文化在当代建筑设计中的延续与发展[M]. 上海：同济大学出版社，2009：65-75.
② 刘俊宇. 双杭与苍霞保护区保护价值研究——类型与形态学视角[D]. 北京：清华大学，2013：51.

第九章　基于自然要素的福建当代建筑文化传承

“五里不同俗，十里不同风”，自然地理特征的差异使福建各地的文化习俗具有很大的差异性，而这种差异性也会投射在建筑上。福建传统建筑基于特定的气候和地理环境所表达的独特的空间性、实用性、物质性和审美性，是福建建筑地域性的表征，也是福建当代建筑所要积极借鉴、传承与发展的部分。在影响建筑地域性表达的种种要素中，自然要素是最稳定长久的，影响也最为突出。因此，当代建筑实践需要关照自然，体现出对自然气候和地理特征的尊重。

当代建筑对自然的适应性表达，是地域建筑设计的重要策略，也是对传统建筑关于自然特征的传承与表达，主要分为以下两个部分：

其一，基于气候环境的地域适应性。福建东南沿海地区属南亚热带气候，东北部、北部和西部地区属中亚热带气候，各区气候差异虽不大，但各气候带内水热条件的垂直分异较明显。独特的气候决定了福建区域独特的传统建筑形式，而这些形式被传承到了当代建筑设计之中。

其二，基于地理环境的建筑适应性。地理环境中的诸多要素及特征可以抽象概括为“山”与“水”。建筑对“山”的适应性表现在建筑与地形的结合、建筑对自然形态的回应、建筑对视觉参考性的控制等。建筑与“水”的适应性表现在对原有水系环境的尊重，对水体景观的不同季节特征的考虑，以及将水的元素引入建筑设计中，提升整体生态微环境等。

自然因素可以视为建筑地域性表达中传统与现代结合的共通点。对自然的关照，归根结底都是对自然的尊重。

第一节 基于气候要素的福建当代建筑文化传承

自然环境的多样性是促成人类文化包括建筑形式多样化的因素之一。建筑设计既是对气候环境、地形、地貌条件的被动性适应，也有主动性的创造。影响建筑地域性表达的自然要素中，气候是最稳定长久的要素。关注传统建筑文化对地域自然气候的适应，并传承延续，是福建当代建筑地域性表达的主要倾向。

一、气候环境与福建传统建筑的适应策略

福建省靠近北回归线，受季风环流和地形的影响，形成暖热湿润的亚热带季风气候，热量丰富，雨量充沛，光照充足，年平均气温 17 ~ 21℃。气候区域差异不大，闽东南沿海地区属南亚热带气候，闽东北、闽北和闽西属中亚热带气候（图9-1-1）。

夏无酷暑，冬无严寒，一年中绝大多数月份的相对湿度在 75% ~ 85% 之间，较为湿润，主导风向为东北风，雨季和风季明显。福建传统建筑表现出对独特的气候的适应性，具体表现在以下几点：

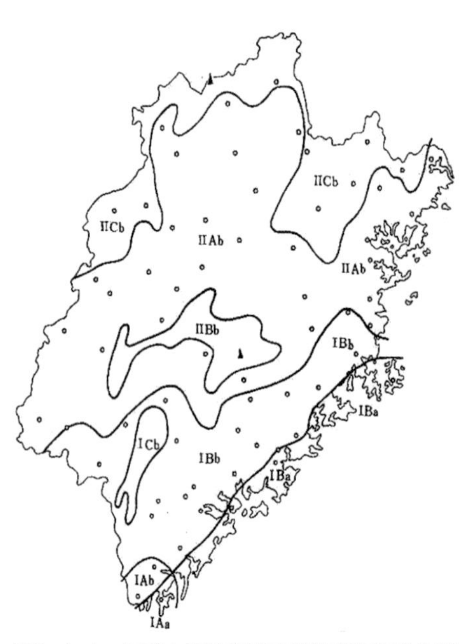

图9-1-1 福建中亚热带和南亚热带气候分界线（来源：《福建省志》）

（1）隔热上的处理。亚热带季风气候的特征之一是日光可以直接射入室内，这是造成室内温度高的重要原因。采用合适的手段以阻挡过多的日照辐射，例如利用坡屋顶形成防辐射腔等。

（2）防潮上的处理。闽南气候多雨湿润，地面多铺石材和砖，底层架空，以避潮湿。屋顶采用坡屋顶以防积水，形成“顶天立地”的防御自然的方式。

（3）通风上的处理。传统建筑为了组织通风，十分重视室内外空间的相互联通，满足建筑导风入室的要求。闽南民居中常用天井，同时为防止因湿度带来的闷热，增大房屋进深并设外廊，再加上房间前后的冷巷，来加强对流，以求得建筑上对冷空间的导入。

二、应对气候环境的建筑设计方法

基于自然气候的福建当代传统文化传承，主要从建筑自身的防潮、防晒、通风等几个方面加以处理。与传统建筑往往采用被动式的方法和环境气候相适应不同的是，在当代地域性建筑文化传承中结合技术的进步和理论的完善，对气候适应性的尊重也在不断推陈出新。现对相关设计方法适当归纳：

（一）隔热防潮上的处理

福建当代地域建筑创作中，许多建筑师仍然采用坡屋顶的形式，这不仅仅出于造型上的考虑，也是基于对气候环境的关照：a. 坡屋顶可以形成防辐射的隔层，从而提升建筑的隔热防潮并快速排水；b. 利用屋顶空间作为设备用房，将空调机器及其他设备藏于坡屋顶下，使建筑立面简洁干净，形成整体的视觉景观。如厦门大学中的校园建筑中，嘉庚主楼群、漳州新校区的教学建筑都是采用此种方法。而在高层建筑中，一般不以坡屋顶表现，但仍然可以在屋顶形成隔热的夹层的空架以便于同高层的形式以及防晒结合起来。

如何通过巧妙的设计综合解决福建夏季炎热多雨的气候环

境下的隔热、防晒等问题，实现对环境的呼应，是建筑设计思考的出发点之一。厦门大学嘉庚主楼群的设计，充分关注自然，营造阴凉、通风、避雨的空间，同时做了细致入微的处理。首先，考虑到厦门夏季雨水较多，五栋楼之间均用风雨走廊相连。适应遮阳的需要，在每栋建筑中均有回廊与架空空间，同时运用对景、借景等小的细部处理手法，保证使用空间的同时增加了局部空间效果（图9-1-2、图9-1-3）。

位于福州西湖东侧的福建会堂，设计师基于对地域气候的理解，进行了细致入微的推敲。福建传统民居中，厅、廊与天井之间不设隔断，绝大部分相连，也与特色“厅井”空间一脉相承。在福建会堂的入口设置了似“厅”似“院”的灰空间，作为会堂前的水面、广场空间的延伸，同时还起到遮阳防雨的作用，视野开阔的灰空间，适应了福州地区炎热多雨的气候特点（图9-1-4）。

福建长乐冰心文学馆通过扩大建筑与环境的接触面，来加强建筑整体通风的方法也有较好的效果。设计师将常见的“十”字布局做了变异处理，以达到与周围环境的更好结合。同时，建筑整体造型轻盈空透，局部底层架空，形成了通透

图9-1-2　厦门大学嘉庚主楼屋顶（来源：王绍森 摄）

图9-1-3　厦门大学嘉庚主楼连廊（来源：王绍森 摄）

图9-1-4　福建会堂（来源：福建省建筑设计研究院）

遮阳的空间效果。客房、办公室和餐厅等围合成一个小型四合院，结合前低后高的地形，使得各个房间均有良好的采光(图 9-1-5 ~图 9-1-7)。

(二)防晒通风防潮上的处理

应对气候环境的适应性设计策略还包括对防晒通风的考虑，如减少太阳辐射进入室内，避免二次辐射和对流方式加大室内热负荷，改善室内光环境，利用室内外温差所致的空气密度差和近出风口的高度差改善通风状况等。

厦门大学图书馆设计就是在基于当地气候的条件下进行创作构思的。设计者利用设置凹窗、挑檐遮阳板、增加外廊等手法减少强光进入。在后期的扩建设计中，入口处进行内凹处理形成一个阴影区，可使空气畅通导入，达到风闸的效果，适应本地气候的特点。给读者提供了舒适宜人的入馆感受和心理转换体验。(图 9-1-8 ~图 9-1-12)。

厦门南洋学院是当地一民办学院新校，总体规划为境外设计(图 9-1-13 ~图 9-1-16)。学院图书馆设计中，平面组合上形成了大小庭院和天井，利于通风采光，改善小气候。底层架空营造与自然结合的环境，同时在各层设计多个外廊空间，避免使用房间直接对外。外墙的格栅方格网构成遮阳屏，防止阳光直射，同时也有利于阳光反射到室内。西向山墙以双层皮做法构成拔风空间，减少西晒，同时结合文字构成艺术化的处理。这种设计思路也体现在厦门大学学生活动中心设计中(图 9-1-17 ~图 9-1-20)。

图9-1-5 长乐冰心文学馆(来源：福建省建筑设计研究院)

图9-1-6 长乐冰心文学馆(来源：福建省建筑设计研究院)

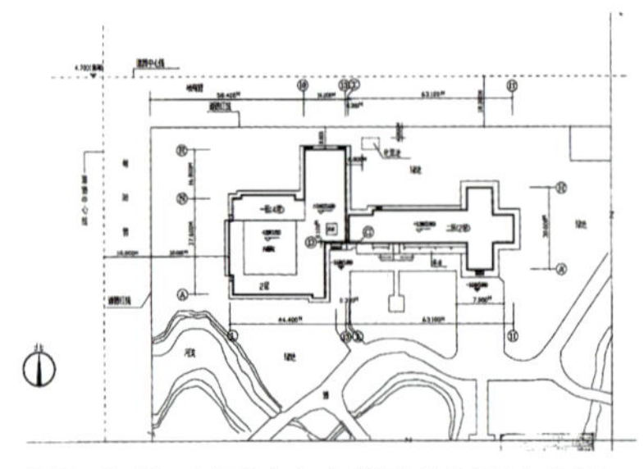

图9-1-7 长乐冰心文学馆总平面(来源：福建省建筑设计研究院)

图9-1-8　图书馆扩建工程改造前（来源：王绍森 摄）

图9-1-9　图书馆扩建工程改造后（来源：王绍森 摄）

图9-1-10　图书馆立面（来源：王绍森 摄）

图9-1-11　图书馆内部空间（来源：王绍森 摄）

图9-1-12　图书馆立面细节（来源：王绍森 摄）

图9-1-13 厦门南洋学院图书馆（来源：王绍森 摄）

图9-1-14 厦门南洋学院图书馆西面的艺术外墙（来源：王绍森 摄）

图9-1-15 厦门南洋学院图书馆细节（来源：王绍森 摄）

图9-1-16 厦门南洋学院图书馆内景（来源：王绍森 摄）

图9-1-17 厦门大学活动中心（来源：王绍森 摄）

图9-1-18 厦门大学活动中心细节（来源：王绍森 摄）

图9-1-19　厦门大学活动中心鸟瞰图（来源：王绍森 提供）

图9-1-20　厦门大学活动中心室内空间（来源：王绍森 摄）

第二节　基于地理要素的福建当代建筑文化传承

传统社会中的建造是以尊重客观地理环境为先决条件的，与当代人们习惯用推土机等现代化设备对地形地貌进行改造不同的是，前者形成了仿佛“生长出来”的协调统一的环境景观，后者是实现平地这个最经济最易于施工的首要条件，但也导致了建筑与环境的对峙。人工环境和当代建筑的介入不可避免的会对当地自然环境造成影响，而我们所要做的是如何将这个影响控制到最小。

在对地理环境表达上产生的设计理念，可分为“地理环境形态的构造模仿”和“地理环境形态的意境模仿”两种。前者侧重于建筑与自然地理形态的相似性，以一种谦卑的态度让建筑适应地形，从而使建筑和所在自然地理环境产生某种脉络关联，这是一种较为直接朴素的作用方式，可以直观反映自然地理环境的构成和地域环境特质。而后者的意境模仿，则是建筑与自然地理环境更深层次的相互作用。在对地理环境进行解读后，攫取出具有代表性的因素，提炼深化意境元素从而来表现建筑，甚至在一定程度上反馈地理环境，地理环境因素和社会文化因素交织，形成地域建筑风格。

一、以水为背景的建筑传承

福建许多地区濒临大海，独特的海洋地形在一定程度上左右着建筑造型语言的表达，“契合地形”主导下的设计策略使得建筑师对待独特的海洋地形地貌上也有着一定的建筑处理手法。

（一）滨海建筑设计方法

在滨海区域，由于水陆位置和对太阳辐射的反射和吸收程度的不同，使我们可以感受到清新自然的“海陆风”，这也是滨海城市相对于其他内陆城市明显的一个自然优势。福建所处纬度较低，夏季炎热，海陆风往往能给城市带来一丝清凉。同时，滨海区域也是城市景观优美之处，尤其在厦门、福州、漳州一带。建筑师顺应自然关照的设计手法，形成了建筑造型的独特语言：

1. 适应滨海的“架空”处理。“架空”的手法最大限度的使建筑有了亲水性，建筑物底界面全部或者部分与海面剥离，将“海陆风”引入建筑内部，同时沿海优美的景观面得以展现出来。

2. 创造良好景观效果的退台处理。当海洋成为主要景观面时，建筑师为了取得良好的景观效果，同时减小风的水平推力。将建筑造型处理成层层退台的样式，使得建筑造型语言富有变化，契合海洋意象。

3. 适应海岸线的曲线表达。曲折多变的海岸线是影响建筑造型语言表达的另一个因素。为了协调建筑物与海岸线的关系，建筑师在处理建筑造型的时候有意的契合海岸线的走势。对于层数不高的建筑，在水平方向上采用曲线走势；对于高层建筑，则在水平方向与竖直方向上采用曲线的走势处理建筑造型，使得环境与建筑最大程度的融合。

厦门五通客运码头，位于厦门北侧水道南岸，建筑地块所处位置突入水中，水质清澈，水流速较缓。设计的关注点放在如何处理建筑形态与水的关系和海陆风的引入。建筑主体两层高，屋顶呈波浪形，从地面逐渐呈波折形上升，形成水面延展的意象，并将湿润的海风引入。屋顶间隔的长条天窗与大厅空间形成交换的天然新风系统，改善了室内风环境。玻璃和钢的屋顶在色彩和形式上呼应了海洋主题，内敛的色彩处理使得游客的关注点集中于海景（图9-2-1）。紧邻码头旁新建的海峡新岸住宅，大面积的曲面玻璃幕墙和参数化

图9-2-1　五通客运码头（来源：祖武 摄）

图9-2-2　海峡新岸住宅（来源：王绍森 摄）

水平线条处理隐喻波浪形态，扬帆起航的造型呼应了海的主题（图9-2-2）。

类似的手法还体现在厦门国际旅游客运码头设计上，其概念源自大海波浪起伏的形态。覆盖大堂的屋面盖板一层叠一层，盖板之间开的高侧窗能充分利用自然采光及通风，为大堂带来舒适的环境体验，更能够达到节能的效果。道路与海岸间的高差，导致游客在入口处只能看到两层的空间，整体仿佛漂在水上。可以看出整体体量已经过全面考量后被“调低”，以一种“谦虚”的态度和海对岸的鼓浪屿呼应，与水面形成叠合，互含的关系，屋顶的漂浮感进一步加强（图9-2-3、图9-2-4）。

海边的大型建筑为了达到地标的效应，往往选用夸张的曲线造型，在与曲折的海岸线相融合的同时也与水平海面形成对比。例如厦门东南国际航运中心地处厦门市海沧区，由崔恺先生主持设计。设计上充分结合海沧湾沿线的滨海特色，建筑形体源于“山与海”的意向，建筑的轮廓仿佛翻起的海浪与潮汐，远眺又似层叠的船帆，大气磅礴，体现“海”的气势，梯田般层层的退台提供了天然的观海平台，给人“山”

图9-2-3　厦门国际旅游客运码头（来源：李嘉航 摄）

图9-2-4　厦门国际旅游客运码头（来源：李嘉航 摄）

的宏伟，从外部看景观错落有致（图9-2-5、图9-2-6）。作为滨海高层建筑，为了减少对景观视线的遮挡和海风的作用，建筑物上部采用立体化的空间设计。建筑由空间廊道相连接，地上和地下相连，形成了多层次的景观街区。化整为零，层层退台也削弱了大体量感，建筑底层的局部架空将海风引入内部，结合节能环保的海水源热泵技术，在不影响城市的前提下，建筑达到了绿色三星级标准，同时不干扰游客的视线（图9-2-7）。

图9-2-5　厦门东南国际航运中心架空空间（来源：中国建筑设计院有限公司本土设计研究中心）

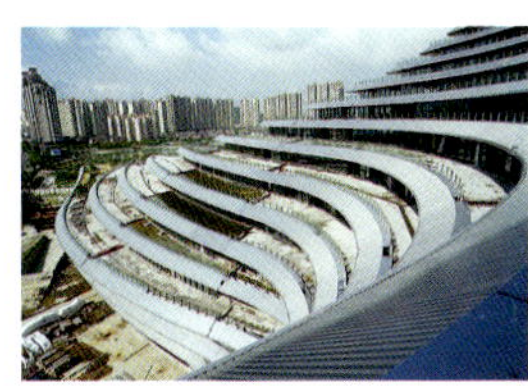
图9-2-6　厦门东南国际航运中心的退台处理（来源：中国建筑设计院有限公司本土设计研究中心）

图9-2-7　厦门东南国际航运中心鸟瞰（来源：中国建筑设计院有限公司本土设计研究中心）

（二）滨水建筑设计方法

滨水空间是城市中极其珍贵的开敞地带，滨水、临水的建筑风格通常是通透、轻盈的。与滨海建筑不同的是，滨水建筑的尺度往往不大，其空间形态应和水系相适应，满足人们的“可视”、“可达”与“可触”。福建省内水系众多，对水的尊重使得建筑和水系水体形成亲密的关系。

福建漳浦西湖公园，东西两端水面较开阔，中部狭窄。彭一刚先生这一设计，在大体保持原貌的同时，湖心处堆筑人工岛作为视觉的中心点，岛上民俗馆呼应水体，亲水平台呼应室内外空间，同时借覆土和草皮的覆盖，隐去了建筑的墙身，从而不与水体相冲突，仿佛从岛上生长出来。曲折的湖面和低调的建筑相组合，产生了欲扬先抑的效果（图9-2-8、图9-2-9）。

位于厦门海沧中心区内湖的阿罗海城市广场突破了传统商业综合体封闭集中的模式，采用开放空间的手法，融合地块周边的自然水景。设计中强调了外部商业空间和内湖的景观互动，东西向两条轴线将内部庭院空间与滨水步道相连，充分展示了内湖景色。建筑沿河岸线曲折布置，化整为零，分散出大小不一的庭院空间与水景相呼应交融，形成与水体亲密的关系（图9-2-10 ~图9-2-12）。

将自然的“水”变为建筑动态空间的一部分，是一种变“被动”为“主动”的方法，福建医科大学图书馆新馆面向湖面，建筑采用“谦虚”的姿势，通过大的圆形屋顶在水面

图9-2-8 漳浦西湖公园人工岛上的储英阁（来源：林江富 摄）

图9-2-9 漳浦西湖公园民俗馆（现为漳浦博物馆）（来源：林江富 摄）

图9-2-10 阿罗海城市广场（来源：胡璟 摄）

图9-2-11 阿罗海城市广场内景（来源：胡璟 摄）

图9-2-12 阿罗海城市广场细节（来源：胡璟 摄）

和方形内部空间前营造动态的灰空间，喷泉状的水幕由玻璃面自上而下，与静态的水面形成呼应。在临湖的开架阅览室内通过活水景观，弱化了表面分隔，水景变得可触，可视（图9-2-13、图9-2-14）。

图9-2-13　福建医科大学图书馆（来源：赵亚敏 摄）

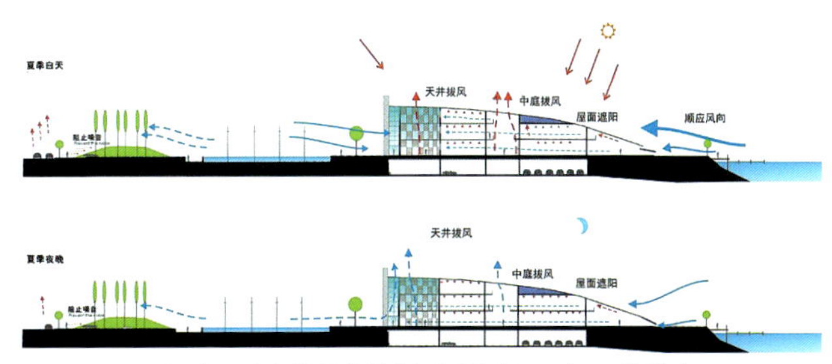

图9-2-14　福建医科大学图书馆分析图（来源：赵亚敏 绘）

二、顺应山地的建筑传承

福建境内峰岭耸峙、丘陵连绵，河谷、盆地穿插其间，山地、丘陵占全省总面积的80%以上，素有“八山一水一分田”之称，因而福建当代建筑文化传承不可避免要回应此特征。山地、丘陵上建筑设计的成功与否很大程度上依赖与地形的协调和结合，处理不好的话，要比平地上的建筑更容易“侵犯”自然环境。

建筑空间的存在可以当作山体形态构成的一个有机元素，作为自然地貌的一种延续。武夷山庄是20世纪80年代由东南大学杨廷宝、齐康带领的设计团队在武夷山的一次关于地域建筑的设计实践，建筑师提出了“宜小不宜大、宜低不宜高、宜疏不宜密、宜藏不宜露、宜淡不宜浓”作为设计原则。武夷山庄至2003年止历经三期工程。第一期工程以一处露天人工庭院为中心，向外甩出3个体量，体块间以景观连廊相接，随地形高低起伏，自由错落。武夷山是多山地区，当地传统民居为适应环境，建筑多依靠坡地而建，并且每进建筑前设置一处天井，利用天井空间来协调场地高差。武夷山庄吸取了传统做法，建筑被处理成坐落在不同高差的台地上。在“宜散不宜聚”的指导原则下，建筑整体布局被分散开来，散开的体块通过院落有机融合，缩小空间尺度，降低建筑层数（图9-2-15～图9-2-17）。

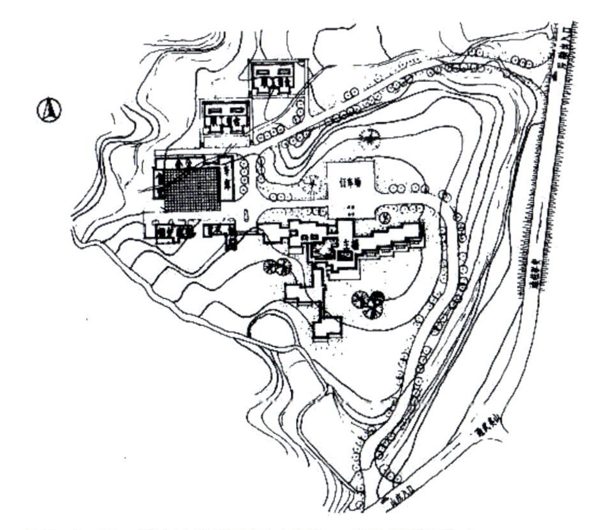

图9-2-15　武夷山庄总平面（来源：《建筑学报》）

一个精妙的建筑不仅仅是被动地适应地形和地理环境，而是在与环境的交融中表现出该地域传统文化韵味。结合山地丘陵，曲意山水而不拘泥于其形，从而“山”也因为有了建筑而别具风景，华彩山庄就是其中优秀的案例。建筑平面布局上尊重山地地形，通过不同的标高确定主体之间的关系，形成了沿坡地向上升的三段直线。主入口的大堂则放在坡地下的广场，成为主体之外的节点。这种处理方式在顺应地形的同时，加强了入口的引导，把大体量化整为零，呼应景观、整体布局。体量处理和细节变化上手法成熟，空间紧凑而富有变化，建筑仿佛自群山中而生，与山融为一体。建筑群体竖向上分三段处理，底部用深色石材表现出建筑的厚重感，仿佛从山中生长出来。层层后退升起的墙身颜色渐浅，材质也更加纤细。顶部弧形的金属构架取源于武夷山峰的起伏变化，连接节点则象征了武夷山民居的山墙（图9-2-18、图9-2-19）。

图9-2-16 武夷山庄（来源：林蓉 摄）

图9-2-17 武夷山庄错落布置（来源：林蓉 摄）

武夷山竹筏育制场项目体现了对地理环境的尊重，回应气候和项目的功能需求，将当地非常普遍的材料和工艺进行针对性的运用。这座建筑是武夷山九曲溪漂流用竹排的储存及制作工厂，用地呈不规则的 T 字形，北部比较狭窄，建筑布局主要结合场地特征和当地气候来考虑，处于台地上的建筑体量的高度由南往北逐渐降低，与山势、田野、和周边的建筑相协调。毛竹准备区和绑扎区采用侧高窗，形成漫反射的光环境，建筑在剖面上因此形成了平屋面与斜屋面、低空间与高空间间隔布置的节奏，从而呼应了外部山体形态。这种起伏而有节奏的建筑屋顶造型在满足内部环保采光功能需求的同时，也与周边山势产生了一个有趣的对话（图 9-2-20 ~图 9-2-22）。

福建省南安市具有典型的闽南沿海丘陵地貌，南安市老年活动中心的选址就位于一座视野开阔的山冈之上，设计师提出“大壮”和“适形”的理念。外部轮廓依山势而起，依山势而收，呼应着山势的走向，聚巧形而展势，成为全城的视觉焦点，此为“大壮”；空间设计上，化整为零，依山就势划定了四个不同标高空间，各个功能区通过不同点缀巧妙过渡，结合消防的中央水院与建筑所面对的晋江相呼应，将江景引入建筑中，此为“适形”（图 9-2-23）。

图9-2-18　华彩山庄（来源：www.hotels.ctrip.com）

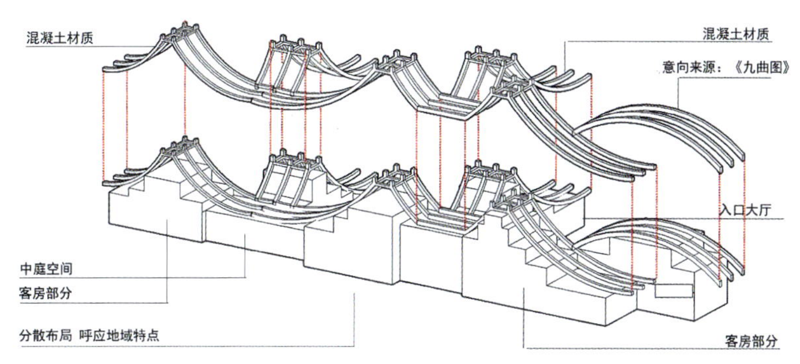

图9-2-19　华彩山庄分析图（来源：赵亚敏 绘）

图9-2-20　竹筏育制场立面（来源：《建筑学报》）

图9-2-21　竹筏育制场近景（来源：《建筑学报》）

图9-2-22　竹筏育制场近景（来源：《建筑学报》）

图9-2-23　南安市老年人活动中心（来源：庄航 摄）

第三节　基于自然要素的福建当代建筑文化传承

自然关照为建筑地域性中最本质特性，在现代建筑地域性表达中气候是应该重视的元素之一。福建气候炎热，建筑中对风的考虑在地域性表达关照中就显得十分必要。在福建地区公共建筑及住宅建筑中多以底层架空处理，并增加风闸，将建筑的缺口对接夏季主导风向，使微风可以易于达到建筑之中。同时，在建筑的周边布置外廊以利于通风及防雨。

建筑设计中为适应气候可使用庭院，以提高空气流通质量，一方面可以改善建筑的采光通风，对建筑的微气候进行调节；另一方面庭院的介入可以提供适合福建气候的场所与空间，增加绿化、水景等调节小环境，降低湿度，增加舒适度。适应气候的地域性表达同样也应确保室内通风，在平面上尽量使空气对流，减少必要的室内间隔，以满足空间的灵活性及调节通风，可更多地使用穿堂风。

对地理环境的表达上而言，建筑依附环境并改造环境，环境影响建筑并制约建筑，这也是形成地域性建筑的主要成因。地域建筑的建造遵循着对场地和环境的维护，由于适应不同的地形和建造环境而形成独特的建筑构造和格局，成为此时此地的存在，从而形成区别于其他的可识别性和地域性。建筑师以所处的地理环境作为建筑构思的依据之一，通过环境条件受到启示或迸发灵感。

人的行为在宇宙的长河中可谓是沧海一粟，当今建筑技术不论如何发展，在传统和现代的共同话语中，自然气候为第一。自然共同点可以互通共有，因此，自然气候也将成为建筑地域性中传统与现代结合的共同点。当今建筑的创作中气候关注成为一个主要地域性表达策略，只不过表达方式或用传统方式，或以现代方式，相比来讲以现代方式体现自然气候的关注对地域性表达的发展更值得关注。对自然特征传承的特点大致有两点：

（一）自然关照成为一个基本核心①

当代建筑设计中，对地域性的表达最突出的表现就是在对自然的关照态度之上，这是对自然气候的理解与关注，对自然地理的协调，以及对自然材料的应用、对自然场所的呼应。中国古代哲学思想强调天人合一，其重点都在追求对自然的尊重，向自然学习，并且积极参与。自然而然，是当代建筑一个重要的表达手法。福建亚热带气候下所形成的特色空间形态在当今仍然具有拓展的意义与价值，这也是地域性表达的一个核心所在。

（二）自然而然成为一种创作态度②

福建当代建筑的创作与设计，在关注自然特征的，更有的是一种价值观念，这种价值观念是融入了传统精神内涵之中的价值取向。福建地区富有独特地理、气候、地域性，当地或外地建筑师为保持发展福建地域性而努力，从建筑设计到景观设计甚至到城市建设，都说明自然而然已经成为一种创作态度。

① 王绍森. 当代闽南建筑的地域性表达研究[D]. 广州：华南理工大学，2010：83-84.
② 王绍森. 当代闽南建筑的地域性表达研究[D]. 广州：华南理工大学，2010：83-84.

第十章　基于形式特征的福建当代建筑文化传承

任何一个民族和地域形式的诞生基本上都是从自然界中得到感悟，并逐渐形成在艺术人类学、建筑学及其他造型观念中体现早期原始思维信仰的抽象形式。对形式的追求不是表象，而是在理解地域的美感的形式下，做出自己独特的审美变异。现代艺术创作不是无源之水、无本之木，是从“有中生有”中抽象出来的，吸取原始或传统中有益的营养，并加以拓展的结果。在建筑地域性表达中，无论以什么形式表现出来都是对传统和抽象的表达，设计吸收和拓展变异原型的意向，都可追溯其“源”与流的关系。

建筑形式是建筑中永恒的主题。现象学原理告诉我们，任何一种地域形式的产生总是该地区综合因素的整体反映，有意无意形成“约定俗成”，并同时形成表达。在形体和色彩的关照下，基于形式特征的福建当代建筑文化传承方法，可以总结其原型亦可以抽象、变异，以现代手法并结合现代人的心理，既可以有元素突破，亦可以有结构的分解,最终体现系统语汇表达传统形式的新概念。

因此，历史上任何一时期的建筑形式都表达和代表特定的意义。现代建筑在其发展过程中传承其地域形式，并在现代工艺、技术的协同作用下加以发展完善，形成具有独特建筑形式的福建当代建筑。

第一节 基于形式特征的地域性表达手法

形式是建筑中最直接的体现和表达，无论是设计者还是观察者，谁也不可绕过形式而谈建筑。在现代建筑地域性的形式表达中，形体和色彩是人们对物体视觉感受最主要的两个因素。建筑及其环境的存在同样通过形体和色彩表现出来，而美感往往是形体和色彩共同给人们的感觉。地域建筑的形式表现要达到符合社会审美心理的要求，这类似中国雕塑中谈到“形调”[①]，即对形式的基准的把握。表达手法可以概括为两种，一种是对原形的延用、抽象、变异与元素强化，这种可以概括为“驯质异化”；一种是将新的要素介入地域性表达之中，即“异质驯化”。

一、驯质异化

历史上任何一时期的建筑形式都表达和代表特定的意义。古典建筑关注的是建筑的审美价值，强调的是视觉艺术，有着精确的关联点和构成方式，形成了以黄金分割为代表的对称、均衡、韵律等艺术规律；现代建筑以功能作为形式塑造的逻辑起点，强调功能抽象体现；后现代建筑重视建筑与环境和历史文脉的关联，强调建筑符号的表现艺术；而当代建筑地域的形式美，它强调建筑应与自然、传统和历史保持地域性的延续，它不是单纯形式语言，更是精神的物化显现。形式的设计包含着对形式原形抽象的发展过程。具体包括以下几种类型：

（一）原形[②]延用

发现原形是指从复杂的建筑形式中提取具有普遍意义的、能显示类型特征的形式。引用存在的建筑或片断是当代建筑类型学的基本手法。这种从传统建筑中抽取出来的原形不同于以往任何一种历史样式，但又具有历史因素，在本质上与历史相关联。意大利建筑师罗西倡导建筑师在设计中回到原形去，将人们心中的原形唤醒。因为引用的建筑或片断与新的建筑存在着时间上的差别，因此，新形式既是对历史的沿袭又是超历史的处理。对建筑原形的延用，在建筑地域性表现上具有直接性，是传统审美的惯性延续，因而在福建的实践运用较为多见。建筑师将传统形式原形进行较为直接的引借，按照一定的内在法则与规律去引用或者相互重合，构造出符合现代审美的形象。

如陈嘉庚纪念馆的设计采用了我国传统建筑沿中轴线对称的手法，高筑台，四面廊，屋顶形式整体为重檐歇山顶。设计师提取嘉庚建筑的屋顶原形，采用现代建筑手法简化处理，并同样借鉴嘉庚建筑屋顶对大体量的处理手法，将大屋顶分段处理成三重檐层层叠加的形式，起翘简洁明快（图10-1-1、图10-1-2）。

（二）抽象再现

抽象是艺术创作的主要手段，“来源生活，高于生活”的说法实践。在古代的原始艺术中，原始抽象是普遍规律，中国传统思维也是表现高度抽象，现代艺术中也体现了抽象性。当

图10-1-1 陈嘉庚纪念馆（来源：中元（厦门）工程设计研究院 提供）

① 孙振华. 雕塑空间[M]，长沙：湖南美术出版社，2002：19.
② 此处“原形”，即形式意义中的“原型”，仅限形式处理，而非类型学中整体意义上的原型.

图10-1-2　陈嘉庚纪念馆细节图（来源：中元（厦门）工程设计研究院 提供）

代建筑地域形式表达上的设计在与历史取得联系的同时，更应该具有现代建筑的特质，并预示未来的发展。所以地域建筑要在联系历史的同时实现创新，就需要对历史与传统的形式进行抽象与变异。变异的基本条件是变体要具有“同源”现象。如果说，原形沿用为“驯质再用”，那么对地域建筑形式的抽象再现则可以说是“驯质异化”。抽象是变异的前提和准备。抽象的主要任务就是找寻原形与变体之间共同的部分和联系。寻找变体中的“同源”就是抽象的过程，即将不同物体中的共同性质或特征形象抽取出来或孤立地进行考虑。

位于厦门的闽南大戏院的立面和形体设计，取意于厦门的特色元素特征。设计者抽象厦门市市花三角梅的几何特征，并以此为元素结合数字化技术生成建筑立面表皮。而表皮中变化的镂空处理，则是将陆地与大海交汇处波光粼粼的意向抽象再现。形体中曲线的线条及形体变化，是对大海波浪线条的抽象与简化（图 10-1-3、图 10-1-4）。

（三）形体衍变

任何设计对形式的把握中，变异是形式衍变的根本。民间的剪纸、现代雕塑的发展都是在原形的基础上加以变形。从古到今，任何建筑形式都是随着技术、材料的变更导致意象等改变。建筑地域中对形式的变异也是一种创作趋势，具体变异的方法或是局部裁取，或是材料更新，或是尺度变换。

现代器形的研究可以以“形、材、工、款”为评价标准，对建筑的形的研究，其中也包含材料、色彩、工艺等。然而建筑作为一切艺术中最依赖物质层面的表现形式，对它的实用性要求决定了建筑的变异不能像绘画和音乐等其他艺术那样随意和自由。建筑创作中的变异需要更多的理性思考，使各种变化都是合乎逻辑的产物。形式的变异，也包含传统地域形式的另类再用。建筑形式中也可以植入新的创意使人产生出新的联想。如高崎国际机场 T4 航站楼的设计将中国传统木建筑的屋顶架构进行提炼、简化、变异成具有韵律感的双曲屋面，运用不同组合方式殊途同归地再现了闽南建筑特有的起翘屋顶形式，试图重新构架出一种在空间意象上具有中国传统屋顶形象，却不与传统完全一致的全新建筑形象，形成兼具地域性、整体性及时代性的“熟悉的陌生感”（图10-1-5～图 10-1-9）。

新建筑要适应新的使用要求，就必然有新的形式出现。卢森堡建筑师罗伯特·克里尔在他的城市空间类型学的理论中提出：空间的基本类型不外乎方形、三角形、圆形和自由形。但是这些基本类型经过合成、贯穿、扣结、打破、透视、分割以及变形等方法，便能够产生无数的新形式。他的空间类型转变的方法不仅适用于城市空间的变异，对地域建筑设计中的空间重构也有重要的参考意义。如福建省公安专科学校图书馆的设计，提取福建闽西传统民居土楼的圆形原形，为了体现图书馆建筑的公共性，先将圆形原形切割打破，破除内向性。又在切口处补入虚体的柱廊，强调建筑的主入口，并结合大台阶处理

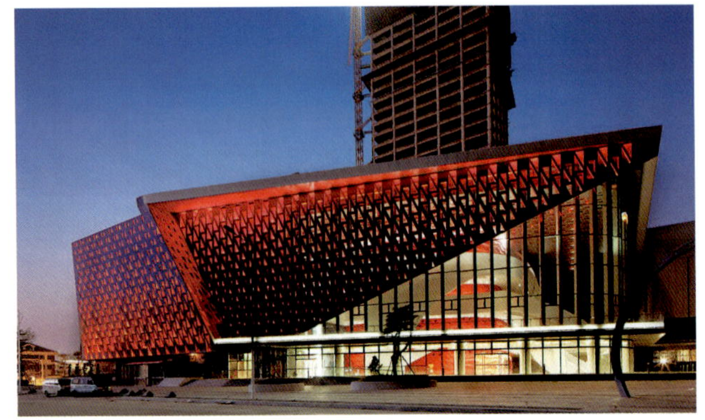
图10-1-3 闽南大戏院（来源：《时代建筑》）

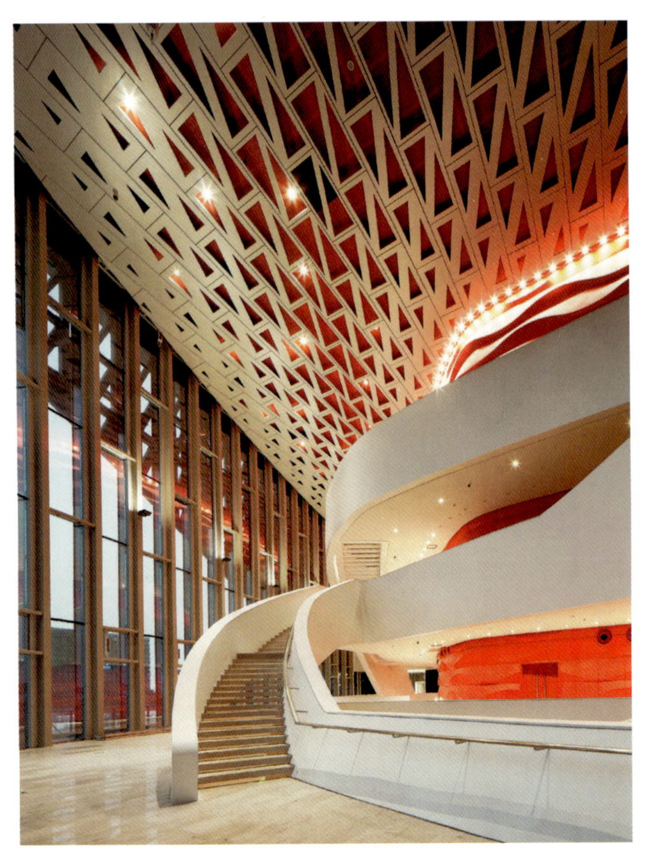
图10-1-4 闽南大戏院室内（来源：《时代建筑》）

图10-1-5 厦门高崎国际机场T4航站楼（来源：林秋达 摄）

图10-1-6 厦门高崎国际机场T4航站楼屋顶细节（来源：孙爱国 摄）

图10-1-7 厦门高崎国际机场T4航站楼全景（来源：孙爱国 摄）

图10-1-8 厦门高崎国际机场T4航站楼内部空间（来源：孙爱国 摄）

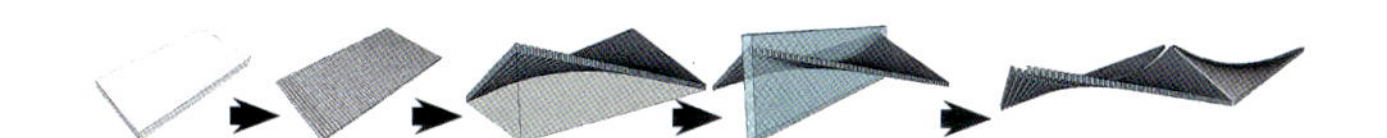

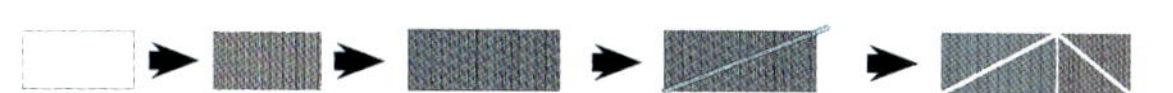

图10-1-9 厦门高崎国际机场T4航站楼形体衍变分析（来源：林秋达提供）

建筑与场地的高差，使入口具有较强的仪式感，图书馆也显得庄重大气（图10-1-10、图10-1-11）。

以上将传统建筑或其中为人们所熟悉的片断通过原形沿用、抽象、变异产生新的建筑形式的过程我们称之为“驯质异化”的形式转换过程，即将熟悉的变成陌生的。“驯质”就是人们熟悉的事物，通过异质因子的冲击，产生适度的变异，从而发生“驯质异化”，完成原生形态的变异过程。在基于形式特征的地域性表达中，往往不是一种手法的独立出现，而是三种手法的综合处理。如厦门大学嘉庚主楼群就不是简单原形沿用，而是经过了抽象和形体衍变，在新建筑中有新的处理以符合时代精神与审美需求。嘉庚主楼和“四从”建筑的侧立面设计，就是通过提炼校园中原有教学楼群山墙原形，经过抽象与变异，形成的新建筑形式，既有创作新意，又在整体上与周围的环境呈现出了较好的融合关系（图10-1-12～图10-1-15）。

图10-1-10 福建省公安专科学校图书馆（来源：福建省建筑设计院）

图10-1-11 福建省公安专科学校图书馆内部庭院（来源：福建省建筑设计院）

图10-1-12 嘉庚主群楼正立面（来源：王绍森 摄）

图10-1-13 嘉庚主群楼侧立面（来源：王绍森 摄）

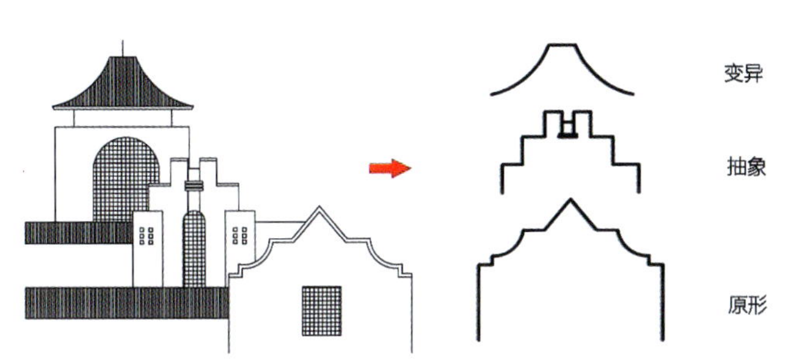

图10-1-14 嘉庚主楼“原型”抽象、变异处理的动态过程（来源：赵亚敏 绘）

图10-1-15 从拱廊中看嘉庚主群楼（来源：王绍森 摄）

二、异质驯化

设计中通过“驯质异化”的形式转变产生了新的建筑形式，为地域建筑注入了新的元素。而要让这些新的元素与形式被人们所熟悉和接受还必须经过“异质驯化”的心理转换过程。也就是将“驯质异化”产生的陌生的元素及样式——“异质”嬗变成我们所熟悉的代码。这更多的是一种心理转换，包含着提炼、类推和沉淀三个过程：对新的元素进行提炼，找出其中包含的合理的内核以及各元素间的联系，并将这种设计方法和要素运用到类似建筑的设计中去，通过类推使新的建筑形式逐渐融入地域建筑之中，为人们所共同接受，并作为未来地域建筑设计的原形，在设计中不断有新的“异质”冲击，再不断将“异质”驯化成“驯质”，使地域建筑呈现出从“驯质”到“异质”再变成“驯质”的螺旋发展过程，摆脱简单的历史与传统的重复，不断注入新的活力，不断地进步与发展。

此外，“异质驯化”中的“异质”不仅仅是指通过原形变异而来的“异质”，也是指设计中借鉴而来的“异质”。除了向传统借鉴外，还应该向其他文化体系，向其他学科和艺术借鉴。不论哪种借鉴都应该抓住其内核中跟现代人的生活、习俗、技术、经济、审美等多方面适宜的内容去借鉴。它不是表面的，而是内涵的；不是形式的，而是内容的；不是片面的，而是整体的。

如果说从“驯质异化”到“异质驯化”是整体形体审美上的处理，那么针对形态系统中不同的层次，也可以得出现代建筑对形式的处理，即对形态系统中元素的强化，对形态系统中元素过分强调以达到既熟悉又新鲜的感觉，其次为结构的错解，及系统关系上的融合，表现出一些“混搭”的现象。

在当代艺术中，通常有两种思维形式即经验参照和共同语言[①]，其中经验参照和共同语言都需要“有中生有”，这就决定了现代建筑设计对地域的体现——需要体现一些记忆，不论是具象或抽象，可以从感觉的各个方面加以体现。

① Jacques Maquet. 王珊珊，王慧姬等. The Aesthelic Experience[M]，台湾：台湾雄师出版社，2006.

第二节 福建当代建筑文化传承中的形式表达

福建多山、滨海的地理特征导致地域之间差异显著，同时在文化历史中形成独特特色，其中包括本土文化的延续、中原文化的传承、海洋文化的开放、外来文化的融合等。多元的文化孕育了福建多彩的建筑特征。回顾与分析关照传统与地域性的优秀福建当代建筑设计案例，它们对传统形式表达的方式可以归纳为三种主要的方式：形体的再现表达、元素的强化与地方色彩的表达。

一、形体再现的表达

建筑同雕塑一样，也是造型艺术。对建筑形体的几何美认识早在公元前 1 世纪古罗马时期的《建筑十书》就有了描述。[①]现代建筑的雕塑性，除纯粹几何的体量表现外，还有追求塑形、曲线、无规律为目标的自由美。[②]用现代主义的建筑理论来分析传统建筑，形体是建筑外部表现的主体部分。对形体的抽象再现是建筑传承过程中的主要手法之一。它帮助对象从周围环境中凸显出来。关照福建传统建筑的地域形式，形成新的形体表达，可以通过屋顶与屋脊、墙身以及连续界面几方面论述。

（一）屋顶及屋脊的形体表现

“如鸟斯革，如翚斯飞”。屋顶被称为第五立面，是建筑造型艺术中非常重要的构成因素，也是彰显新建筑形式表现力的重要部分。福建传统建筑屋顶特色鲜明，如闽南大厝的屋顶，多屋顶叠加，有着丰富的屋脊曲线，俗称“燕尾脊”。这也许是临海边气候多雨、潮湿多水所显示的现象反映。新建筑对屋顶形式的再现，可不必强求绝对一致，取其本质，抽象体现。

以屋顶为形体再现的主要部位进行表达，在福建当代交通建筑设计中表现突出。因为功能的特殊性，往往是一个城市或地区的标志性建筑物，需要展现地域特征或契合地域环境。交通建筑体量大，对屋顶精心设计既可以丰富天际线又可以减少因形体简单带来的单调感。在高崎机场 T3 航站楼的设计中，设计者以闽南大厝的屋顶形式为地域形式原型，并作为航站楼形体的主要特征，将原闽南大厝沉重的瓦剔除，用现代建筑建构的方式进行再现。整体设计优美大气，既呼应了传统的地域形式，又契合海滨的地域特征，符合当代建筑的审美标准（图 10-2-1）。相邻的 T4 航站楼将简化的燕尾脊顺天窗曲面走势穿插于上，与 T3 候机楼屋脊遥相呼应，神似却不雷同，含蓄的地现了文脉的传承和新时代的建筑风韵。

厦门火车站北站的设计，也体现了大厝屋顶的意向。它的屋面采用空间桁架支撑网架结构体系，主站房屋盖由十二片高低错落的曲面组成，双向跨度最大为 132 米 ×220 米，主跨 132 米为目前国内已建成的铁路车站屋盖之最，造型仿似腾飞双翼。新颖流畅的形体、结构、空间与建筑构思一体整合，充分展示力学美（图 10-2-2、图 10-2-3）。晋江火车站则是将屋顶形式进行夸张放大的处理，并通过错动，将大体量切割，错落有致而不失活泼（图 10-2-4）。泉州火车站的屋面设计提取屋脊曲线，又根据真实的结构逻辑调整屋脊曲线的弧度，形成略带弧度的平屋顶，既塑造了十分具有地域特色的建筑轮廓，又避免了巨大屋顶带来的沉闷感（图 10-2-5）。

高校校园建筑设计也常常注重屋顶造型的传承，以获得更贴切教育氛围的效果。厦门大学嘉庚学院（漳州）与翔安校区的教学楼群设计均以叠顶重构的方式，从传统民居屋顶的语汇中传承原型，并从具体的建筑要素中抽象重组，与现代建筑的建构方式相结合，形成优雅、大气、文化感的屋顶形式（图 10-2-6 ~ 图 10-2-8）。在厦门大学科艺中心的设计中，设计者抽象传统屋顶形式，并进行“残象处理”，将完形的屋顶形式先切割后拉伸，在尽端置入小斜面填补，

① 邓小山，吴黎葵. 从雕塑艺术的角度来看当今建筑形体的塑造[J]，重庆建筑大学学报 2005(08)：21.
② 许正龙. 雕塑学-立体材料艺术探索[M]，沈阳：辽宁美术出版社，2001.

图10-2-1　厦门高崎国际机场T3航站楼（来源：王绍森 摄）

图10-2-2　厦门北站（来源：《建筑技艺》）

图10-2-3　厦门北站（来源：《建筑技艺》）

图10-2-4　晋江火车站（来源：《建筑学报》）

图10-2-5　泉州火车站（来源：《建筑学报》）

图10-2-6　厦门大学嘉庚学院图书馆（来源：厦门大学嘉庚学院 提供　林书源 摄）

图10-2-7　厦门大学嘉庚学院教学楼群（来源：厦门大学嘉庚学院 提供　朱鲜艳摄）

作为建筑的主入口立面。建筑既呈现出对传统形体的再现，又置入了新的艺术创作（图 10-2-9、图 10-2-10）。

当然，屋顶造型可以不仅仅局限于传统的屋顶形式，亦可以是其他地域元素的再现。如长乐市人民会堂的设计，不是取形于传统建筑，而是从自然元素出发，取意于贝壳、海浪、海螺等。整个建筑通过跌落的大跨度拱梁及弧形曲面屋顶形成错落的平台，弧形的屋檐曲线、弧形曲面的片墙、乳白色的外饰面，使会堂建筑既有地域特色，又在庄严中不失亲切，非常契合人民会堂的建筑性质（图 10-2-11、图 10-2-12）。

图10-2-8 翔安校区图书馆（来源：厦门大学）

图10-2-9 科学艺术中心侧立面（来源：刘岚岚 摄）

图10-2-10 科学艺术中心主入口立面（来源：刘岚岚 摄）

（二）墙身的形体拓展

墙身，是建筑物呈现给观者的主要视觉面，是影响建筑形式的重要因素。因此也可以通过墙身部分的形体再现表达强调新建筑的地域性。如闽南小镇的设计，便是将闽南地区民居建筑的山墙形式，再现并组合拼贴在新建筑的立面上，形成富有地域建筑文化特征的立面形式。山墙的曲线线条和起翘的檐角，丰富了建筑立面，活泼而又热烈，与闽南的地方性红砖饰面的

图10-2-11 长乐市人民会堂（来源：福建省建筑设计研究院）

图10-2-12 长乐市人民会堂的弧墙（来源：福建省建筑设计研究院）

图10-2-13　闽南小镇立面1（来源：王绍森 摄）

图10-2-14　闽南小镇立面2（来源：王绍森 摄）

结合恰到好处（图 10-2-13、图 10-2-14）。

如果说大厝屋顶是闽南传统建筑的极富表现力的部分，那形式多样的封火山墙便是闽东传统建筑最具地方特色的内容，是闽东民居中最为突出的外部特征。闽东地区包括福州、宁德等地，闽东传统建筑具有鲜明的江城文化特色，文化氛围较浓，建筑类型较多，工艺水平也较高。封火山墙中以马鞍形山墙应用最为广泛，同时存在如水形、火形等多种样式，一般是两侧对称。

因此，在闽东当代的地域建筑创作中，多采取引用与抽象传统建筑元素，尤其是对马鞍山墙的利用，多“以具象形式出现，但并不强求马鞍形山墙所在的位置”①。如福建省建筑设计研究院设计的长乐市博物馆、黄汉民设计的福州西湖古堞斜阳，引用马鞍形山墙原形，营造丰富多变的建筑外轮廓，传承地域特色。对于马鞍形山墙的运用不一定具象的出现，亦可以抽象。又如福建省博物馆主入口与福建福州三坊七巷旁的住宅，对马鞍形山墙进行元素提取与抽象重组，将马鞍形山墙作为建筑的主入口，使地域性得以表达（图 10-2-15 ~图 10-2-18）。

图10-2-15　长乐市博物馆（来源：福建省建筑设计研究院）

① 蒋枫忠.闽东建筑文化的地域性表达[D].广州:华南理工大学,2015.

在当前的“乡建”潮流下，发生在农村的建筑实践也非常注重乡土元素的挖掘，以保护和传承乡村文化。如闽东的福鼎赤溪村的新民居建设，就是延续了当地的传统封火山墙的形式，作为新民居墙体的形体元素（图10-2-19）。

（三）连续界面的形体延续

20世纪20～30年代，骑楼由南洋传入，并借助旧城改造运动及城市更新，逐渐在近代福建的很多地方形成独特的街市建筑。骑楼有两个本质的特点：一是，骑楼单元本身的空间模式——下店上宅、前店后坊制——虽然现在已发生很多变化，但骑楼的半公共性与遮阳避雨的功能成为闽南建筑中不可或缺的城市空间特色，其单元立面是上下分格控制；二是，从街道的角度出发，骑楼单元形成的连续界面和街道尺度，成为地域性的形式。因此，对骑楼地域性形式的表达可以依照“确保骑楼空间、放松单元形式”的方式进行处理。

其中，骑楼的模式在现代都市中可延续原来的立面，保证其界面的连续性，以及适宜的街道尺度，也可以用现代材料和技术加以表达，并置入新的商业空间，来适应现代商业功能的空间需求。厦门中华城商业综合体位于旧城风貌核心区——中山路片区，该区具有较为统一、连续的骑楼商业街风貌。因此，中华城的设计不仅要体现新时代的商业空间特点，也要契合地域风貌，街道立面设计延续骑楼风貌，采用欧式装饰风格与骑楼建筑相结合，保持外观界面的连续性，与周围建筑风格相统一（图10-2-20）。

图10-2-16 福州西湖古堞斜阳（来源：福建省建筑设计研究院）

图10-2-17 福建省博物馆（来源：福建省建筑设计研究院）

图10-2-18 福建福州“三坊七巷”旁的住宅（来源：福建省建筑设计研究院）

图10-2-19 福鼎赤溪村的新民居（来源：大宁网）

图10-2-20 中山路中华城连续的商业界面空间（来源：赵亚敏 摄）

“确保骑楼空间，保持界面连续”，也适用于新建筑的地域性表达设计，尤其是以地域风貌为依托的商业空间设计。如钟训正先生的福建武夷山九曲花街设计中利用闽北地区传统的建筑外部空间形式——骑楼、敞廊，以及公共街巷规划设计中的定位和空间关系构架，将餐饮、商业、文化娱乐等几大类功能设施有机串联，构成了脉络相通、条理清晰的统一体。同时利用自然地形高差形成的台地环境，建筑群体错落有致的坡屋顶形象实现了与山地景观的自然融入（图10-2-21～图10-2-23）。

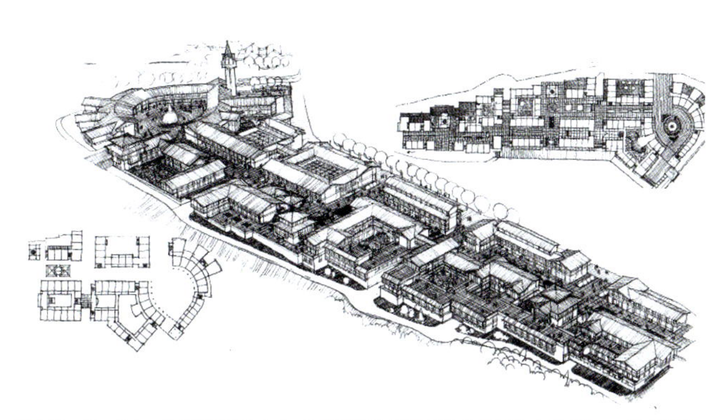

图10-2-21　福建武夷山九曲花街钟训正院士手稿（来源：《建筑与文化》）

图10-2-23　福建武夷山九曲花街内街巷空间（来源：《建筑与文化》）

图10-2-22　福建武夷山九曲花街外立面（来源：《建筑与文化》）

二、元素强化的表现

建筑形式元素是建筑的基本记忆要点，是人们记忆中建筑的最基本元素，比如窗、门、檐口、装饰、施工构造或某构件等。根据心理学感受过程，观看者往往首先取得整体印象，而忽略细部元素。所以强化元素旨在利用感知惯性，提高元素的记忆再现率，具体方法可以夸大尺度，重复排列强化，也可以是原来建筑要素的再现标识。

厦门大学翔安校区学生活动中心将大厝的屋顶形式作为一种元素加以强化，以此体现建筑的地域特征。该活动中心规模较小，根据建筑的体量特点和使用性质，在建筑中使用灵动、跃活的地域性翘脊，并加以强化、重复，使建筑形象也更加活泼，契合建筑的使用特征（图 10-2-24）。当然，传统元素也可以通过抽象、演绎，成为符合时代精神的新的地域符号特征。厦门海峡古玩城将闽南地区“出砖入石”的地域性装饰肌理抽象化，结合现代的装饰材料，如同蒙德里安的抽象作品一般，以横竖线条的形式抽象转译装饰中的几何性格，艺术性地处理地域性的构成现代美学意象，“器意结合”，与“古玩”形成饶有意思的关联（图 10-2-25、图 10-2-26）。

新建筑的创作也可以通过对地域建筑元素的提取、强化、表达，实现对原有环境的尊重，并更好地融入。厦门大学图书馆的改扩建工程充分尊重厦门大学校园中的嘉庚建筑的风格，提取其拱券、窗、连廊等建筑语汇，在建筑立面中不断的重复再现。并且深入挖掘嘉庚建筑的综合精神和中西合璧的特点，主入口立面设置中国的阙塔与西洋的山花相结合，使用闽南红砖作为装饰材料，呈现出具有强烈地域特征的新嘉庚建筑风格的特点（图 10-2-27 ~图 10-2-29）。

集美大学诚毅学院也是典型的现代嘉庚风格建筑。在新的教学楼木树哲楼的设计中，传统形式语汇融会贯通用于建筑中，如闽南红顶、拱券窗、石砌基座等。木树哲楼除了在表皮使用闽南红砖墙（仅是装饰材料意义），也使用了特殊的山墙处理方式、拱券窗、石砌基座等做法，充分考虑到其使用功能和地域性气候影响下的建筑形式（图 10-2-30）。

建筑中除了可以再现与强化表达地域传统的建筑语汇，也可以体现与表达地域环境中的自然、人文要素等，体现地

图10-2-24 厦门大学翔安校区大学生活动中心（来源：王绍森 摄）

图10-2-25　厦门海峡古玩城（来源：王绍森 摄）

图10-2-26　厦门海峡古玩城立面隐喻“博古架”（来源：王绍森 摄）

图10-2-27　厦门大学图书馆南立面（来源：王绍森 摄）

图10-2-28　厦门大学图书馆主入口（来源：王绍森 摄）

图10-2-29　嘉庚风格的窗及拱券（来源：王绍森 摄）

图10-2-30　集美大学诚毅学院木树哲楼（来源：贾婧文 摄）

域精神。在晋江博物馆的设计中，设计者挖掘、提炼晋江的自然、人文历史等元素，并通过立面装饰表达出来。设计中使用隐喻的手法，表达晋江的“海丝文化”特点。建筑形体处理成“柔丝”的形状，横向体量与竖向体量的构成如同在海上扬帆的舟船。建筑立面上装饰着各种“海丝文化”的元素和符号，似乎在向市民们讲述者“海丝文化”的细节与故事（图 10-2-31、图 10-2-32）。

图10-2-31 晋江博物馆（来源：赵亚敏 摄）

图10-2-32 石刻对“海丝文化”的隐喻（来源：赵亚敏 摄）

三、地方色彩的表达

如果说音乐是听觉的通用语，那么色彩即为视觉的情感载体。色彩存在于一切环境和事物之中，是视觉信息的重要的内容。人们通过色彩体会事物的性格特征。“以色传情、以色抒情、以色写意”，色彩在建筑环境科学和建筑心理学中都占据着重要的位置。建筑的颜色不仅反映着建筑的外部形态特征，也影响着建筑的距离感和尺度感，也对人的心理感受乃至生理感觉产生着影响。人们对颜色喜好与个人因素和社会因素都有关，跟追求时代潮流一样，群众的色彩审美心理受社会从众心理的影响，具有某个时期的趋同性，它与社会、皇城的富贵、民居的朴雅、北方的沉稳、南方的绚丽等都是色彩的基础。色彩设计是当代建筑地域性中一个重要的创作途径。因为在当今社会建筑形式可以与传统或地域有很大的差异，但是色彩则成为确定地域特征的渲染途径。新建筑的色彩应该与城市的整体色调相协调，以渲染其构成空间的环境气氛，追求统一的、均衡的整体环境美。而在整体和谐的基础上小范围的色彩对比可以丰富城市的色彩环境，

原城市景象

经马赛克处理后的照片

色彩分析

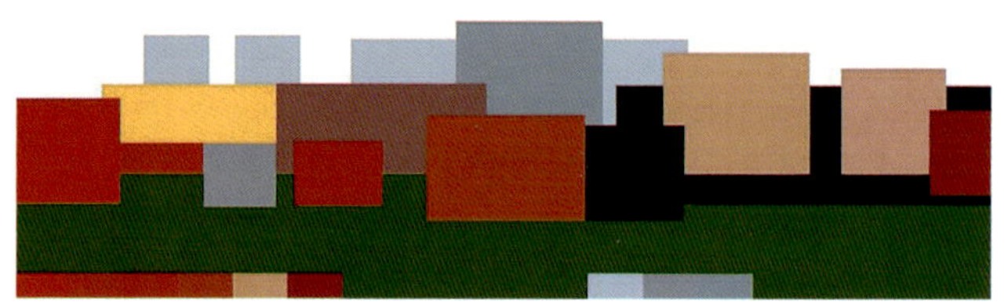

图10-2-33 厦门新民居的色彩系谱（来源：王绍森 摄，马铭远 整理）

图10-2-34 中国闽台缘博物馆（来源：福建省建筑设计研究院）

使其呈现出整体性、有序性的同时具有丰富的色彩层次。

在传统建筑色彩色系的传承沿用上，福建各个地域呈现出截然不同的发展方向。闽南地区，由于传统大厝的墙身通常为砖石砌筑，使用本地红砖形成烟炙印及拼贴形成独特的花饰纹样，形成了闽南独特的建筑语言：浓烈的红色与装饰性纹样。在闽南新民居中，尽管有新的现代建筑色彩选择，但本地人自发兴建的民居仍以传统的红色系列为主（图10-2-33）。闽东地区的建筑色彩则以黑白灰色调为主，色彩清新淡雅。而盛产树木的闽北地区建筑色彩以红瓦白墙居多，这也是不同区域的不同建筑材料所导致的。闽西地区作为客家人的聚居地，深受闽南文化和客家文化的影响而形成一种边缘文化，其建筑色彩的运用则融合了闽南色彩与客家土楼的特点。

红色系列在闽南社会中深入人心，所以在今天的闽南地区对红砖瓦色彩的传承是建筑师们一直努力的方向。如泉州闽台缘博物馆在建筑形式上采用象征与隐喻的手法，主体建筑以“方圆结合”的设计理念，同时加以代表和平的莲花，寓意两岸同根同源。建筑的整体视觉效果以闽南红砖墙形成红色基调，以体现闽台共享的烟炙砖的色彩（图10-2-34～图10-2-37）。

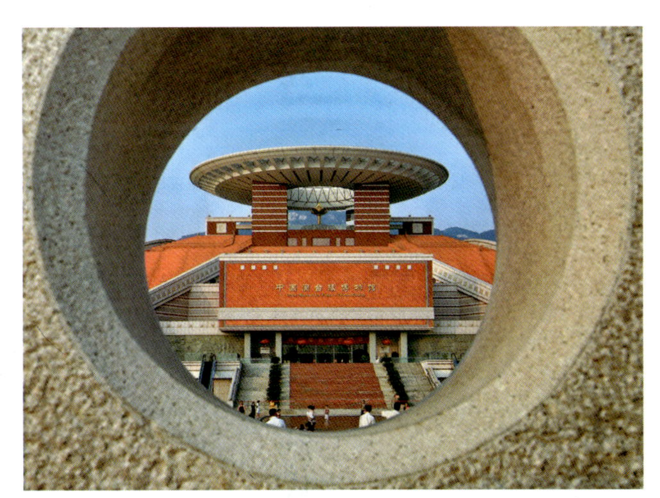
图10-2-35　中国闽台缘博物馆（来源：福建省建筑设计研究院）

图10-2-36　中国闽台缘博物馆室内（来源：福建省建筑设计研究院）

图10-2-37　中国闽台缘博物馆中庭（来源：福建省建筑设计研究院）

针对闽东地区的色彩特点，现代建筑如福建省画院、齐康先生设计的冰心文学馆等，则以黑白色调为主，屋顶铺以浅蓝色瓦，整体色调清新淡雅，契合闽东地区的地域性格（图10-2-38、图10-2-39）。

图10-2-38 冰心文学馆（来源：福建省建筑设计研究院）

在适应闽北地区的色彩倾向的地域性表达的当代建筑中，以武夷山庄表现的最为典型。山庄的外部色彩以红瓦白墙为基调，缀以栗色基座、吊柱、构架和米色清漆门窗，整体色调和谐素雅。青山、绿水、红瓦、白墙，建筑色彩与自然环境相互映衬，对比而谐调。

建筑设计是综合性的设计，地域建筑形式的创作不是割裂的，一次完整的建筑设计通常需要综合多种设计手法。如龙岩博物馆设计从传统土楼民居中提取圆形的形体，再现表达，并结合博物馆功能空间的要求进行形体衍变的处理，使土楼的内敛式的聚合空间形式与博物馆所需求的展览流线完美契合。在立面上，则继续延用土楼中出于防卫需求的箭窗元素，并抽象演化为细条的点缀小窗。在地方色彩的表达上，为了关照传统土楼生土材质的色泽肌理，选用当地的锈石材质，同时引入现代建筑材质，以更好地表现土楼文化在现代社会中的可适性（图10-2-40～图10-2-42）。

图10-2-39 福建省画院（来源：福建省建筑设计研究院）

图10-2-40 龙岩市博物馆外观（来源：《建筑学报》）

图10-2-41 龙岩市博物馆休息厅（来源：《建筑学报》）

图10-2-42 龙岩市博物馆中庭地面图案为土楼平面阴刻而成（来源：《建筑学报》）

第三节 基于形式特征的福建当代建筑文化传承

一、注重传统与现代的结合

根据何镜堂先生提出的“两观”“三性”的创作理论，即“建筑的地域文化性、时代性为一个整体的概念。地域性是建筑赖以生存的根基，文化是建筑的内涵和品位，时代性是建筑的精神和发展，三者相辅相成不可分割，地域性本身就包含地区的人文文化和时代特征，文化性是地域论传统文化和时代特征的综合表现；时代性是延续地域性传统文脉，现代科技和文化的综合发展。”

福建当代建筑地域性的形式表达，也是三者的综合体现。除了直接沿用地域形式的原型外，更需体现现代抽象发展。其途径应从地域性形式出发，研究其文化本质的成因和原型，使之成为地域形式的范型，抽象衍生。同时应从时代出发，借助现代材料与技艺、技术，达到现代人的审美标准，使地域性有所发展。

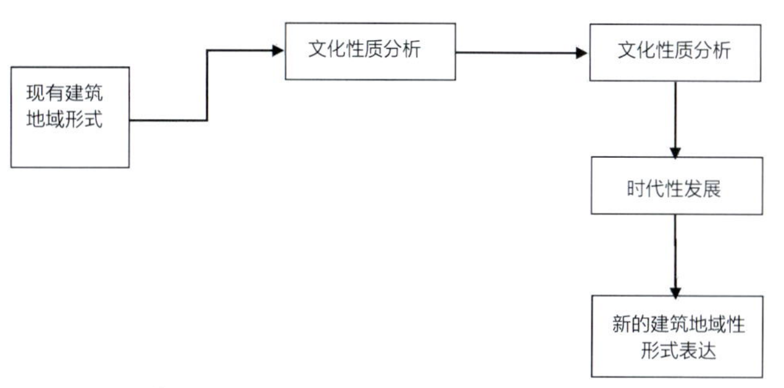

图10-3-1 （来源：王绍森 绘制）

传统的建筑形式在特定的历史时期是近乎完美的，但随着时代的发展，不同历史时期的人对居住条件有着不同的需求，这也要求现代建筑对传统建筑形式的传承要有创新，并在现代材料与技术的帮助下加以完善改进，使其更符合现代的地域环境与审美标准。由于日照、降水、防卫等要素的影响，传统建筑形式通常具有墙体厚重、窗小等特点。在传统形式原型的引用上，既要认清大厝、骑楼、土楼形式等的优点，也要清楚其固有弊端，采用虚实结合、弱化体量、内外交融等手法，使传统建筑形式更加符合现代建筑的规范要求与审美标准。建筑形式的传承是现代与历史的结合，文化与技术的碰撞。如何能在形式的传承中延续历史文脉，又体现现代建筑的特点将是值得建筑师持续思考的问题（图 10-3-1）。

二、形色分离、类型抽象

形色分离是指当代建筑地域性表现的几何形式和其构成表面物质可以抽象分离。在佛教中形色为物质世界，在此借用指构成形式的方法和材料。“形色分离”是指形式的抽象，也指构成方式可以多样，或以形写意，或以韵达情。当代的地域性处理手法在于以现代手段和材料技术，构成传统形象的意向，以表达其地域性，使建筑的形式以现代语言表达出来。究其原则，对传统形式，现代抽象表达原因有以下几种：a. 保持形式的连续性是格式塔心理学的原则之一。事实上格式塔心理学对相似原则的把握是有效解决联想思维的方法，建筑地域性形式的连续类似是地域性表达的有效途径。如现代城市街景的发展中，强调街景的连续性的原则很重要。b. 形式抽象艺术发展的本质，在东西方文化中都有所体现并被接受。一般来说，传统西方艺术以写实为主，但在工业革命以后的现代艺术和现代建筑则以抽象为基础，不论是康定斯基还是蒙德里安，不论是亨利摩尔的雕塑还是贾科梅蒂（1901 ~ 1966 年）的存在主义的雕塑，从柯布西耶的萨沃耶别墅到密斯的时间空间概念，都表现抽象的基础。在当代的建筑创作中这种形式及类型的抽象仍发挥很大的作用。对类型抽象和处理可直接作用。对于中国建筑，当代地域性表达更是可以以“形色分离”的办法来处理，东方人向来其思维以抽象写意见长，中国人文山水、建筑园林、汉画像石、民间剪纸等艺术，无不体现抽象象征的概念。中国画中以线勾勒形体，以墨彩的浓密渲染质感是种典型的形色分离的表现[①]。抽象传统及地域形态类型，变得顺理成章，也成为东方人思维最易达到的手段。c. 当代的材料和技术为形色分离提供了必要的可能。现代的钢、玻璃、纤维、金属板等都有别于传统，在抽象形式上都可以做得更加丰富多彩，这类似一张黑白照片被增加和还原丰富彩色，即可以表现事物本相，又有了新的意象。所以在当代建筑对传统形式的传承上，形是重要的表达，可以抽象表达，也可以充分表达。

① 在中国画中，形指以线构成的形象构成，色为有色的渲染，国画中，色与形分离，而墨代色，画理有墨分五彩之说。

第十一章　基于空间特征的福建当代建筑文化传承

如果说建筑的形式是地域性的直接表达，那么空间则是精神的载体。每个民族在长期的发展过程中都形成了自己的空间感受体验。由于地理及社会民俗等因素的长期作用，形成了福建省多民族的空间定式。这种空间深入人的内心世界，也成为建筑地域的一种表达方式。

将中国传统民居的空间按原型分析，也成为地域建筑一个新的表达形式，并重点体现中国汉族以院为主、以墙为构的特点。就东西方而言，传统的空间概念也有相当大的区别。就某一地区建筑单体来说，从建筑与环境的关系、以及建筑跟环境图底上的空间关系都可以有不同的心理特点。从空间分析当代建筑对传统建筑文化的传承，主要分为以下两个部分：

其一，传统空间形态表现。受自然气候、地理环境、社会人文等多方面的影响，福建传统建筑空间形态的形成。天井、“冷巷”等空间形态受气候影响；因山就势、依山傍水的模式受地形影响；多层次的空间则由社会生活影响而形成。这些具有地域特色的空间形态，在今天仍具有生命力。

其二，当代建筑中的传统空间表达。空间是建筑的主角，对当代地域性空间的营造与理解可以有自然物质的存在，也包含心理场所精神的体现。当代建筑采用空间原型再现、行为秩序重新组合、强调感受、整体体验等方法实现对自然层面、心理层面的空间营造，以传承福建传统建筑空间。

第一节 福建传统建筑空间概述

长期自然地理气候、社会人文所形成的影响使福建建筑传统空间形态有其独特的地域性。分析其地域性的成因将有利于基于空间形态的地域性表达。

福建建筑传统空间形态是由于长期自然地理、社会人文所形成的积淀。其中气候对空间起了重要的影响，传统建筑在利用环境和改造环境中，创造了因地制宜的地域化空间形态，成为建筑地域性的重要组成部分和建筑的理性精神。同时社会民俗也使建筑成为其活动的空间场所，传统建筑中的空间形态也自然适应其文化活动内容，成为流露地域文化的情感寄托。研究其空间形态的成因，实际上是在判断传统空间形态在今天的生命力，同时兼顾当代建筑空间的需求，以从继承和创新两个方面对空间形态地域化的表达。传统福建建筑的空间形态成因有自然和人文生活二大方面：

一、建筑空间与自然气候

建筑源于自然，其空间形态为气候所影响，福建气候区域差异较大，闽东南沿海地区属南亚热带气候，闽东北、闽北和闽西属中亚热带气候，各气候带内水热条件的垂直分异也较明显。空间是为组织自然通风、营造小气候环境，因此多采取小尺度内庭和天井组织整体布局，院落间设置“冷巷”，加速空间对流，争取空间的阴凉。同时小的天井更利于种植花草，疏排雨水。空间形态呈现为：多层天井、上下导通（墙体及屋顶和地下的空气腔通风）、丰富的阴影（求得遮阴效果）。可见独特的气候决定了福建各地域独特的传统建筑空间。

二、建筑空间与自然地形

福建传统民居中，特别是成群聚落之中，大家都选择约定俗成、因地制宜的模式，在总体形成依山傍水、前低后高、引风入村、导流成河、依榕而聚、聚祠而居的空间形态（图11-1-1、图11-1-2）。对每一个自然的村落都是自然、

图11-1-1 福建传统聚落“傍水”形态意向（来源：王绍森 绘）

图11-1-2 福建传统聚落“依山”形态意向（来源：王绍森 绘）

自由的有机发展。这种合乎自然、依于社会、自由表象、理性秩序的空间形态，正是现在城市规划建设中可以借鉴的有价值的部分。

三、建筑空间与社会生活

建筑为生活的容器。理所当然，福建建筑的空间形态也是为此而产生。福建人受到多元文化的影响，家族生活中强烈保留中华文化的秩序。一般以中轴控制、多进院落、大厅、厅堂为民居主要社会活动场所。此处空间大且可放祖宗画像及排位，侧房边房则利用夹层堆放物品，同时又有隔热降温作用。其余房间则为生活用房。此空间形态，即是以厅堂为中心，它既是几何中心，又是功能中心（即全家的功能性活动以此展开），为全家的共享场所。同时院子尺度都很小，仅供通风，唯独大厅前院子可供从入口到厅堂的观看尺度。所以厅堂前多置景、植花，构成视觉中心依此展开，形成族人家人的记忆，加强心理上空间归属感。这种依空间主次，形成多层次空间处理、表现出良好的秩序的思维在今天仍有丰富的场所感受。

土楼建筑空间是福建民居中独特的类型，就如同客家文化在福建文化中独树一帜，在历史的洗礼下，客家人的社会生活形成特有的习俗与观念。土楼建筑规整的单体内，中轴对称、主次分明，传承了中原古代传统民居的空间。一层是厨房，二层是仓库，三层以上用于起居，每户占据一个垂直的单元，这是土楼特有的单元式居住模式，每一个土楼都居住着一个客家人的宗亲系族，代代相承，土楼因此成为一个

个体与群体整合的空间。土楼群的布局特色也秉持着天人合一的宇宙观，往往依山就势、背山面水、错落有致。

在福建的传统建筑形态中，真正富有特色的还有过渡性空间的模式。这种灰空间是福建建筑的一个显著的空间特色。民居的通廊、天井下的挑檐、骑楼空间等都是富有生活气息的生活空间。深深的挑檐下，居民进餐，做家务，儿童嬉戏，长者饮茶，显现真实生活。此处街道与建筑，居室与院子的过渡，形成建筑空间形态最有活力的部分。

骑楼下，工夫茶、夜市方言也成为闽南人生活的有机部分，骑楼空间则可以分为街道、商业、居住等空间层次。这种“亦居、亦商、共街”的空间形态也是闽南建筑地域性特征之一，在今天城市发展中仍有其应用价值。

第二节　福建当代建筑文化传承中的空间表达

在当代建筑地域性的表现之中，空间则成为人们可以感知和体味的精神存在，对当代地域性空间的营造与理解可以有自然物质的存在，也包含心理场所精神的体现。对自然物质的空间，可以以传统方式理解与营造，也可以借助现代语言和技术进行处理和创作。通过对空间的营造来表达地域性，在当代建筑中有传统空间原型的发现，再用新的空间秩序的行为引导以及新的环境下的空间体验。

对自然环境的适应是所有地域特征形成的物质基础。传统地方建筑在长期适应自然的过程中趋利避害，形成了相对稳定的建筑空间形态。这种传统空间形式是一种被动设计式的设计方法，是人们适应气候、地形、地貌、风向、植被等自然环境的结果，每一种空间形态的形成都需要经过漫长岁月的积累和沉淀，蕴含着丰富的智慧，也包含着尊重自然，节能，与地理气候环境相适应等设计原则，更与人文环境紧密相连，如中国北方的合院、南方的天井都是在关注自然的气候下形成的空间的独特形式。

一、空间原型再现的方法

任何一个民族在长期的发展过程中都形成了独特的空间原型，而这种空间原型按照类型学的原理即相同形式结构及具有潜质特征的一组类型，它可以是一个创作的样本及范例，每一个创作者都可以根据它创作出不尽相同的作品。

而这种空间原型既有自然空间的形成，也有心灵空间的营造。以中国居住空间为例，中国的空间原型大多以理性的合院空间为主，同时结合传统观念，在当代建筑地域性表达中扩大这一特征，利用相关理论对中国传统中的空间原型进行分析和利用，归纳出：中国的空间以传统围合和多层次为主，形成“院、庭、天”为主的关注适应自然和建立社会秩序的院落空间，这既是围合的空间，也是多人共享的交流场所。对于这些基本单元的联系，则没有像西方一样的开敞文化广场，而更多以街道、胡同、巷子相结合构成方格网状的封闭动态的联结。

福建现代建筑中，对于空间原型的重现，主要表现为重现福建土楼的居住空间、闽南大厝的院落空间等，不管是哪一种，都集中体现了福建现代建筑中注重对传统社会生活的重现。可以看出，重现空间原型是一种最直接的方法，平面布局和造型上都能直接看出其来由，直观的表达出建筑所体现的理念。

例如退台方院的概念，即再现了方形土楼聚落原型，建筑主体部分由三个方形合院单元组合而成，取得一种内向的、相对独立的“集体公社”意向。根据周边不同的景观和建筑之间的相对关系，三栋方院虽尺寸完全一样，位置、角度、退台方式却不尽相同，再结合底层高低起伏、复杂几何形态的“土丘”，创造出丰富多变的整体景观。三栋方院与方形土楼在尺度上相近，也同为集体生活的载体，但实质上，两者相去甚远。和具有防御功能的土楼相比，三座新宿舍的底层通透自由，交通核被场地路径贯穿，每一户拥有自己的阳台，所有的房间都向外部开放。“土楼”的类比仅为理解其聚居形式和公共空间提供了沟通上的便利。在这里，方院对应集体生活，退台则不断利用屋顶形成活动场地，并向景观打开。（图11-2-1～图11-2-5）

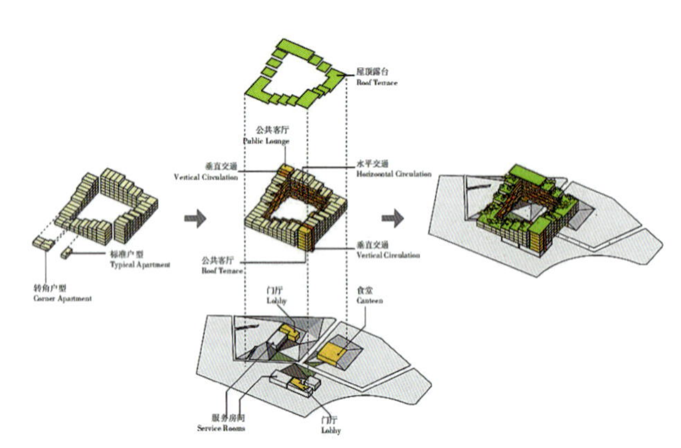

图11-2-1　退台方院概念分析图（来源：《建筑学报》）

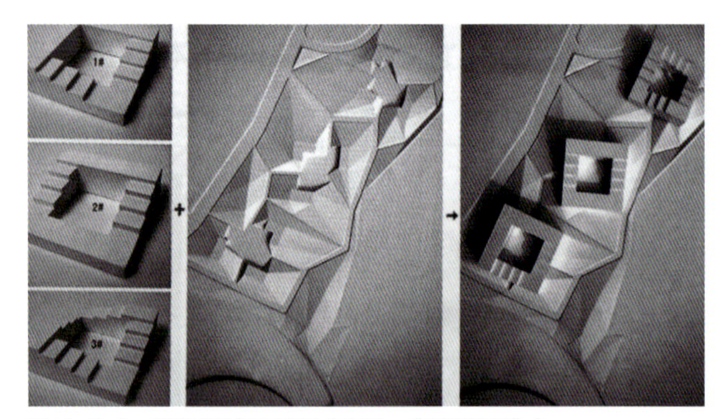

图11-2-2　退台方院概念模型（来源：《建筑学报》）

图11-2-3　退台方院鸟瞰（来源：《建筑学报》）

图11-2-4　退台方院外部场景（来源：《建筑学报》）

图11-2-5　退台方院内部空间（来源：《建筑学报》）

冠豸山森林山庄酒店主体部分的设计也以土楼空间为原型。首先体现在布局上的特点是依山就势、背山面水，这与传统土楼建筑的传统意向一脉相承。空间布局上的单元式也是从土楼原型中提取而来，外观上也采用了圆形土楼的形式，塑造出内向的圆形院落空间。其内院立面采用横向带行的线条亦来源于土楼内部开敞环廊的意向，亲切、开放。整个酒店的建筑风格自然纯朴。此外，建筑屋顶形式、立面材质的运用上也形成朴实的效果，极具传统韵味（图 11-2-6 ~图 11-2-10）。

闽南地区的红砖院落也是一种富有特色的空间原型。闽南传统院落空间多以中轴控制、多进院落、活动场所具有内向性。厦门翔安企业总部会馆启动示范区的布局采用基本办公单元灵活组合的方式，以“5 层 + 院落”组合为主，其基

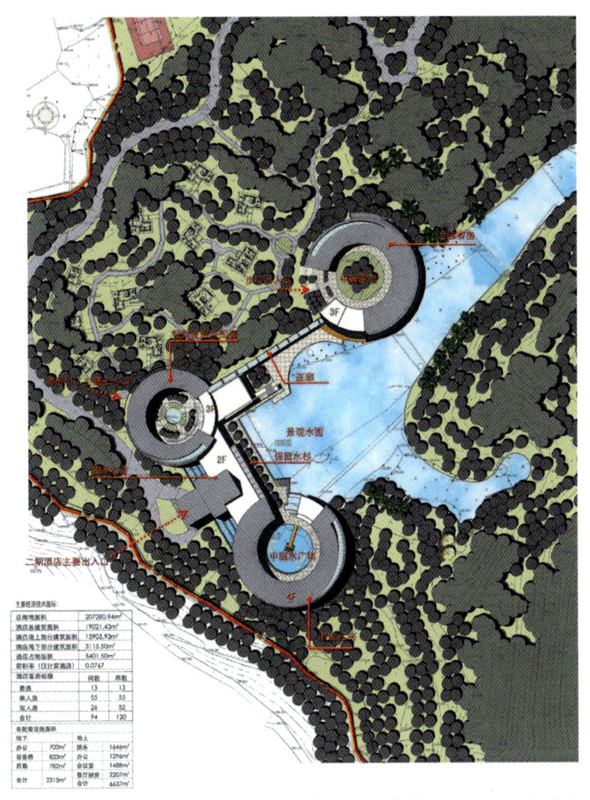

图11-2-6　冠豸山森林山庄酒店的总平面图（来源：雷光昊 提供）

图11-2-7　冠豸山森林山庄酒店鸟瞰（来源：厦门佰翔集团）

图11-2-8　冠豸山森林山庄酒店（来源：厦门佰翔集团）

图11-2-9　冠豸山森林山庄酒店内院（来源：厦门佰翔集团）

图11-2-10　冠豸山森林山庄酒店的原木设计（来源：雷光昊 提供）

本单元的空间组合上就运用了闽南红砖厝的典型“深井”与“厝埕”空间，通过转译与重构，形成具有人文关怀的新城市记忆。认为办公空间可从民间的生活空间中提取要素，办公人员的活动空间亦可设为单元式、提供内向的活动空间，将办公与游憩融为一体，实现现代高效办公方式与传统宜人尺度空间并存。建筑造型上体现了在材质、形式上与传统民居的融合，

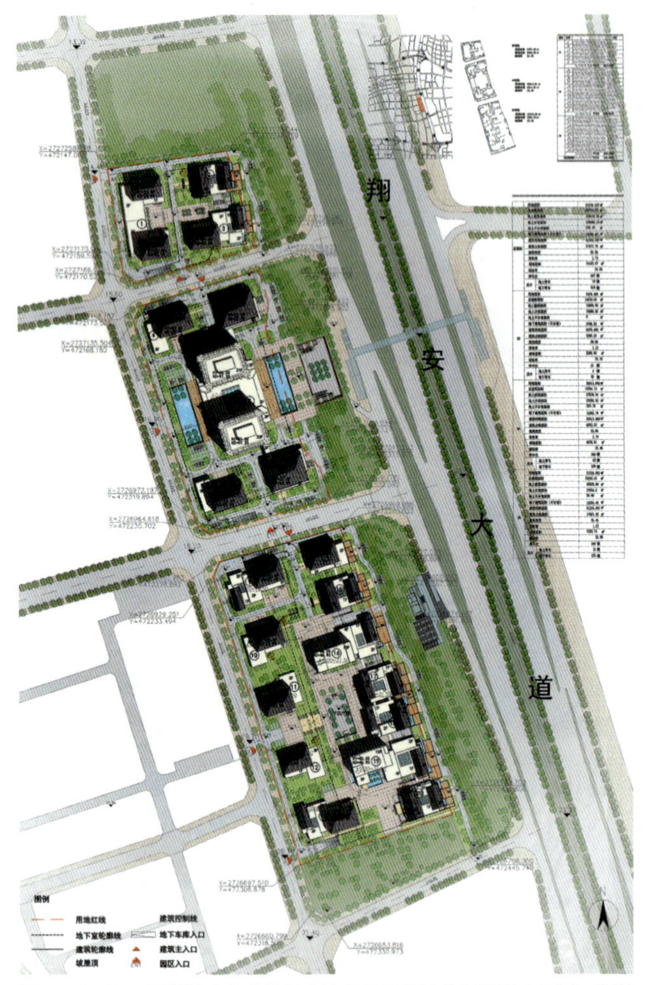

图11-2-11　厦门翔安企业总部会馆启动示范区总平面图（来源：厦门合立道工程设计集团有限公司）

图11-2-13　厦门翔安企业总部会馆启动示范区C片区内景（来源：胡璟 摄）

唤起本土记忆，以现代手法重构传统建筑的神韵，实现传统民居样式在现代建筑中的移植与延续，形成本项目建筑十分鲜明的个性特征。（图11-2-11～图11-2-15）

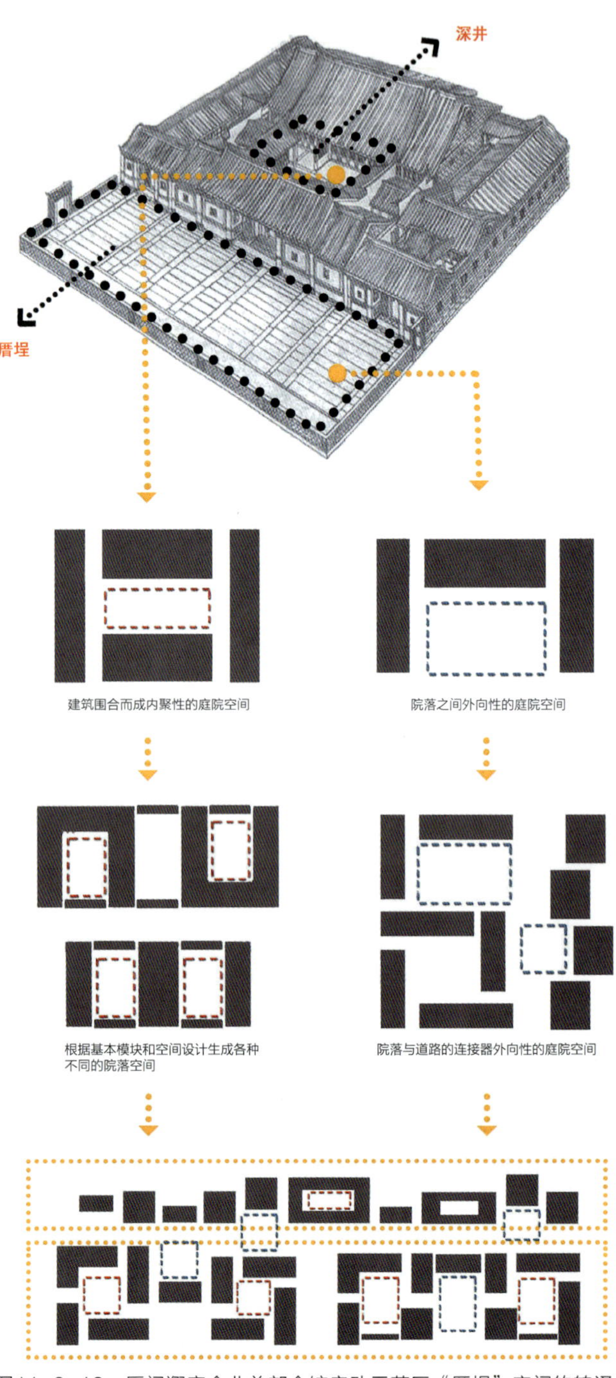

图11-2-12　厦门翔安企业总部会馆启动示范区“厝埕”空间的转译（来源：厦门合立道工程设计集团有限公司）

图11-2-14　厦门翔安企业总部会馆启动示范区低层办公区（来源：胡璟 摄）

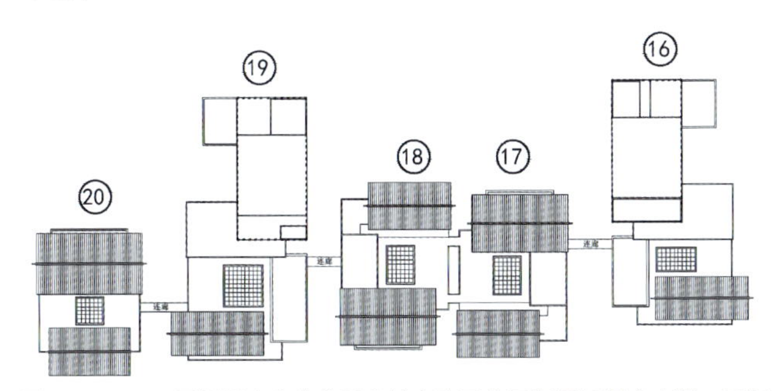

图11-2-15　厦门翔安企业总部会馆启动示范区组团示例（来源：厦门合立道工程设计集团有限公司）

二、行为秩序重新组合的方法

任何一种地域性空间实际上是因生活行为所引起秩序的组合而形成的。皇家宫殿建筑的中心轴线层层推进，代表皇家的威严和威仪；民间民居空间则体现最基本单元的秩序，是儒教的理性及适应自然的成果；私家园林“虽有人作，象自天开”则经营小中见大的空间。在当今社会下，除了关注空间原型，还应加强当代地域建筑中空间秩序的建立及行为的引导，这种空间秩序及行为引导已部分超出单纯空间的范围，不但涵盖城市建筑景观的范畴，也体现 21 世纪广义建筑学的概念。

行为秩序重组相对空间原型重现的手法显得较为抽象，是对福建传统建筑空间中人的社会生活所形成的行为方式的传承。对传统院落空间中人的活动的再现而组织空间流线、传统建筑灰空间中行为秩序的再现或多种空间进行组合等，都是传统建筑行为秩序进行重组的具体手法。不局限在对平面布局、空间形态的直接运用，而是以人的空间体验为出发点，结合建筑功能、环境，组合而成福建现代建筑具有传统行为秩序的新空间。

福建传统民居讲究空间序列，以厅堂为中心，以中轴控制，多进院落的布局方式，即民间居住行为秩序的组合。福建省图书馆的设计概念利用了这一点，以门厅—中庭—出纳厅—书库的层层递进为中轴，阅览室和庭院分列两边。巧妙运用传统住宅院落、天井，将每一间阅览室面对庭院开放，使图书馆与外界的嘈杂完美隔绝，营造出舒适惬意的学习氛围。内廊将中心、阅览、计算机、展览报告、书库、办公 6 个区域串联为整体，使空间井然有序、层次分明。同时，在建筑材料、形式方面也有对传统民居建造特色的解读，如底部采用仿花岗石面砖与红色山形艺术砖贴面的方式是对闽南民居砖石装饰特征的演化变形、点缀白色面砖的做法是受到福建莆田民居类似处理的启发、正立面顶部三个大型窗洞采用了福州民居最有特色的曲线山墙的轮廓等（图 11-2-16 ~ 图 11-2-22）。

福建省有着峰岭耸峙，丘陵连绵的地形特征，传统园林的秩序多秉持融于自然、依山就势，形成层层递进、引人入胜的空间，福建医科大学附属第二医院东海分院即以此为概念，功能上采用“门诊—急诊医院—住院”的经典式布局，从开放广场到巨型檐廊的灰空间，再到内部一进进的院落空间，实现从城市尺度到建筑尺度的过渡转换。这座建筑不仅外部空间传承了福建村落民居的行为秩序，还在内部空间的组合上呼应了泉州传统街区与院落的空间构成模式，在流线组织上可以看出院落式、对称式的布局方式，形成层层深入，变化无穷的空间。同时运用到了空间原型再现的手法，在东侧的医疗主街借鉴闽南骑楼空间模式，采用开敞式设计，和利用自然地形、院落空间相结合，使整座建筑处处可见福建传统建筑空间意味。另外，泉州的传统建筑语汇如窗口拱券、檐口、山花、基座、红砖饰面等元素也在建筑立面中重现。（图 11-2-23 ~ 图 11-2-28）

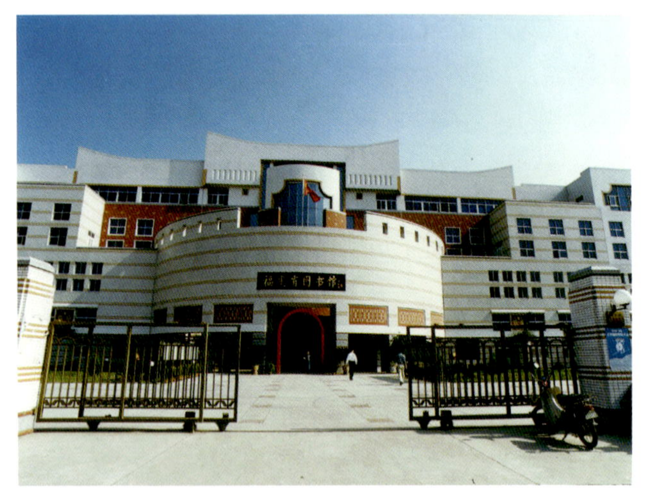

图11-2-16 福建省图书馆（来源：福建省建筑设计研究院）

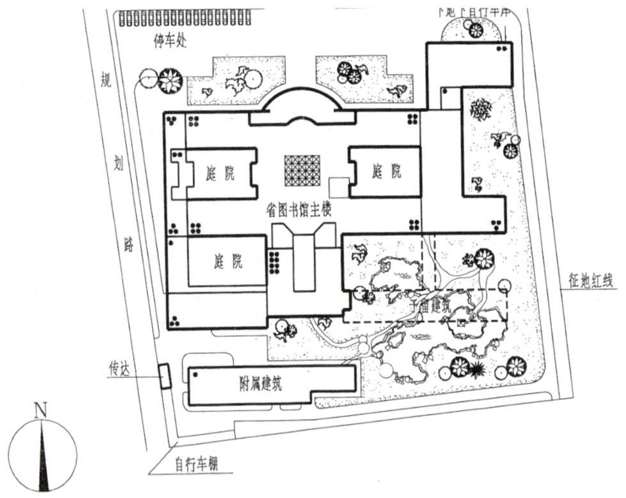

图11-2-17 福建省图书馆总平面图（来源：福建省建筑设计研究院）

图11-2-18 福建省图书馆的中庭（来源：福建省建筑设计研究院）

图11-2-19 福建省图书馆的入口环廊（来源：福建省建筑设计研究院）

图11-2-20 福建省图书馆的内院（来源：福建省建筑设计研究院）

图11-2-21 窗洞体现福州民居特色（来源：福建省建筑设计研究院）

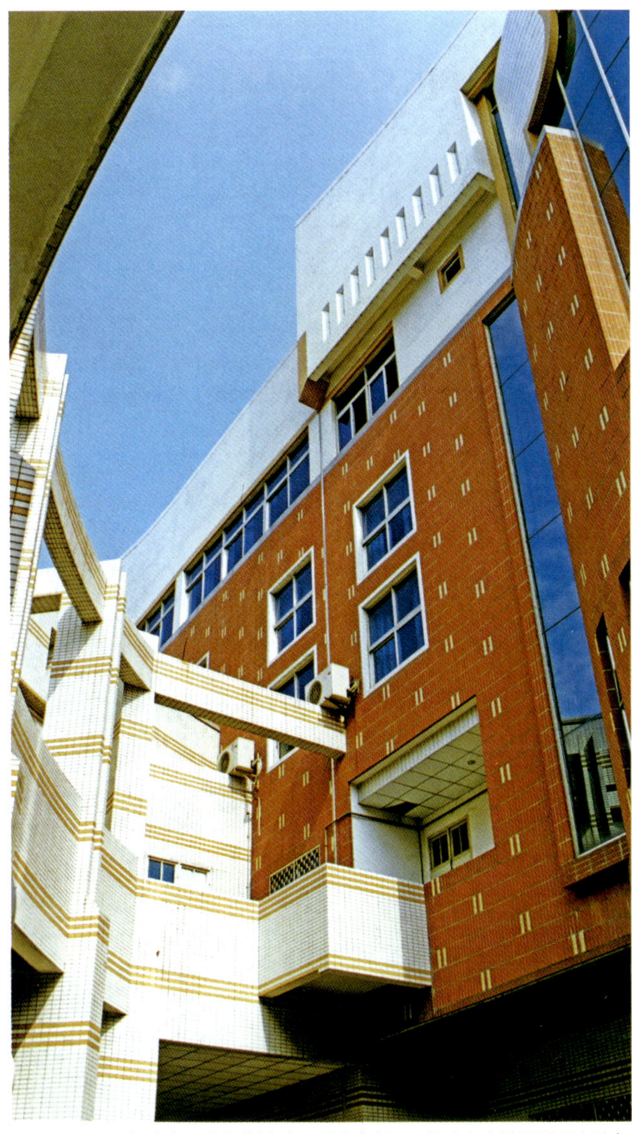

图11-2-22　福建省图书馆外墙贴面设计（来源：福建省建筑设计研究院）

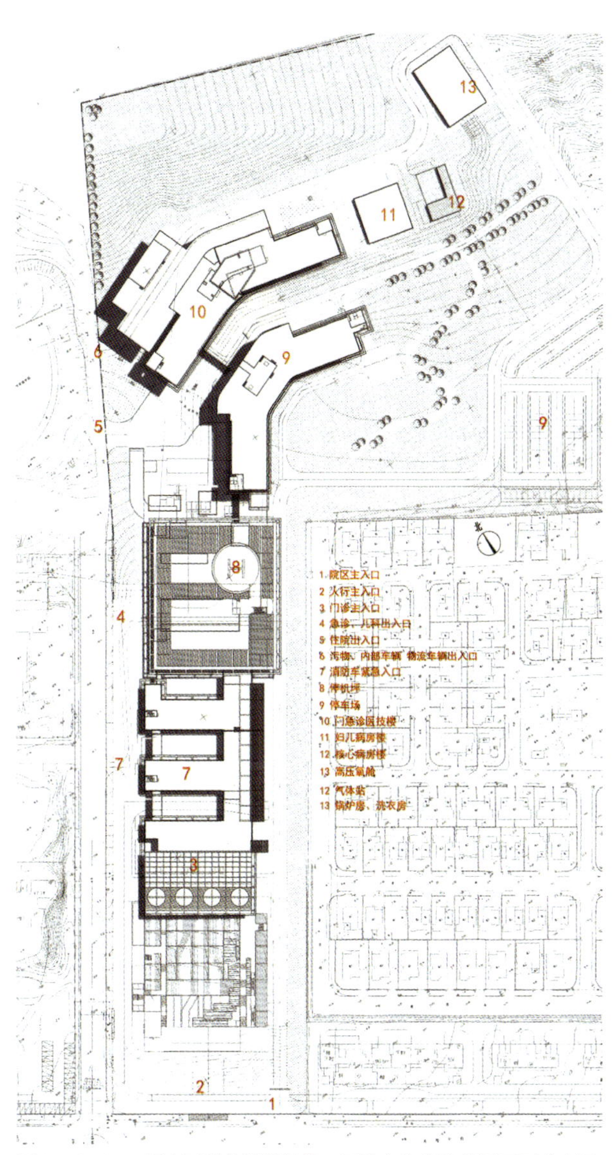

图11-2-24　福建医科大学附属第二医院东海分院总平面图（来源：中元国际工程有限公司）

图11-2-23　福建医科大学附属第二医院东海分院鸟瞰图（来源：中元国际工程有限公司）

图11-2-25　福建医科大学附属第二医院东海分院入口空间（来源：中元国际工程有限公司）

图11-2-26 福建医科大学附属第二医院东海分院街景透视（来源：中元国际工程有限公司）

图11-2-27 福建医科大学附属第二医院东海分院立面细节（来源：中元国际工程有限公司）

图11-2-28 福建医科大学附属第二医院东海分院的医疗主街内景（来源：中元国际工程有限公司）

图11-2-29 南安老年人活动中心的覆土表面（来源：庄航 摄）

图11-2-30 南安老年人活动中心鸟瞰（来源：庄航 摄）

图11-2-31 南安老年人活动中心的“屋上屋”（来源：庄航 摄）

三、强调感受和整体体验的方法

地域建筑能够唤起人们强烈的认同感和归属感是因为它符合各自文化背景中形成的对整体空间的认知感受，符合人的行为习惯和心理需求。然而现代生活方式的巨大变化也影响着人们的交往方式和心理需求，进而对建筑空间提出了不同的要求。空间具有物质空间、心理空间、行为空间和象征空间的多重属性。早期现代建筑过分关心建筑的艺术形象，过分强调视觉效果，忽视人对环境的心理需求，不能适应现代社会日趋复杂的人际关系。现代地域建筑要提高建筑空间物质属性之外的空间环境质量，就要通过研究人的情感、领域和私密性需求等问题，探索建筑的场所性。

注重建筑空间整体体验的传承方式，是通过场所的营造而对人的心理产生影响，在这样的建筑空间中已看不出传统建筑的空间原型、流线组织，但传承了传统建筑空间的精髓所在。充分关注人的心理感受、注重塑造空间氛围和体验，是对传统建筑更深层次的探索，也是一种空间文化的追求，也是建筑空间的传承与人文情怀的结合。

南安市老年人活动中心就借鉴了许多福建传统建筑空间原型，包括土楼居住空间、合院空间、泉州文庙空间等，其核心是照顾老年人群体的使用要求和心理需求，并使建筑物融于自然。外观上是一个现代的、倾斜覆土的绿色建筑，坐落于山冈上，拥有良好的景观视线。建筑的内部空间突出形式与情境的追求，利用优美的自然条件，创造一种绿色、自然的老年人活动环境。“厅中厅”、“堂中室”的空间组织，“屋上屋”、“楼上楼”的形体构成，将茶艺、棋牌等小活动空间化整为零，创造一种“家”的环境，对于老年人的心理需求提供最大限度的满足。（图 11-2-29 ~ 图 11-2-31）

第三节 基于空间特征的福建当代建筑文化传承

根据以上分析，可以看出福建建筑空间的本质一是来源自然，二是来源社会生活，因此当代建筑对此地域性表达，在原型再利用上依据新的生活，在当今的社会中根据当今人的行为进行新秩序的组合，同时在特定的环境营造新的空间感受，演绎新的情感。

一、有机、自由的整体布局

依乎自然的空间形态表现对大自然风的导入，对于生态林地、河流的尊重，显现了自由的有机性。

在福建地区高层日照间距为 0.8，多层为 1.2。这样形成了前后的错动，留有导风廊道，利于整个小区的自由空间形态。表象自由实质理性的空间地域性在当代生态建筑和尊重自然的大背景下变得极有意义。在居住建筑规划中，根据光、风与景色、地景等形成综合自由、理性的布局方式。

有机、自由的整体布局尊重了福建传统建筑空间对气候和环境的适应性，是福建现代建筑中对建筑群体、外部环境的组织上较为常见的空间组织方式。在冠豸山森林山庄酒店、福建医科大学附属第二医院东海分院的平面布局上也可看出这样的特点。福建的自然气候、地形地貌丰富多样，在建筑空间布局上，应充分尊重建筑和人、自然环境的关系。

厦门国家会计学院依山傍水而建，充分传承了福建传统建筑布局依山就势的特点，山地汇水在整个方案中得到恰当的梳理，成为了校区自然轴线的统筹。建筑物与自然环境得到恰当的协调，山体自然风貌和古树得以保存，并与学生和教师的生活有机适应。在功能分区明确的前提下，又提取院落组合式的布局方式，构筑不同的功能空间，适应现代教育教学的生活行为秩序。其中居住建筑的排布模式最明显地体现出依山就势、灵活自由布局的概念。在单体的设计上，连廊、架空的模式充分使用，延续了福建建筑空间地域特点，也达到了良好的遮阳和通风效果（图 11-3-1、图 11-3-2。）

图11-3-1 厦门国家会计学院教工宿舍（来源：镡旭璐 摄）

图11-3-2 厦门国家会计学院学生宿舍（来源：镡旭璐 摄）

二、多层次、开放的个体设计

强调空间地域性中的院落的层次及开放性，营造宜人的小环境，同时在建筑设计中强调地域场所精神的感受。比如通过新的建筑设计中对封闭院落的打破，对空间层次的营造来应用和丰富福建建筑中多层次的过渡空间。过去的大厝民居中，以厅堂为中心，但今天却是功能多样性带来空间的开放性。当代建筑可以借用传统空间序列的部分，没有必要一定做到整体空间秩序的延续。简而言之，单体建筑设计对建筑地域性空间打破传统整体秩序，使空间系统更加开放，充分应用局部单元，以体现传统地域空间的象征与感受。

现代人的行为方式，不再是单一的途径，其作息时间、工作方式、居住方式等信息来源都是多样、丰富多彩的，较以往变化多样。建筑空间的模糊性与多元性是个重要的表象，是适应这种多样性的。像厦门高崎国际机场除了利用大厝民居的形式抽象之外，也利用其三角形灵活的大空间解决现代交通建筑综合体的需求，体现新的空间原型再用。

宁德火车站以历史文化为构思的出发点，建筑师到“古桥之乡”宁德市屏南县实地考察，看到颇具地域特色的木拱廊桥，不论环境选址、桥屋、桥长都极富特色。因此方案的设计突出体现了古廊桥的神韵，结合宁德市山、海、城、林的城市空间特色，充分尊重建筑与环境的关系，并运用了许多福建传统建筑空间营造的手法，将反映地域特色和城市风貌的空间元素进行提炼、组合，中轴对称和强调空间序列的格局。车站两边辅楼较为低矮，可突出建筑物中间高大体量，运用类似廊桥的桥墩及木拱构成敞廊，形成外侧的空间层次，类似福建传统骑楼建筑灰空间的韵律感，体现了其“古韵新声”的设计理念。整座建筑通过大小空间的对比与结合，不同材质的运用，形成多层次的建筑空间，并且在入口处大面积玻璃幕墙通透敞亮，令室内外空间自然渗透，形成开放的入口空间。丰富的空间层次满足了旅客、售票购票和工作人员的集散、舒适度需求。（图11-3-3、图11-3-4）

图11-3-3　宁德火车站实景图1（来源：谢磊 摄）

图11-3-4　宁德火车站实景图2（来源：谢磊 摄）

三、强化场所精神的环境设计

在福建地域空间中，有其特殊的空间序列，也有其特别的文化活动、生活场景的处理。一些特殊的空间形态已深入民心，常可唤醒。如每一个聚落都会形成以庙宇古榕、戏台为组合的一个公共空间（图11-3-5）、其他民居绕此空间存在这样一种潜在的空间模式。这种空间和人再次呈现到建筑特别是文化建筑之中。

厦门乐雅无垠酒店设计即传承了这样的空间模式，在方案中可以看出，它虽借鉴了闽南传统村落的空间组织，即以宗祠作为功能中心的聚落样式，却没有在设计中过分强调传统建筑空间的原型。不仅如此，在建筑的外观上，更看不出任何地域特色，但住客置身于酒店内，可从小天井、树院之中，产生仿佛置身山中村落一般安静而古朴的精神感受。酒店以最具特色的展览空间作为中心点，其余住宿、娱乐空间组织成几个独立而又相互连通的单元围绕中心，形成一个“立体的现代村落”（图11-3-6、图11-3-7）。这座建筑从人的心理和情感上出发，通过空间组织，充分满足了人与人、人与环境之间的交流。用“情感——场所”的设计方法来体现对人的行为因素的重视，用空间和场所的特性来引导人的行为和思维，表达对人的精神需求以及心理需求的重视。

图11-3-5　庙宇与古榕树围合的公共空间（来源：王绍森 摄）

在当代建筑中除了空间形态以外，一些空间要素及围合构成也可以加入传统文化事件活动、饰物等，以强化空间文化性传统。在适应现代生活的同时，更具有地域感受。实际上建筑师在自己的创作上都会努力自觉在现代与地域结合上做到地域的现代性表达和现代的地域性表达两个方面。现代都市中，既有古老深远的文化，又受到全球化的影响，时空在此冲击碰撞，也出现不同环境下的地域观念。当代建筑基于空间形态的地域性表达重在：行为引导、精神再现。福建的空间形态地域性来源于自然气候、沉淀社会生活，其空间

图11-3-6 无垠酒店（来源：胡璟 摄）

图11-3-7 无垠酒店内部（来源：胡璟 摄）

形态呈现以总体表象自由、理性内涵的总体形态，也有以院落为代表的自然适应和理性建筑空间的多层次性和开放性，在当今建筑中仍有生命力。具体在地域性空间表达中强调，总体对自由适应自然，理性分析传统空间形态秩序的开放与再组合，在细节上体现现代生活，感受地域场所，再现福建生活及文化精神。

第十二章　基于材料和技术的福建当代建筑文化传承

法国文豪雨果曾说道:“建筑是用石头写成的史书。”此番总结虽然是针对西方建筑石建构体系所做出评价，但却为中国传统建筑文化的传承指出了一条实现途径：从构成建筑的材料和技术出发，以具象陈述抽象，以物质承载精神，以建筑传承文化。

一切文化现象都是时代精神的体现，从广义建筑学的维度出发，该定义同样适用于建筑的建构和砌造——材料和技术将具体时代的特色蕴于自身，经由建造过程以建筑最终的形象向世人传达建筑师所赋予建筑的审美态度和文化倾向。

与前章提及的基于形式和空间的传承一样，得益于现代高新科技的有力推动，新材料与新技术的应用亦对福建传统建筑文化的传承产生了多元而深远的影响，福建建筑的地域性表达也因此得以呈现，其具体的实现方式概括为如下两点：

其一，从技术层面出发，适宜技术的现代拓展体现了福建建筑地域性的一脉相承。因福建具体地域环境而产生的独特适应性建构不仅美观实用，也成为了当代福建地域建筑的模式原型和灵感源泉。

其二，从材料层面分析，传统材料在建筑地域性的表达中强调材料的属性演绎表现，而现代材料则更侧重对地域性材料的关联表达——属性与关联成为福建当代建筑地域性表达的两个关键方式。

建筑材料与技术的迭代更替在人类文明的演化进程中从未停止，立足于材料和技术的建筑文化传承分析可以生动而形象地剖析这一进程中的诸多演变，继往开来，与古为新。

第一节 传统材料和技术对福建当代建筑文化传承的影响

福建传统建筑所用的建筑材料之所以大多为乡土材料，源起于因地制宜、就地取材、因材施工的首要考量。此为传统建筑建造之基础，也是建筑地域性的一个忠实的具象反映。福建地区盛产石材、木材等，民居中的建筑材料基本上都直接取自于当地。经过长久的岁月，砖、石材、木材、泥土、海蛎壳成为了主要的本土材料。通过对这些材料的精心雕琢和相互搭配，独特的地域民居得以营造。

一、 福建传统建材及技艺的类别和特性

（一）砖

砖是福建地区的主要建筑材料之一，其取材便利，烧制工艺简单，具有优越的建筑性能。与我国其他地区不同的是，福建地区使用的大部分是红砖，其中最有特色的是“烟炙砖”，其质地坚硬、色泽鲜艳、富有肌理。通过不同的拼贴方式，“烟炙砖”可以组成丰富多彩的图案，并与石材搭配砌筑，形成不同的肌理，最为著名的便是“出砖入石”的做法。此外，闽西周边的福建民居采用青砖为主要建材。砖在福建民居中也可以砖雕的形式加以利用。

（二）石材

福建地区盛产花岗石，尤其在泉州、南安、惠安一带，石材的加工水平相当高。石材在传统民居中是常见的建筑材料，多用于入口门廊及房屋重要部位。福建地区雨季潮湿，因此在红砖房屋的下半部——通常在腰线以下，往往采用石材砌筑，如台基、墙基等，部分民居也会将整个墙体用石材砌筑。此外，部分民居中的地面铺设也会采用石材，光亮整洁且易于排水。沿海的部分地区及岛屿，有一些民居采用石材搭建其整栋房屋，梁柱、楼梯、门窗、墙体均采用石材砌筑而成，如平潭、漳州的东山、惠安的崇武等地。同时，石材也是房屋装饰的主要材料之一，福建地区的石雕富有鲜明特色，历史传承悠久，是民居中重要的装饰元素。

（三）泥土

福建的土壤以红壤、黄壤为主，福建部分地区的民居以泥土夯实的技法筑造墙体，同时也存在将泥土制成“土坯砖”用以砌筑墙体的情况，其优点是坚固耐久、承重、防水防潮性能好、成本低、工艺简单。泥土材料也因为其优异的经济性，常常与其他建材组合使用构筑墙体，呈现出别致的立面美感。

（四）木材

木材是福建民居的主要材料之一，所用木材以杉木为主。杉木具有透气性优良、防虫、重量轻、树干直、易加工等优点，因此在福建地区被广泛运用于围护结构、屋架承重结构以及建筑细部装饰。根据木材的力学特性，屋架结构也主要采用木材搭建。在应对地域的炎热气候时，面向庭院的房间要求较为开敞，透气性要强。因此，杉木凭借其优良的透气性，在靠近庭院的围护结构选材上成为首选。此外，在福建民居中，木材因其易加工的特性，亦用于部分建筑细部，如门、窗、屋檐等建筑细部及木雕、彩绘。在邻近德化、永春、安溪的山地地区，木材产量大，部分房屋采用全木结构。

（五）海蛎壳

福建省境内海岸线辽阔，海风和海水中的盐分对沿海传统建筑的腐蚀危害不可小觑，以海蛎壳为主要材料的墙面可以有效避免传统民居被海边潮湿的气候环境所腐蚀。海蛎壳墙的黏结剂由海蛎壳粉、石灰、糯米饭、糖等混合舂捣而成，成本低廉、经久耐用，有极强的防台风性能，可经百年风雨。同时，砌在墙面的成对中空海蛎壳会在室内与室外之间形成一层空气隔离层，营造出隔音拒水、冬暖夏凉的宜人室内环境。在建筑审美上，海蛎壳墙面与“出砖入石”有着异曲同工之妙，不同的贝壳排列顺序使曲线的混乱与建构的秩序实现统一（图12-1-1）。

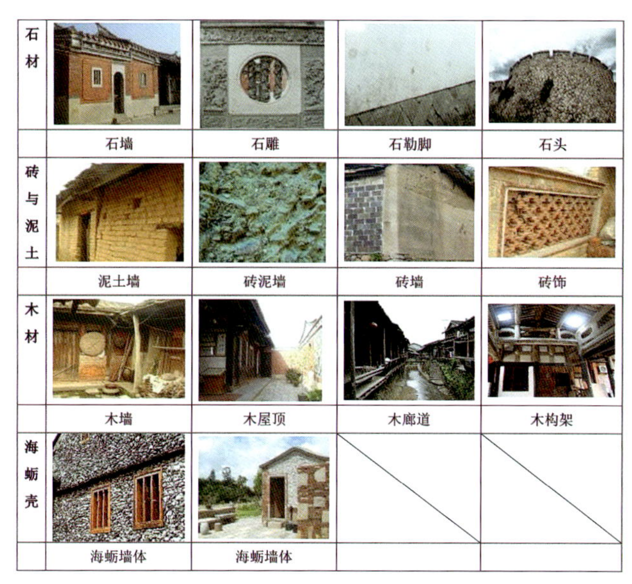

图12-1-1　传统材料在福建传统建筑中的具体呈现（来源：赵亚敏 整理）

图12-1-2　朴素真实的清水墙面（来源：谢骁 摄）

二、 福建传统建材及技艺的地域性表征

从建筑本身出发，向社会和文化延伸开去，对比中国其他地区的传统建筑，福建传统建筑无论在建材层面还是工艺层面都有着独特的地域性特色，总体概括有以下特点。

（一）朴素真实性

建筑材料与工艺会显示出朴素的真实性：石材经过初步打凿后，直接砌筑；烟炙砖以清水砖的形式显现，没有过多的粉饰；泥土在经过一定的处理后也可用于建筑的塑造；从经济性出发发掘适宜性建材——海蛎壳。建筑本身的结构和墙体因为所选材料的朴素真实性得以直接暴露出来，同时也呈现材料的真实质感和色彩，形成福建建筑独特的出砖入石、红砖文化、海洋文化等审美意象。即使在今天新建的福建民居中，仍可见到外墙不饰粉刷的现象。这不仅有经济的原因，更有当地人表现真实材料的建筑态度。（图12-1-2）

（二）材料本身的地域性

福建传统的建筑材料为本地区所产，用材广泛、耐久性强、色彩纯净、受潮不易变色。其中以泉州所产烟炙砖为代表，由于传统烧制过程（近距离、小规模烧窑，色彩雅致）中以松材为材，错接摆放会形成烟迹成为自身的独有质感，极具特色。碎瓦可以组合摆放配置形成独特的纹样，配合以大自然中生长出来的海蛎壳，体现海洋文化的地域文脉。

（三）纯朴工艺性

福建建筑材料在使用过程中，常常显现出极致的工艺性，这种工艺不仅体现在同一种材料的搭配组织、拼贴、砌筑，往往也表现于不同材料的直接碰撞配合——这种工艺性的体现与其墙体构造有关。墙为双层皮，内部为土坯，外部为砖或海蛎壳，实际使用时起到防雨水的作用。用于砌筑的砖并不一定承重，可以以更大的灵活度来拼贴图案，甚至把美好的愿望拼成"福禄寿"等吉祥文字。同样，随意摆放的砖也会形成一种奇特的肌理背景。另一种地域性的砌筑为承重墙的砖石结合，即当地人利用原建筑的废弃建材，以三合土成之，巧妙地组合在一起，使建筑呈现独特的工艺性——建筑元素的随机混搭（红白色彩组合，体块大小随机）出现了戏剧化的组合。（图12-1-3）

福建传统建筑在材料的运用上往往会充分考虑材料的建构可能性，实现物尽其才。为了适应气候和使用功能，福

图12-1-3 戏剧化的墙面构成（来源：谢骁 摄）

图12-1-5 适宜福建地域气候的窗建构（来源：谢骁 摄）

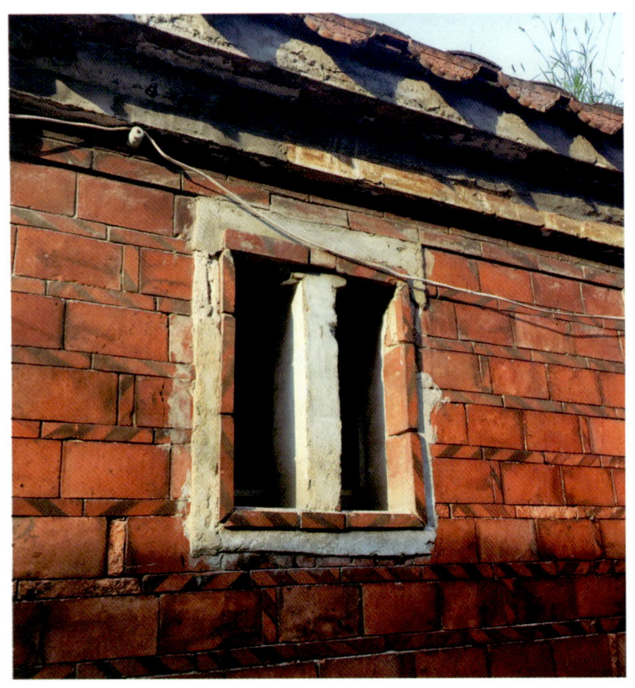

图12-1-4 适宜福建地域气候的窗建构（来源：谢骁 摄）

建民居常常会出现独特的构造方式，比如石条竖立形成竖栅窗，既可作为外墙窗防盗，又可以通风。以瓦、砖等形成镂窗的花格墙（图12-1-4、图12-1-5），以木格栅形成屏风等。这些建构手法将材料的特性展现在世人面前，为福建当代地域建筑的创作提供了灵感的源泉。

三、传统材料和技术的现代传承与创新

传统乡土材料在现代建筑表现中是取之不尽用之不竭的资源宝库，表达建筑地域性，乡土材料有着天然的优势。传统的原生乡土材料如土砖、原木、石块等大多因为其结构性能、经济效益等不能满足现行的建筑规范和行业要求，除部分修复和仿古建筑外在新建筑项目中已极少使用。更多的情况则是建筑师从材料的特殊性出发，发掘其内涵，对场所和气候进行回应，在使用方式和呈现形式上有进一步的演绎。同时，传统建筑工艺对于文化遗产修缮工程是实现真实载体传承的基本条件，即使在新建的仿古建筑中也起到了十分重要的作用。

福建泉州“红房子”的山墙设计承袭自当地传统民居或严谨或戏剧化的墙面。“出砖入石”是泉州地区特有的建造方式，“红房子”的山墙是对其延续和创新的具象呈现。从

图12-1-6　传统墙面与红房子山墙的对比（来源：谢骁 摄）

平面秩序上看，它跳出传统建筑严谨整齐的砖石排列形式，让形状、大小各不相同的石块散布在多种红砖堆叠而成的底图上，创造出平面质感的山水，实现了视觉上的漂浮、轻盈与灵动。从空间尺度上看，巨大的体量会让人产生被包围的感受。看墙即是看山，倚墙便是倚山，暖色调的墙面也足以激起人们对于场所精神的共鸣。从区域环境上看，砖石山墙与红瓦铺地已然构成屏风和挑台的布景，设置出热烈而活跃的空间情境，向人们讲述传统与现代一脉相承的建筑故事（图12-1-6~图12-1-10）。

和泉州“红房子”一样，桥上书屋对于木材的运用也跳出了传统建筑中的梁柱承重结构体系，以木条为母题为建筑主体重新编织了一层现代表皮——以现代钢结构龙骨为骨架，覆以密列的木条分隔开室内与室外。木条间的空隙让建筑内外的隔阂得以弱化，光影交错之中创造出了虚幻的空间氛围：透光，透风，透雨，幽深阴翳，如林间静谧，如洞天光景。同时，福建传统建筑对地域气候的回应在这种建构模式中也得到了继承和发展。排列的木制构件形成一道若有若无的“墙”，既起到了遮阳、保证建筑透气性的作用，又以一种弱的姿态强化了室内空间的私密性，建筑区域内的环境品质因此得以提升。这也是对福建传统建筑建造工艺性和建构通透性的成功传承（图12-1-11~图12-1-14）。

图12-1-7　“红房子”外观（来源：谢骁 摄）

图12-1-8　“红房子”的“月洞”对木材的创新演绎（来源：谢骁 摄）

图12-1-9 “红房子”细节1（来源：谢骁 摄）

图12-1-10 “红房子”细节2（来源：谢骁 摄）

图12-1-11 桥上书屋建筑外观1（来源：《世界建筑》）

图12-1-12 桥上书屋建筑外观2（来源：谢骁 摄）

图12-1-13 桥上书屋建筑外观3（来源：谢骁 摄）

图12-1-14 桥上书屋室内（来源：谢骁 摄）

石头材料因其结构的坚固性和分布的广泛性，被普遍运用于福建传统建筑墙身、基础、铺地的建造。在追求灵活室内空间的今天，由当时技术水平和经济条件决定的石墙承重结构体系已基本被淘汰，但石材这一建筑元素所内含的文化意象却已烙入福建的地域文脉，在现代建筑创作中也应当有所回应。泉州鼎立雕刻馆采用干挂预制石板的形式，选用当地易采的普通花岗石。错位垒叠的建筑表皮形式在给人以质朴拙然的视觉感受的同时，也极富简洁纯粹的现代感，是一种对福建传统建筑“石头厝”形制的抽象现代转译模式。形成众多折面的石材幕墙单元在日光下分出光与影，丰富了建筑二维立面视觉层次；转角处钝角的转折处理更增加了浑厚磅礴的建筑感。（图12-1-15、图12-1-16）

图12-1-15　泉州鼎立雕刻馆石材立面（来源：《时代建筑》）

图12-1-16　泉州鼎立雕刻艺术馆外观（来源：《时代建筑》）

需要注意的是，福建传统建筑工艺对于当今福建省内文化遗产的复原修缮、仿古建筑的新建起到了至关重要的作用。在被誉为“明清古建筑博物馆”和“城市里坊制度活化石”的福州三坊七巷修复过程中，工匠们以世代相传的传统建造技艺，采用传统建筑材料，修缮复原、依古新建了大量传统建筑，成功再现了明清时期福州里坊街市的古风古貌，为后人们留住了一笔不可多得的建筑瑰宝。而福建培田村的风雨桥则是现代的设计者在和当地木工匠人学习了传统的互相卡合的木结构技术后，结合最新的数字建构技术手段，使用传统木材建造的一座兼顾交通和集会的现代桥梁。这种模式无疑对当下盛行的乡村营造具有深刻的借鉴意义。（图12-1-17）

图12-1-17　传统工艺在培田风雨桥中的运用（来源：www.archdaily.cn）

第二节 现代材料和技术在福建当代建筑文化传承中的新演绎

现代建筑材料以新技术为依托，突破了传统建筑材料不可避免的局限性。高新材料可以与乡土材料结合、互补、置换，拓展现代建筑材料的新内涵，改变现代建筑一味复制传统原型的狭隘传承观念并避免“千城一面”窘状的频繁再现。其中，混凝土的可塑性、金属的“建构”潜质、玻璃的“暧昧性”，成为新建筑演绎地域性的新手段（图12-2-1）。

图12-2-1 厦门JH复杂工厂中现代材料技术的应用（来源：谢骁 摄）

一、混凝土对乡土材料的形转译

混凝土，汉字“砼”，又称人造石，由于其形成方式的不同，质感或粗糙或细腻，是一种性价比相当高的建筑材料。随着骨料等自然元素的介入，混凝土可以呈现出不同类型的表达状态。作为建筑的结构材料，成熟的技术是混凝土的最大优势。通过对已有技术的改造和利用，在经济性的基础上，可以充分发挥适宜技术的理念。凭借流动、凝固、硬化的物理特征，混凝土可以创造丰富多彩的纹理和质感；通过粗犷、细腻、凝重等不同的肌理表情，混凝土可以传达建筑的审美取向；根据设计者的理念与趣味，混凝土可以塑造出高雅、深沉、诗意的具象空间。

混凝土作为一种普通、廉价的人工材料，虽然来源于自然，但已没有了自然的形态与肌理。使混凝土与其“自然属性”相一致是非常困难的。由于是浇注材料，混凝土具有很强的拓印功能，它的外表很大程度上并非体现在从搅拌器中流出的混凝土本身，而是容纳它的模具。于是，自然元素便可以借此添加进这一人工建材，使其与场所的地域性和生态性更加契合。例如，武夷山竹筏育制场的设计中使用天然木材作为模板，将木纹拓印在室内混凝土墙面上，塑造出返璞归真的自然质感。同时，借鉴当地乡村建筑中随处可见的砌块墙体孔洞通风方式，选择成本低廉的混凝土空心砌块作为主要的墙面建筑材料。所有的结构与材料均直接暴露在人们的视线里，在取得工业建筑朴素审美需求的同时获得了建造

图12-2-2 武夷山竹筏育制场中的砼运用（来源：《世界建筑》）

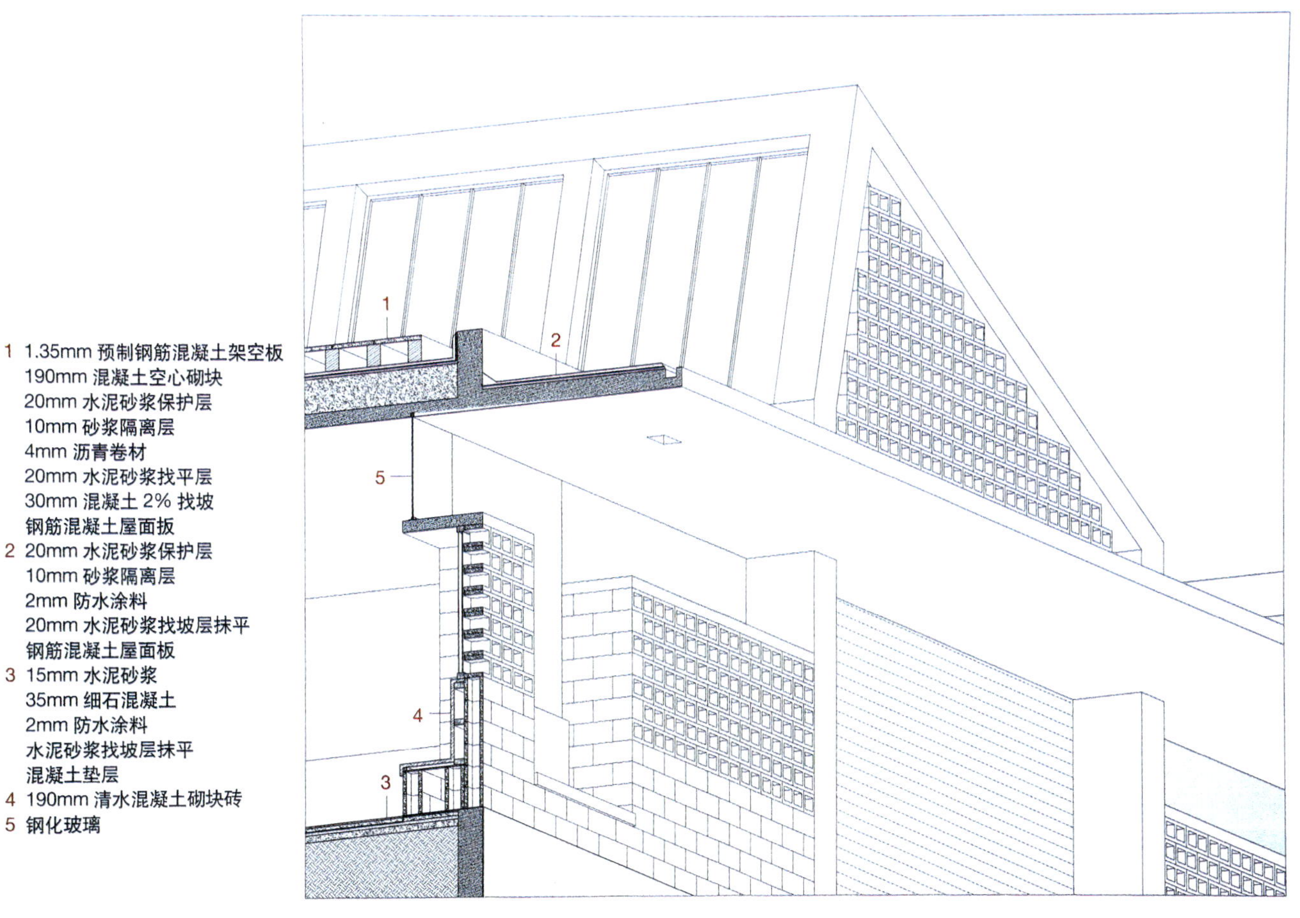

图12-2-3　武夷山竹筏育制场中的混凝土运用（来源：《世界建筑》）

的经济性，体现出建筑师对于设计价值取向的有意识选择。不加粉饰的背后，传承的是福建建筑朴素真实、艺技结合、理性地域的建筑价值观。（图12 2 2、图12-2-3）

无固定形态的材料特性给混凝土带来了强大的建筑表现可能，良好的结构性能和可塑性使混凝土有可能呈现出宏伟的、连续的结构形式，塑造出丰富的、多变的空间形态，以适应具体的环境场所。这为在福建现代建筑中重现传统建筑的独特结构形式，塑造曲线的、流动的样式造型创造了有利的技术条件。厦门北站使用混凝土加以配筋，借鉴福建传统建筑的木梁柱结构体系，重构并再现了闽南大厝的空间秩序（图12-2-4）。福州冠城大通·首玺也利用混凝土的可塑性，在建筑立面上借以表达出“寿山石”意向的流动与不确定性。（图12-2-5）

图12-2-4　厦门北站混凝土空间形态的丰富表达（来源：谢骁 摄）

图12-2-5 福州冠城大通·首玺 （来源：www.archdaily.cn）

图12-2-6 厦门园博园嘉园正立面（来源：李立新 摄）

二、金属对传统情境的再建构

金属的延展性决定了其在通过一定的物理技术手段处理后，可以与传统的木材结构、竹编织物形成相类似的同属建构类型，通过视觉感官以现代的手法从形式上取得与传统地域建筑意向相似的建构审美呼应。同时，金属的丰富色泽和随表面光滑程度所变幻的映射情况也能让建筑与人在情感上产生因人而异的情境共鸣。这种包含点、线、面多样类型的“图形异构”和饱含情感的材料内涵，让金属材料在传承传统的样式类型、演绎新的地域风格上有了无限的可能性。

高技的兴起让金属拥有了全球化的属性。但通过对施工工艺与节点设计，它依然可以为建筑带来地域性的表现。金属，特别是钢材，具有较高的受拉强度，因而其受拉杆件可以做得很细，以满足建筑造型的特殊需求，形成一种特殊的精致的美学品质。如厦门园博园嘉园和厦门篔筜书院在设计中均采用了密列的管型铝材堵头来替代传统建筑中的木构瓦面原型。同时，辅以工型钢、仿木铝格栅界定建筑的空间边界，取得和传统红砖墙的抽象联系，形成若隐若现、变化丰富的“框景”空间。这种抽象化的古典外观既整齐有序、协调统一，又富于形式、材质上的变化；既能反映现代建筑风格简约的艺术特质，又能充分展现福建古厝的风情与韵味，以传统的形式传达出一种新的虚无意象。实质上，这种扎根传统，立足现代的建筑构成手法正是基于建筑师对传统建造工艺原理的充分了解和掌握，是传统形式与建造工艺性的完美融合（图12-2-6～图12-2-12）。

值得一提的是，在对传统木梁柱结构体系的现代转译上，与现代混凝土梁柱呈现出的雄浑厚重、大气磅礴不同，钢构金属梁柱所再现的传统建筑空间情境更为精致、典雅；在视觉感知上也因其对原型更为具象的复刻，从而更加趋同于大众认知范畴中的传统建筑——武夷山茶博物馆便是此两类手法兼收并蓄的典型代表。茶艺展示中心以钢构为主体结构，辅以彩色压型钢板替换传统瓦面；武夷阁则采用混凝土结构，在细部构件上寻求金属的应用可能；游廊等较为轻质的附属建筑的处理则完全钢构化，轻盈且舒展。建筑群整体承宋代武夷山建筑之形，袭传统地域建筑之意，以现代工艺及元素重现重檐坡顶的经典意象，较好地达成了远观为古，近览为新的设计愿景（图12-2-13～图12-2-16）。

金属表面可以通过不同的肌理效果反映不同的情绪：光滑的拉丝面或镜面会透出一种冷傲的高技质感；亚光的磨砂面总是散发着柔和且温润的光泽；锈蚀的粗糙表面会提供一种阅尽人间沧桑的岁月痕迹。以上几种情感体验的

图12-2-7　厦门园博园嘉园背立面（来源：李立新 摄）

图12-2-8　厦门园博园嘉园门厅照壁（来源：李立新 摄）

图12-2-9　厦门园博园嘉园细部（来源：李立新 摄）

图12-2-10　厦门筼筜书院的新古典立面（来源：李立新 摄）

图12-2-11 厦门筼筜书院侧立面（来源：李立新 摄）

图12-2-12 厦门筼筜书院构造细节（来源：李立新 摄）

图12-2-13 传统语境下的现代仿构（来源：《新建筑》）

图12-2-14 山峦下的武夷阁（来源：《新建筑》）

图12-2-15 武夷阁钢构游廊（来源：《新建筑》）

触发都是基于金属的不同反光度——决定金属材料感的一个重要而独特的指标。作为现代建筑材料，金属不同肌理的质感表现性正是为其添加自然元素，表现地域性的重要突破口；结合以不同的色彩，将建筑师所想传达的情愫和氛围借由建筑本身准确地传递给大众。厦门保利・叁仟栋海际会馆悬挑在顶层的钢结构取“出砖入石”的意象，采用木纹铝板编织出整个体块的表皮。并根据节能遮阳及功能视线的具体要求，以参数化控制工厂预制木色铝板模块

图12-2-16 武夷阁内部茶文化空间构造（来源：《新建筑》）

图12-2-17 有色金属肌理质感的表达（来源：www.archdaily.cn）

的角度变化，让建筑立面随人们位置的不同呈现不同的形态。而在集美万达广场造型设计中，建筑师则选用了半透的砖红色穿孔金属板、金属网和金属格栅，以一种类似编织物的独特质感与传统建筑的风貌取得了形式和色彩上的统一。（图12-2-17、图12-2-18）

三、玻璃对自然环境的新回应

玻璃是一种暧昧的材料，其主要特性体现在透明性上——让人感觉虚无又冷漠，但仍具有物质存在感。它反射光线，也被光线穿透。在现代建筑中，正是因为玻璃的广泛使用，室内外打破壁垒实现了联通，并引入了自然界中最重要的元素之一——光，以及建筑周边的地理环境。玻璃对这些生态要素的关照，正体现了建筑对地域的关注。玻璃的暧昧关系，同样为体现环境的地域性发挥独特作用：可以利用其对光线透明、半透明、反射等几个不同层级物理反馈，体现建筑对环境的不同处理——透明可以让建筑纳入地域环境之中，半透明成为意象最美的想象，反射则可以实现消隐自我。（图12-2-19）

矛盾是普遍存在的，玻璃与生俱来的内在的矛盾性决定了它是界限又非界限。在地域性的现代表达中，玻璃表现突出，其物质存在感、影像作用等都成为重要的表现手

图12-2-18 厦门集美万达广场（来源：祖武 摄）

图12-2-19 不同程度透明性的感官体验（来源：www.archdaily.cn）

图12-2-20 厦门北站——玻璃的暧昧与消解（来源:《建筑技艺》）

图12-2-21 福州三盛City品牌馆（来源：www.archdaily.cn）

法。对于玻璃的物质存在感，有时为了表达建筑体量的现代感和轻盈性，建筑师会充分利用玻璃的“虚空”特性来影响建筑形式。如厦门北站立面的大片玻璃将缓丘与山林完整映射出来，同时又让电梯上的旅客透过玻璃看见蓄势待发的动车组。在这里，玻璃以其“虚空”特性削弱了车站体量，并将其与周边的自然环境融为一体（图12-2-20）。在情感上，人们倾向于看穿透明的玻璃，洞察玻璃后的空间与事物；但玻璃本身有很多反射或漫反射，足以让人们的窥视欲望幻灭于镜面中自己的脸。当透明性和反射以同等的分量出现时，就会显现玻璃的影像叠加作用——真实与影像并置。福州“水云间”——三盛City品牌馆在建筑立面设计和室内设计中大量使用不同透明度的玻璃材料，赋予其或浓或淡的同色系色彩以区分不同的使用功能，彻底打破了建筑本体与自然环境的内外隔阂，使得来访者无需与泥泞的施工现场接触，即可直接体验项目与自然的精彩融合。（图12-2-21）（表12-2-1）

现代材料的表达特点　表12-2-1

材料	表达			
混凝土	可变性 表情多 有质感	1. 自然元素	体现自然和骨料个性、自然性及地域性表达	
		2. 表皮处理	A 色彩	素色为底，溶入任何环境
			B 粗犷	重量感，石头的个性，借鉴石头地域性表达
			C 拓印	记录文化及场景，表达地域性
		3. 塑形结构	以形融合环境场所，体现地点性	
	技术构成	现浇成型、干挂板材、面皮特别处理		
金属	表情多 有质感 轻盈感	1. 形式	以金属代替传统木材，抽象表现，建构同类表达	
		2. 色彩	利用金属自身色彩，与地域性上取得一致	
		3. 肌理	肌理处理，或粗，或细，或电镀表达地域性信息	
		4. 构建	特殊构件的意象表达，显示地域传统意向	
	技术构成	焊接，铆接，穿孔，编织，铸件		
玻璃	表情多 有质感 轻盈感	1. 色彩		
		2. 形式		
		3. 肌理		
		4. 构建		
	技术构成	大片玻璃幕墙、点支式、肋板式、玻璃构件		

（来源：赵亚敏绘制）

第三节　基于材料和技术的福建当代建筑文化传承

一、原生材料的传承演绎

在社会历史进程中，不同地区建造建筑所选择的材料会形成独特的文化倾向，从而对当代的建筑产生深远影响。福建当代建筑中材料地域性传承的关键在于新旧建筑材料对于传统的协同呈现，大致包含两方面内容：一是传统地域材料的新形式；二是传统材料和现代材料的关联演绎。

福建传统的原生建材如砖、石材、泥土、原木等虽然是乡间低技建筑的上佳材料，但在现代的城市空间中，它们显然不能满足人们日益高涨的建筑品质和建筑效益需求。与此同时，长久的历史文明进程中文化意象的烙印让人们总是在心底对它们产生莫名的亲切和向往。于是，在现代建筑中，它们往往会作为一种抽象的装饰性符号元素出现在建筑的某些部位，或鲜明或含蓄地传递出现代与传统间的种种关联。如厦门大学曾呈奎楼旁钢结构咖啡厅的立面上半部分是大片的现代玻璃，下半部分则将农耕石器与传统烟炙砖混砌在一起，装饰意味强烈，充满生活气息。更多的时候，传统建材会舍弃传统的形态和功能，以新形态新手法出现在新建筑中，发挥新的功用。如泉州“红房子”的室外庭院地面以红瓦水纹的方式海墁出一整片“海岛图”，竖向密列的传统红色陶瓦以其边缘的弧线汇聚出浪涌潮生的停格画面。红瓦之间点缀若干方形、圆形、梯形、花状、角状的石块，象征汪洋中的诸多小岛。曲线的纹样赋予地面形式上的韵律美，迥异的砖石增加了地面的随机性与丰富性。整个建筑仿佛坐落在一幅海波图景之上，是对泉州山海文化精神的具象画意呈现，更是对海洋丝绸之路起点的致敬。（图12-3-1）

福建建筑常以表现建筑材料的朴素真实性为特色，如红砖、红瓦、灰白石材等，极少粉饰。以泉州为例：进入泉州，映入眼帘的便是该城市的“红色印象”，其屋顶、墙面、混合材质等都体现色彩的组合。

在现代材料中，可以选用自身质感和传统建材相近，且富有表现力的材料用作关联饰面，以期在材质、色彩、肌理等诸多方面产生地域性的表现关联。比如，现代耐火金属板，可以结合大面铁锈红与清水做法取得与福建红色地域性色调的基本视觉联系，同时又不失其现代的表现力。（图12-3-2）同样，现代复合石材挂板的材质和色彩与福建“泉州白”石材有极其类似的性质，更减轻荷载又易于施工，在材料地域性的表现上具有优异的效果。混凝土具有很强的可塑性，其色彩肌理都可以再表现福建建筑的灰白色石材感，如厦大北村设计中即是以抹灰取得传统意义上的石材意象。（图12-3-3）

图12-3-1 福建传统建材的新形式（来源：谢骁 摄）

图12-3-2 现代耐火金属板（来源：谢骁 摄）

二、技术工艺的现代扩展

技术策略是从传统中走来、向未来奔去的不可或缺的环节。出于生存的基本需求，福建传统建筑为适应地域自然条件，解决保温、隔热、通风、采光等问题，采用了许多简单有效的构造技术，比如海蛎壳墙、石条竖栅窗、石块压瓦防风等，进而演化成应对当地气候的固定手段。这些技术策略充分利用了当地的自然资源，在解决实际使用需求的同时也形成了自己的风格——在组合工艺上呈现出独特的有机性。

福建传统建筑工艺技术的有机性主要体现在混搭的编织性——以因地制宜为导向，选用不同的建筑材料有机搭配，编织出极有构成感的图案或构件，赋予其美好的文化愿景和实用的具体功能。这些工艺技术在新材料新技术广泛应用的今天仍可以体现地域性——通过对传统技术的现代拓展加以实现。具体来说，一是以现代材料平面映射传统的纹样、图案、色彩，以金属印拓、雕刻玻璃、3D打印技术等手段将其二维平面化呈现在建筑之中，而忽略诸多因素的三维空间关系。二是在对传统建构的根本性理解的基础上，将不同的材料组合进行空间化的抽象，从建构构造的层面呼应地域性。例如厦门北站的钢筋混凝土结构与传统的木梁柱结构取得建构原理上的一致性关联，是对福建大厝结构的现代诠释。（图12-3-4、图12-3-5）而白鹭洲公园内的厦门社区书院总部则以现代参数化技术创造了新的砖墙砌筑方式，让传统的烟炙砖有了新的呈现方式（图12-3-6、图12-3-7）。

通过对传统技术、构造方法的提炼加工，充分发掘传统材料的潜力；研究传统的工艺技术观念，有意识地将其与现代技术相结合，可以达到节约能源、改善小环境、提升建筑品质的目的。这是传统建筑文化传承中不可或缺的重要一环，对当今的建筑实践具有深远的指导意义。

三、地域文脉的继承发扬

地域文脉的烙印对建筑文化的传承和发展有着深远的影响，无论在物质层面还是精神层面，它都借由其本身的客观存在，在日常生活中对人们的情操的潜移默化的影响，从而引导人们的各类建筑行为。同样的，特定地域的建筑文化所

图12-3-3　厦大北村立面的石材意象（来源：王绍森 提供）

图12-3-4　现代“帘表皮”（来源：谢骁 摄）

图12-3-5　现代“帘表皮”和传统建构的现代诠释（来源：谢骁 摄）

图12-3-6　厦门社区书院图（来源：刘典典 摄）

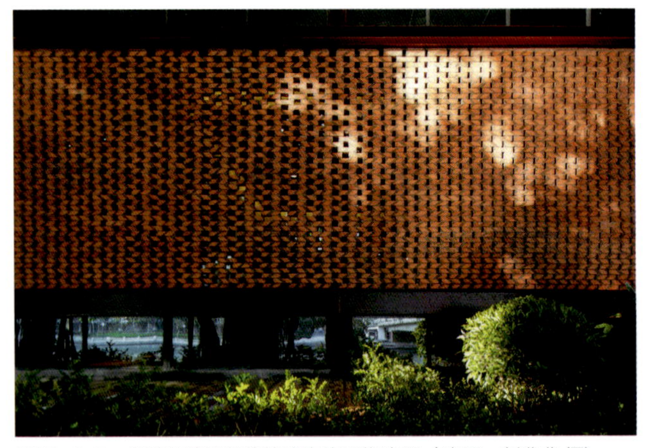
图12-3-7　参数化砖墙和传统建构的现代诠释（来源：刘典典 摄）

包含的城市肌理、建筑形象、材料技术让地域文脉在不断的建筑实践中得以世代延续。从地域文脉和建筑文化二者的相互作用来看，我们可以这样解读当下盛行的地域性建造的真正内涵：现代建筑的地域性建造并不是简单地用传统的地域性材料和工艺对现代建筑进行加持，更多的时候，地域性建造实际是地方资源条件变化导致传统不断演变的结果。而地域文脉正是确保传统地域建筑和现代地域建筑精髓神似的重要联系纽带。

中国建筑师长期以来往往从人文、艺术的角度切入，对文脉、乡土、地域的风格和符号的理解关注较多，譬如在某些既需要表达古典风貌又需要强调时代精神的建筑中，常常使用现代材料在建筑内部表达现代精神理念，而用传统的材料和工艺营造建筑风貌，以此让建筑本身契合建筑场的地域性诉求。诚然，由于建筑美学特征的呈现源自人们大脑对美的逻辑思维反馈，营造直观的古典感不失为一种有效的传承传统建筑文化的设计策略。但倘若以地域气候、传统工艺、场地条件、具体功能等作为现代地域建筑创作的出发点常常会更有价值。毕竟，实用是建筑的首要目的，这种功能性的生活内涵一直是建筑文化的重要组成部分，也一直在地域文脉中有所显现。以罗林教授设计的厦门大学新勤业餐厅为例，建筑主体改扩建于具有30多年历史的“圆形餐厅”。在这一案例中，建筑不仅需要具备高效的实用功能，更需要关注和延续厦大校园建筑文脉的文化命题。于是，在优先解决使用功能的前提下，现代红砖柱廊再现了嘉庚建筑檐下空间的节奏和肌理；绿色琉璃瓦的斗笠顶呼应了山水自然的传统建筑观；立面朱红色隔扇承袭了传统生态建筑技术的精髓，既表达了传统建筑的符号意象，又兼具节能遮阳之功用。（图12-3-8、图12-3-9）

总之，在对传统文化的传承发展中，建筑师需要寻找能体现地域建筑文化的建筑材料发展机制，确认其现实合理性，将其中最具活力的部分和现实生活相结合，借此传承建筑文化。针对众多现代城市建筑在文化、情感表达方面的欠缺，建筑师需以新材料新技术为依托，关注福建传统的地方建筑形式并深入挖掘生成这些形式的人文、生活背景，强调艺技结合——不拘泥于形式、空间层面上的具象承传，而从更深层次的文化美学切入，结合建构生成的合理逻辑，寻找交融点再现福建传统文化的精髓，以直击灵魂的感染力引发人们内心深处的共鸣（表12-3-1）。

图12-3-8　新勤业餐厅对地域文脉的诠释（来源：谢骁 摄）

图12-3-9　新勤业餐厅对地域文脉的诠释（来源：谢骁 摄）

传统材料与现代材料的关联演绎　　表12-3-1

本土材料	现代材料	关联性	演绎性
木	钢材	构建做法原理相同	用钢构代替木构，在受力方向起到良好效果，也有助于造型语言表达
		线性肌理的表现	
砖	1. 面砖	木材	1. 材质、色彩、肌理的表达
	2. 铝钢板	色彩	2. 色彩相关性
	3. 涂料	色彩	3. 色彩与肌理的相关性

续表

本土材料	现代材料	关联性	演绎性
石	1. 仿石板材	视觉效果一致	1. 由承重到装饰
	2. 混凝土	色彩、肌理、材质	2. 表皮装饰
	3. 仿石涂料	色彩、肌理	3. 表皮装饰
瓦	1. 玻璃加金属	材料构成	1. 整体感受
	2. 新瓦	材质、色彩	2. 色彩、肌理、材质
	3. 金属屋面	形式具有关联	3. 功能演绎

（来源：赵亚敏绘制）

第十三章　回顾与展望

传统文化是特定的地缘特性与地域社会经济发展的产物，蕴含着人类群体、历史条件和地理环境三大基本要素，具有民族性、时代性、地缘性。在中国的地域文化范畴中，闽文化独树一帜。福建北接浙江、南连广东，西毗江西，东望台湾，是一个由武夷山脉、太姥山脉、博平岭山脉等环绕而成的地理单元——特殊的地缘特性形成了特殊的闽文化。闽文化是中华地域文脉的重要组成部分，具有中原内陆文化和海洋文化的特点。闽文化在建筑上具有独特的个性，本地人对这些特性有着十分强烈的认同感，对外来人而言，它们又具有强烈个性的异质印象。闽文化传统建筑的多元性为当今的福建现代建筑创作提供了源源不断的灵感。

（一）福建现代建筑“本土化”构建历程

自20世纪以来，当代福建本土建筑创作逐步繁荣。这反映出了越来越多福建本土建筑师更加关注地域特性的建筑设计，在现代性与地域性的结合方面做出了极为有意义的探索研究。经过总结，福建省当代建筑“文化传承”建构历程大致分为四个时期：

1. 建筑行业的恢复发展

1949～1978年 改革开放前期——新中国刚建立，中国处于战后带来各种问题的恢复阶段，中央提出“适用、经济、在可能条件下注意美观”的“十四字”方针。依据新中国成立初期的现实状况，城市建设以及建筑建设都优先解决人民生活最迫切的基础问题。以福州为例，在新中国成立初期，福州城市规模在几年之内迅速扩张，城市形态也发生了改变，此间大部分的建筑是在计划经济体制下的产物，建筑形式较为单一。但在第一个五年计划期间，某些地域受苏联 “民族形式”建筑影响，产生了一批优秀建筑，这些建筑具有强烈的本土特色，优秀代表建筑如厦门大学“建南大会堂”（1952～1954年）。

这里需要提出的是，1966～1976年，中国发生了“文化大革命”运动，受这次运动的影响，建筑设计行业出现了一个低迷期。在此期间大量的传统建筑遭到破坏，这导致后来的城市格局发生剧烈的变化，最为典型的就是福州“三山两塔一江”城市风貌的消失。此类例子比比皆是，令人惋惜。

2. 地域形式的初步探索

1978～1989 年改革开放初期——1978年，中央提出了改革开放政策。改革开放提出后，福建省乃至全中国城市建设与建筑设计得到飞速发展。改革开放初期，受经济迅速发展影响，建筑业以及城市建设得到大规模发展，支柱地位日益凸显。按照国家政策的总体要求，福建地区建筑发展有了全新的视角。其一，高层建筑逐渐兴起。福州是整个福建高层建筑率先发展的城市，1986年以后，福州建造了许多高层建筑，例如华联商厦、闽都大厦、闽江大饭店等。这些高层建筑多为 10～20 层。高层建筑的产生，标志着福建新型建筑设计的开始，形成新的城市天际线。其二，大型公共建筑、商业建筑、景观建筑类型逐渐增多。20世纪80 年代之后，福州、厦门、泉州、漳州等地又诞生了一批批崭新的写字楼、宾馆、学校、科研建筑、景观建筑等，建筑类型逐渐增多。这一时期，新建筑迅速发展，虽然对传统建筑的传承潮流尚未形成，但是已经有建筑师开始尝试，表现出“本土化”态势的萌发状态。

随着改革开放的发展，以及旅游业对地方特色的追求，这都刺激了具有乡土特征的当代建筑设计，使人们又重新回到本土意识的唤醒时期。同时，国外一系列建筑思想潮流逐渐进入中国本土，这些都在极大的层面上激发了对于当代本土建筑的需求。这期间诞生一些优秀的作品。其中，武夷山庄就是“新乡土主义”建筑的代表作。

3. 当代本土设计的繁荣发展

1989～2000年建设飞速发展——20世纪末的福建，经济技术得到前所未有的发展。建筑创作迎来一个设计高峰。建筑设计除了满足现代性的功能和经济技术要求，更逐渐注重与城市环境、建筑空间、地域文化等的适应，从而形成了开放包容的多元化格局。

从理论上看，这是一个良性因素的介入，使得“本土化”理论得到了长足的发展。加之一系列新的建筑学理论，如符号学、现象学的兴起，成为地域建筑思潮的理论基础和现实工具，当代本土建筑创作迎来了一个又一个设计高潮。总体来说，处于这段时间的福建现代本土建筑设计整体是繁荣的，代表建筑如黄汉民设计的“福建会堂”，林卫宁设计的“福建革命纪念馆”，齐康与林卫宁设计的“冰心文学馆”。

4. 多元设计的时代来临

2000年一至今 本土建筑设计多元化——进入21世纪，福建城市建设与建筑设计逐渐与国际接轨，新旧建筑思潮交织与碰撞，表现在对现代城市、建筑的反思下产生了大量丰富的现代本土建筑。经历了一段时间形式表现的探求以后，很多人更积极地面对多元的世界，并修正自己对地域的理解。中国当代建筑师及年轻一代也从自醒到自觉地进行传统文化的关注。吴良镛先生在20世纪90年代提出了著名的“广义建筑学”概念：“广义建筑学是基于面向地区实际需要出发的，而它又是以全人类居住环境建设为依归的建筑理论”[①]。在中国本土，开始自觉自醒的对文化自主性进行了不断深入的探索研究。

新时期下国内优秀建筑师在福建开展了大量的实践。齐康先生的作品，继承了传统建筑的精髓，在现代表达时又具有创新的精神；黄汉民先生扎根于福建本土，多年来硕果累累，用独特的视角诠释着本土建筑的内在建构逻辑；王绍森先生的作品融合当代建筑的新理念，强烈表现了“综合性”的特点。这一时期，有关注地域气候特点的建筑实践，也有利用参数化数字技术进行的建筑设计。此外，新一代年轻建筑师独具个性的实践也在各地纷纷涌现出来，其中有新闽南建筑风格的代表建筑师李立新、唐洪流先生，结合现代技术手段表现地域文化的福建新青年建筑师林秋达、吕韶东先生等。

（二）福建当代建筑文化传承展望

全球化背景下，传统建筑文化的传承是极为重要的，福建当代建筑创作应探索从建筑的基本原理、自然、形式、空间、技术、材料、文化等方面的地域性表达。这样的探索对于福建建筑的地域性表达是一种综合的整体观，既包含对当前地域性表达的总结，也为福建当代建筑地域性未来发展提供了新的思维与路线。

1. 注重当代地域性的表达

当今社会全球化席卷世界的各个角落，不论是中国哪一座城市，都深受影响，全球化显现了人类社会发展的必然趋势。在全球化的背景下，由于文化、种族、社会等深层的积淀不同，也使在世界范围内地域化呈现不同。全球化和地域化构成了当今社会发展互动的两个方面：一方面全球化使世界各国在许多事物上互相联系，应用共同；另一方面，个性的事物也可借全球化的途径，以新的方式向外拓展和显现。对城市和建筑来说，全球化借早期现代主义的潮流在全球演变成国际式，同时当今建筑思潮迅速传播，使当今建筑在全球范围内被“复制”和“移植”得更快。世界城市和建筑呈现“趋同”现象，事实上，这种“趋同”仅是趋同，而非相同，即由于各地文化、技术、社会及经济的差异，城市和建筑不可能完全相同，只可能是趋同，同时人们也已意识到并努力保持地域性的建筑表达。

福建当代建筑设计从改革开放以后开始越来越关注对传统文化的传承，它们借助丰富传统资源的优势，取得了一定的成绩，尤其体现在造型与空间表达方面。虽然目前福建地域建筑的创作仍然处于不断探索研究阶段，但是我们可以行成一个共识：建筑表达本土化是福建当代建筑文化主体性建构的必然趋势之一。而在这个过程中，最重要的内在原则就是：以传统地域性为基础，以时代性为趋向的表达。

2. 多元性的延续与拓展

福建当代建筑文化的地域性传承与表达，可以是多元的。其地域性的界定，可以是广义的地域（地区）共同性的理解，也可以是狭义的地点性的关注。地域性要素由自然人文等方面构成，建筑地域性的表达与地域要素的多样性相关，而与建筑创作相关的各个方面也多元多样，侧重各异。因此对其地域性传承也呈现多元性。

其中自然气候是不变的地域性，地点成为表达个性环境的理解重点。自然关注的表达显现关注气候，体现地点；形式为建筑永恒的主题，当今福建建筑地域性形式表达有原型再现或抽象表达，重在对原型的抽象表达；空间为真正体味的场所，当代福建建筑在地域性传承上重在对人的行为理

① 吴良镛.广义建筑学[M].北京:清华大学出版社,2011.

解，营造内心意识的空间模式；技术为地域性表达的有效手段，适宜的技术是地域性传承的支持和直接记录；材料在当代建筑地域性传承中最为直接并积极演绎，由结构材料演变成装饰材料，再演绎成记忆载体；文化方面的地域性表达最深层，在当代建筑的地域性传承上也往往强调无形文化的理解、表达或显现，有形的建筑上或体现在深层的思维观念之中，在具体的表达上，呈现器意结合，形传意达。

3. “原型——现行”的传承原则①

本土建筑的传承是多样化的，可以从狭义地域主义或者广义地域主义出发进行理解。在进行建筑传承的时候，其中一个重要的原则就是“原型一逻辑变异一现行表达”的生成。传统原型来源多种多样，可以是传统建筑文化的任何一个方面。对于“原型”的认识，建筑师需要的是基于分析为基础的解读。传统建筑的产生是有内在逻辑与秩序的，因此在转译的时候最重要的是要符合逻辑符合建筑内在秩序的变异，找到“传统——时代”的融合点。任何一个本土建筑对传统的传承都需要经过“分析-综合-判断”这样一个过程，这也是现代地域建筑生成的关键点。

在“原型一逻辑变异一现行表达”（表13-1-1）这一过程中，逻辑变异是极为关键也是比较难以驾驭的。符合逻辑的变异是需要综合考虑地域文化、场所精神、行为心理等等各个方面，需要对这些方面进行整合归纳，把握建筑需要传达的意义。现行表达一旦形成，建筑造型语言表达已经完成，造型或回应文化、或回应符号形式或表达建筑师内在情感，但是基于逻辑的表达是具最有魅力的。

4. 逐层递进的整体性关照

建筑环境可以从元素、关系、结构、系统四个不同的层次进行分析：可以概括为环境系统为主题体现，环境结构关照是建筑设计的控制要点，而环境关系是各种分析设计的基础，元素则是有形及无形的直接体现。建筑对环境的介入和拓展是分层次的，综合的。

福建当代建筑地域性传承呈现多样性：或关注自然地域，或抽象表现形式，或材料演绎，或器意结合。其中当代建筑最本质的创作方向为以地域为创作的切入点，文化成为当代建筑创作的根本体现，现代性成为重要的评价标准，简而言之，当代建筑地域性表达的整体思想方法结论为：以关注建筑地域性为基础，提高到文化的角度，以现代手法加以表现，这些成为当代福建建筑文化传承的总的方向。福建当代地域建筑发展至今，已经取得了十分丰硕的成果，以福州一批关注地域文化的建筑、厦门集美传承嘉庚精神的“新嘉庚建筑”、材料上创新的“新闽南建筑”等为代表的新流派就是这一探索下结出的丰硕果实。大量的优秀实践证明，福建当前地域建筑创作较为繁荣，展示了本土建筑设计的力量，也显示出传统建筑文化的价值。

“原型一逻辑变异一现行表达”关系表　表13-1-1

符号原型		逻辑变异		现行表达
传统原型	1. 传统文化	内在逻辑	1. 形式美	建筑造型语言表达已经完成，造型或回应文化，或回应符号形式或表达建筑师内在感情
	2. 传统建筑元素		2. 地域性与时代性	
	3. 多样性		3. 创新	

（来源：赵亚敏绘制）

① 王绍森.当代闽南建筑的地域性表达研究[D].广州:华南理工大学,2010：186-187.

参考文献

Reference

[1] 赵昭炳.福建省地理[M].福州:福建人民出版社,1993.

[2] 王耀华.福建文化概览[M].福州:福建教育出版社,1994.

[3] 卢美松.八闽文化综览[M].福州:福建人民出版社,2013.

[4] 何绵山.闽文化概论[M].北京:北京大学出版社,1996.

[5] 何绵山.八闽文化[M].沈阳:辽宁教育出版社,1998.

[6] 李如龙.福建方言[M].福州:福建人民出版社,1997.

[7] 郑振满.明清福建家族组织与社会变迁[M].长沙:湖南教育出版社,1992.

[8] 陈支平.近500年来福建的家族社会与文化[M].上海:三联书店上海分店,1991.

[9] 张千秋，施友义主编.泉州民居[M].福州:海风出版社,1996.

[10] 郑国珍.中国文物地图集 · 福建分册[M].福州:福建省地图出版社,2007.

[11] 林爱枝.福建历史文化名镇名村[M].福州:福建人民出版社,2008.

[12] 吕良弼,陈奎.福建民族民间传统文化[M].福州:福建人民出版社,2008.

[13] 陆元鼎.中国民居建筑(上卷)[M].广州:华南理工大学出版社,2003.

[14] 福建省文物局.福建北部古村落调查报告[M].北京:辞学出版社,2006.

[15] 福建省地方志编纂委员会.福建省志 · 城乡建设志[M].北京:方志出版社;1999.

[16] 中华人民共和国住房和城乡建筑部.中国传统民居类型全集（中册）[M].北京:中国建筑工业出版社,2014.

[17] 福建省住房和城乡建设厅.福建村镇建筑地域特色[M].福州:福建科学技术出版社,2012.

[18] 陈支平.福建六大民系[M].福州:福建人民出版社,2000.

[19] 王绍周.中国民族建筑（第四卷）[M].南京:江苏科学技术出版社,1999.

[20] 戴志坚.福建民居[M].北京:中国建筑工业出版社,2009.

[21] 戴志坚,陈琦.福建古建筑[M].北京:中国建筑工业出版社,2015.

[22] 曹春平,庄景辉,吴亦德.闽南建筑[M].福州:福建人民出版社,2008.

[23] 谢东.漳州历史建筑[M].福州:海风出版社,2005.

[24] 郑国珍.福建土楼[M].北京:中国大百科全书出版社,2007.

[25] 黄汉民,陈立慕.福建土楼建筑[M].福州:福建科学技术出版社,2012.

[26] 蒋维锬.莆仙老民居[M].福州:福建人民出版社,2003.

[27] 刘润生.福州市城乡建设志[M].北京:中国建筑工业出版社,1994.

[28] 张作兴.闽都古韵[M].福州:海潮摄影艺术出版社,2004.

[29] 林跃先.闽清古厝[M].北京:中国文史出版社,2014,

[30] 汤瑞荣.建瓯古建筑[M].福州:福建科学技术出版社,2011.

[31] 李建军.福建三明土堡群[M].福州:海峡书局,2010.

[32] 陈其忠.闽中大田文物精粹[M].福州:海峡书局,2011.

[33] 曾意丹,林耀先,赵艺.福州府左海掇珠[M].福州:福建教育出版社,2007.

[34] 陈文忠.福州市台江建设志[M].福建:福建科学技术出版社,1993.

[35] 卢美松.福州双杭志[M].北京:方志出版社,2006.

[36] 庄景辉.厦门大学嘉庚建筑[M].厦门:厦门大学出版社,2011.
[37] 常跃中,周红.嘉庚建筑[M].北京:光明日报出版社,2010(01).
[38] 陈志宏.闽南近代建筑[M].北京:中国建筑工业出版社,2012.
[39] 郭湖生,张复合等.中国近代建筑总览·厦门篇[M].北京:中国建筑工业出版社,1993.
[40] 赖德霖,伍江,徐苏斌.中国近代建筑史 第一卷 门户开放——中国城市和建筑的西化与现代化[M].北京:中国建筑工业出版社,2016.
[41] 赖德霖,伍江,徐苏斌.中国近代建筑史 第二卷 多元探索——民国早期各地的现代化及中国建筑科学的发展[M].北京:中国建筑工业出版社,2016.
[42] 赖德霖,伍江,徐苏斌.中国近代建筑史 第三卷 民国国家——中国城市建筑的现代化与历史遗产[M].北京:中国建筑工业出版社,2016.
[43] 泉州市城乡规划局，同济大学建筑与城市规划学院.闽南传统建筑文化在当代建筑设计中的延续与发展[M].上海:同济大学出版社,2009.
[44] 陈嘉庚.南侨回忆录[M].长沙：岳麓书社,1998.
[45] 陈嘉庚.陈嘉庚校主来函汇集（第四册）[M].厦门:集美校委会资料室藏,1923.
[46] 王连茂.泉州拆城辟路与市政概况——泉州文史资料1～10辑汇编[M].泉州:福建省泉州市鲤城区地方志编纂委员会,1994.
[47] 齐康.创意设计——齐康及其合作者建筑设计作品选集[M].北京:中国建筑工业出版社，2010.
[48] 王其均.中国建筑图解词典[M].北京:机械工业出版社,2006.
[49] 王其均.图解中国民居[M].北京:中国电力出版社,2007.
[50] 李秋香,张力智,庄荣志,范积军,康加宝.闽台传统居住建筑及习俗文化遗产资源调查[M].厦门:厦门大学出版社,2014.
[51] 李乾朗,俞怡萍.古迹入门[M].台北:台北远流出版公司,1999.
[52] 李乾朗.台湾传统建筑匠艺二辑[M].台北:台北燕楼古建筑出版社,1999.
[53] 李乾朗.台湾传统建筑匠艺四辑[M].台北:台北燕楼古建筑出版社,2001.
[54] 王绍森.透视建筑学[M].北京:科技出版社,2000.
[55] 廖大珂.福建对外交通史[M].福州:福建人民出版社,2002.
[56] 龚洁.鼓浪屿建筑[M].厦门:鹭岛出版社,2006.
[57] 单霁翔,顾玉才等.海峡两岸文化遗产保护论坛——闽系红砖建筑的保护与传承[C].泉州:中国闽台博物馆,2010.
[58] 苏旭东等.闽浙木拱桥三种结构制式的比较.第四届中国廊桥学术(庆元)研讨会论文集[C] .庆元: 第四届中国廊桥学术研讨会组委会办公室,2011.
[59] 陈志宏,贺雅楠.闽南近代洋楼民居与侨乡社会变迁[C].第十六届中国民居学术会议.广州:华南理工大学,2008.
[60] 吴思慧,唐孝祥.厦门近代建筑的美学特征.2010传统民居与地域文化第十八届中国民居学术会议论文集[C].济南:山东建筑大学,2010(09):107-110.
[61] 陆映春.粤中侨乡民居的文化研究.中国近代建筑史国际研讨会论文集[C],北京:清华大学出版社,1998(10).
[62] 王绍森.当代闽南建筑的地域性表达研究[D].广州:华南理工大学,2010.
[63] 杨少波.闽西客家建筑研究及其现代演绎[D].厦门:厦门大学,2011.
[64] 李筱茜.闽西客家楼阁建筑[D].福州:福州大学,2015.
[65] 俞海洋.中国近代建筑的一面镜子——福州近代建筑研究[D].南京:东南大学,2005.
[66] 陈运合.福州马尾工业建筑遗产动态保护及再利用研究[D].厦门:华侨大学,2014.
[67] 赵玉冰.近代嘉庚建筑设计研究[D].厦门:华侨大学,2015.
[68] 林星.近代福建城市发展研究(1843～1949)年——以福州、厦门为中心[D].厦门:厦门大学,2004.
[69] 薛颖.福州近代城市建筑[D].上海:同济大学,2000.
[70] 刘俊宇.双杭与苍霞保护区保护价值研究——类型与形态学视角[D].北京:清华大学,2013.
[71]季宏,王琼.我国近代工业遗产的突出普遍价值探析——以福建马尾船政与北洋水师大沽船坞为例[J].建筑学报,2015(01).
[72] 常跃中.嘉庚建筑的文化内涵[J].城乡建设,2006(02).

[73] 王珊,关瑞明.泉州近代与当代骑楼比较研究[J].华侨大学学报，2005.

[74] 李纪翔.泉州骑楼的延续之道[J].同济大学学报:社会科学版,2000(07).

[75] 齐康."爱"的建筑——记福建长乐冰心文学馆创作设计[J].新建筑,1991(01):1-3.

[76] 黄汇,王霏.情系"三坊七巷"的昨天、今天、明天[J].建筑学报,2009(12):66-71.

[77] 黄汉民.破夹缝能顽强生长，虽无奈仍不断创新——福建会堂设计经验教训谈[J].建筑学报,2004(02):58-61.

[78] 李苏豫.近代厦门早期教会建筑（1843～1900年）[J].华中建筑，2016(05):23.

[79] 刘智颖,朱永春.福州近代教堂与传统建筑的互动[J].福州大学学报(社会科学版),2005(05):5.

[80] 陈志宏.闽南近代骑楼建筑研究[J].华中建筑,2006(11):189.

[81] 徐瑶,黄安民.泉州中山路历史街区建筑保护与利用的探讨[J].科技广场,2012(07):50.

[82] 曹阳.历史名城保护与城市建设共赢——漳州市台湾路历史街区整治保护实践探索[J].福建工程学院学报,2006(01):27.

[83] 余强.厦门骑楼建筑风貌分析[J].小城镇建设,2003(09):36.

[84] 周红."嘉庚建筑"承载的文化[J].中外建筑,2006(03):56.

[85] 彭一刚.建筑创作琐谈[J].长江建设,2004(02):28-29.

[86] 陈喆,魏昱.浅谈滨水建筑与滨水自然环境[J].时代建筑,1999(03):46-47.

[87] 周春雨.碧水丹崖——华彩山庄[J].建筑知识,1999(06):17-18.

[88] 赵茜.从流水别墅和武夷山庄透视不同的建筑环境观[J].建筑与文化,2014(12):148-150.

[89] 陈琦,陈秀莲.厦门岛内外城市空间环境实现一体化建设新跨越[J].建筑与文化,2010(01):76-83.

[90] 杨威,晁军,于一平.因地制宜，为需设计——厦门国际会议中心主会场设计[J].建筑与文化,2017(02):148-149.

[91] 黄汉民,刘晓光.时代气息乡土韵味——福建省图书馆设计回顾[J].建筑学报,1996(07):46-50.

[92] 彭一刚.超越思维定势意在推陈出新——福建漳浦西湖公园的规划设计[J].建筑学报,2000(02):9-13.

[93] 王文卿.回顾与展望建筑创作道路[J]. 建筑学报,1988(02):53-55.

[94] 杨子伸,赖聚奎.返璞归真蹊辟新径——武夷山庄建筑创作回顾[J].建筑学报,1985(01):16-27,83.

[95] 陈从恩,李嘉荣.探求城市建筑群体与空间环境的整体性[J].建筑学报,1997(10):16-19,66.

[96] 洪铁城.读"武夷山庄"有感[J].建筑学报,1986（06）:50-51.

[97] 刘玲玲.和自然对话,与环境共生——厦门白鹭洲大酒店设计浅析[J].建筑学报,2001(11):42-43.

[98] 姜传宗.选择与创造——南安市老年人活动中心的创作与探索[J].建筑学报,2002(11):10-14.

[99] 杨志疆，邓浩.建筑文化的定位——福建省博物馆设计方案谈[J].华中建筑,1998(03):32-36.

[100]余泽忠,陈云基.福建气候的特征[J].福建师范学院学报,1963(02):31-142.

[101]张倩倩,洪海涛.解析城市滨水景观营造的空间特性——以同安新城核心区市民文化公园设计为例[J].福建建筑,2017(02):25-28.

[102]牛津,关瑞明.多重空间的意义——浅谈厦门园博苑游客中心设计的空间营造[J].福建建筑,2011(06):1-5.

[103]张燕来.滨水旅游城市设计要素分析[J].福建建筑，2002(04):5-7.

[104]钟经会.结合地域特色的休闲式商业综合体设计浅谈——以厦门阿罗海城市广场为例[J].福建建筑,2014(01):49-52.

[105]林小琴.与世纪同步的新概念图书馆——福建医科大学图书馆工程设计拾零[J].福建建筑,2005(Z1):41-42.

[106]刘家麒.风景园林师眼中的跌水别墅.风景园林，2009(03):79-84.

[107]王绍森,黄仁.传统地域时代——厦门大学嘉庚楼群设计[J].城市建筑,2005(01):50-54.

[108]齐康,林卫宁.大气浑然的时代建筑——记福建省博物馆创作

[J].建筑创作,2004(02).
[109]陈福忠.从造园四要素解析现代园林的继承和发展——解读园博园厦门嘉园[J].艺术生活,2011(01).
[110]吴洪德.中国园林的图解式转换——建筑师王欣的园林实践[J].时代建筑,2007(09).
[111]陈德平.结构与建筑的“艺术人生”——桥上书屋结构设计中的和谐美探索[J].福建建筑,2011(10).
[112]梁建安,刘学钊.消隐与显现——批判的地域主义的两种表现形式[J].中外建筑,2012(01).
[113]李烨.优雅的语言,犀利的语义——福建下石村桥上书屋[J].世界建筑,2010(01).
[114]凯特·古德温,尚晋.李晓东访谈[J].世界建筑,2014(09).
[115]华黎,王骏阳,刘东洋,柳亦春,毛全盛,李晓鸿,刘爱华.“武夷山竹筏育制场建造实践”现场研讨会[J].建筑学报,2015(04).
[116]华黎.回归本体的建造——武夷山竹筏育制场设计[J].时代建筑,2014(05).
[117]庄丽娥.异彩纷呈的福建地域性建筑[J].华中建筑,2007(02).
[118]贾海洪.现代地域性建筑的材料表现特点[J].山西建筑,2005(04).
[119]庄丽娥.齐康在福建的地域性建筑创作[J].山东建筑大学学报,2010(08).
[120]张早.退台方院及其架空层的起伏——网龙公司长乐园区职工宿舍所引发的思考[J].建筑学报,2015(05):57-61.
[121]李虎，黄文菁.退台方院[J].城市环境设计,2015(05):137-143.
[122]唐琼.福建医科大学第二附属医院东海分院[J].建筑学报,2007(12):71-73.
[123]周超,彭丹丹.福建医科大学附属第二医院东海分院[J].城市建筑,2014(09):66-73.
[124]雷光昊.返璞归真、绿色仙境——冠豸山森林山庄酒店设计[J].建筑·建材·装饰,2014(15):61-62.
[125]福建省建筑设计研究院.地方文化博物馆的地域性表达——龙岩博物馆设计[J].建筑学报，2013(09):94-97.
[126]王彦.表皮的力量——福建泉州鼎立雕塑艺术馆设计[J].时代建筑,2013(07):118-123.
[127]现代村落式的度假酒店——福建厦门乐雅无垠酒店[J].时代楼盘,2014(12):124-125.
[128]徐尚奎,唐文胜.厦门北站交通枢纽工程交通组织设计实践[J].华中建筑,2012(04):82-86.
[129]吴鹏华.高铁时代厦门北站物流基地建设探讨[J].厦门广播电视大学学报,2013(01):22-25.
[130]李霆,许敏,熊森等.厦门北站巨型混合框架结构设计与分析[J].建筑结构,2011(07):1-6.
[131]王群,叶妙铭.闽南新语——福厦线晋江、福清站设计[J].建筑学报,2011(01):97.
[132]晋江火车站[J].建筑学报,2011(01):92-94.
[133]刘世军,马以兵,赵霞,杨华春,王霏.现代交通建筑地域文化印象——泉州火车站设计[J].建筑学报,2011(01):90-91.
[134]泉州火车站[J].建筑学报,2011(01):84-89.
[135]寻找本土记忆，拾回文化脉络[J].时代楼盘，2014(05):101-105.
[136]倪阳.会展建筑的发展历程及创作实践[J].南方建筑，2009(05):28-29.
[137]吕韶东.厦门国际会议展览中心建筑设计创作[J].建筑学报,2001(06):20-23.
[138]艾侠.厦门闽南大戏院：融入商业综合体的文化座标[J].时代建筑,2013(11):139-141.
[139]庄丽娥.时代气息、传统神韵——厦门高崎国际航空港三号候机楼建筑设计评析[J].福建建设科技,2007(01):27-29.
[140]张长涛.城市商业综合体设计发展趋势[J].建筑学研究前沿,2011(01).
[141]顾季梅,邓安妮.福建省网球俱乐部[J].建筑学报，1997(06):50-51.
[142] [日]藤森照信,张复合.外廊式样——中国近代建筑的起点[J].建筑学报,1993(05):33-38.
[143]闫茂辉,朱永春.福州仓山近代领事馆遗存考述[J].华中建筑,2011(04).

[144]李振翔.马尾船政建筑钩沉[J].同济大学学报（社会科学版）,2004(15):2.

[145]俞海洋.中国近代工业化源头的实物见证——福州船政局[J].建筑与文化,2005(08).

[146]朱永春,陈杰.福州近代工业建筑概略[J].建筑学报,2011.

[147]李臣喜,朱永春.福州近代工业建筑初探[J].山西建筑, 2009, 35(16):37-38.

[148]杨哲.近代厦门城市空间形态的演变[J].城市规划学刊:2006(04).

[149]方拥.泉州鲤城中山路及其骑楼建筑的调查研究与保护性规划[J].建筑学报,1997(08).

[150]梅青.嘉庚建筑与嘉庚风格[J].建筑学报:1997(04).

[151]袁玮.建筑设计的地域性思考 福建武夷山九曲花街设计[J].建筑与文化,2012(03):32-37.

[152]钟训正.顺其自然,不落窠臼[J].建筑学报,1991(03):49.

[153]马非.一汲清泠水高风味有余_武夷山茶博物馆设计[J].新建筑,2012(05):78-81.

[154] 邓小山，吴黎葵. 从雕塑艺术的角度来看当今建筑形体的塑造 [J].重庆建筑大学学报,2005(08):20-22.

[155] 徐晓望.福建通史[M].福州：福建人民出版社，2006.

福建省传统建筑解析与传承分析表

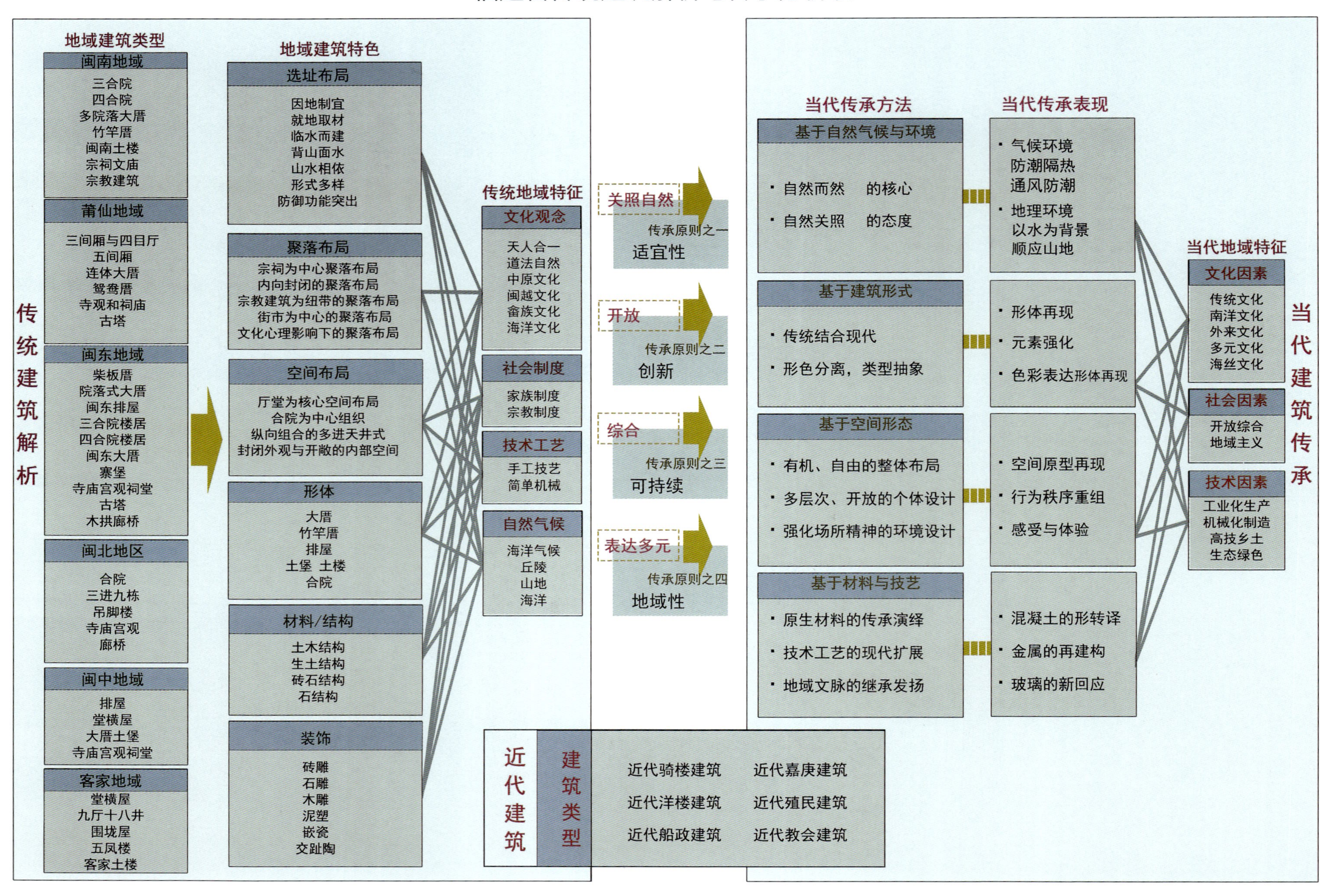

后 记

Postscript

随着中国建筑界对于传统建筑文化的探讨和发掘，福建传统建筑逐步为世人所熟悉和了解。福建传统建筑，具有鲜明的地方特色、悠久的技艺传承、优美的建筑造型、丰富的文化内涵，这些地域特征也是现代建筑的原型精神所在。福建当代建筑文化传承方法多样，具体表现在关注福建的自然特征、关注福建传统建筑的形式特征、关注福建地域建筑的空间特征、关注福建传统建筑的材料及建造特征。福建繁荣的当代传统建筑文化传承的创作是基于地域建筑原型的发展，呈现的是一元或多元的关照。无论是哪一类倾向的建筑传承，都是力求在满足建筑基本功能之外，在地域性的表达上做出努力。理性的分析福建地域建筑所处的自然环境以及传统建筑的原型，以较为合适的现代手法进行表达是根本。

改革开放以来，尤其是近年，福建省地域建筑的传承越发地繁荣起来，诞生了一批富有地域特色的建筑。在感到欢欣鼓舞的同时也发现了当今福建建筑创作暴露的问题。首先是对于地域形式的过度关注。在福建当代建筑创作对传统建筑形式进行解读、抽象与再演绎的过程中，某些建筑还是禁锢于传统建筑的形式，无法摆脱束缚，没有形成既具有地域性又有时代特征的现代建筑，这也是当今福建现代建筑无法走出去的原因之一。其次，基于气候特征，传统空间等的当代建筑创作虽然正在逐渐丰富，但是创作数量仍然有待提高。关注地域气候与传统空间特征的地域建筑是有强大生命力的。以何镜堂院士为领头人的新岭南学派创作了大量的优秀建筑，就是基于此。

建筑依存于地域环境，服务于社会，体现于人文。地域自然的特征放在建筑地域性中就是呈现出相对稳定的状态，也确定建筑对自然要素的关注是持久的主题。福建传统建筑文化异彩纷呈，为当代建筑创作提供了不断的灵感源泉，在当代的建筑创作中，要深入理解体味传统建筑文化的深层内涵，对地域人文特性作深入的理解与再译。当代福建地域建筑创作应该是动态的、可持续的，要在基于传统的基础上，时刻紧扣时代的发展，创作出符合时代的现代建筑。

全书的编著是极为有意义的。一是分析、总结了福建传统建筑精粹；二是梳理福建省近年来的地域建筑创作情况；三是为将来的发展提供一定的思维。今天如何在国际全球化的潮流下，继承中国的传统文化，适应新时代的发展，体现本土自然和人文的综合因素，进而实现本土特色的建筑实践，本书的编写将具有十分重要的现实意义和指导应用价值。

全书自2015年冬季开始进行撰写，历时近一年多努力，终成此稿。在本书编写过程中，中国民居建筑大师、福建省建筑设计勘察研究院原院长、福建省土木建筑学会建筑师分会原会长黄汉民教授，中国文物学会副会长、福建省文物局原局长郑国珍研究员担任了编委会顾问。两位先生对本书的编写给予热情指导并提出宝贵意见，他们对福建传统建筑和文物保护数十年的研究积累是本书顺利完成的有力支撑。福建省土木建筑学会建筑师分会提供了珍藏的福建省历年建筑竞赛评奖成果，同时也选录了福建本土建筑师和省外建筑师在本地的部分建筑设计作品。福建省建筑设计研究院、厦门大学建筑设计院、福建省建盟工程设计集团有限公司厦门合立道设计集团、中元国际工程设计研究院、厦门中合现代设计院为本书提供了大量翔实的资料，在此一并表示衷心感谢！

特别说明的是，这项工作始终得到住建部村镇司林岚岚处长和工作组、福建省住建厅王胜熙副厅长和村镇处各级领导的关心、指导和帮助，华南理工大学建筑学院陆琦教授、清华大学建筑学院罗德胤副教授对本书编写提出宝贵的修改意见，在此对他们的肯定和支持表示由衷的感谢！

由于时间紧迫，能力有限，本书内容撰写难免存在错误。同时，因本书篇幅有限，无法涵盖所有精彩案例。文章若存在不妥之处，恳请批评指正。